설비 보전　Maintenance Engineering

메인터넌스 공학

차흥식 · 서창길 공저

일진사

머 리 말

국제사회에서 우리나라가 선도 국가로 나아가려면 부족한 천연자원을 대체할 수 있는 기술력을 키워야 한다. 우리나라의 산업 생산 방식은 손으로 제품을 생산하던 가내 수공업에서 기계로, 기계에서 자동화로, 소량에서 대량으로, 소품종에서 다품종으로 변화하였다. 이에 따라 산업 현장에서 사용하는 기계도 종류, 크기, 기능들이 다양해지면서 헤아릴 수 없을 정도의 많은 산업 기계가 개발, 제작, 사용되고 있다.

이러한 산업 기계들이 원활하게 운전되도록 하며, 라이프 사이클을 연장시키기 위해서는 예방 보전이 필수적이었다. 그러나 이제는 이를 넘어서, 고장이 나지 않는 설비를 설계, 제작하는 보전 예방 및 개량 보전, TPM 등을 도입하여 산업기계들이 고장에 의한 손실 없이 운전, 유지되도록 하고 있다.

이에 정부에서는 설비보전기사 자격검정을 신설하여 시행하고 있으나 국내 도서들이 이에 따라가지 못하여 본 교재를 KS 및 ISO 규정을 준수하는 내용으로 구성하여 편찬하게 되었다.

본 교재는 보전의 목적과 분류, 용어 해설을 시작으로 하여 보전용 공기구, 보전용 재료에 대하여 자세하게 다루었다. 특히 기계를 구성하는 각종 기계요소의 정비 방법을 기초로 감속기, 변속기, 통풍기, 압축기, 펌프 등 산업기계 전반에 걸쳐 각각의 종류에 따른 원리 및 구조와 보전법 및 용도를 다루었다.

실제로 산업 현장에서의 보전은 수많은 경험의 노하우를 바탕으로 실행되고 있다. 그러나 이를 정리 및 보전 표준화하여 산업 현장 내에 있는 기계 보전 방법에 응용하여 보전한다면 산업기계의 운용 능력을 극대화할 수 있으며, 자격 취득에도 상당한 도움이 되리라 의심치 않는다.

부디 본 교재가 독자의 보전 능력 향상에 큰 도움이 되어 우리나라의 산업 발전에 기여되기를 바라며 본 교재를 완성하기까지 큰 도움을 준 **일진사** 직원 여러분께 감사드린다.

저자 씀

4

차 례

part **03** 기계요소 보전

| 제1장 체결용 기계요소 보전 |

| 제2장 축계 기계요소 보전 |

part 04 산업 기계장치 정비

part 05 펌프 보전

part 06   기계의 분해 조립

제1편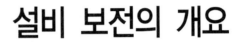

설비 보전의 개요

제1장 설비의 개요

1

설비의 개요

1. 설비 보전의 목적

보전(maintenance)의 목적은 설비물을 항상 완전한 상태로 유지하고, 고장을 사전에 방지하며 고장의 범위를 가능한 적게 하는 것이다.

간단한 기계나 장치에 대해서는 정비의 중요성이 크게 요구되지 않지만 산업이 자동화됨에 따라 각종 기계들은 복잡한 원리와 구조로 설계, 제작되어 기계의 구조와 기능에 대한 전문적인 지식은 물론 보전에 대한 중요성이 깊이 인식되고 있다.

기계의 보전 상태가 불완전하면 고장이 자주 생기고 따라서 수리를 하게 된다. 수리 시간이 길어지면 기계의 가동률이 떨어지고 작업에 지장을 주므로 현장 기술자는 작업의 공정만 우선적으로 생각해서는 안 된다.

보전의 목적 가운데 중요한 사항의 하나는 기계의 수명을 연장시키는 것이라 할 수 있다. 기계를 오래 사용하면 여러 가지 장애가 일어난다. 즉 마멸, 결합부의 나사 풀림, 오손, 산화 부식, 변질, 변형, 강도 저하 등이며 또한 연료, 윤활유, 냉각수의 누설, 전기·전자 재료의 절연 불량, 진동, 과열 등의 장애가 일어날 수 있다. 그러므로 이와 같은 장애가 일어나지 않도록 예방 보전을 하면 내구력을 오래 유지하는 반면에 이를 소홀히 하면 고장이 속출하여 폐품이 될 수도 있다. 따라서 각부의 조절, 수리, 윤활 등 기계의 수명에 막대한 지장을 초래하는 사항에 대해서는 매일, 매주, 매월 등의 정기 점검을 통하여 기계의 성능을 완전한 상태로 유지하여야 한다.

2. 기계의 분류

2-1 산업 분야에 따른 분류

① 섬유 기계 : 방적 기계, 제포 및 봉제기, 염색 기계, 화학 섬유 기계, 종이 제조 기계 등

② 화학 기계 : 반응 장치, 추출 장치, 흡착 및 이온 교환 장치, 열 교환기, 증발기, 건조기, 분리 기기, 혼합 기계, 분쇄 기계 등

③ 건설 기계 : 굴착 적재 기계, 굴착 운반 기계, 기초 공사 기계, 콘크리트 기계, 도로 포장 기계, 해양 기계 등

④ 광산 기계 : 보링 기계, 굴착 기계, 적재 기계, 광물 운반 기계, 광산 지지용 기계선 광 기계 등

⑤ 농업 기계 : 트랙터, 경운기, 재배 기계, 곡물수확 제조가공 기계, 사료용 기계 등

⑥ 수산 기계 : 어업 기계, 수산 가공 기계 등

⑦ 사무 기계 : 인쇄 기계, 복사기, 계산 기계, 전송 기계, 데이터 처리 기계 등

2-2 일의 종류에 따른 분류

(1) 동력 기계

각종 에너지원을 기계적 에너지, 즉 동력으로 변환시키는 기계

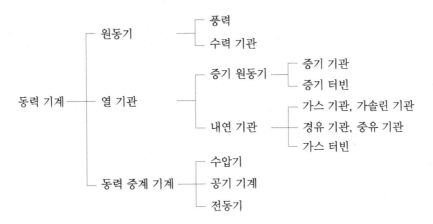

(2) 작업 기계

원동기로부터 에너지를 받아 실제로 여러 가지 작업을 하는 기계로서 동력의 생산이며 동력의 소비자 관계

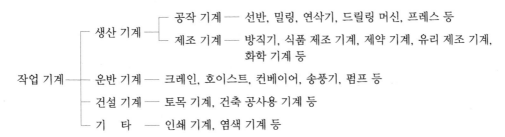

(3) 전달 기계

동력 기계와 작업 기계의 중간에 위치하여 동력 기계에서 기계적 에너지를 받아 작업 기계에 전달하는 동안 작업에 적합하도록 운동의 방향 또는 속도, 힘의 크기를 변화시키는 기계

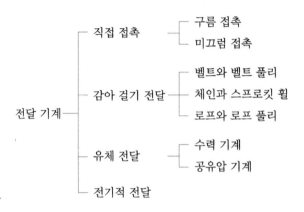

3. 보전 시스템

보전 시스템은 예방 보전(PM : preventive maintenance), 사후 보전(BM : breakdown maintenance), 개량 보전(CM : corrective maintenance), 보전 예방(MP : maintenance prevention)으로 분류된다.

3-1 예방 보전

고장, 불량이 발생하지 않도록 하기 위하여 평소의 점검, 정밀도 측정, 정기적인 정밀검사(부분적·전체적), 급유 등의 활동을 통하여 열화상태(劣化狀態)를 측정하고, 그 상태를 판단하여 사전에 부품 교환, 수리를 하는 보전을 말한다. 최근에는 설비의 상태를 검사, 진단하는 설비 진단 기술에 의한 보전을 예지 보전(豫知整備)이라 한다.

(1) 일상 보전

고장의 유무(有無)에 관계없이 급유, 점검, 청소 등 점검표(check list)에 의해 설비를 유지 관리하는 보전 활동

(2) 순회 보전

모든 기계에 예방 보전을 행하면 비경제적이므로 설비의 이상 유무를 예지(豫知)하여 정기적으로 순회(petrol)하며 간이 보전을 함으로써 고장을 미연에 방지하는 보전 활동

(3) 정기 보전

부분적인 분해 점검, 조정, 부품 교체, 정밀도 검사 등을 월간, 분기 등의 주기로 정기적인 보전을 함으로써 돌발 사고를 미연에 방지하는 보전 활동

(4) 재생(再生) 보전

설비 전체를 분해, 각부 점검, 부품 교체, 정밀도 검사 등을 함으로써 설비 성능의 열화를 회복시키는 보전 활동

(5) 예방 보전의 단점

① 경제적 손실이 크다.
② 돌발 발생이 생길 수 있다.
③ 보전요원의 기술 및 기능이 약화된다.
④ 대수리(overhaul) 기간 중에 발생되는 생산 손실이 크다.

3-2 사후 보전

설비에 고장이 발생한 후에 보전하는 것으로서 고장이 나는 즉시 그 원인을 정확히 파악하여 수리하는 것을 말한다.

(1) 사후 보전의 단점

① 대형설비 사고의 위험 가능성이 존재한다.
② 돌발일 경우 수리 시간 예측이 어렵다.
③ 보전요원의 기능 및 기술 향상이 어렵다
④ 제품 불량률이 높고, 동일 고장의 반복적 발생 빈도가 높다.

(2) 사후 보전이 최적인 경우

① 기계 고장이 적고 영향도 작을 때
② 기계의 예비기가 준비되어 있을 때
③ 기계 고장이 생산에 영향을 미치지 않을 때
④ 대부분 전기 장치일 때

⑤ 특정 종류의 제어계일 때
⑥ 돌발 고장형 기계일 때

3-3 개량 보전

고장 난 설비를 수리할 경우 단순히 원상의 상태로 수리하는 것이 아니라 고장, 불량이 발생하기 쉬운 설비의 약점을 파악하여 고장이 일어나지 않도록 개량하거나 또는 평소의 점검, 급유, 부품 교환을 하기 쉽도록 하여 작업 준비 및 조작이 편리하도록 설비를 개량하는 것을 말한다.

3-4 보전 예방

새로운 설비를 도입할 경우 설계 단계에서 고장이 나지 않고 불량이 발생하지 않으며 보전(保全)하기 쉽고, 작업 준비 및 조정하기 편리하도록 설계하는 것을 말한다.

3-5 종합적 생산 보전

종합적 생산 보전(TPM : total productive maintenance)이란 설비의 효율을 최고로 높이기 위하여 설비의 라이프 사이클을 대상으로 한 종합 시스템을 확립하는 것을 말한다. 설비의 계획 부문, 사용 부문, 보전 부문 등 모든 부문에 걸쳐 최고 경영자로부터 제일선의 작업자에 이르기까지 전원이 참가하여 동기 부여 관리를 한다. 다시 말해서 소집단의 자주 활동에 의하여 생산 보전을 추진해 나가는 것을 말한다. 이는 설비의 LCC(life cycle cost)의 경제성 추구를 목적으로 하고 있으며, 표현을 달리하면 TPM을 목표로 하는 종합적 효율화와 같은 의미를 내포하고 있다.

연 | 습 | 문 | 제

1. 설비 보전의 목적이 아닌 것은?

㉮ 생산량의 증가, 품질 향상   ㉯ 원가 상승, 납기 증가

㉰ 안전사고 예방, 근로 조건 개선   ㉱ 품질 향상, 작업 환경 개선

2. 고장이 나서 설비의 정지 또는 유해한 성능 저하를 가져온 후에 수리를 행하는 보전 방식은 다음 중 어느 것인가?

㉮ 사후 보전   ㉯ 예방 보전   ㉰ 개량 보전   ㉱ 보전 예방

3. 설비가 고장을 일으키면 생산이나 서비스에 지장을 초래하므로 유해한 성능 저하를 발견하여 초기 상태에서 행해지는 보전 방식은 다음 중 어느 것인가?

㉮ 사후 보전   ㉯ 예방 보전   ㉰ 개량 보전   ㉱ 보전 예방

4. 새로 설치한 설비의 도입 단계에서 고장이 나지 않고, 불량이 발생되지 않도록 설비를 설계하는 것을 무엇이라 하는가?

㉮ FM(functional maintenance) 설계   ㉯ PM(phenomena maintenance) 설계

㉰ 예지(condition based) 설계   ㉱ MP(maintenance prevention) 설계

5. 설비 보전 방법 중 설비 자체의 체질 개선을 위해 수명이 길고, 고장이 적으며, 보전 절차가 없는 재료나 부품을 사용할 수 있도록 개조, 갱신을 해서 열화 손실 혹은 보전에 쓰이는 비용을 인하하는 방법은 무엇인가?

㉮ 사후 보전   ㉯ 예방 보전   ㉰ 생산 보전   ㉱ 개량 보전

6. 종합적 생산 보전(total productive maintenance)이란?

㉮ 설비의 고장, 정지 또는 성능 저하를 가져온 후에 수리를 행하여 완전한 설비로 만드는 설비 보전

㉯ 설비의 고장이 없고 보전이 필요하지 않은 설비를 설계 및 제작하거나 구입하여 사용하는 설비 보전

㉰ 설비의 고장, 정지 또는 성능 저하를 예방하기 위한 설비의 주기적인 검사로 고장, 정지, 성능 저하를 제거하거나 복구시키는 설비 보전

㉱ 설비 효율을 최고로 하는 것을 목표로 생산의 경제성을 높이고 설비의 계획, 사용, 보전 등의 전 부문에 걸쳐 행하는 기업의 전 직원이 참여하는 설비 보전

정답   1. ㉯   2. ㉮   3. ㉯   4. ㉱   5. ㉱   6. ㉱

제2편

정비용 공기구 및 재료

 1 보전용 측정 기구

1. 측정의 목적

기계는 많은 부품으로 조립되어 있고, 이 부품은 각 기계의 기능을 충분히 발휘할 수 있도록 모양과 치수가 정해져 있다. 각 부품의 모양과 치수 정도가 정해진 대로 제작되어 있지 않으면 기계 본래의 기능을 발휘하지 못할 뿐 아니라, 조립마저 불가능하게 되어 생산 흐름 중에 큰 장애(障碍)가 될 수도 있다. 따라서 각 부품을 가공할 때 모양과 치수를 검사하기 위하여 측정을 하게 되고 또한 제품의 양품, 불량품을 판정할 때도 측정을 하게 된다.

1-1 측정의 기본 방법

(1) 직접 측정

측정기를 직접 제품에 접촉시켜 실제 길이를 알아내는 방법으로 버니어 캘리퍼스(vernier calipers), 마이크로미터(micrometer), 측장기(測長器), 각도(角度)자 등이 사용된다.

① 장점
  ㈎ 측정 범위가 다른 측정 방법보다 넓다.
  ㈏ 측정물의 실제 치수를 직접 측정할 수 있다.
  ㈐ 양이 적고 종류가 많은 제품을 측정하기에 적합하다.
② 단점
  ㈎ 측정 오차가 발생되기 쉽고 측정에 필요한 소요 시간이 많이 필요하다.
  ㈏ 정밀 측정일 때는 숙련과 경험이 필요하다.

(2) 간접 측정

표준 치수의 게이지와 비교하여 측정기의 바늘이 지시하는 눈금에 의하여 그 차이를 읽는 것이다. 비교 측정에 사용되는 측정기는 다이얼 게이지(dial gauge), 미니미터, 옵티미터, 공기 마이크로미터, 전기 마이크로미터 등이 사용된다.

① 장점

   (개) 높은 정도의 측정을 비교적 쉽게 할 수 있다.

   (내) 제품의 치수가 고르지 못한 것을 계산하지 않고 알 수 있다.

   (대) 길이뿐 아니라 면의 각종 모양 측정이나 공작 기계의 정도 검사 등 사용 범위가 넓다.

   (래) 치수의 편차(偏差)를 원거리에서 조작할 수 있고 자동화에 도움을 줄 수 있다.

② 단점

   (개) 측정 범위가 좁고 직접 제품의 치수를 읽을 수 없다.

   (내) 표준 게이지(standard gauge)가 필요하게 된다.

(3) 한계 게이지(limit gauge)

제품에 주어진 허용차, 즉 최대 허용 치수와 최소 허용 치수의 두 한계를 정하여 제품의 실제 치수가 이 범위 안에 들었느냐 벗어났느냐에 따라 합격, 불합격을 판정한다.

① 장점

   (개) 다량 제품 측정에 적합하고 불량의 판정을 쉽게 할 수 있다.

   (내) 조작이 간단하고 경험을 필요로 하지 않는다.

② 단점

   (개) 측정하고자 하는 한 개의 기준 치수마다 한 개의 게이지(gauge)가 필요하다.

   (내) 제품의 실제 치수를 읽을 수가 없다.

2. 측정용 기구의 종류 및 사용법

2-1 강철자

A형, B형, C형의 3종류로 기계가공 현장에서 흔히 사용되고 있는 강철자(steel rule)는 C형이며, C형은 150, 300, 600, 1000, 1500, 2000 mm 등으로 구분되어 있다.

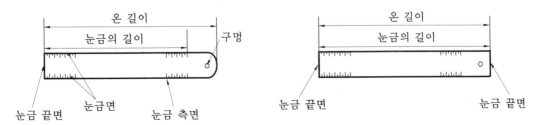

강철자

2-2 캘리퍼스

강철자에 옮겨진 제품의 치수를 양다리 벌림에 의해 일감의 완성 정도를 측정하거나 반대로 제품의 실제 치수를 캘리퍼스의 벌림으로 맞추어서 강철자에 의하여 그 벌림을 읽어 공작물의 치수를 측정할 때 쓰인다.

(1) 외측 캘리퍼스(outside calipers)

외측면의 거리나 지름 등의 측정에 사용된다. 크기는 측정할 수 있는 최대의 치수로 표시된다.

(2) 내측 캘리퍼스(inside calipers)

내측면의 거리나 지름을 측정하는 데 사용되며, 지름 등의 측정에 편리하도록 다리 끝이 둥글게 되어 있다.

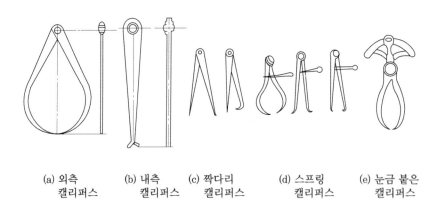

| (a) 외측 | (b) 내측 | (c) 짝다리 | (d) 스프링 | (e) 눈금 붙은 |
| 캘리퍼스 | 캘리퍼스 | 캘리퍼스 | 캘리퍼스 | 캘리퍼스 |

캘리퍼스의 종류

(3) 짝다리 캘리퍼스

디아이터와 캘리퍼스의 다리를 각각 하나씩 가진 것이며, 물체의 모서리에 한쪽 다리를 대고 평행선을 그을 때와 원통 물체의 중심을 찾을 때 등에 사용된다.

2-3 버니어 캘리퍼스

버니어 캘리퍼스는 직선자와 캘리퍼스를 하나로 한 것과 같은 것으로 마이크로미터와 함께 기계공작에서 많이 사용된다. 마이크로미터와 같은 정밀한 측정을 할 수 없으나 길이, 바깥지름, 안지름, 깊이 등을 하나의 기구로 측정할 수 있고 측정 범위도 상당히 넓어 대단히 편리하게 사용된다.

(1) 형식과 각부 명칭

용도에 따라 여러 가지 형식이 있으며 KS 규격에서는 M_1형, M_2형, CB형, CM형의 4가지 형식을 규정하고 있으며 그 최대 측정 길이는 어느 것이나 1000 mm로 되어 있다. 그러나 규정에는 없어도 이보다 더 긴 3000 mm의 것도 사용되고 있다.

① M형 버니어 캘리퍼스 : 가장 많이 사용되고 있는 형식으로 부척(副尺, vernier)에 흠이 파져 있으며 바깥쪽 및 안쪽 측정용의 조와 깊이 바(depth bar)가 붙어 있다. 일반적으로 깊이 바는 최대 측정 길이가 300 mm 이하이다. 또 M형은 부척이 미세하게 움직일 수 없게 된 M_1형과 이송부를 두어 미세하게 움직일 수 있게 한 M_2형으로 구분한다.

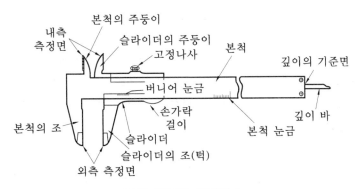

M_1형 버니어 캘리퍼스

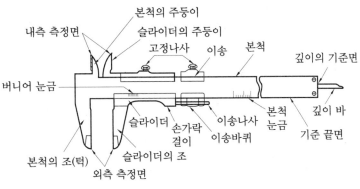

M_2형 버니어 캘리퍼스

② CB형 버니어 캘리퍼스 : CB형은 브라운 샤프형(brown sharp type) 또는 스타렛형 (starret type)이라고도 하며, 부척이 상자형으로 되어 있고 조(jaw)의 안쪽과 바깥쪽의 양쪽이 각각 측정면으로 되어 있다. 안쪽 측정의 경우에는 5 mm 이하의 것은 측정할 수가 없고 또 깊이 측정용의 깊이 바가 없다. 그러나 M₂형과 같이 미세한 이송 장치가 있고 본척의 겉면에는 바깥쪽 눈금이, 뒷면에는 안쪽 눈금이 새겨져 있다.

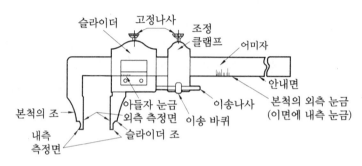

CB형 버니어 캘리퍼스

③ CM형 버니어 캘리퍼스 : 모우젤형이라고도 한다. 부척이 M형과 같이 홈형으로 되어 있고 측정면은 CB형과 같이 조의 내외 양측면으로 되어 있다. 부척의 눈금은 본척의 위아래 되는 곳에 새겨져 있으며 위쪽이 안쪽 측정용, 아래쪽이 바깥쪽 측정용으로 되어 있다.

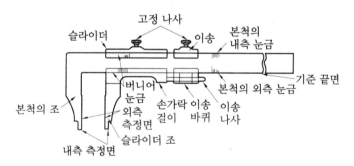

CM형 버니어 캘리퍼스

④ 이 두께 버니어 캘리퍼스 : 서로 직각이며 일체로 된 이 두께자와 이 높이자를 갖고, 기어의 이 두께 및 이 높이를 측정할 수 있다.

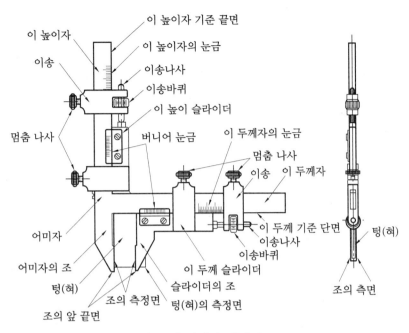

이 두께 버니어 캘리퍼스

2-4 마이크로미터

마이크로미터는 버니어 캘리퍼스보다 정밀하게 길이를 측정하는 것으로서 취급이 간단하며 거의 모든 기계 공장에서 사용되고 있다. 마이크로미터의 원리는 길이의 변화를 나사의 회전각과 심블(thimble)의 직경에 의해서 확대한 것이며, 다음 그림과 같이 프레임(frame)에 고정된 암나사에 스핀들(spindle)에 눈금이 난 수나사가 끼워져 있다. 스핀들이 α각도만큼 회전함으로써 스핀들의 측정 단이 $X\,[\text{mm}]$ 이동한다고 하면 X와 α 간에 다음 식이 성립한다.

$$X = \frac{p \cdot \alpha}{2\pi}$$

여기서, p : 나사의 피치(mm), α : 나사의 회전각(rad)

보통의 마이크로미터의 측정은 나사의 피치를 $0.5\,\text{mm}$로 하고, 심블의 눈금은 50등분으로 되어 있으므로 $0.5\,\text{mm} \div 50 = 0.01\,\text{mm}$가 되며 최소 눈금은 $0.01\,\text{mm}$이다. 마이크로미터의 생명은 나사이며 나사의 피치 정도(精度)는 $25\,\text{mm}$에 대하여 $1\sim2\,\mu\text{m}$인 것이 최상급이다.

마이크로미터의 구조

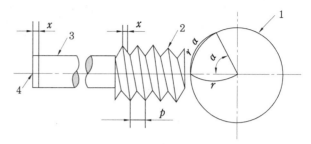

1. 눈금면 2. 나사 3. 스핀들 4. 측정면
x : 회전 방향의 이동량(mm) p : 나사의 피치(mm)
a : 나사의 회전각 r : 눈금면의 반지름(mm)

마이크로미터의 원리

25 mm 이상의 길이인 나사는 오차(誤差)가 커지므로 만들지 않는다. 따라서 마이크로미터의 측정 범위는 0~25 mm, 25~50 mm와 같이 25 mm 간격이며 475~500 mm까지 20종류에 이른다. 마이크로미터의 종류 및 형식을 분류하면 다음과 같다.

(1) 외측 마이크로미터

① 표준 외측 마이크로미터 : 최소 눈금이 0.01 mm이며 외경 측정용으로 0~500 mm까지이며 25 mm 간격으로 되어 있다.

② 부척 달린 마이크로미터 : 최소 눈금이 0.01 mm이며 보통의 0.01 mm용 마이크로미터의 슬리브(sleeve)에 부척(vernier)을 붙인 것이다.

③ 미크론 마이크로미터 : 보통의 심블의 0.01 mm 눈금이 1눈금 이동하는 동안에 0.01 mm 눈금이 10눈금만큼 이동하는 구조로 된 것이다.

④ 숫자 눈금붙이 마이크로미터 : 심블의 눈금이 숫자로 나타나서 0.01 mm대의 눈금을 잘못 읽지 않는다. 0.01 mm일 때는 부척으로 읽어 낸다.

⑤ 한계(limit) 마이크로미터 : 1개의 프레임에 2개의 마이크로미터 레드를 평행하게 장착한 것이다.

⑥ 교환 앤빌식 마이크로미터 : 앤빌이 25 mm 간격으로 교환할 수 있는 기구이며 1개의 프레임에서의 측정 범위가 넓어진다.

⑦ 슬라이드 앤빌식 마이크로미터 : 앤빌을 프레임에 슬라이드시켜 길이를 바꿈으로써 측정 범위가 넓어진다.

⑧ 다이얼 게이지붙이 마이크로미터 : 최소 눈금이 0.01 mm, 0.001 mm이며 앤빌측에 다이얼 게이지를 장착하여 앤빌이 가동한다. 스핀들 측은 클램프해서 피측정물을 앤빌과 스핀들 사이에 끼운 뒤 치수 오차를 다이얼 게이지로 읽는다.

(a) 표준 외측 마이크로미터

(b) 부척 달린 마이크로미터

(c) 미크론 마이크로미터

(d) 카운터 마이크로미터

(e) 한계 마이크로미터

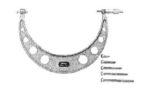

(f) 교환용 앤빌식 마이크로미터

(g) 슬라이드 앤빌식 마이크로미터

(h) 다이얼 게이지붙이 마이크로미터

외측 마이크로미터

(2) 내측 마이크로미터

① 봉형 내측 마이크로미터 : 최소 눈금 0.01 mm 측정 길이 50 mm 이상에 적용한다.

② 이음식 마이크로미터 : 최소 눈금 0.01 mm 파이프형과 로드형이 있는데, 본체와 이어낸 세트로 되며 측정 범위가 2 m 정도 된다.

③ 교환식 내측 마이크로미터 : 봉형 내측 마이크로미터의 본체에 로드가 끼워지는데 각종 길이의 로드로 교환할 수 있다.

④ 창(窓)붙이 내측 마이크로미터 : 눈금이 새겨진 로드를 중공인 본체에 넣고 이 로드를 본체에서 빼거나 넣거나 해서 눈금선을 맞춘 뒤 길이를 정한다.

⑤ 캘리퍼형 내측 마이크로미터 : 최소 눈금 0.01 mm, 측정 길이 5~50 mm 버니어 캘리퍼스와 같이 2개의 조가 있다.

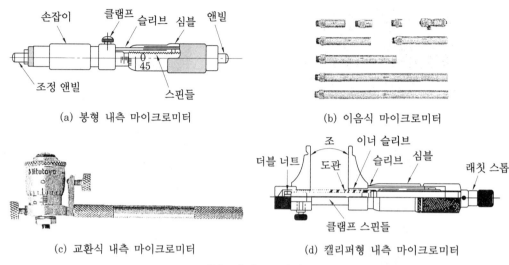

(a) 봉형 내측 마이크로미터

(b) 이음식 마이크로미터

(c) 교환식 내측 마이크로미터

(d) 캘리퍼형 내측 마이크로미터

내측 마이크로미터

2-5 다이얼 게이지

다이얼 게이지는 랙과 기어의 운동을 이용하여 작은 길이를 확대하여 표시하게 된 비교 측정기로 회전체나 회전축의 흔들림 점검, 공작물의 평행도 및 평면 상태의 측정, 표준과의 비교 측정 및 제품 검사 등에 사용된다. 다이얼 게이지에는 측정자가 상하로 움직이게 된 스핀들과 옆으로 움직이게 된 레버식이 있다. 또 최소 눈금은 한 눈금이 0.01 mm로 된 것, 0.001 mm로 된 것, 0.002 mm로 된 것 등이 있다.

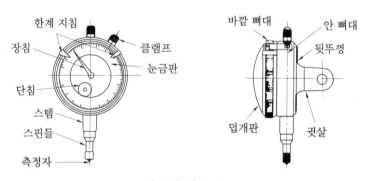

다이얼 게이지

스탠드에 부착하여 사용하는데, 스탠드는 자석이 붙어 있는 것과 자석이 붙어 있지 않는 것이 있다. 자석이 있는 스탠드는 상대가 강철이면 어느 방향으로든지 부착시키고 사용할 수 있는 이점이 있다.

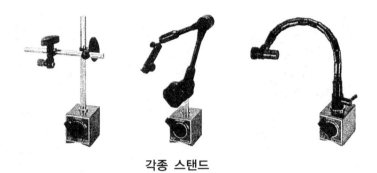

각종 스탠드

2-6 게이지 블록

게이지 블록은 KS B 5201에 규정되어 있으며 그 측정면이 정밀하게 다듬질된 구형 (求刑)의 블록으로 되어 있고, 버니어 캘리퍼스, 마이크로미터, 다이얼 게이지 등의 정밀도 검사와 길이 치수의 기준으로 사용된다. 또 게이지의 부속품이나 기타의 측정 기구와 함께 여러 가지 직접적인 측정에도 사용된다.

(1) 구성

게이지 블록은 세트로 되어 있고 블록 게이지의 조합은 103개조, 76개조, 32개조, 9개조, 8개조 등이며 표준이 되는 것은 103개조이다. 게이지 블록의 재질은 측정물의 재질이 보통 강재이므로, 이것과 팽창 계수를 비슷하게 하기 위해 내마멸성이 큰 공구강을 열처리 경화한 다음 연삭 및 래핑하여 광학적 평면으로 하고 있다. 단 최근에는 크롬탄화물이나 텅스텐 탄화물도 사용되고 있다.

(2) 정밀도

게이지 블록은 1개로만 사용되지 않고 몇 개를 조합하여 사용되는 일이 많으므로 세트로 되어 있다. 표준이 되는 103개 세트의 것을 사용하면 $\dfrac{1}{1000}$ mm마다 2 mm에서 225 mm까지의 길이를 측정할 수 있다. 게이지 블록의 정밀도는 측정의 기준용으로 사용되는 것인 만큼 극히 정밀하게 되어 있다. 등급에 따른 용도는 다음과 같다.

① K급 : 참조용과 표준용 게이지 블록의 정밀도 점검, 학술 연구용
② 0급 : 표준용과 공작용 게이지 블록의 정밀도 점검, 검사용 게이지 블록의 정밀도 점검, 측정 기구류의 정밀도 점검
③ 1급 : 검사용 게이지류의 정밀도 검사, 측정 기구류의 정밀도 조정, 기계 부품, 공구 등의 검사
④ 2급 : 공작용 게이지의 제작 측정, 계기류의 정밀도 조정, 공구, 절삭 용구의 설치 등에 사용

(3) 온도의 영향

게이지 블록과 같이 정밀한 측정 기구는 온도 변화에 따라 상당히 큰 영향을 받는다. KS 규정은 기준 온도 20℃, 표준 대기압 101325 Pa일 때 열팽창 계수가 $11.5 \pm 1.0 \times 10^{-6}$ K^{-1}이어야 한다. 이 경우 측정 불확도를 가진 열팽창 계수는 등급 K의 강제 게이지 블록이나 담금질 강과는 다른 재질로 만들어진다.

게이지 블록

이 게이지 블록은 100 mm 길이당 편평도 오차가 K급에서 $\pm 0.05\,\mu m$, 0급 $\pm 0.1\,\mu m$, 1급에서는 $0.15\,\mu m$, 2급에서는 $0.25\,\mu m$로 되어 있다. 이 때문에 게이지 블록을 손으로 직접 잡은 것은 좋지 않다는 것을 알 수 있다. 또 측정물의 온도도 당연히 생각해야 한다. 게이지 블록은 20℃(68℉)를 기준으로 하고 있으므로 길이의 기준이나 정밀 측정에 사용할 때에는 항온실에서 행하고 또 측정물도 상온이 되게 한 다음 측정해야 한다.

2-7 틈새 게이지

틈새 게이지(thickness gauge)는 KS B 5224에 규정되어 있는 것으로 강재의 얇은 편으로 되어 있고, 직접 또는 작은 홈의 간극 등을 점검하고 측정하는 데 사용한다. 일명 필러 게이지(feeler gauge)라고도 하며 폭이 약 12 mm, 길이 약 65 mm의 서로 다른 두께인 강편을 9~26매를 1조로 하며 나사로 고정했고 각 강편에는 각각의 두께가 표시되어 있다. 게이지 각 편의 두께는 보통 미터용에서는 0.025~0.5 mm, 인치용에서는 0.001~0.02inch로 되어 있다. 또 특정한 것의 측정용으로 낱개로 된 것(폭 5 mm 정도, 길이 150~200 mm)도 있다.

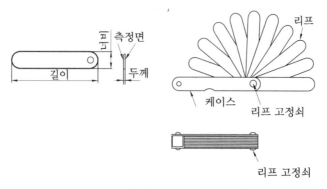

틈새 게이지

2-8 나사 게이지

나사 게이지(thread gauge)에는 센터 게이지와 스크루 피치 게이지가 있다.

(1) 센터 게이지

센터 게이지(center gauge)는 나사 절삭 바이트의 측정에 사용되며 게이지 위에 있는 스케일은 인치당 나사 수를 정하는 데 사용된다. 센터 게이지의 스케일 눈금에는 $\frac{1}{4}$, $\frac{1}{20}$, $\frac{1}{24}$인치 및 $\frac{1}{32}$인치의 것이 새겨져 있다. 게이지 뒷면에는 각 피치에서의 나사산의 깊이를 나타내는 표가 새겨져 있어 탭, 드릴 크기를 결정할 때 사용한다. 게이지에 파져 있는 각은 나사의 점검과 나사 절삭 바이트의 점검에 사용한다.

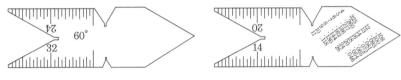

센터 게이지

(2) 스크루 피치 게이지

스크루 피치 게이지(screw pitch gauge)는 나사의 피치를 측정할 때 사용한다. 스크루 피치 게이지에는 미터식인 피치 게이지와 인치식인 1인치 내의 나사산 수별로 여러 개의 묶음으로 되어 있고 각각의 게이지편에 피치 또는 인치당의 이의 수가 새겨져 있다.

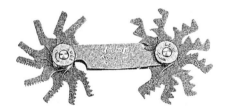

스크루 피치 게이지

2-9 높이 게이지

높이 게이지(height gauge)는 KS B 5233에 규정되어 있는 것으로 지그(jig)나 부품의 마름질 또는 구멍 위치의 점검, 표면의 점검 등에 사용된다. 이 게이지는 측정의 정밀도가 높으며 평면에서 수직거리의 금긋기도 할 수 있다. 버니어 높이 게이지는 정반

위에서 사용하기에 알맞은 풋 블록(foot block)이 붙은 일종의 캘리퍼스이다.

종류에는 버니어 캘리퍼스 타입과 카운터 타입, 전자 디지털 타입 및 다이얼 게이지 부착도 있다. 높이 게이지는 정반 위에서 측정할 수 있는 치수에 의하여 구분되며, 미터식에는 150, 200, 300, 600, 1000 mm 등이 흔히 사용되고 있다. 높이 게이지도 버니어 캘리퍼스처럼 미터식에서는 부척의 눈금이 주척의 19눈금을 20등분, 49눈금을 50등분하고 있어 $\frac{1}{20}$ mm 또는 $\frac{1}{50}$ mm까지 읽을 수 있다.

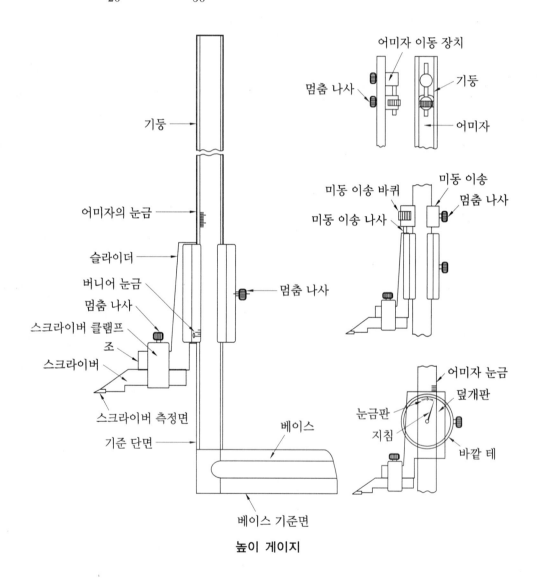

높이 게이지

2 보전용 공기구

1. 보전용 기구

1-1 체결용 공구

공구(工具)란 기계 설비 기구 등의 각 부품을 분해 조립 및 정비하고자 할 때 사용되는 기구를 말하며, 체결용 공구를 들면 다음과 같다.

(1) 양구 스패너(open end spanner)

일반적인 나사 분해·결합용으로 쓰이며 규격은 입의 너비(입에 맞은 볼트 머리, 너트의 대변 거리)로 규정하며 미터식은 5.5~60 mm, 인치식은 $\frac{1}{8} \sim 3''$가 있다.

(2) 편구 스패너(single spanner)

입이 한쪽에만 있는 것으로 규격은 양구 스패너와 동일하다.

(3) 타격 스패너(shock spanner)

입이 한쪽에만 있고 자루가 튼튼하여 망치로 타격이 가능하다. 규격은 양구 스패너와 동일하다.

타격 스패너

양구 스패너   편구 스패너

(4) 더블 오프셋 렌치(double offset wrench, ring spanner)

① 종류 : 6point, 12point, 15″, 45″

② 규격 : 사용 볼트, 너트의 대변 거리

③ 장점 : 볼트 머리, 너트 모서리를 마모시키지 않고 좁은 간격에서 작업이 용이하다.

(5) 조합 스패너(combination spanner)

양구 스패너와 오프셋 렌치의 겸용으로 사용된다.

더블 오프셋 렌치   조합 스패너

(6) 훅 스패너(hook spanner)

둥근 너트 등 원주면에 홈(notch)이 파져 있는 너트 등을 체결할 때 사용하는 공구이다.

(7) 소켓 렌치(socket wrench)

① 종류 : 6point, 12point, 6.4 mm각, 9.5 mm각, 12.7 mm각, 19 mm각, 25.4 mm각

② 핸들 : 래칫 핸들, T형 플렉시블 핸들, 슬라이딩 T핸들, 스피드 핸들

③ 부속 공구 : 연장봉, 소켓 어댑터, 팁 소켓, 유니버설 조인트

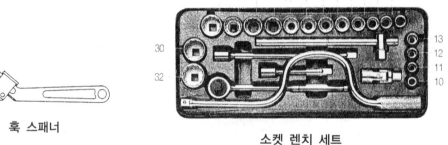

훅 스패너

소켓 렌치 세트

(8) 멍키 스패너(monkey spanner)

입의 크기를 조정할 수 있는 공구이다.

① 규격 : 전체 길이(100 mm, 150 mm, 200 mm 또는 8″ 10″ 12……)

② 유사 공구 : 모터 렌치, 조정 스피드 렌치, 솔리드 스틸바 렌치, adjust box wrench

| 멍키 스패너 | L-렌치 |

(9) L-렌치(hexagon bar wrench)

육각 홈이 있는 둥근 머리 볼트를 빼고 끼울 때 사용하고, 6각형 공구강 막대를 L자 형으로 굽혀 놓은 것으로 크기는 볼트머리의 6각형 대변거리이며 미터계는 1.27~32 mm, 인치계는 $\frac{1}{16} \sim \frac{1}{2}''$ 로 표시한다. 이외에 볼 포인트 L-렌치도 있다.

1-2 분해용 공구

(1) 기어 풀러(gear puller)

축에 고정된 기어, 풀러, 커플링 등을 빼낼 때 사용된다.

기어 풀러의 규격

(단위 : mm)

품번	풀릴 수 있는 직경	기어 등의 폭	발톱이 미치는 범위	품번	풀릴 수 있는 직경	기어 등의 폭	발톱이 미치는 범위
G3	75	30	61	GL4	100	60	150
G4	100	45	71	GL6	150	70	190
G6	150	60	105	GL8	200	100	275
G8	200	100	240	GL10	250	125	300
G10	250	120	250	GL12	300	170	350
G12	300	125	275	GL15	375	185	400
G15	375	130	320	GL18	450	200	440
G18	450	140	370				

(2) 베어링 풀러(bearing puller)

축에 고정된 베어링을 빼내는 공구이다.

베어링 풀러의 인발 능력

규격	베어링 인발 능력		적합한 베어링 번호	규격	베어링 인발 능력		적합한 베어링 번호
	직경(mm)	폭			직경(mm)	폭	
0	10~13	12	00, 01	4	25~32	20	05, 06
1	12~15	13	01, 02	5	34.5~41.5	23	07, 08
2	15~20	15	02, 03, 04	6	44~51	27	09, 10
3	20~25	17	04, 05	7	55~60	31	11, 12

 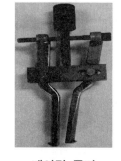

기어 풀러   베어링 풀러

(3) 스톱링 플라이어(stop ring plier)

스냅링(snap ring) 또는 리테이닝링(retaining ring)의 부착이나 분해용으로 사용하는 플라이어이다.

① 축용 : 손잡이를 쥐면 같이 벌어지는 것으로 축에 꽂힌 스냅링을 빼낼 수 있으며 1종에서 3종까지의 종류가 있다.

스냅링 플라이어(Ⅱ형)

② 구멍용 손잡이를 쥐면 닫히며 1종에서 3종까지의 종류가 있다.

스냅링 플라이어(Ⅰ형)   곡 플라이어(Round plier)

스톱링 플라이어의 종류

형	종	특　　징	명　　칭
Ⅰ형	1종	스톱 및 스프링 조절 기능 있음	내부 리테이닝링 플라이어
	2종	스톱 및 스프링 조절 기능 없음	
	3종	스톱 조절 기능 없는 래치식	
Ⅱ형	1종	스톱 및 스프링 조절 기능 있음	외부 리테이닝링 플라이어
	2종	스톱 및 스프링 조절 기능 없음	
	3종	스톱 조절 기능 없는 래치식	
Ⅲ형	1종	팁 단면 모양 사각형	내부 리테이닝링 플라이어
	2종		외부 리테이닝링 플라이어

1-3 집게

(1) 조합 플라이어(combination plier)

일반적으로 말하는 플라이어로 재질은 크롬강이고, 규격은 전체의 길이로서 150, 200, 250 mm 등이 있다.

(2) 롱 노즈 플라이어(long nose plier)

끝이 가늘어 전기 제품 수리나 좁은 장소에서 작업이 적합한 것으로 규격은 전체 길이로 표시한다.

(3) 워터 펌프 플라이어(water pump plier)

이빨이 파이프 렌치처럼 파여 둥근 것을 돌리기에 편리하다.

(4) 콤비네이션 바이스 플라이어(combination vise plier, grip plier)

쥐면 고정된 채 놓지 않도록 되어 있는 것으로 사용 범위가 넓다. 또한 물건을 집는 턱의 옆날을 이용해서 와이어를 절단할 수도 있다. 크기는 몸통의 크기에 따른 대소로 나누어진다.

(5) 라운드 노즈 플라이어(round nose plier)

전기 통신기 배선 및 조립 수리에 사용하며 규격은 전체 길이로 표시한다.

조합 플라이어

라운드 노즈 플라이어

워터 펌프 플라이어

콤비네이션 바이스 플라이어

(6) 와이어 로프 커터(wire rope cutter)

와이어 로프 절단에 사용, 규격은 전체의 길이로 표시한다.

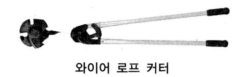

와이어 로프 커터

2. 윤활용 기구

(1) 오일 건(oil gun)

윤활유 주입기로 규격은 용량(mL, L)로 표시한다.

(2) 그리스 건(grease gun)

그리스를 주입할 수 있는 그리스 주입기이다.

(3) 핸드 버킷 펌프(hand bucket pump)

수동식 펌프로 옥외에서 그리스 주입 시 사용된다.

오일 건   핸드 버킷 펌프

그리스 건

3. 배관용 공기구

(1) 파이프 렌치(pipe wrench)

파이프를 쥐고 회전시켜 조립 분해하는 데 사용한다.

(2) 파이프 커터(pipe cutter)

파이프 절단용 공구이다.

(3) 파이프 바이스(pipe vise)

파이프를 고정할 때 사용한다.

(4) 오스터(oster)

파이프에 나사를 깎는 공구이다.

(5) 플러링 툴 세트(flaring tool set)

파이프 끝을 플레어링하는 기구로서 플레어 툴(flare tool), 콘 프레스(cone press), 파이프 커터(pipe cutter)로 구성이 되어 있다.

(6) 파이프 벤더(pipe bender)

파이프를 구부리는 공구로 180° 이상도 벤딩이 가능하다.

(7) 유압 파이프 벤더

지름이 큰 파이프 굽힘에 사용하며 유압 작동을 이용한 공구이다.

파이프 렌치

파이프 커터

파이프 바이스

오스터

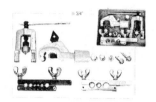
플러링 툴 세트

파이프 벤더

유압 파이프 벤더

4. 보전용 측정 기구

(1) 베어링 체커(bearing checker)

베어링의 윤활 상태를 측정하는 측정 기구로서 운전 중에 베어링에 발생하는 윤활 고장을 알 수 있다. 안전, 주의, 위험 세 단계로 표시하며 그라운드 잭은 기계 장치 몸체에 부착하고 입력 잭은 베어링에서 제일 가까운 회전체에 회전을 시키면서 접촉하여 측정한다.

(2) 진동계(tele-vibro meter)

전동기, 터빈, 공작 기계, 각종 산업 기계, 건설 기계, 차량 등에서 발생되는 진동을 측정하는 것으로 휴대용 진동 측정기, 머신 체커 등이 있으며 주파수 분석까지 필요할 경우 FFT 분석기로 측정 및 분석을 한다.

(3) 지시 소음계(sound level meter)

소리의 크기를 측정하는 계기로서 일반 목적에 사용되는 측정기이다. 40~140 dB이고 주택 및 산업체에서 소음의 크기를 측정한다.

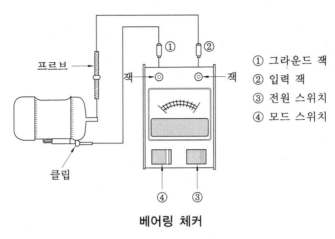

① 그라운드 잭
② 입력 잭
③ 전원 스위치
④ 모드 스위치

프르브

잭

잭

클립

베어링 체커

진동 측정기

지시 소음계

(4) 회전계(tachometer)

기계의 회전축 속도를 측정하는 장치로 접촉식과 비접촉식 및 공용식이 있다.

(5) 표면 온도계(surface thermo meter)

열전대(thermo couple)를 이용하여 물체의 표면 온도를 측정하는 측정기이다.

회전계

표면 온도계

3 보전용 재료

1. 접착제

1-1 접착제의 정의 및 성질

(1) 접착제의 정의

접착이란 어떤 물질의 접착력에 의하여 같거나 다른 종류의 고체를 접합하는 것으로 이 접착에 사용되는 재료를 접착제라 한다(KS M 3699). 물체를 접착시키려면 접착제를 물체에 도포하고 서로 붙인 후에 접착제가 고화(固化)되어야 한다. 따라서 접착제는 처음에는 액상이다가 나중에 고화되는 경우 떨어지지 않고, 또한 접착제 자체가 파괴되지 않는 고분자이어야 한다. 그러므로 접착제는 일반적으로 다음 3가지로 대별할 수 있으며, 접착제 생산의 대부분을 차지하는 요소 수지(尿素樹脂)는 저분자이지만, 수용액으로 합판에 도포하여 합판의 다듬질에 쓰이는 등 조합해서 쓰이는 경우가 많다.

① 물에 녹인 녹말풀, 가솔린에 녹인 고무풀, 시너에 녹인 폴리 아세트산 비닐계(系) 등과 같이 고분자를 용액으로 사용하는 접착제

② 시아노 아크릴 레이트·비스, 아크릴 레이트 등과 같이 처음에는 저분자의 액상이던 것이 붙은 다음에 중합 반응으로 고분자가 되는 접착제

③ 고분자의 고체를 가열하여 용융시켜 붙이는 접착제(핫 멜트법)

(2) 접착제의 성질

① 접착제의 구비 조건

   (가) 액체성일 것

   (나) 고체 표면의 좁은 틈새에 침투하여 모세관 작용을 할 것

   (다) 액상의 접합체가 도포 후 용매의 증발 냉각 또는 화학 반응에 의하여 고체화하여 일정한 강도를 가질 것

제3장 보전용 재료 **43**

② 접착제의 종류

종 류		주성분 및 용도	주요 피착제	형 태
1종		니트로 셀룰로오스가 주성분, 그 밖의 수지, 가소제(plasticizer) 등의 배합제와 유기 용제로 구성된다.	목재, 종이	용제형
2종	A	합성수지가 주성분, 그 밖의 수지, 가소제 등의 배합제와 유기 용제로 구성된다.	목재, 종이	용제형
	B		염화비닐 수지	
3종	A	물을 매개체로 한 합성수지 또는 합성 엘라스토머의 에멀션(디스퍼션형 및 라텍스형 포함)에 그 밖의 수지, 가소제 등 배합제를 더한 것이다.	목재	에멀션형 (디스퍼션형 및 라텍스형 포함)
	B		천, 고무, 가죽	
	C		종이	
4종	A	합성 엘라스토머를 주성분으로 하고 수지, 첨가제 등의 배합제와 유기 용제로 구성된다.	고무, 가죽	용제형
	B		염화비닐, 수지, 가죽	
5종	A	에폭시 수지를 주성분으로 하고 수지, 첨가제 등의 배합제와 유기 용제로 구성된다.	금속, 경질 플라스틱 (올레핀계, 플로오르계 등은 제외), 도기, 타일	화학 반응형
	B		금속, 경질 플라스틱(올레핀계, 플로오르계 등은 제외), 도기, 타일 특히 휨성을 필요한 곳에 사용	
6종	A	α-시아노아크릴레이트 모노머를 주성분으로 하고 안정제, 수지, 보강재 등의 배합제를 더한 것이다.	금속, 고무, 목재, 도기, 플라스틱(올레핀계, 플루오르계, 실리콘계, 염질 염화비닐 등 제외)	1액 반응형
	B			2액 반응형
	C		폴리에틸렌, 폴리프로필렌	2액형

㈎ 모노머(monomer) 또는 중합제(prepolymer)형 접착제 : 중합, 축합 등의 화학 반응에 의하여 경화되는 것. 페놀 요소, 멜라닌(melanin) 등의 프롬 알테히드계 접착제 에폭시(epoxy)계 등 순간 접착제와 혐기성 접착제가 여기에 속한다.

㈏ 용액 또는 유화액형 접착제(emulsion adhesive) : 합성수지를 물에 유화 분산시킨 것으로 라텍스형 접착제라고도 한다.

㈐ 상온 경화형 접착제(cold setting adhesive) : 열을 가하지 않고 경화시키는 것

㈑ 압력 감응형 접착제(pressure sensitive adhesive) : 상온에서 압력을 가하는 것만으로 경화하는 것

㈒ 일액형 접착제(one component adhesive) : 다른 성분의 첨가 없이 빛, 열, 전자선 등의 적당한 수단에 의해 경화하는 것

(바) 이액형 접착제(two component adhesive) : 두 개의 성분으로 나누어져 있고, 사용 직전에 혼합되어 경화되는 것

(사) 올리고머형 접착제(oligomer adhesive) : 올리고머(서중합체)에 가교제, 분자 고리 연장제 등을 배합하여 빛, 열, 전자선 등의 적당한 수단에 의해 경화하는 것

(아) 가열 경화형 접착제(heat setting adhesive) : 가열에 의해 경화하는 것

1-2 용도별 접착제의 특성

(1) 금속 구조용 접착제의 특징

① 경량화 금속에 의한 접합 방법에 비하여 접착제의 중량이 훨씬 적다.

② 강도·응력 분산 : 리벳이나 볼트 등의 결합에서는 응력 집중이 발생되나, 접착제의 경우 구멍을 만들지 않고 면 접합이 되므로 응력이 분산되고 용접의 경우처럼 잔류 응력이 생기지 않는다.

③ 설계 간단 : 리벳이나 볼트의 접합부를 설계할 때에는 구멍의 위치, 강도 등에 대하여 설계에 신중을 기해야 하지만 접착제의 경우는 그렇지 않다.

④ 접착 속도 : 접착 시간이 단축된다.

⑤ 샌드위치 구조 : 샌드위치 또는 벌집형(honey-comb) 구조로서 재료의 경량화 및 강도가 향상된다.

⑥ 실링(sealing) : 볼트나 리벳 등의 접합은 가스나 액체에 대해 완전한 실링이 되지 않으나 접착제에서는 가능하다.

⑦ 전기 절연·단열·방음·방진 : 전도성 접착제를 제외하고는 전기의 비전도체이다. 접착제에 의한 접합에서는 접합, 절연, 단열의 목적을 달성할 수 있고 방음·방진 도 가능하다.

⑧ 방청으로 녹의 발생을 방지한다.

⑨ 가격이 저렴하다.

⑩ 극저온에서 접합이 가능하다.

(2) 혐기성 접착제의 특징

혐기성 접착제는 산소의 존재에 의해 액체 상태를 유지하다가 산소가 차단되면 중합(重合)이 촉진되어 경화된다. 액체 고분자 물질을 주성분으로 한 일액성, 무용제형 강력 접착제이다.

① 특성 및 용도 : 진동이 있는 차량, 항공기, 동력기 등의 풀림 방지 및 가스, 액체의 누설 방지를 위해 사용된다. 침투성이 좋고 경화할 때에 감량되지 않으며 일단 경화되면 유류, 약품 종류, 각종 가스, 소금물, 유기 용제에 대하여 내성이 우수하고

반영구적으로 노화되지 않는다.

② 사용상 주의 사항

㈎ 작업 중 신체와 접촉되지 않도록 주의하고 환기에 주의할 것

㈏ 접착 부분을 깨끗이 할 것

㈐ 일액형으로서 경화가 빠르므로 작업을 신속히 할 것

㈑ 충진 고착에 필요한 강도 및 틈(clearance)에 대하여 알맞게 선택할 것

2. 세정제

산업 현장에서 모든 금속 및 비금속을 손상 없이 오물, 부식, 스케일 등을 신속히 제거하기 위하여 탈지, 세정, 세척(전 처리)을 목적으로 가성 세제 및 염소 계열의 유기용제를 시용하였으나 환경 공해 및 인체에 미치는 영향 등의 많은 문제점이 있어 탄화수소계 세정제를 주로 사용한다. 탄화계 세정제는 계면 활성제, 물, 알코올 등을 주로 사용한다.

세정제(KS M 29630)는 다음과 같은 조건을 갖추어야 한다.

① 환경 공해 및 인체에 악영향을 미치지 않을 것

② 녹과 부식, 탈지, 먼지 등의 세척력이 우수할 것

③ 방청성을 겸할 것

④ 비휘발성으로 화재의 위험성이 없을 것

⑤ 독성이 적을 것

⑥ 잔유물이 생기지 않을 것

3. 소부 방지제

초미립 순수 니켈 입자와 극압용 몰리브덴, 특수 그리스를 섞어 고착 방지와 윤활작용의 효과를 최대한 얻을 수 있도록 제조된 최첨단 고착 방지 및 극압, 고온용 윤활제로 염수, 산, 알칼리, 고습도, 수증기, 이온 수, 고하중, 고온 등의 극한 조건으로부터 고가의 산업 기계 등을 보호하고 유지시켜 준다.

고착 방지, 우수한 밀봉, 방청, 내부식성, 내마모성, 내약품성 등의 특징이 있으며, 조립 해체가 용이하여 나사 결합, 개스킷 밀봉, 밸브 조립, 고온, 충격, 진동이 수반되는 곳에 사용된다.

4. 방청제

금속 표면에 기름 보호막을 만들어 공기 중의 산소나 수분을 차단하는 것으로 금속 제품의 보관, 수송, 보존 등의 특정 기간 동안 녹이 발생되는 것을 방지한다. 한편 녹 방지를 위해서는 보일유, 유성 니스, 합성수지 니스 등으로 혼합한 광명단, 벵갈라 또는 크롬산 아연 성분의 방청 도료도 흔히 사용된다. KS A와 KS M, KS D에서는 각 기호를 KP로 표기하고 있으며 KS T에서는 NP로 표기하고 있다.

(1) 용제 희석형(溶劑稀釋形) 방청유(solvent cutback type rust preventive oil)(KS M 2212)

녹슬지 못하게 피막을 만드는 성분을 석유계 용제에 녹여서 분산시켜 놓은 것으로 금속면에 바르면 용제가 증발하고 나중에 방청 도포막이 생긴다.

　① 1종(KP-1) : 경질막으로 옥내, 옥외용이다.

　② 2종(KP-2) : 연질막으로 옥내용이다.

　③ 3종(KP-3) : 1호(KP-3-1)는 연질막이며, 2호(KP-3-2)는 중고점도 유막으로 두 가지 다 옥내 물 치환형 방청유이다.

　④ 4종(KP-19) : 투명 경질막으로 옥내, 옥외용이다.

(2) 지문(指紋) 제거형 방청유(finger print remover type rust preventive oil)(KS M 2210)

KP-0으로 표시하며, 저점도 유막으로 기계 일반 및 기계 부품 등에 부착된 지문 제거와 방청용으로 사용된다.

(3) 방청 윤활유(rust preventive lubricating oil)(KS A 1105, KS M 2211)

석유의 윤활유 잔류분을 기제로 한 기름상태의 방청유로 일반용과 내연기관용 등이 있다.

방청 윤활유

종 류		기 호	막의 성질	주 용도
1종	1호	KP-7	중점도 유막	금속 재료 및 제품의 방청
	2호	KP-8	저점도 유막	
	3호	KP-9	고점도 유막	
2종	1호	KP-10-1	저점도 유막	내연기관 방청, 주로 보관 및 중하중을 일시적으로 운전하는 장소에 사용
	2호	KP-10-2	중점도 유막	
	3호	KP-10-3	고점도 유막	

(4) 방청 바셀린(rust preventive petrolatum)(KS A 1105, KS M 2213)

상온에서 고체 상태 또는 반고체 상태인 바셀린 등을 기제로 한 방청제로 피막에 따라 연질막, 중질막, 경질막이 있다.

방청 페트롤러이텀

종 류	기 호	도포 온도(℃)	주 용도
1종	KP-4	90 이하	대형 기계 및 부품 녹 방지
2종	KP-5	85 이하	일반 기계 및 소형 정밀 부품 녹 방지
3종	KP-6	80 이하	구름 베어링 등 고정밀면 녹 방지

(5) 방청 그리스(rust preventive grease)(KS D 9401, KS M 2136)

부식 억제제를 첨가한 윤활 그리스로 기호는 KP-11이며 1종(1~3호)과 2종(1~3호)이 있다.

점도 및 용도에 따른 분류

종 류	기 호	막의 성질	주 용도
1종	KP-20-1	저점도 유막	밀폐된 공간에서의 방청
2종	KP-20-2	중점도 유막	

(6) 기화성(氣化性) 방청유(volatile rust preventive oil)(KS A 2111, KS M 2209)

밀폐된 상태의 철강재의 녹 발생 방지에 사용되는 것으로, 분류는 다음과 같다.

기화성(氣化性) 방청제의 구분

종 류		사용 범위에 따른 구분	녹 발생 방지 효력을 발휘하기까지의 시간에 따른 구분
1종	H형	철강에 구리, 알루미늄 등 비철금속이 코팅되어 있는 경우 철강과 비철금속이 조합되어 있는 경우에 사용하는 것	속효성(1시간)
	L형		지효성(20시간)
2종	H형	철강만 사용 가능	속효성
	L형		지효성

5. 윤활유

5-1 윤활의 개요

(1) 윤활의 목적

① 하중을 전달하는 부분에 윤활막을 형성하여 금속 간의 접촉을 방지함으로써 마모와 조기 피로를 방지하고 수명을 보장하는 것이다.

② 저소음이나 저마찰처럼 운전에 바람직한 특성을 향상시킬 수 있다.

③ 냉각 작용을 하며, 특히 순환 급유 방식 등으로 내부에서 발생한 열을 외부로 방출시킴으로써 베어링의 과열 방지 및 윤활유 자신의 열화를 방지한다.

④ 이물의 침입을 막고 녹과 부식을 방지한다.

⑤ 윤활 개소의 혼입 이물을 세척하고 외부로 배출하여 청정을 유지한다.

(2) 윤활 관리의 목적

윤활 관리의 목적은 기계에 올바른 급유를 하고 정기 점검을 하여 고장의 감소와 원활한 가동을 도모하여 그 효과를 시설 관리의 절감과 생산성의 향상에 기여하는 것이다.

(3) 윤활의 4대 원칙

적유, 적기, 적량, 적법

(4) 윤활의 효과

① 윤활의 사고의 방지　　　　② 기계 정도와 기능의 유지

③ 제품 정도의 향상　　　　　④ 보수 유지비의 절감

⑤ 동력비의 절감　　　　　　⑥ 윤활비의 절약

⑦ 구매 업무의 간소화　　　　⑧ 안전 작업의 철저

⑨ 윤활 의식의 고양(高揚)

(5) 윤활제의 작용

윤활제 즉 윤활유, 그리스 등이 갖고 있는 기본이 되는 기능, 작용은 표와 같다. 일반적으로 윤활유라고 하면 마찰과 마모를 감소시키는 작용을 갖고 있다고 생각하기 쉬우나 그것은 주요한 작용이고, 그 밖에 더욱 더 많은 작용을 하고 있다.

윤활유의 작용

작 용	기 능
감 마	윤활 개소의 마찰을 감소하여 마찰 소음을 방지하고 마모와 소착을 방지한다.
냉 각	열을 외부로 방출시켜 냉각시킨다.
밀 봉	밀폐 용기 내의 압력 누설 등을 방지한다.
청 정	혼입 이물을 무해한 형태로 바꾸든가 외부로 배출시켜 청정을 유지한다.
부식 방지	녹 발생 및 부식을 방지한다.
방 진	먼지 등의 유해 물질의 혼입을 방지한다.
동력 전달	유압 작동유로서 동력 전달체의 작용을 한다.

① 마찰과 마모 : 보통 마모라고 하는 것은 서로 접촉해서 운동하는 두 면의 사이에 발생하는 현상을 말하며, 그 접촉면의 요철(凹凸)이 맞부딪치는 저항과 개개의 분자의 응착력(凝着力)이 가해진 것을 마찰 저항이라 한다.

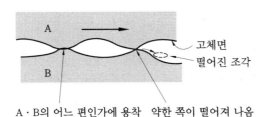

고체 윤활

② 유성(油性) 윤활제의 감마(減摩) 작용 : 마찰면의 거칠기, 가해지는 압력(하중), 온도, 운동의 속도·방향 등의 모든 조건에 맞는 적정한 점도의 윤활유가 공급된 경우 그림과 같이 2면의 사이에 윤활유가 완전히 충만되어 있는 유체 윤활 상태로 운동을 계속하면 마찰 저항도 대단히 작을 뿐만 아니라 마모도 일어나지 않는 이상적인 상태에 있게 된다.

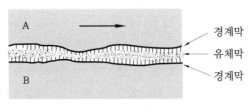

유체 윤활

그러나 그와 같은 상태는 마찰면의 모든 조건이 시시각각으로 변화되므로 실제로는 경계 윤활 상태가 많다. 즉 면의 볼록부는 윤활유막이 대단히 얇게 흡착된 경계막으로 접촉하는 상태로 되어 경계막이 깨져 직접 금속 접촉(마모)을 일으키게 된다.

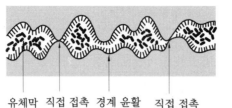

유체막 직접 접촉 경계 윤활 직접 접촉
(용착, 떨어질 가능성이 있다)

경계 윤활

③ 극압(極壓) 윤활제의 감마 작용 : 접촉면에 고하중이나 충격 발생, 미끄럼 속도가 낮음 등 가혹한 조건 때문에 유체 윤활 상태를 유지할 수 없어 일부 직접 접촉을 해야 하는 경우가 있다. 이 경우 표면의 요철면에 마찰 계수가 낮은 금속 화합물의 막을 화학적으로 생성시켜서 전체적인 마찰을 감소시키는 성능을 가진 윤활제를 극압 윤활유라고 하며 흑연, 이유화 몰리브덴, 납, 주석 등이 첨가되어 있다. 혹은 염소, 유황, 인계의 첨가제에 의해 화학적으로 생성시키는 피막도 이와 같은 용도에 효과가 있어서 자주 사용된다.

④ 부식 마모의 감소 : 부식, 즉 녹이란 금속 표면에 수분·공기나 가스의 분자, 먼지 등이 부착되어 쉬지 않고 부식이 진행되고 있는 것이며 부식된 금속 표면은 매우 약해져 마찰에 의해 차차 탈락되어 가는 것이다. 이것을 부식 마찰이라고 하며, 윤활유는 부식 방지라고 하는 큰 요소로 방청 부식 방지의 성능이 있다.

⑤ 기타 작용

⑺ 냉각 작용 : 마찰면은 충분한 윤활이 되더라도 마찰열에 의해 온도가 상승한다. 내연기관이나 압축기 또는 주변에 열 에너지가 있으면 더욱더 온도 상승은 피할 수 없다. 이때 윤활유를 공급하면 열이 흡수되고 그 윤활유를 순환시켜 윤활유에 의한 냉각 작용을 하게 된다.

⑷ 밀봉 작용 : 밀봉 작용이란 내연기관이나 왕복동 압축기의 피스톤링과 실린더 사이나, 스크루형의 라우터와 케이싱 사이 등 미소한 틈새에서의 압축 누설 등을 방지시키는 것이며 적정 점도의 윤활유에 의해 가능해진다.

⑸ 방청·부식 방지 : 윤활유 탱크 내 등의 공기 온도 편차에 따라서는 공기 중의 습기가 응결되어 물방울이 되고 기름 속에 혼입되거나 냉각수 등도 침입할 경우가 있다. 이 수분은 금속면에 녹을 생기게 하는 원인이 된다. 이때 윤활유는 금속면을 수분이나 산소로부터 차단하고 보호하는 역할을 한다.

⑹ 방진 작용 : 방진 작용으로서 마찰면에 주위의 먼지 기타의 이물 침입 방지의 역할을 한다. 특히 감마 작용은 윤활의 주목적에 해당되어 충분한 관리가 필요하다.

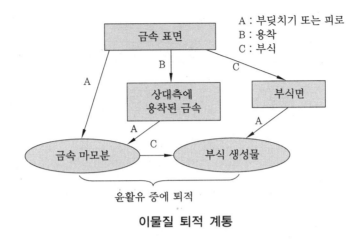

이물질 퇴적 계통

(6) 윤활제의 종류와 점도의 기본

윤활제는 용도에 따라 종류가 다양하다. 고체 윤활제는 특수 용도로 윤활유 또는 그리스에 혼합해서 자주 사용된다. 윤활유의 가장 중요한 기본 성상은 점도이고 윤활유 선택의 가장 기본적인 기준이다.

윤활제의 분류

분 류	용 도
액상 윤활제	스핀들유, 절연유, 냉동기유, 터빈유, 유압 작동유, 압축기유, 머신유, 모터유, 디젤 엔진유, 기어유, 실린더유, 차축유, 절삭유 등
반고체상 윤활제	그리스(컵 그리스, 파이버 그리스, 알루미늄 그리스, 리튬 그리스), 기어 컴파운드
고체 윤활제	그래파이트, 2유화 몰리브덴

기름의 점도란 이 기름의 유동성을 나타내는 척도이며, 점도가 높은 기름일수록 유동성이 불량하고 쉽게 흐르지 않는다.

규격은 동점도로 표시한다. 동점도의 단위는 센티 스토크스(cSt)를 쓴다. 기름의 점도는 온도에 따라 크게 변하므로 사용 조건의 온도를 고려해서 점도를 정하여야 한다. 즉 베어링 윤활유의 점도인 경우 회전수라든가 부하 등의 변수들이 있어 정확한 점도를 할 수 없지만 일반적인 운전 온도에 있어서 스러스트 미끄럼 베어링에서는 25~36 cSt, 일반 저널 미끄럼 베어링에서는 18~25 cSt, 일반적인 볼 또는 롤러 베어링에서는 12~15 cSt가 적당하다. 또한 그리스의 점도는 주도(稠度)가 사용되며 다음의 표는 NLGI(미국의 그리스 규격)이다.

공업용 윤활유의 구분·용도

구 분	용 도	점 도
공업용 다용도 윤활유	고도정제의 기유에 산화 방지제, 방청제, 유성 향상제 등을 첨가한 제품이고 일반기계의 순환, 비말, 유욕, 링 급유의 베어링, 기어 및 컴프레서, 유압 장치의 작동유로서도 사용된다.	2~530
공업용 밀폐형 기어용 윤활유	상기와 같은 용도로 쓰이는 첨가제가 들어가지 않은 제품	2~530
공작 기계 미끄럼 안내면용	고도 정제의 기유에 납 비누, 비부식 극압 향상제, 산방지제, 부식 방지제 등을 배합한 제품이고 스퍼, 베벨, 헬리컬 및 웜 등의 밀폐형 기어에 사용된다.	70~3980
고급 유압 작동유	고도 정제의 기유에 유성 향상제, 방청제, 산화 방지제 점착제를 배합한 제품이며 공작기계의 미끄럼 안내 및 일부는 유압 장치의 작동유에도 병용된다.	35~200
고급 터빈유	고도 정제의 기유에 산화 방지제, 방청제, 발포 방지제를 배합한 제품이고 증기, 가스, 수력 터빈용 외에 각종 베어링, 기어용 및 컴프레서, 유압 작동유 둥에 널리 사용된다.	35~90
고급 압축기유	토출 밸브에 카본 등 퇴적물이 생성되지 않도록 기유 및 첨가제로 되어 있다. 공기 혹은 가스 압축기 전용유에 사용된다.	50~400
고급 냉동기유	고도 정제의 나프텐계 윤활유이고 냉동기기의 윤활에 사용된다.	15~90
기어 컴파운드	내압성이 우수한 윤활제이고 와이어 로프, 체인 등에 사용된다.	100 50~600
고급 롤러 베어링용 그리스	리튬 혹은 나트륨계의 고급 그리스이며 고속 회전의 볼·롤러 베어링용으로서 사용된다.	NLGI No.1 No.2
집중 급유용 그리스	리튬 혹은 칼슘계의 내수, 내열성의 극압 그리스이고 집중급유용 외에 고하중의 윤활 개소에 널리 쓰인다.	NLGI No.0 No.1 No.2

NLGI의 그리스 규격

NLGI 번호	주도(W60)	NLGI 번호	주도(W60)
000	445~475	3	220~250
00	400~430	4	175~205
0	355~385	5	130~160
1	310~340	6	85~115
2	265~295		

5-2 윤활 방법

　베어링의 윤활 방법은 오일 윤활과 그리스 윤활의 2가지가 있다. 베어링의 기능을 충분히 발휘하기 위해서는 사용 조건과 사용 목적에 적합한 윤활 방법을 사용하는 것이 매우 중요하다. 윤활의 질적인 면을 보면 오일 윤활이 여러 가지 장점이 있어 그리스 윤활에 비하여 우수하나, 베어링이 그리스 윤활에 많이 사용되고 있는 것은 베어링 내부에 그리스를 가질 수 있는 공간을 갖고 있고, 밀봉 장치가 간단하다는 등의 장점이 있기 때문이다.

그리스 윤활과 오일 윤활의 특징

구 분	그리스 윤활	오일 윤활
윤활성	양호	매우 양호
냉각 효과	없다.	순환 급유식인 경우 냉각 효과가 있다.
허용 하중	보통 하중	고하중
속도	허용 속도는 오일 윤활의 65~80 %	높은 허용 속도
밀봉 장치, 하우징 구조	간단	복잡
방진성	용이	곤란
윤활제 누설	적다.	많다.
보수성	용이	곤란
윤활제 교환	곤란	용이
토크	약간 크다.	작다.
이물질 제거	불가능	용이
점검 주기	길다.	짧다.

(1) 오일 윤활

　① 윤활유 : 윤활유는 광유계 윤활유와 합성유계 윤활유로 크게 나누어진다. 윤활유의 선정에 있어 점도는 윤활 성능을 결정하는 중요한 특성 중 하나이다. 운전 온도에서 점도가 너무 낮으면 유막 형성이 불충분하여 마모 및 타 붙음이 일어나기 쉬우며, 반면 너무 높으면 점성 저항이 커져 온도 상승과 마찰에 의한 동력 손실이 커지게 된다. 일반적으로 고속 저하중일 때는 점도가 낮은 윤활유를 사용하고, 저속 고하중일 때는 점도가 높은 윤활유를 선정한다.

베어링의 형식과 윤활유의 필요 최소 동점도

베어링 형식	운전 시의 동점도(cSt)
볼 베어링, 원통 롤러 베어링, 니들 롤러 베어링	13 이상
테이퍼 롤러 베어링, 구면 롤러 베어링, 스러스트 니들 롤러 베어링	20 이상
스러스트 구면 롤러 베어링	32 이상

　윤활유의 선정은 ISO에서 규정한 점도 등급을 기준으로 하고 점도 지수를 참고하면 편리하다. 온도와 점도의 관계는 점도 지수에 따라 다르지만, 일반적으로 윤활유의 온도가 10℃ 증가할 때마다 점도는 반감된다.

② 윤활법

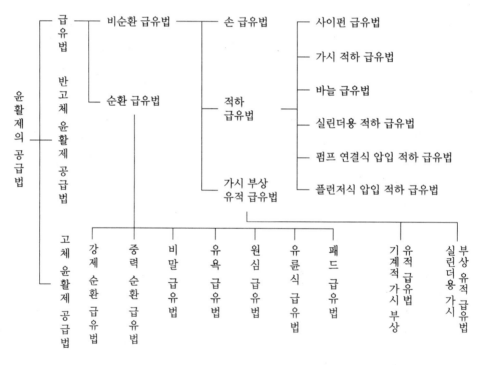

윤활제의 공급 방식

　㈎ 비순환 급유법 : 이 방법은 순환 급유법보다 저기능 방법으로 대체로 순환 급유법을 채용할 수 없는 경우에 사용된다. 즉 기름의 오손(汚損)이 심할 염려가 있는 경우, 고온으로 인한 기름의 증발이 생길 경우, 기계의 구조상 순환 급유법을 채용할 수 없는 경우 등에 사용되는데 손 급유법(手給油法), 적하(滴下) 급유법, 가시 부상(可視浮上) 유적 급유법 등이 있다.

　㉮ 손 급유법(hand oiling) : 사람의 손으로 주유기를 사용하여 급유하는 가장 간단한 방법으로 기계적 급유법을 사용할 수 없는 곳 또는 마찰면의 미끄럼 속도

가 낮고 경하중인 경우에 사용한다. 기름을 공급하였을 때만 다량의 기름이 흐르고 시간의 경과에 따라 마찰면의 기름이 건조 상태로 되기 쉬우므로 점착성이 큰 기름이 요구되고 기름의 소비량이 많고 급유가 불완전하며 가장 불량한 방법이다. 오일 구멍(oil hole)은 보통 베어링의 상부에 설치하고 먼지가 들어가는 것을 방지하기 위한 경우에는 기름 단지를 설치한다. 실제로는 방적용 기계 인쇄기 등과 같이 윤활 장치에 의하여 윤활유의 공급을 할 수 없는 경우 사용한다.

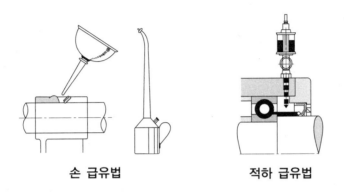

손 급유법   **적하 급유법**

㉴ 적하 급유법(滴下給油法 : drop-feed oiling) : 이 방법은 급유할 마찰면이 넓고 손 급유법으로 불편한 경우에 사용된다. 손 급유법보다 훨씬 우수한 방법이고 기름의 보충에 주의만 하면 오랫동안 급유를 계속할 수 있으므로 널리 사용되고 있으나 다른 진보된 방법에 비하면 불완전하고 기름의 소비량이 많아 대체로 기관차 등에 사용된다.

㉠ 사이펀(syphon) 급유법 : 사이펀 급유법은 베어링의 컵에 기름을 저축하는 기름 탱크가 있다. 이 기름 탱크에는 뚜껑을 씌우고 그 속에는 가는 털실 또는 무명실을 감아서 만든 끈을 넣어 기름이 모세관 작용에 의하여 일단 올라가고 다음에 사이펀 작용에 의하여 적하하는 것으로서 기름 탱크의 유면은 되도록 일정하게 유지할 필요가 있다. 그러나 축경 부분이 가열되었을 때에는 용기 내 기름의 온도는 올라가고 점도는 감소되므로 급유되는 양이 많아져 기름 낭비가 많다는 단점이 있다. 또 정지 상태에서도 급유는 계속되므로 기계의 운전을 중지하였을 때는 끈을 잡아 올려 급유를 중지하여야 하는 불편이 있어 소규모의 급유 장치에만 사용된다.

㉡ 바늘 급유법(needle oiling) : 바늘 급유법은 그림과 같이 바늘 n을 오일 속에 넣고 축의 회전에 따라 이동시키면 오일이 적하하고 회전이 중지되면 적하를 중지하는 원리이다. 이 방법은 바늘의 진동에 의하여 급유가 되므로 축의 회전수에 따라 자동적으로 급유량을 조절하는 작용을 한다.

사이펀 급유법

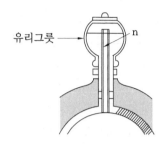

바늘 급유법

ⓒ 가시적하 급유법(sight feed oiling) : 오일 용기와 오일이 떨어지는 곳은 유리로 만들어져 있으므로 적하 상태를 바깥에서 볼 수가 있고 니들 밸브(needle valve)로 적하 구멍을 가감하여 주유량을 조정할 수 있으므로 널리 사용된다.

ⓔ 실린더용 적하 급유법(cylinder feed oiling) : 실린더용 급유기에 의해 급유하는 방법으로서 실린더의 주위에 직접 급유기를 붙여 사용한다. 기름 단지 위, 아래에 각각 콕이 붙어 있으며 기름을 넣을 때는 위를 열고 아래 콕을 닫고 급유할 때는 위를 닫고 아래 콕을 열도록 하여 급유 중 증기압 때문에 기름이 압축되지 않도록 한다.

ⓜ 플런저식 압입 적하 급유법 : 이 방법도 역시 가시 적하 급유기를 사용하는 방법으로 송유관보다 먼저 압력이 걸려 있는 특별한 경우에 사용되고 가시 급유기의 기름이 중력에 의하여 적하하면 펌프 플런저는 그 기름을 송유관에 보내게 된다. 이 펌프의 플런저는 로커에 의하여 움직이게 되고 또 로커는 기계의 운동부에 연결되어 있는 캠에 의하여 운전된다.

ⓑ 가시 부상 유적 급유법 : 이 방법은 유적을 물 또는 적당한 액체를 가득 채운 유리관 속에서 서서히 떠올라 오게 하는 급유기를 사용한 것으로서 급유 상태를 뚜렷이 볼 수 있는 장점이 있다.

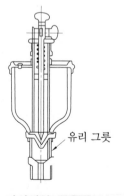

가시적하 급유법

실린더용 적하 급유법

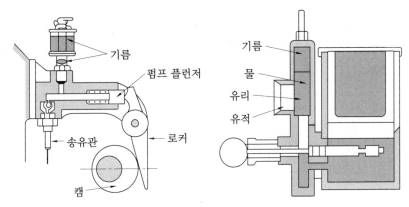

플런저식 압입 적하 급유법   가시 부상 유적 급유법

(나) 순환 급유법 : 같은 윤활유를 거듭 반복하여 마찰면에
공급하는 것으로 같은 기름 단지 속에서 기름을 반복하
여 사용하는 급유법과 펌프를 이용하여 강제로 기름을
순환시켜 도중에 기름을 여과하여 세정 또는 냉각하는
방법으로 패드 급유법, 유륜식 급유법, 체인 급유법, 원
심 급유법, 유욕 급유법, 나사 급유법, 비말 급유법, 중
력 순환 급유법, 강제 순환 급유법 등이 있다.

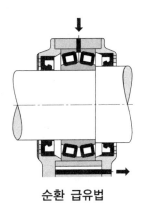

순환 급유법

(가) 패드 급유법(pad oiling) : 패킹을 가볍게 저널에 접촉
시켜 급유하는 방법으로 모사(毛絲) 급유법의 일종이
며 패드의 모세관 현상을 이용하여 각 윤활 부위에 공급하는 형태의 급유 방식
으로 경하중용 베어링에 많이 사용된다. 주로 철도 차량에 사용되며 저널의 속
도가 너무 빠르면 한쪽에 밀리게 되어 급유가 불충분하게 되고 또 장시간 사용
하면 불완전 윤활이 되는 단점이 있다.

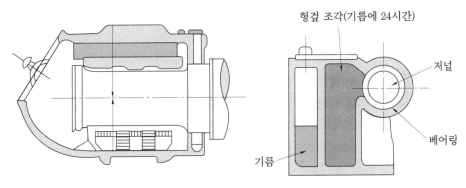

패드 급유법

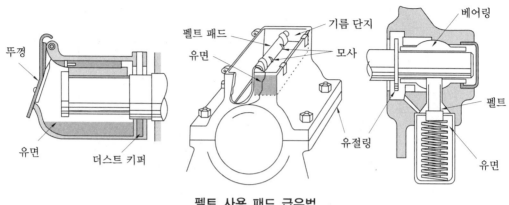

펠트 사용 패드 급유법

㉯ 체인 급유법(chain oiling) : 유륜식 급유법보다 점도가 높은 기름을 필요로 할 때 사용된다. 비교적 저속도의 큰 하중 베어링에 사용되고, 특히 기름 탱크의 유면과 축이 떨어져 있어 오일링으로는 급유할 수 없는 경우에 편리하며 공작 기계 등에 가끔 사용된다.

㉰ 유륜식 급유법(ring oiling) : 축에 끼운 오일링이 축의 회전에 따라 마찰면에 오일을 운반시켜 윤활하는 방법으로 마찰면에서 열을 제거시킨 후 오일 탱크로 되돌아오는 순환식 급유법이다. 이 급유법은 축이 1회전마다 운반되어 올라가는 유량과 오일 탱크에 있는 유량의 비가 커서 모터, 발전기 또는 소형 터빈 등과 같이 고속도 회전의 베어링에 널리 사용된다.

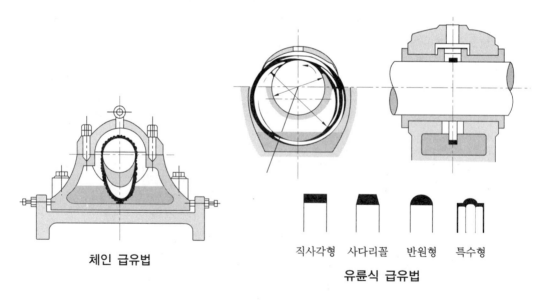

체인 급유법

직사각형 사다리꼴 반원형 특수형

유륜식 급유법

㉱ 칼라 급유법 : 너비 두께가 모두 큰 링을 축에 고정시킨 것으로 윤활유를 기름 탱크에서 운반하여 올리는 것은 유륜식과 다름없으나 칼라는 축에 고정되어 있으므로 기름의 운반이 적극적으로 되어 있다. 저속 고하중 베어링의 위쪽에

있는 메탈 부분에서 기름을 조절하여 베어링의 전체 길이에 대하여 기름이 흘러갈 수 있도록 스크레이퍼를 붙인다. 유면의 높이는 칼라 두께의 $\frac{1}{2}$이 잠길 정도로 유지하면 된다.

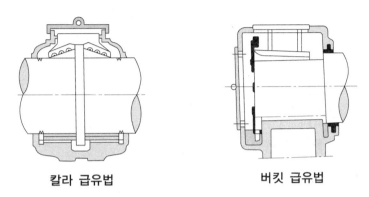

| 칼라 급유법 | 버킷 급유법 |

㉮ 버킷 급유법(bucket oiling) : 칼라 급유와 비슷한 것으로 주로 저속 고하중의 베어링에 있어서 축의 끝이 베어링 일단에서 끝나는 부분에 사용된다. 고점도의 기름을 사용하는 경우와 고온에 사용되고 있는 베어링에서 냉각으로 인하여 다량의 기름을 필요로 하는 경우에 적합하며 볼밀(ball mill) 등 베어링의 급유법에 이용되고 있다.

㉯ 비말 급유법(비산 급유법, splash oiling) : 기계의 일부인 운동부가 기름 탱크 내의 유면에 미접하여 기름의 미립자 또는 분무 상태로 기름 단지에서 떨어져 마찰면에 튀겨 급유하는 방법으로서 어느 정도의 냉각 효과도 기대되며 수개의 다른 마찰면에 동시에 자동적으로 급유할 수 있는 특징이 있다.

㉰ 롤러 급유법(roller oiling) : 기름 탱크에 롤러를 설치하고 롤러에 부착되는 기름으로 윤활하는 급유법이다.

㉱ 유욕 급유법(bath oiling) : 마찰면이 기름 속에 잠겨서 윤활하는 방법으로 비말 급유법에 비하여 적극적으로 윤활시킬 수 있고 따라서 냉각 작용도 크다. 적립형 수력 터빈의 추력 베어링에 이 방법이 많이 사용되고 방적 기계의 스핀들 또는 피치원의 원주 속도가 5 m/s 정도까지의 감속 기어 및 웜 기어 등에 채용되며 롤링 베어링의 윤활에도 많이 채용되고 있다.

㉲ 원심 급유법(centrifugal oiling) : 원심력을 이용한 방법으로 그림과 같은 엔진 종류의 크랭크 핀 급유에 사용된다. 금속제의 바퀴를 크랭크축에 붙이고 그 바퀴로 하여금 원심력에 의하여 기름을 공급한다. 바퀴의 단면은 깊은 홈 모양으로 되어 있고 크랭크 핀의 기름 구멍과 맞추어 그 홈에도 구멍이 뚫려 있다. 기

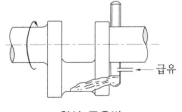

원심 급유법

름은 파이프로 바퀴의 홈 속에 적하하도록 되어 있으므로 바퀴가 회전하면 원심력에 의해 홈 속에 저축되고 구멍을 통해 핀에 급유된다. 그러나 축의 회전이 중지되면 홈 속의 기름이 떨어져서 급유를 할 수 없게 된다.

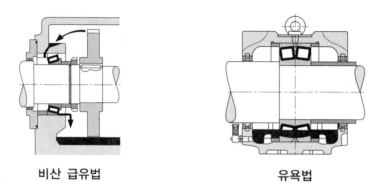

비산 급유법   유욕법

㉭ 나사 급유법(screw oiling) : 축면에 나선상의 홈을 만들고 축을 회전시키면 축의 회전에 따라 기름이 홈을 따라 올라가 축면에 급유되는 방법으로 일종의 나사 펌프 급유이며 저속에는 이용되지 않는다.

㉮ 중력 순환 급유법 : 임의의 높은 곳에 있는 기름 탱크에서 분배관을 통해 기름을 흘려보내는 방법으로서 각 분배판에는 유적 가시 유리가 구비되어 유량을 조절하며, 각 베어링으로 보낸다. 베어링에서 배출된 기름은 기름 파이프를 통해 아래쪽의 탱크에 모여 여과기에서 여과 후 기름 펌프를 통해 최초의 기름 탱크로 돌아간다. 이 중력 순환 급유법은 주로 고급 기계의 저속 기관에 사용된다. 중력 순환 급유법에 있어서 가장 중요한 것은 베어링에 기름을 도입하는 점을 베어링 등의 최소 압력이어야 한다는 점이다. 또 기름을 순환시키기 때문에 마찰에 의해 발생하는 열은 기름의 의해서 제거되므로 온도의 상승으로 인해 점도가 저하되는 일은 적다. 따라서 점도가 비교적 낮은 기름을 사용할 수 있으므로 동력의 소비가 적은 이점이 있다.

㉱ 강제 순환 급유법(forced circulation oiling) : 고압 고속의 베어링에 윤활유를 기름 펌프를 이용하여 강제적으로 밀어 공급하는 방법으로 고압(100~400 kPa)으로 몇 개의 베어링을 하나의 계통으로 하여 기름을 강제 순환시키는 것이다. 즉 배출된 기름은 다시 기름 탱크에 모이고 여과 냉각 후에 다시 기어 펌프로 순환한다. 내연기관, 특히 고속도의 비행기, 자동차 엔진, 증기 터빈, 공작 기계 등의 고급 기관에 사용된다. 마찰열은 순환 도중 냉각기에서 냉각시켜야 되고 어느 한곳에서 고장이 나면 전부를 중지시켜야 되며 마찰면에서 기름이 새어 흘러나가는 결점이 있다. 그러나 사용하는 기름은 점착성이 클 필요는 없다.

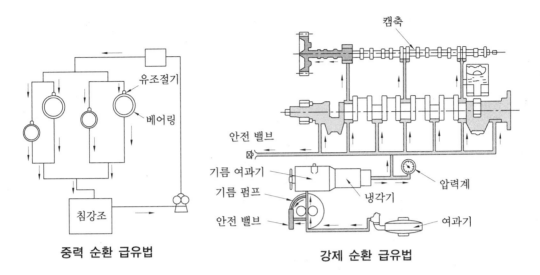

중력 순환 급유법　　　　　　**강제 순환 급유법**

㉕ 분무 급유법(fog lubricating) : 이 방법은 롤링 베어링의 dn=60×10.5 이상의 경우에 채용되는 방법으로 공기 압축기, 감압 밸브, 공기 여과기, 분무 장치 등으로 구성된다. 고속 베어링에 있어 하우징 내에 필요 이상의 기름이 누적되면 베어링의 전동체와 리테이너(retainer) 또는 너트 슬링거 등에 의해 기름이 교반되어 온도 상승의 원인이 되나 이 윤활법에서는 그러한 염려가 없다. 항상 깨끗이 유지되는 이점이 있으므로 연삭기 휠 스핀들과 같이 악조건 하에서도 고속으로 사용되는 베어링에 대해서 이상적인 윤활법이다. 내면 연삭기의 숫돌 축은 매분 1만 회전 이상의 고속으로 운전되므로 보통 윤활 방법에 의하면 베어링의 운전 온도는 보통 60~70℃에 도달하나 분무 윤활법에 의하면 사용하는 공기의 온도에 따라서 실온 또는 그 이하로 유지하는 것도 가능하다. 필요한 압축 공기의 양은 베어링 1개에 대하여 5~10 L/min이고 기름의 소비량은 중형 또는 소형 베어링의 대하여 매시간 $1 \, cm^2$이면 충분하다.

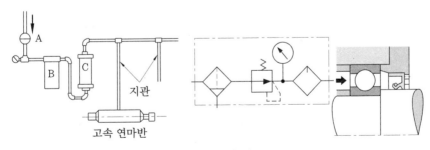

분무 급유법

㉖ 제트 급유법 : 고속 회전의 경우에 많이 적용되며, 1개 또는 수개의 노즐로부터 일정 압력으로 윤활유를 분사시켜 베어링 내부를 관통시킨다. 베어링 내륜과 부근의 공기가 베어링과 같이 회전하여 공기벽을 만들기 때문에 노즐로부터의

윤활유 분출 속도는 내륜 외경면 원주 속도의 20 % 이상이 되어야 한다. 동일한 유량에 대해서 노즐의 수가 많은 것이 냉각도 균일하고 냉각 효과도 크다.

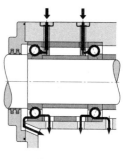

제트 급유법

(2) 그리스 윤활

① 그리스의 성분 : 그리스란 액체 상태의 윤활제 중에 증주제가 분산된 고체 또는 반고체 상태의 윤활제로 특수한 다른 성분이 첨가된 경우도 있다. 그리스는 종류별로 특성이 다르며, 같은 종류의 그리스라도 제조사에 따라 성능이 차이가 있어 선정할 때에 주의를 해야 한다.

각종 그리스의 종류 및 성능 리튬 그리스

명 칭	리튬 그리스		나트륨	칼 슘	혼 합	복 합	비누기가 아닌 그리스	
증주제	Li 비누		Na 비누	Ca 비누	Na+Ca 비누 Li+Ca 비누	Na+Ca 비누 Li+Ca 비누	Ca 복합비누 al 복합비누	우레아, 카본 블랙, 불소화합물, 내열성 유기화합물
기 유	광 유	디에스테르유, 다가에스테르	실리콘유	광 유	광 유	광 유	광 유	광 유	합성유
사용 온도(℃)	−20~110	−50~130	−50~160	−20~130	−20~60	−20~80	−20~130	−10~130	220
내압성	◎	◎	◎	◎	×	◎	◎	◎	◎
방청성	◎	◎	×	△	◎	○	○	○	△
내수성	◎	◎	◎	×	◎	Na는 해침	◎	◎	◎
기계적 안정성	△	△	×	○	×	○	○	○	△
비 고	일반 용도	저온 특성 및 마찰 특성 우수, 소형 전동	고온용, 고속, 고 하중에 유리	물이나 고온에서 주의	극압 첨가제 사용할 때 내압	대형 베어링에 주로 사용	내압성 기계적 안정성 우수	일반 용도	내열, 내산 등의 특수 용도

비고 : ◎ 매우 양호　 ○ 양호　 △ 보통　 × 불량

⑦ 기유 : 그리스에서 실제로 윤활을 하는 주체로서 그리스 전체 조성 중 80~90 %를 차지하고 있으므로 용도에 따른 기유의 종류나 점도의 선정은 매우 중요하다.

기유에는 광유계와 합성유계가 있으며, 광유계는 용도에 따라 저점도의 것으로부터 고점도의 것에 이르기까지 널리 사용된다. 일반적으로 고하중, 저속, 고온 윤활에는 고점도의 기유가 사용되며, 경하중, 고속, 저온 윤활 개소에는 저점도의 기유가 사용된다. 합성유는 초저온, 초고온 또는 광범위한 온도 조건 그리고 빠른 속도와 정밀성이 요구되는 부위에 사용되나 가격이 매우 비싸다. 합성유계에는 주로 에스테르계, 폴리 알파올레핀계, 실리콘계 오일이 사용되며 특수 용도로 불소계 오일의 사용이 증가되고 있다.

⒩ 증주제 : 그리스의 주도는 증주제의 양에 따라 달라지기 때문에 그리스의 특성을 결정짓는 중요한 요소이다. 증주제는 금속 비누기, 무기계 비비누기, 그리고 유기계 비비누기로 나누어지나 주로 사용되는 그리스는 대부분 금속 비누기 그리스이며, 비비누기 그리스는 고온 등의 특별한 목적으로 사용된다. 일반적으로 적점이 높은 그리스는 사용 가능 온도가 높고, 그리스의 내수성은 증주제의 내수성에 의해 결정된다. 또한 물이 닿는 곳이나 습도가 높은 장소에서는 Na 비누 그리스 또는 Na 비누기를 포함하는 그리스는 유화 변질되므로 사용할 수 없다.

⒟ 첨가제 : 그리스의 성능을 더욱 높이고 사용자의 요구 성능을 충족시키기 위하여 각종 성능 향상 첨가제를 사용하고 있다. 이 첨가제는 그리스의 물리적 성능 및 화학적인 성능을 향상시켜 주며 윤활되는 금속 재질에 대한 마모, 부식 및 녹 발생 등의 손상을 최소화시켜 준다. 첨가제에는 산화 방지제, 마모 방지제, 극압 첨가제, 녹·부식 방지제 등이 있으며 사용 부위에 따라 적절한 첨가제가 포함된 그리스를 사용하여야 한다.

⒣ 주도 : 그리스의 무르고 단단한 정도로, 규정 무게의 원추가 그리스에 침투하는 깊이($1/10\ mm$)를 표시하며 수치가 클수록 연하다.

② 폴리머 그리스 : 폴리머 그리스는 폴리아미드와 윤활제를 혼합한 고형 윤활제를 사용하여 장기간의 오일 보급 기능을 유지할 수 있는 특징을 가지고 있다. 와이어 연선기 또는 컴프레서 등과 같이 베어링에 원심력이 작용하거나 윤활제의 누유로 주변의 오염과 윤활 불량이 발생하기 쉬운 곳에 널리 사용된다.

폴리머 그리스를 충전한 베어링

③ 그리스의 주입 : 그리스의 주입 밀봉형 베어링은 그리스가 초기에 베어링 공간 용적의 30 % 가량 주입되어 있고, 처음 회전하는 몇 시간 동안 고르게 분산된다. 이후에 베어링 초기 마찰의 30～50 %의 마찰만으로 운전하게 된다. 그리스를 충진하지 않고 생산된 베어링은 사용자가 충진해야 하며, 그때의 주의 사항은 다음과 같다.

㉮ 베어링 내의 공간에는 완전히 충진하지만, 매우 고속으로 회전하는 경우(n·

$dm > 500,000 \text{min}^{-1} \cdot \text{mm}$)에는 자유 공간의 20~25 %를 충진한다.

㈏ 베어링에 인접하는 하우징 공간에는 약 60 % 정도 충진해서 베어링으로부터 밀려나온 그리스가 들어갈 충분한 공간을 남기는 것이 좋다.

㈐ 저속으로 회전하는 경우($n \cdot dm < 500,000 \text{min}^{-1} \cdot \text{mm}$)에는 베어링과 하우징 공간을 그리스로 완전히 충진할 수 있다.

㈑ 초고속으로 회전하는 베어링은 그리스를 분산시키기 위하여 길들이기 운전을 할 필요가 있다.

그리스의 수명은 베어링이 운전되기 시작해서 윤활 때문에 파손될 때까지의 시간이다. 윤활 주기는 베어링에 관계된 속도식 $k_f \cdot n \cdot d_m$값에 따라 결정되며, 베어링 종류에 대해 다양한 k_f값이 표시되어 있다. 부하 능력이 큰 베어링 계열은 k_f가 크고, 부하 능력이 작은 베어링 계열은 k_f가 작다. 하중과 온도가 높아지면 윤활 주기는 짧아져야 한다. 운전 조건과 주변 환경이 열악하면 윤활 주기는 더욱 짧아져야 한다. 만일 그리스의 수명이 베어링 수명보다 현저히 짧다면 재급유나 그리스 교환이 필요하다. 재급유 할 때에는 새것의 그리스가 부분적으로만 대체되므로, 재급유 주기는 윤활 주기보다 짧아야 한다. 재급유할 때에 서로 다른 그리스가 혼합되는 경우가 있을 수 있다. 그때에는 아래와 같이 혼합되는 것이 비교적 안전하다.

㉮ 같은 증주제를 갖는 그리스

㉯ 리튬 그리스 / 칼슘 그리스

㉰ 칼슘 그리스 / 벤토나이트 그리스

위에 제시된 종류 이외의 그리스를 혼합하는 것은 피해야 한다.

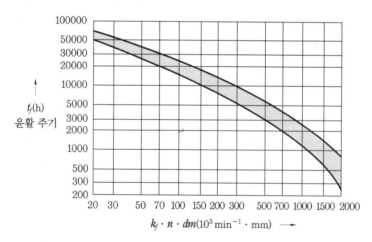

윤활 주기

④ 그리스 급유법

㈎ 그리스 패킹 : 윤활 작용은 윤활유에 대한 액체 윤활을 이상으로 하고 있으나 그리스 윤활에도 여러 가지 좋은 점이 있고 특히 롤러 베어링에서는 오히려 그리

스 윤활이 널리 이용된다. 그리스 윤활은 유윤활에 비해 다음과 같은 장단점이 있다.

㉮ 장점 : 급유 간격이 길고 누설이 적으며 밀봉성과 먼지 등의 침입이 적다.

㉯ 단점 : 냉각 작용이 적고 균일성 등이 떨어진다.

　소형 롤러 베어링에서는 그리스 윤활이 이용되며 최초에 적량의 그리스를 패킹하여 장시간 보급하지 않고 이용하는 예가 많다. 그리스의 충진량이 너무 많으면 마찰 손실이 크고 온도가 상승하며 동력의 손실도 클 뿐 아니라 그리스의 누설이 많아지고 변질하기 쉽게 된다. 일반적으로 베어링 용적의 약 $\frac{1}{2}$로 충전한다.

　그리스를 새로운 것으로 바꿀 때는 묵은 그리스를 완전히 제거하고 용제로 깨끗이 청소한 후에 이물질이 침입하지 않도록 특별히 주의하여 새 그리스를 충전하여야 한다. 롤러 베어링의 그리스 보급 시간은 운전 조건 그리스의 성상 등에 따라서 다르다. 먼지, 모래 먼지 등이 들어가는 곳인 시멘트 밀(cement mill), 자전거의 외면 부분과 같은 요동 베어링 또는 저속이고 베어링의 틈새가 커서 기름을 잘 확보할 수 없는 곳 또 직물기와 같이 제품의 기름이 비산할 염려가 있는 경우에 그리스를 사용한다.

㉯ 그리스 충진 베어링 : 슬라이딩 베어링의 메탈 상부가 일부 개방되어 여기에 그리스를 충진하여 뚜껑을 덮어 두는 방식으로, 별로 중요하지 않는 저속의 베어링에 흔히 사용되나 선박의 저널 베어링과 압연기의 롤 베어링, 분쇄기의 트라니언 베어링에도 이 방법이 자주 사용된다. 이 베어링은 뚜껑을 반드시 닫고 불순물의 침입을 철저히 저지하여야 하며 베어링이 발열하여 그리스가 적하점(dropping point) 이상의 온도로 되면 그리스의 전량이 일시에 유출되어 윤활이 불확실하게 되므로 베어링의 발열에 특히 주의해야 한다.

㉰ 그리스 컵 : 그림에서 ①은 그리스, ②는 그리스 컵이고, 이것에 스프링 또는 나사가 달려 있다. 컵속의 그리스가 열에 의해 녹아 ③에서 마찰면에 공급되는데 그리스를 베어링에 급유시키기 위해 가끔 나사로 압입해야 한다. 여기에는 수동식 컵과 스프링식 컵이 있는데 롤러 베어링의

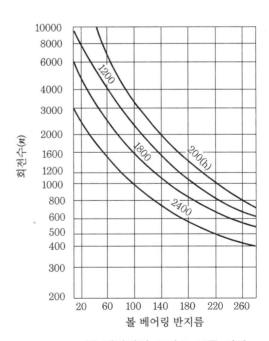

볼 베어링의 그리스 보급 시간

하우징에 설치되어 있는 것은 수동식이 많다. 그리스는 그 본질상 적하점 이상의 온도가 아닌 보통 사용 온도 범위 내에서는 스스로 그리스의 구멍 또는 홈을 통해 윤활면에 들어가지 않으므로 이 점에서는 스프링식이 가장 합리적이다.

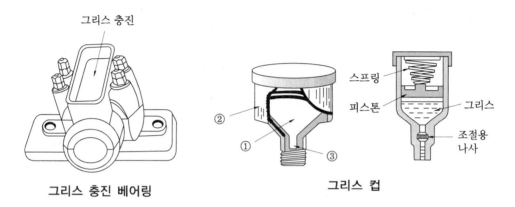

그리스 충진 베어링   **그리스 컵**

㈜ 그리스 프레스 공급법 : 나사식의 프레스에 의해 마찰면에 그리스를 압입하는 방법으로 수중에 작용하는 고하중 베어링의 마찰부에 사용한다.

㈜ 그리스 건(grease gun) : 베어링에 그리스를 충전하는 휴대용 그리스 펌프로서 베어링에 대하여 그리스의 공급이 반드시 연속적이어야 할 필요는 없고 1회의 공급으로 수십 분 내지 수시간 또는 수일간 운전하더라도 지장이 없는 경우에 그리스 건을 사용하면 좋다.

그리스 건

㈜ 핸드 버킷 펌프 : 그리스 펌프 또는 그리스 주유기(grease lubricator)라고 부르는데 전동기 직결의 것과 수동이 있다. 이것은 부시형의 기력 윤활기와 거의 유사한 구조로서 그리스 탱크에서 흡입 플런저에 그리스를 밀어넣기 위하여 부시 내에 나사 모양의 날개를 구비한 것만 다를 뿐이다. 이 종류의 그리스 펌프는 수개 내지 십여 개의 펌프 유닛을 가지고 상당수의 마찰면에 자동적으로 일정량의 그리스를 압송할 수 있으므로 그리스 건보다 훨씬 우수한 방법이다. 그러나 이 형식은 마찰면까지의 먼 거리에 대하여 각각 그 수만큼의 배관이 필요하다.

핸드 버킷 펌프

㈜ 집중 그리스 윤활 장치 : 센트럴라이즈드 그리스 공급 시스템(centralized grease supply system)으로서 강압 그리스 펌프를 주체로 하여 이로부터 관지름이 2인

치 정도의 주관을 시공하고 거기에 지관을 배열하여 다수의 베어링에 동시 일정량의 그리스를 확실히 급유하는 방법이다. 주관에서 분기된 지관에는 베어링 바로 앞에 분배기를 장치하여 분배기의 조정에 따라 임의의 양을 공급할 수 있다. 그리스 펌프는 전동기 직결 또는 수동식인데 큰 계통의 것은 전동기와 타이머 장치에 의해 자동적으로 전동기의 스위치가 단속되어 규정된 시간대로 간헐적으로 급유된다. 또 반자동식으로 스위치를 넣는 동안만 작동하도록 설계된 것도 있다.

6. 밀봉 장치

6-1 실의 정의

  유체의 누설 또는 외부로부터 이물질의 침입을 방지하기 위해 사용되는 기구는 종래 패킹(packing)이라 하여, 고정 부분 또는 운동 부분의 구별이 없이 혼용하여 왔으나 실(seal)은 밀봉 장치라 그들을 총칭하고, 고정 부분에 사용되는 실을 개스킷(gasket), 운동 부분에 사용되는 실을 패킹이라 한다.

  재료에는 내열성, 내유성, 내노화성이 우수한 합성 고무류나 합성수지인 4불화 에틸렌 수지(테프론, PTFE)을 사용하고, 회전 측의 실로서 메커니컬 실이나 오일 실 등을 사용한다.

  실은 용도에 따라 정적 실(static seal)과 동적 실(dynamic seal)로 구분하고, 정적 실은 고정된 부품의 유밀을 유지하기 위한 것으로, 보통 개스킷, O링이 이에 속한다. 동적 실은 운동하는 부품의 유밀을 유지하는 것으로 오일을 약간 누출시켜 실의 윤활을 돕는다. 축이나 로드의 실 또는 압축 패킹 등이 이에 속한다.

6-2 실의 분류

실의 분류

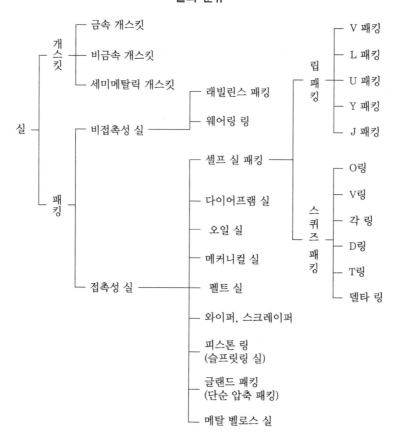

6-3 실의 특징

실은 개스킷의 경우 작동유에 대하여 적당한 저항성이 있고 온도, 압력의 변화에 충분히 견딜 수 있어야 한다. 패킹은 운동 방식(왕복, 회전, 나선 등), 속도, 허용, 누설량, 마찰력, 접촉면의 조밀(粗密)에 의한 영향 등도 고려하여 목적을 달성하는 것이어야 한다.

(1) 개스킷

개스킷은 압력 용기나 파이프의 플랜지면, 기기의 접촉면, 그 밖의 고정면에 끼우고 볼트나 기타 방법으로 결합, 실 효과를 주는 것이다. 누설은 허용되지 않는다.

유체가 유출되는 경로는 개스킷의 재질을 통하여 유출하는 침투 유출과 개스킷과 고체면의(플랜지 혹은 케이싱의 맞춤면) 사이에서 흘러나오는 접면 유출이 있다. 침투 누출은 개스킷의 재질이 가죽, 석면, 지질과 같은 섬유질의 경우에 일어나기 쉽고 합성고무나 합성수지를 재료로 하는 경우에는 거의 일어나지 않는다. 개스킷의 재료를 적당한 충전(充塡)재로 완전 충전 처리하면 침투 누출을 방지할 수 있다.

O링이나 각 링 등의 고무질 개스킷의 접면 유출은 접촉면의 정도, 개스킷의 재질(압축 영구 변형이 큰 것 등), 압궤 여유 등에 영향을 받고, 특히 O링은 압궤 여유값이 중요한데 압궤 여유가 적으면 누출하기 쉬우며 너무 크면 고무의 압축 영구 변형이 과대하게 되어 누출을 일으키는 원인이 된다.

일반적으로 판상(板狀) 평형 개스킷에는 플랜지의 개스킷 시트가 사용된다. 플랜지 접합면의 다듬질은 연질 개스킷 이외의 것에서는 특히 주의하지 않으면 누출의 원인이 된다. 개스킷의 두께는 재료에 의해 적당하게 정하여지나 일반적으로 3.2~0.8 mm 사이의 것이 많이 사용되고 있다.

주로 비금속 재료로 고무질을 주체로 한 O링, 각 링 등과 같은 셀프 실형의 것과 식물질 섬유의 오일 시트, 코르크 시트, 광물질 섬유의 석면과 고무를 결합한 석면 조인트 시트, 동물질 섬유의 가죽, 고무질, 사불화 에틸렌 수지(PTFE) 등을 사용하며 특별 고온의 경우에는 금속 개스킷도 사용된다.

압축 개스킷(compression gasket)은 정적 실용으로 적합한 것으로 석면, 합성 고무 등의 비금속제와 연강, 구리판 등의 금속제가 있으며, 두 접촉면 사이에 압착되어 유밀이나 기밀을 유지한다.

개스킷 접합면의 다듬질 정도

개스킷의 종류	다듬질 정도(S)	개스킷의 종류	다듬질 정도(s)
가죽 개스킷	50~100	석면 시트	65
종이 개스킷	50~100	semi 금속 개스킷	6.3~35
고무질 개스킷	50~100	금속 개스킷	1.6~6.3

① 종이 개스킷 : 종이 및 식물성 또는 동물성의 긴 섬유를 고해시켜 결합력을 좋게 하고 사이징 및 기타 필요한 과정을 거쳐 초지하되 고무 및 석면질을 포함시키지 않고 윤활유, 휘발유, 물에 영향을 받지 않는 재질로 제조한다.

② 고무 개스킷 : 고무는 탄성과 유연성을 겸하여 우수한 개스킷 재료인 반면에 강성이 적어 죄임이 크거나 편심 하중 또는 압력 변동에 이탈되기 쉬우므로 홈을 만들어 부착한다.

③ 석면 조인트 개스킷 : 석면 섬유를 70~80 %에 고무 컴파운드를 배합하여 가압, 가유한 것이다.

패킹 및 개스킷용 종이 종류

종 류	형	용 도
종 이	I	일반용
판 지	II A	오일용
	II B	휘발유용
	II C	일반용
	III A	내수 내유용(인장 강도 550N 이상)
	III B	내수 내유용(인장 강도 1370N 이상)

④ 석면포 개스킷 : 석면사로 평직(平織)한 테이프 상에 내열 고무를 도포한 것으로 내열, 내증기성이 좋다.

⑤ 플라스틱 개스킷 : 개스킷으로는 부적합하나 불소 수지는 내약품성, 내열, 내한성이 좋아 완충재와 같이 사용하거나 복잡한 형상에 적합하다.

⑥ 가죽 개스킷 : 강인, 다공질, 내마모성, 탄력성이 우수하나 변질되기 쉽다.

⑦ 금속 개스킷 : 내부식성이 우수하며 유체에 따라 차이는 있으나 고온 고압에 적합하다.

⑧ 액상 개스킷 : 합성 고무와 합성수지 및 금속 클로이드 등과 같은 고분자 화합물을 주성분으로 제조된 액체 상태 개스킷으로 어떤 상태의 접합 부위에도 쉽게 바를 수 있다. 상온에서 유동적인 접착성 물질이나 바른 후 일정한 시간이 경과하면 균일하게 건조되어 누설을 완전히 방지한다. 특히 이물질 제거와 오염, 기름을 제거 후 도포하여야 하며 다른 개스킷과 병용하여 사용하기도 한다.

㉮ 용도 : 감속기 등 각종 기계류, 자동차, 기관차, 발전 설비, 용제 탱크, 농기구, 선박 등에 사용된다.

㉯ 특징 : 상온에서 유동성이 있는 접착성 물질로서 접합면에 바르면 일정 시간 후 건조 또는 균일하게 안정된다. 표면을 보호하고 누수 및 누유를 방지하고 내압 기능을 가지고 있다. 기기 성능 향상, 기능의 수명 연장, 단가 저하 등의 장점이 있다.

㉰ 사용 방법

㉮ 접합면의 수분, 기름, 기타 오물을 제거한다.

㉯ 얇고 균일하게 칠한다.

㉰ 바른 직후 접합해도 관계없다.

㉱ 사용 온도 범위는 용도에 따라 다르지만 40~400℃까지의 범위이다.

(2) 패킹

패킹은 기기의 접합면 또는 접동면의 기밀을 유지하여 그 기기에서 처리하는 유체의 누설을 방지하는 밀봉 장치로 저압 부분에 저속에서 고속까지 넓은 범위에 사용된다. 구조가 간단하여 취급하기가 쉽고, 장착 공간이 적어도 되는 등 많은 이점이 있다.

① 기계적 실(mechanical seal) : 회전축의 동적 실로 사용되며, 보통 금속과 고무로 되어 있다.

② 금속 실(metallic seal) : 피스톤과 로드에 사용되며, 기관에 사용되는 피스톤 링과 매우 비슷하다. 이 실은 팽창하는 것과 팽창하지 않는 것이 있으며, 모두 동적 실이며 보통 강철로 되어 있다. 비팽창 실(non-expanding seal)은 정확하게 설치하지 않으면 누유가 심하게 된다. 피스톤에 사용되는 팽창 실(expanding seal)과 피스톤 로드에 사용되는 수축 실(extracting seal)은 마찰 손실과 누출 손실을 알맞게 조절해야 한다. 정밀한 금속 실은 고온을 유지하는 장치에 사용되나, 다른 실에 비해 유밀 기능이 떨어지므로 와이퍼형 실(wiper seal)로 사용되기도 한다.

기능에 따른 분류

축의 운동	기 기	패 킹
왕 복	컨트롤 밸브 플런저 펌프 프레스 유압 실린더	셀프 실 패킹, 샘 타입 패킹 셀프 실 패킹, 샘 타입 패킹 셀프 실 패킹 셀프 실 패킹
회 전	와류 펌프 베어링 케이스	잼 타입 패킹, 메커니컬 실 오일 실
나 선	밸브	셀프 실 패킹, 잼 타입 패킹

③ 셀프 실 패킹

　㈎ 립 패킹 : 립에 탄성을 갖게 하고, 유압 자체에 의해 실 압을 발생시켜 누설방지 기능을 가지고 있는 것으로 주로 왕복 운동으로 사용되나 밸브 스탬과 같은 저속 회전용에도 사용된다.

　　유압기기에 사용되는 립 패킹에는 V, U, Y, J, L 패킹 등이 사용되고, 재료에는 합성고무, 면 고무, 가죽 등이 사용된다. 합성 고무 가운데 니트릴 고무를 재료로 하는 것은 일반 광유계 작동유에 사용, 고온유일 경우에는 바이톤 고무, 인산 에스텔계 작동유일 경우에는 에틸렌 프로필렌 고무나 바이톤 고무를 재료로 한 것이 적용되고 수압용에는 가죽이 사용된다.

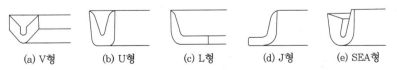

(a) V형　　　(b) U형　　　(c) L형　　　(d) J형　　　(e) SEA형

각종 립 패킹의 단면도

(나) V 패킹(V-type packing) : V 패킹은 압력에 따라 가죽, 합성 고무, 천연 고무, 플라스틱 등을 겹쳐서 사용하고 V 패킹을 부착하는 상대 축의 외경은 V 패킹의 안지름에, 상대 구멍의 안지름은 V 패킹의 외경에 맞추어 축일 경우 h8~h9 정도, 구멍일 경우 h9~h10의 치수 허용차로 조립한다. 표면 거칠기는 3S 정도가 보통 사용되며, 두께는 보통 고무는 2~6 mm, 직물은 2.5~8 mm 정도의 것을 사용한다. 패킹의 중합 계수는 많을수록 누출량은 적으나 마찰 저항은 반대로 증대되고 발열이나 마모가 촉진되므로 사용 조건에 알맞은 개수의 선택이 중요하다. 피스톤과 실린더의 로드 끝 및 펌프 축의 실에도 사용하며, 수 어댑터(male adapter)와 암 어댑터(female adapter)에 의해 패킹 글랜드로 유지된다. 이 패킹은 다른 립 패킹에 비하여 마찰 저항은 크나 수명이 길고 사용 중 누출이 생긴 경우 조여 줌으로써 누출을 적게 할 수 있다. 결합 조절에는 보통 심(shim : 라이너 distance piece)이 사용된다. V형 패킹을 사용할 때에는 유압이 증가함에 따라 여러 장을 겹쳐서 사용하는 것이 보통이고, 1~2개 정도 파손되어도 오일 누출이 일어나지 않는 특징이 있어, 일반적인 기계에도 널리 사용되고 있다. 그러나 여러 장을 겹치게 되면 접촉 면적이 커지게 되어 마찰 저항이 커지는 단점이 있다. V 패킹의 패킹 글랜드 1개소마다의 기름 누설량은 5회 측정치가 고무일 경우 2 mL/1000 c, 직물붙이 고무일 경우 4 mL/1000 c 이하이어야 한다.

패킹의 종류(KS B 2806)

종 류	기 호	비 고
고무 V 패킹	H	재료에 고무를 사용한 것
직물붙이 고무 V 패킹	F	재료에 고무 및 직물을 사용한 것

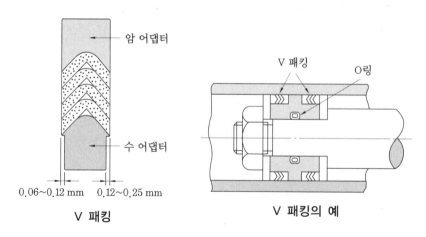

V 패킹   V 패킹의 예

(다) L 패킹 : L 패킹은 가장 오래된 피스톤 패킹으로서 저압, 고압의 유압, 수압기 기의 실에 사용되나 지름이 큰 고압에는 적합하지 않다. L 패킹은 피스톤의 선단

에 백 폴로어 플레이트(back follower plate)와 인사이드 폴로어 플레이트(inside follower plate)를 결합, 장착하나 이 경우 너무 조이면 패킹의 립이 내측으로 굽어 요부가 이탈되어 마찰 저항이 커지거나 마찰 손상이 일어나 누출의 원인이 된다.

㈑ U 패킹 : U 패킹은 합성 고무나 합성 고무에 포직을 넣은 것으로 피스톤 패킹 (축용 웨어링 병용)이나 로드 패킹(스크레이퍼를 병용)으로도 사용된다. 사용 압력은 보통 7 MPa 정도이다. 패킹을 안정시키기 위해 포금(gun metal)이나 베이클라이트(bakelite)로 만든 링을 사용하고 있다. 또 패킹을 끼우거나 떼어 낼 때에 손상되지 않도록 실린더의 각 부분에 30℃ 정도의 테이퍼를 두는 것이 보통이다. KY 패킹과 SKY 패킹은 유압기기용 U컵 패킹에 속하는 것으로 1개로 사용하는 타이프의 립 패킹이며 피스톤 패킹(축용 웨어링 병용)이나 로드 패킹(스크레이퍼를 병용)으로도 사용된다.

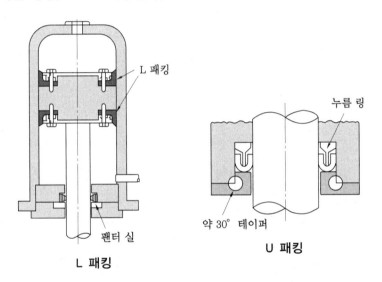

L 패킹

U 패킹

㉮ KY 패킹 : 내압성이 크고 실 성능, 수명이 동시에 우수한 패킹으로 건설 기계의 유압 실린더 등에 사용된다. 일반 유압용에는 니트릴 고무가 사용되고 백업 링(4불화 에틸렌 수지나 나일론 등)을 병용함으로써 최고 70 MPa 정도까지 사용할 수 있다. 또 폴리우레탄 고무를 재료로 하는 것은 백업 링의 병용으로

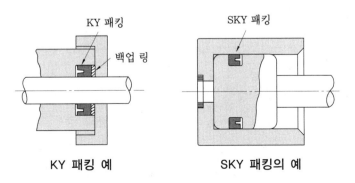

KY 패킹 예

SKY 패킹의 예

100 MPa이다.

㉯ SKY 패킹 : O링과 같이 V형 홈에 간단히 끼워 맞추어 사용되고 글랜드의 설계를 간소화할 수 있는 특징이 있다. KY 패킹 정도의 고압에 적용할 수 있다.

㈑ J 패킹 : J 패킹은 플랜지 패킹이라고도 하며, 그림과 같이 패킹의 선단 부분이 상대면의 플랜지 부분에서 개스킷 작용을 하는 특수 형상의 패킹이다. 주로 유압, 수압기기의 왕복 운동(때로는 느슨한 회전 운동)을 하는 로드부의 패킹에 사용된다.

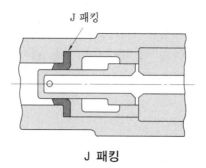

J 패킹

J 패킹

㈒ 스퀴즈 패킹 : 스퀴즈 패킹(squeeze packing)은 O링, 각 링, X링과 같이 거형 홈 등에 장치하여 일정한 압궤 여유를 주어 사용하는 실로서 O링이 가장 널리 사용된다.

㉮ O링 : 일반 유압기기에서 많이 사용되고 대개는 합성 고무로 홈에 설치되었을 때 약 10 % 정도 압축되게 설치한다. 홈부의 형상 치수가 규격화되고 이들 규격에 일치한 재료, 치수 선정을 하면 특별한 경우를 제외하고 지장 없이 사용된다. 정적 실이나 동적 실 모두에 사용되며, O링은 찌그러트림 여유를 약 10~30 % 주어지도록 설계된 홈에 정착되는데 10 MPa 정도로 압력이 높아지면 장착 홈 부분의 틈새에서 빠져 나오는 현상이 발생하여 파손되므로 실 기능을 저하시켜, 유체 압력이 8 MPa 이상에서는 홈의 클리어런스를 설계상 적게 하든가 O링의 경도를 크게 하거나 또는 소성변형 일으켜 그 틈새를 거의 0으로 하는 것이 좋다.

㉠ 동적 실 : O링을 동적 실로 사용할 경우에 O링의 찌그러뜨림 여유가 너무 작으면 누설의 여유가 있고 너무 크면 필요 이상으로 홈 내부에서 압축되기 때문에 상대면과의 접촉 넓이가 증가하여 마모 저항의 증가로 접동열에 의한 내질의 열화 마모 등으로 수명을 단축시킨다. O링은 왕복 운동 때 마찰 저항이 다른 패킹보다 비교적 작으나, 시동 마찰은 작지 않으며 찌그러뜨림 여유가 커지면 비례해서 커진다. 그러나 운동 마찰의 경우 저압 부분에서는 거의 영향이 없고 고압으로 됨에 따라 점차 커진다. 그 미끄럼면이 원활하여야 하며, 구멍이 뚫린 곳이나 압력이 작용되는 모서리 등에는 사용하지 않고, 마

멸이 잘 되므로 회전축에 사용하지 않는다.

ⓛ 정적 실 : 정적 실이 동적 실보다 더 많이 사용되고 있으며, O링을 사용할 경우에는 고압이 작용되는 곳에 사용하며, 플랜지 개스킷의 사용법에서는 가압할 때에 미량의 누설을 발생하는 일이 있으므로, 내압에 가해질 때에는 홈 외벽에 O링의 원주가 밀착하도록 한다. 보강 링(backup ring)과 함께 사용하는 것이 일반적이며, O링은 설치하는 데 필요로 하는 공간이 작고, 미끄럼 부분과의 접촉 면적이 작아 마찰이 적으며, 실 효과가 매우 큰 것 등 여러 가지 이점이 있다.

백업 링을 사용하지 않을 경우의 틈새의 최대값

(단위 : mm)

압력(MPa) O링의 경도	3.5까지	3.5 초과 7.5까지	7.5 초과 10.5까지	10.5 초과 14까지	14 초과 21까지
90	0.40 0.70	0.25 0.60	0.15 0.50	0.10 0.40	0.04 0.25

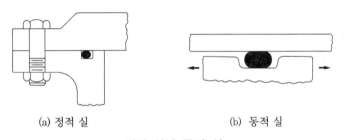

(a) 정적 실   (b) 동적 실

정적 실과 동적 실

ⓒ 보강 링 : 일반적으로 파이버(fiber) 또는 가죽, 합성수지, 합성 고무, 테플론 등이 사용되고, O링의 경도는 쇼어 경도 70을 기준으로 하고 이탈 현상이 있을 때에는 80 이상도 사용하여, O링이 링 홈에서 벗어나지 않게 한다.

ⓔ 실 기구 : 실린더용 패킹은 고무가 주 재질인 립 패킹으로 접동 저항과 정지 때의 저항이 커서 공압 실린더 등에서 윤활유의 공급이 불충분하기 때문에 마모가 심한 경우 등에 PTFE의 저마찰성을 이용하여 PTFE와 O링을 조합시킨 슬리퍼 실을 사용한다.

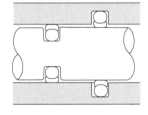

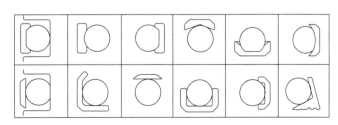

조합 슬리퍼   PTFE와 O링 조합 슬리퍼

접동 부분에 PTFE의 엔드리스 링을 사용하고, 그 뒷면에 탄성체인 PTFE
O링을 조합시켜, 찌그러뜨림 여유에 의해 접촉면의 누설을 방지하는 것으로
특징은 다음과 같다.

- O링이 가진 특성이 거의 그대로 나타난다.
- O링의 재질을 선택하는 데에 따라 넓은 온도 범위에서 사용할 수 있다.
- PTFE가 백업 링과 같은 효과가 있어 넓은 압력 범위 내에서 사용이 가
  능하다.
- O링 재질의 선택 및 백업 링의 병용 등 넓은 범위의 유체, 온도에 견딜
  수 있다.
- 공압 실린더 등에 윤활 없이 사용이 가능하다.
- 시동, 운동 마찰이 모두 고무와 비교하면 아주 작으므로 운동이 평활하
  고 스틱 슬립 현상이 없다.
- O링 단독 사용에 비해 수명이 길다.
- 일반 패킹은 여러 개 조합시켜서 설치하는 데 비해 1개로 밀봉하므로 가
  격이 싸고 장착 부분의 장소도 작게 차지한다.
- 장착 및 분리가 용이하고 구조가 단순하므로, 장치에 대한 숙련도는 그
  다지 중요하지 않다.
- 동마찰 저항이 비교적 적다.
- 고정 부분 및 운동 부분의 양쪽에 사용된다.
- 재질은 주로 유압 관계에 사용되므로 일반적인 O링 재질은 니트릴 고무
  가 표준이다.

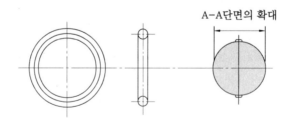

O링의 단면 형상

사용 조건에 의한 O링 재질의 결정 방법은 다음과 같다.
- 사용하는 기기의 작동 상태
- O링이 사용되는 곳의 상태
- 작동하는 유체의 종류
- 작동 압력과 사용 온도

O링과 다른 패킹과의 비교

패킹의 종류	사용 개소		주기적 조정	동마찰	공 차	패킹부의 소요 스페이스
	고 정	운 동				
O링	○	○	불요구	저	엄밀	소
U 패킹		○	불요구	저	약간 엄밀	소
V 패킹		○	요구	고	약간 엄밀	대
컵형 패킹		○	불요구	중	약간 엄밀	중
평형 개스킷	○		요구			대
샘 타입 패킹	○	○	요구	고	약간 엄밀	대

O링의 구비 조건은 다음과 같다.
- 누설을 방지하는 기구에서 탄성이 양호하고, 압축 영구 변형이 적을 것
- 사용 온도 범위가 넓고, 작동열에 대한 내열성이 클 것
- 내노화성이 좋고, 내마멸성이 클 것
- 내마모성을 포함한 기계적 성질이 좋을 것
- 상대 금속을 부식시키지 말 것
- 압력에 대한 저항력이 클 것
- 오일에 의해 손상되지 않을 것
- 작동 부품에 걸리는 일이 없이 잘 끼워질 것
- 정밀 가공된 금속면을 손상시키지 않을 것

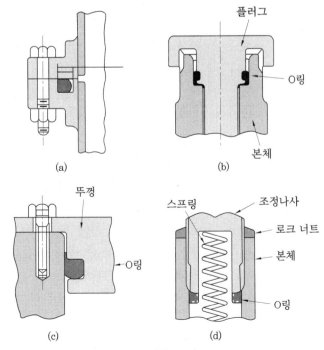

고정용 O링

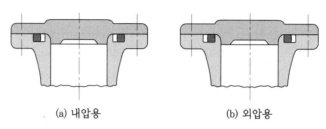

(a) 내압용   (b) 외압용

O링의 사용

일반용 O링의 찌그러짐

호칭 번호			O링의 굵기	운동용, 고정용(원통면)		고정용(평면)	
				최대(%)	최소(%)	최대(%)	최소(%)
P	3-p	10	1.9 ± 0.07	23.8	15.3	31.5	20.8
P	10A-p	22	2.4 ± 0.07	19.0	11.6	29.2	21.5
P	22A-p	50	3.5 ± 0.1	16.7	9.4	26.4	19.1
P	50A-p	150	5.7 ± 0.15	14.5	8.1	22.2	16.2
P	150A-p	400	8.4 ± 0.15	12.3	7.3	19.9	15.8
G	25-G	145	3.1 ± 0.1	21.85	13.3	26.6	18.3
G	150-G	300	5.7 ± 0.15	14.5	8.1	22.2	16.2

㈃ O링의 사용상 문제점

　㉮ 누출 : O링을 왕복 운동하는 로드의 실에 사용한 경우, 누출(漏出)을 0으로 할 수 없다. 예를 들면 운동 속도가 빠르고, 기름의 점도가 비교적 큰 경우에는 적당한 누출이 일어난다. O링의 누출량은 O링의 치수, 경도, 장치 조건(압궤 여유나 활동면의 조도 등), 작동유의 성질(특히 점도), 작동 압력, 운동 속도 등에 따라 다르다.

　㉯ 마찰 저항 : 실의 마찰 저항은 시동 마찰(활동 마찰)과 운동 마찰(동 마찰)로 구별하여 생각하지 않으면 안 되나 O링의 경우에는 운동 마찰은 적으나 시동 마찰은 크며 특히 저마찰로 운전하지 않으면 안 되는 기기에서는 문제가 된다.

　㉰ 비틂 : O링을 왕복 운동용 실에 사용할 때에는 운동 중 비틀림 모멘트가 작용하기 때문에 로드나 글랜드의 편심이나 O링 굵기의 불균일성 등이 크면 O링에 작용하는 마찰력도 불균일하게 되고 이로 인해 비틂을 일으켜 손상의 원인이 된다. 비틀림 손상(spiral failure)은 O링의 실패 중 상당한 부분을 차지하는 것으로 특히 항공기의 착지 완충 장치와 같이 큰 충격을 받는 부분에서 일어나기 쉽고 그 방지법으로서 다음과 같은 조치가 있다.

　　㉠ 홈에 장치하는 경우, O링과 상대면에 그리스를 충분히 바르고 바르게 장치한다.

　　㉡ 실린더와 피스톤 로드 사이의 틈새가 같도록 한다.

ⓒ 저마찰에 백업 링을 병용한다.

ⓔ 특수 형상의 링(D링, T링, X링, 펜더 실 등)을 사용한다.

ⓜ 사용 조건(온도, 압력, 유체의 종류 등)에 따라 재질 선택이 행하여진다. 또 사용 부분에 따른 설계가 행하여진다. 앞의 그림 O링의 사용은 고정(평면)의 홈에 사용한 예로서 내압이 걸리는 경우는 O링의 외경과 홈의 외경을 일치시키고, 외압이 걸리는 경우(진공기기 등)는 O링 내경 홈의 내경에 일치시켜 사용한다.

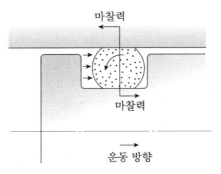

O링의 비틂의 원인

④ 오일 실 : 오일 실은 KS B 2804에 규격화되어 있고, 펌프, 모터의 회전축 지름 7~ 500 mm에서 축 주위에 기름 또는 그리스 등의 누설을 방지하기 위해 사용된다. 오일 실은 축의 회전이 0으로부터 수천 회전까지 넓은 회전수 범위에서 사용되므로 마찰이 적고 또한 미소한 회전 변동이나 편심에도 이상 없이 운전되어야 한다. 이 때문에 축과의 접촉 부분에는 과도한 하중(압력)이 작용하지 못하게 주의를 하여야 하며 오일 실 부분은 드레인 라인과 연결이 되어야 한다. 그러나 부압이 되어서는 안 된다.

㈎ 오일 실의 종류

㉮ 표준형 : 가장 일반형인 오일 실로 외주 금속으로 구성된 싱글 립의 경우에는 외부로부터 먼지, 진흙 기타 이물 침입의 염려가 없는 장소에서의 누출 방지용이다. 싱글 립에서 스프링이 없는 것은 저속, 저온에서 그리스 누출 방지나 간단한 먼지 제거로서 사용된다.

㉯ 내압형 : 내압형에서는 중압 이상을 받을 수 있으나, 속도를 크게 할 수 없다. 축에 대한 면압이 높아지고 축의 마모가 촉진될 염려가 있으므로 주의할 필요가 있다.

㉰ 설치 특수형 : 설치 장소를 적게 하고, 또한 삽입을 쉽게 한 S자형의 것과 교환을 용이하게 하기 위하여 둥근 플랜지를 부착한 것도 있다.

오일 실의 형식

형 식		사용 한계		특 징
		속도 (m/s)	압력 (MPa)	
표준형	싱글 메인 내장 S	12	0.05	가장 일반적인 오일 실
	싱글 메인 립 스프링 먼지 커버붙임 D	9	0.05	먼지 실 겸용의 일반적인 오일 실
	단독 립 스프링 무 C	6	0.03	그리스, 먼지 실용
내압형	싱글, 메인 립 장입, 변형 방지링 S	5	0.5	내압용
	더블, 립 스프링 장치 먼지 실붙임 D	0.3	0.7	왕복용, 내압용
	다단 메인 립 스프링 내장 먼지 실붙임 G	6	0.3	내마모, 내압용
설치특수형	싱글 메인 립 스프링 무 사다리꼴	6	0.03	사다리꼴 홈용
	립 형상붙임의 링 플랜지붙임	–	–	간이 교환용

오일 실의 종류

종류	기호	비 고	그림 예
스프링 사용 외주 고무	S	스프링을 사용한 단일 립과 금속링으로 되어 있으며, 외주면이 고무로 피복되어 있는 형상의 것	
스프링 사용 외주 금속	SM	스프링을 사용한 단일 립과 금속링으로 되어 있으며 외주면이 금속링으로 구성되어 있는 형상의 것	
스프링 사용 조립	SA	스프링을 사용한 단일 립과 금속링으로 되어 있으며, 외주면이 금속링으로 구성되어 있는 조립 형식의 것	
스프링 없음 외주 고무	G	스프링을 사용하지 않은 단일 립과 금속링으로 되어 있으며 외주면이 고무로 피복되어 있는 형상의 것	
스프링 없음 외주 금속	GM	스프링을 사용하지 않은 단일 립과 금속링으로 되어 있으며 외주면이 금속링으로 구성되어 있는 형상의 것	
스프링 없음 외주 고무 마모 방지붙이	GA	스프링을 사용하지 않은 단일 립과 금속링으로 되어 있으며, 외주면이 금속링으로 구성되어 있는 조립 형식의 것	
스프링 사용 외주 금속 마모 방지붙이	D	스프링을 사용한 단일 립과 금속링 및 스프링을 사용하지 않은 마모 방지 장치로 되어 있으며, 외주면이 고무로 피복된 것	
스프링 사용 외주 고무 마모 방지붙이	DM	스프링을 사용한 단일 립과 금속링 및 스프링을 사용하지 않은 마모 방지 장치로 되어 있으며 외주면이 금속링으로 구성되어 있는 것	
스프링 사용 조립 마모 방지붙이	DA	스프링을 사용한 단일 립의 금속링 및 스프링을 사용하지 않은 마모 방지 장치로 되어 있으며, 외주면이 금속링으로 구성되어 있는 조립 형식의 것	

㊟ S : 스프링 사용, G : 스프링 없음, D : 스프링 사용 및 제진 장치 부착

오일 실의 사용 조건

오일 실의 종류	기 호	기계 구조	밀봉 대상물	압 력	먼 지	하우징 재료		비 고
						철계	경합금	
스프링 사용 외주 고무	S			0.01 MPa이하	침입 없음	사용 가		범용
스프링 사용 외주 금속	SM					가	불가	범용
스프링 사용 조립	SA			없음		가	불가	
스프링 사용 외주 고무 마모 방지붙이	D	축회전	기름, 그리스	0.01 MPa이하	침입 있음	사용 가		범용
스프링 사용 외주 금속 마모 방지붙이	DM					가	불가	범용
스프링 사용 조립 마모 방지붙이	DA			없음		가	불가	
스프링 없음 외주 고무	G		그리스	없음	침입 없음	사용 가		범용
스프링 없음 외주 금속	GM					가	불가	범용
스프링 없음 조립	GA					가	불가	

㊟ ① 스프링 사용은 그리스도 사용 가능하다. 단, 그리스 공급이 불충분할 때는 스프링을 떼어 낸다.
② 조립이라 함은 2개의 오일 실을 조합해서 사용함을 말한다.

(나) 오일 실의 사용법

㉮ 축과 조립의 경우

㉠ 기계 설계상 사용되는 축 재료는 기계 구조용 탄소강 강재 또는 저합금강이 오일 실에 적합한 재료이다. 주물은 축 표면에 핀 홀이 생기기 쉬우므로 사용상 주의해야 한다.

㉡ 축의 경도는 일반적으로 HRC 30~40의 경도가 필요하다.

㉢ 오일 실의 립이 접촉하는 표면에는 홈이나 기계 가공에 의해 리드가 있어서는 안 된다. 일반적으로 이송을 주지 않는 연삭 다듬질이 좋다.

㉣ 표면 거칠기는 0.2~0.6 S이어야 하고, 최대 높이 R_{max} 2.4 S가 필요하다(고속일 때는 0.8~1.5 S, 중저속일 때는 1.5~3 S).

㉤ 공차는 h8

㉥ 축의 흔들림은 최대치와 최소치의 차가 0.25 mm 이하여야 한다. 특히 운전 속도에서 흔들림 상태에 극심한 변화가 있어서는 안 된다.

㉦ 축 정렬(alignment)은 0.1 mm 이하로 억제한다.

㉧ 축의 축 방향 움직임은 원칙적으로 없는 것을 전제로 한다.

㉨ 오일 실을 삽입하는 축 단의 모따기(C)에 따른다. 구배는 15~30°를 엄수한다.

㉩ 오일 실의 립 습동부에 이물질의 침입을 방지한다.

㉪ 치수 진원도

실의 치수 진원도

바깥지름	진원도
50 이하	0.25
50 초과 80 이하	0.35
80 초과 120 이하	0.5
120 초과 180 이하	0.65
180 초과 300 이하	0.8
300 초과 500 이하	1.0

ⓝ 하우징과 조립의 경우

　㉠ 하우징의 강성은 오일 실을 설치했을 때 변형을 일으키거나 가동 시 진동이 생기지 않도록 충분한 강성을 가져야 한다.

　㉡ 하우징의 형상

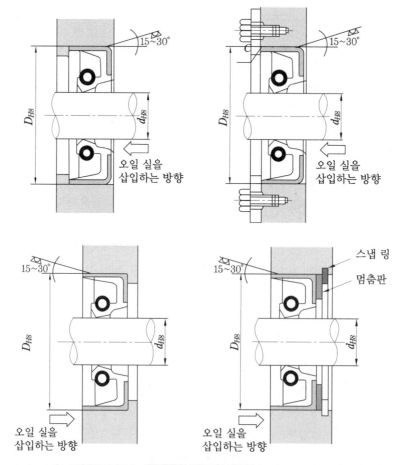

하우징 구멍의 형상

ⓒ 강이나 주철인 경우 외주 고무, 외주 금속의 오일 실 중 어느 것이나 사용 할 수 있다. 경합금으로서 열팽창 계수가 클 때는 온도에 따라 끼워 맞춤 상 태가 변하므로 외주 고무 실을 사용한다.

ⓓ 공차는 H8

ⓔ 오일 실을 끼우는 하우징 구멍과 축의 흔들림은 다이얼 게이지 눈금값의 최 댓값과 최솟값으로 표시하고 0.05 mm 이내여야 한다.

ⓕ 특히 모따기 치수를 엄수한다.

ⓖ 표면의 거칠기는 선반 가공한 그대로라도 좋다.

ⓗ 거칠기는 중심선 평균 거칠기 R_a 0.4~2.5 a, 최대 높이 R_{max} 10 S 이하가 필요하다.

ⓘ 케이싱 내의 압력은 대기압으로 한다. 단, 0.01 MPa 이내라면 규격 오일 실 의 사용이 가능하다.

오일 실과 하우징 구멍과의 관계

오일 실의 폭	하우징 구멍의 깊이
6 이하	B+0.2
6 초과 10 이하	B+0.3
10 초과 14 이하	B+0.4
14 초과 18 이하	B+0.5
18 초과 25 이하	B+0.6

⑤ 글랜드 패킹 : 글랜드 패킹은 스터핑 박스 내에 넣고 축과 마찰면을 밀봉하는 것인 데 마찰 저항이 크다는 것이 결점이다. 또한 완전히 누설을 방지할 수 없으므로 다 소 누설을 허용하는 곳에 쓰이며, 약간의 누설은 마찰면의 윤활과 냉각 효과를 기 대할 수 있다.

글랜드 패킹 재료와 적용

주요한 재료	탄닌 가죽, 롬 가죽 또는 혼 합 숙피에 합 성고무, 합성 수지, 랍(蠟) 등을 충전 가 공하여, 기밀 성으로 형성	합성 고무(니 트릴 고무, 기 타)에 배합제 를 섞어 소정 의 금형에서 가황(加黃) 성 형한 것	각종 합성 고 무와 나일론, 무명, 삼, 유 리섬유 등을 조합해서 금 형으로 가황 성형한 것	PTFE, 나일 론, 폴리에틸 렌 등을 성형 한 것	석면, 무명삼 등 또는 금속 실을 섞어 짜 서 일정한 형 상으로 한 것. 합성 고무, PT- FE 등으로 처 리한 것도 있음	강철, 주철, 스 텔라이트, 알 루미늄, 기타 를 성형한 것

특징		내수, 내유성이 있고, 특히 내마모성, 내압성이 커서 수명이 길다. 안전하고 파괴가 급속히 발생되지 않음	원료 고무의 선택, 배합제의 종류, 양에 따라 재질, 경도, 강도의 것이 얻어지며 형상은 자유	원료 고무의 선택으로 사용 조건에 적합한 것이 얻어진다. 일반적으로 내압성이 큼	대체로 화학약품성이 크므로 화학약품을 처리하는 곳에 적용	내압성 내유성이 좋다. 일반적으로 마찰저항이 큼	증기 내연기관, 압축기 등에 특히 고온 고압 하에서 사용 다른 패킹에 비하여 고압에서 마찰저항이 작음
최고 내압 (MPa)	공기	2	5 (단, 배합에 의함)	5			
	물	50	50(")	50	50		
	광유	100	50(")	85	50		
적용 온도 범위(℃)		−70~100 (탄닌 가죽 −70~50)	−60~250 (단, 재료의 선정에 한함)	−20~250(") (단, 재료의 선정에 한함)	−20~200(") (단, 재료의 선정에 한함)	−40~500(") (단, 재료의 선정에 한함)	−40~800(") (단, 재료의 선정에 한함)

글랜드 패킹의 재질과 사용 한도

재질	마	목면	석면	금속 패킹	탄소 패킹
압력(MPa)	0.7	1	재질에 따라 상당한 고온 압에 견딜 수 있음	재질에 따라 상당한 고온 압에 견딜 수 있음	탄소 자신의 강도로 인해 초고압에는 부적당
온도(℃)	200	200			

글랜드 패킹의 종류

사용 유체	사용 조건			
	왕복 운동축용	회전축용	피스톤 또는 실린더	밸브 스템용
산, 알칼리	B, M, P, S, T	B, P, S, T	T	B, P, S, T
공기	A, M, P, S,	A, P, S	L, M	A, P, S
암모니아	R, M, S	A, S	R	A, R, S
가스	A, M, S	A, S	L, M	A, S
가솔린, 유류(상온)	A, P, S	A, P, S	L	A, P, S
가솔린, 유체(고온)	A, P, S	A, P, S		A, P, S
저압 수증기	A, R, M, P, S	A, M, P, S	R, M	A, R, P, S
고압 수증기	A, M, P, S	A, M, P, S	M	A, M, P, S
냉수	R, F, L, P, S	A, C, F, P, S		A, R, F, C, P, S
열수	R, L, P, S	A, P, S	R	A, R, P, S

주) A : 석면, B : 청 석면, L : 가죽, M : 금속, P : 합성수지(유연성), R : 면 고무, S : 세미메탈, T : PTFE, C : 무명, F : 아마, 삼

6-4 수명 신뢰도

개스킷이나 패킹이 사용되는 기기의 종류는 매우 광범위하고, 사용 조건도 복잡하여 수명 신뢰도를 정확하게 예측할 수는 없지만 신뢰성을 확보하기 위한 조건을 열거하면 다음과 같다.

① 사용 조건(압력, 사용 매체, 운동 조건 등)에 적합한 재료, 형상, 치수의 실 재료를 선택할 것. 특히 사용 매체나 사용 온도에 적합하지 않는 재질의 실을 선택할 때 그 수명은 현저히 떨어진다.

② 실을 장치하는 상대 글랜드의 치수나 다듬질 정도가 적절해야 한다.

유압 실린더용 패킹의 수명은 일반의 사용 조건 하에서 총 운동거리 300 km(약 1년)까지 누출량의 급격한 증가가 없는 것을 대략 보장할 수 있는 수명으로 한다.

패킹의 사용 기준

패 킹 재 질		고무 V 패킹	면 고무 패킹	비 고
유 체	기 체	◎	△	윤활유의 공급이 필요
	액 체	◎	◎	
압력 (MPa)	0~8	◎	◎	
	8~16	○	◎	고무 V 패킹은 삐져나옴에 주의를 요함
	16~30	△	◎	고무 V 패킹은 삐져나옴에 주의를 요하고, 그것에는 어댑터의 클리어런스를 작게 함
	30~60	×	○	스페이서를 병용하는 것이 좋음
	60 이상	×	○	스페이서를 병용(제조사에 상의하는 것이 좋음)
속도 (m/s)	회전 0.05 이하	○	○	냉각과 윤활을 충분히 하면 어느 정도 사용 가능
	회전 0.05 이상	× 또는 ○	× 또는 ○	
	왕복동 0.05 이하	◎	◎	
	왕복동 0.05~0.1	○	◎	
	왕복동 0.1~0.5	△	○	유체 점도가 높은 경우는 누설이 많아짐
	왕복동 0.5 이상	△	○	스페이서를 병용. 냉각을 고려할 것

그밖의 특성	삐져나옴에 대하여	약함	약함	고압 고속의 경우는 특히 주의
	클리어런스	매우 작게 함	작게 함	
	마찰계수	중 정도나 높음	높다.	
	내마모성	우수	우수	
	내충격성	떨어짐~좋음	뛰어나다.	
	허용하는 축의 편심	매우 작아짐	작게 함	
	레디얼 방향의 하중에 대하여	약함	어느 정도 강함	
	패킹 재료의 종류	범위가 넓음	대체로 한정됨	

㊟ 1. △는 완전히 실은 무리하다는 뜻이다. 중간에 란탄 링을 넣고서 윤활과 냉각을 겸한 액을 넣은 후, 액 봉하면 충분히 사용할 수 있다.

2. 최고 압력뿐 아니라, 압력이 걸리는 형편에 따라 매우 다르다. 예를 들면 정압에 가까운 것은 표대로 적용할 수 있으나, 플런저 펌프와 같이 변동하고, 더욱 충격적인 압력에서는 조건이 몇 배로 가혹해진다.

3. 압력이 높고 속도가 빠를 때는 어댑터 및 스페이서의 클리어런스를 작게 하는 편이 좋다.

4. 냉수를 쓰는 플런저 펌프 등에서는 따로 냉각을 필요로 하지 않는 경우가 많으나, 냉각 효과가 적은 유체에서는 꼭 필요하다.

5. 기호의 설명 : ◎ 가장 적당함, ○ 적당함, △ 다른 사용 조건을 고려해서 선택함, × 사용 불가

6. 어떤 사용 조건에서 △로 되어 있고, 또 하나의 조건이 ○ 또는 ◎이면 대체로 사용할 수 있다. 양쪽 이 모두 △이면 쓸 수 없다. 이 경우에도 결국은 패킹의 수명이 문제로, 짧아도 좋으면 주의 사항을 되 도록 만족시키면 쓸 수 있다.

7. 메커니컬 실

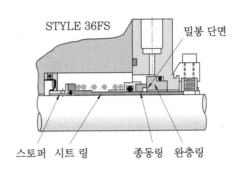

STYLE 36FS

밀봉 단면

스토퍼 시트 링   종동링 완충링

7-1 메커니컬 실의 개요 및 정의

유체를 취급하는 펌프, 컴프레서, 터빈, 송풍기 등의 회전기기의 축봉부에 상용되는 메커니컬 실(KS B 1566)은 기기의 사용 조건이 가혹해짐으로 인하여 충분한 밀봉성과 내구성, 신뢰성을 요구하게 되었다. 메커니컬 실은 불균형과 균형, 회전과 고정형, 안쪽 방향 흐름과 바깥쪽 방향 흐름, 뒷끝면 고압과 뒷끝면 저압, 안쪽 스프링과 바깥쪽 스프링, 푸셔와 논 푸셔, 싱글과 더블, 모노와 더블 스프링, 카트리지 메커니컬 실로 나누고 이들을 서로 조합하여 사용한다.

메커니컬 실은 "섭동면(밀봉 단면)의 마모에 추종하여 스프링 등이 축 방향으로 움직일 수 있는 회전 환과 움직일 수 없는 고정 환으로 구성되며, 축에 수직으로 래핑 등의 고정 밀도로 사상을 한 섭동환의 면이 서로 접촉하여 상대적으로 회전하는 면(섭동면, 밀봉 단면)에 따라 유체의 누설을 최소로 제한하는 기계 요소를 말한다."

메커니컬 실은 각종 기계에 사용함에 따라 그 성능에 영향을 미치는 많은 인자를 가지고 있다. 예를 들면 유체의 조건(유체의 종류, 압력, 온도, 점도, 고형물의 유무 등), 취급 기기의 조건(기기의 종류, 기기의 정밀도, 축경, 회전 속도, 사용 빈도 등), 취급 조건(윤활 방식, 냉각 방식, 장착 길이의 여부 등)에 따라 메커니컬 실의 성능은 크게 좌우될 수 있다.

7-2 메커니컬 실의 기본 구조

rotating seal ring
축과 함께 회전되며, stationary seal ring과 섭동면을
이루면서 누설 방지, 높은 경도와 윤활도가 요구되며
재질로는 carbon, ceramic, tungsten carbide
stellite 등을 사용

rotating seal packing
섭동면 다음의 중요한 위치로
secondary seal ring으로 지칭되며,
rotating seal ring과 shaft(sleeve)
사이의 누설 방지(shaft packing이라고 함)

stationary seal ring
rotating seal ring과 섭동면을 이루면서
누설 방지, 마찰계수가 낮은 재료가 사용되고
있으며, 대표적으로 carbon, ceramic 등을
사용

spring
rotating seal ring과 stationary
seal ring의 seal face 틈새를 가능한
한 작게 유지하는 작용을 하는 부품

stationary seal packing

collar
몸체가 축과 함께 회전하므로
축에 손상을 주지 않음

set screw
회전 부분을 축에 완전히 고정시켜
rotating part가 헛돌지 않도록 함

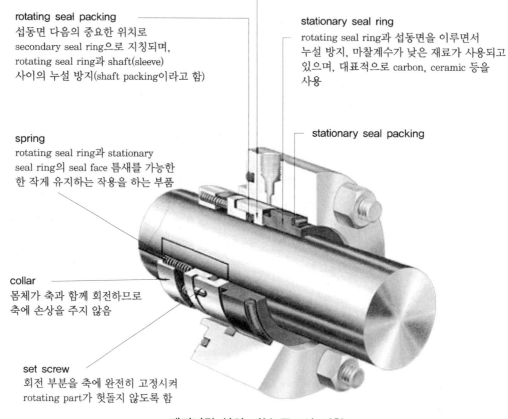

메커니컬 실의 기본 구조와 명칭

7-3 메커니컬 실의 종류

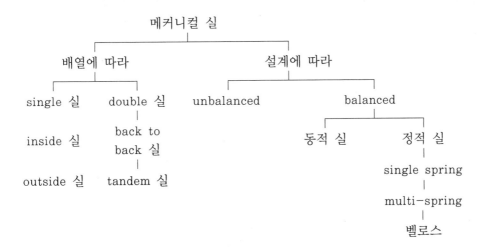

7-4 메커니컬 실의 특징

(1) 배열에 따른 분류

① 싱글형(single type) : 한 쌍의 실 면을 갖고 있는 메커니컬 실을 1개 사용하는 방식이라서 1개의 밀봉 단면을 가지며 섭동면에 윤활성 유체를 부여해 줄 수 있는 환경에서 스터핑 박스(stuffing box)의 유체를 냉각, 플러싱할 수 있는 경우에 사용하는 것으로, 일반적인 펌프에서 가장 많이 사용되고 있다. 이것은 케이싱 내의 유체가 메커니컬 실 섭동면에서 누설될 때의 흐르는 방향에 따라 인사이드형과 아웃사이드형이 있다.

┤ 참고 ├

섭동면 : 메커니컬 실의 가장 중요한 부분으로서 섭동면의 적절한 유막 형성은 메커니컬 실의 최소 마모 및 수명 연장에 절대적인 역할을 하며, 운전 시 유막이 불가능한 경우 강제적인 유막 형성을 시켜 주어야 한다. 섭동면에 의한 누설량은 섭동면의 재질, 유체의 점도, 비중, 압력 차, 축의 크기, 회전 속도 등에 따라 달라지나 통상 섭동면의 평면도가 3 Band (0.087 μm) 이하를 유지하면 시각적인 누설은 방지할 수 있다.

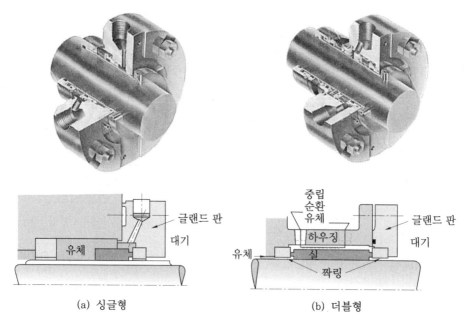

| (a) 싱글형 | (b) 더블형 |

싱글형과 더블형

⑺ 인사이드형(inside type) : 스터핑 박스의 내측에 회전링을 설치하는 밀봉으로 유체의 누설 압력이 실의 외부에서 내부로 작용하며, 내류형이라고도 한다. 누설 방향이 원심력에 상반되는 방향이므로 밀봉 조건에 유리하여 사용하고 있는 방법이다. 밀봉 조건이 아웃사이드형보다 월등히 우수하고 또한 밀봉 유체가 접촉면의 발열을 제거하므로 냉각이 용이하다. 그러나 액체의 성질에 따라 강제 냉각이 필요한 것도 있다. 또 부식성이 강한 유체일 경우에는 고가의 재료를 써야 하는 단점도 있다.

⑻ 아웃사이드형(outside type) : 인사이드형과는 반대 방향으로 회전부가 스터핑 박스 외에 장착되어 유체의 누설 압력이 실의 내부에서 외부로 작용하고 압력이 섭동면을 열리게 하는 방향으로 작용하는 것으로 외류형이라고도 한다. 부식성이 강한 액체일 경우 내부 실의 단점을 보완하기 위하여 개발된 실이나, 유체의 압력이 접촉면을 열리게 하는 방향으로 작용하기 때문에 누설의 방향이 원심력과 같은 방향이 된다. 그러므로 비정상적인 운전으로 접촉면이 떨어졌을 때 접촉면이 열려 누설량이 많아지는 경향이 있어 냉각 작용이 쉽지 않아 고압, 고속 등에서의 사용은 적합하지 않다.

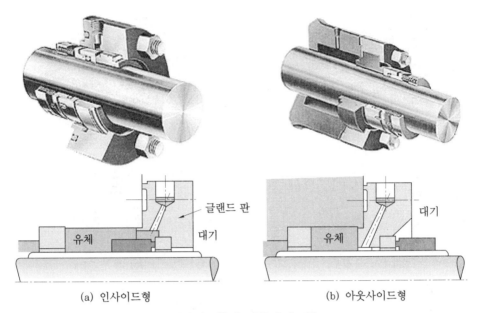

(a) 인사이드형   (b) 아웃사이드형

인사이드형과 아웃사이드형

② 더블형(double type) : 메커니컬 실을 2개 조합, 사용하여 두 쌍의 실면 중간에 저온 저비점 외부 유체를 주입, 사용하여 2개의 밀봉 단면을 갖는 실이다. 서로 다른 두 종류의 유체를 동시에 누설 방지해 주거나, 마모성 유체에서 안정성과 수명을 증대시킬 필요가 있을 때 사용한다. 밀봉액은 냉동기유와 부동액이 사용되며 에탄, 메탄, 에틸렌 등의 석유계 탄화수소를 취급하는 펌프에 가장 많이 사용된다. 밀봉액으로 냉동기유 등의 비교적 유동점이 높은 윤활성 액체가 사용되어 밀봉액을 가열할 필요가 있을 때에는 봉액 온도를 −20℃에서 +50℃ 정도로 조절해야 한다. 이 실은 윤활성이 양호한 액체를 밀봉액으로 자유롭게 선택할 수 있으며, 실의 수명이 길고, 직접 저비점 액체를 밀봉하지 않고 외부로 누설되지 않는 등의 충분한 안정성을 갖는 특징을 갖고 있다.

㈎ back to back type : 2개의 실 설치 방향이 서로 반대(outside seal+inside seal)로 유체가 결정화 또는 대기와 접촉하여 급격히 산화되는 등 높은 안전도가 요구될 때, 실과 실 사이에 적합한 별개의 유체 순환 n, 유체압보다 실 순환 압력을 최소 0.1MPa 정도 높게 가압 또는 10 % 높게 가압하고 고압의 유체를 실링할 때, outboard seal 압력 강하를 목적(밸런스형 사용)으로 할 때 사용된다.

㈏ face to face type(tandem type) : 각 개의 실 설치 방향이 모두 동일(inside seal+inside seal)한 고압용 double 실로서 back to back seal 보다 우수한 실로 사용 유체 또는 기체가 고압일 경우 압력 강하를 목적으로 사용하며, 두 실 사이에 밀봉된 액의 압력은 사용 유체나 기체 압력의 $\frac{1}{2}$ 정도 압력으로도 사용이 가능하다.

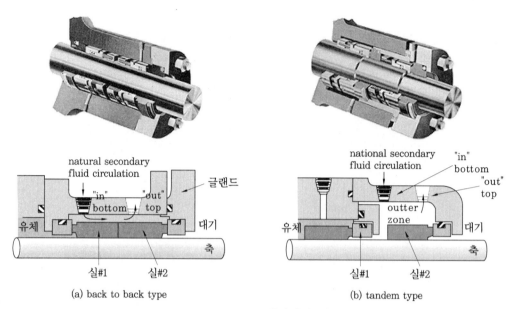

(a) back to back type · · · · · · (b) tandem type

double Type 메커니컬 실

(2) 압력 범위에 의한 분류

① 평형형(balance seal type) : 레이디얼 방향 면적 배치에 의해 메커니컬 실의 밀봉
유체, 즉 스터핑 박스 내의 압력이 실의 섭동면 쪽으로 작용하는 유체의 압력이 상
쇄되는 설계로 프로세스용에 사용하고 있으며 효과적인 누설방지를 할 수 있는 최
저면 압이 걸리도록 한 것이다. 평형형 밀봉이라고 하는 이것은 고압용이며 밀봉
유체의 압력이 밀봉 단면에 작용하는 비율이 1 이하이다. 실에는 슬리브에 작은 축
경과 큰 축경이 있는데 정지축의 리테이너 외경이 큰 축경이며 이것을 balance경
이라 한다. 평형형과 불평형형은 밀봉 유체, 온도, 압력, 속도, 습동 재질 등에 따
라 선택이 달라지며, LPG 등의 끓는점이 낮은 유체인 경우 습동면에서의 윤활막
유지가 어려울 때 사용된다.

> **│참고│**
>
> 회전 실에 유체 압력이 미치는 면을 'A'라 하고 고정 실, 회전 실이 접촉되는 면적을
> 'B'라고 할 때, 면적 A : B의 비율을 balance 비(K)라고 하면,
> - 평형 : K ≥ 1(K=1.1~1.2)
> - 불평형 : K 〈 1(K=0.6~0.9)이다.

② 불평형형(unbalance seal type) : 축의 외경이 평탄하며 스터핑 박스 내 압력이 1
MPa 이하의 저압용으로, 섭동면의 접촉 압력이 유체의 압력보다 크거나 같은 구조
로 작용된다. 즉 밀봉 유체의 압력은 밀봉 단면에 작용하는 비율이 1 이상이며 슬리
브에 단차가 없다.

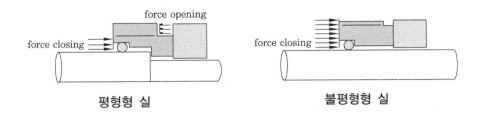

평형형 실   불평형형 실

(3) 스프링의 위치에 따른 분류

① 회전형(rotating seal) : 스프링을 기준으로 한 실의 주요 구성 부품이 축과 함께 회전하는 형태의 것으로 구조가 간단하여 취급이 쉽고 반지름 방향의 공간이 비교적 적으며, 호환성이 좋아 3600 rpm 이하인 축에서 많이 사용된다.

② 고정형(static seal) : 스프링을 기준으로 한 실의 주요 구성 부품이 스터핑 박스나 글랜드에 고정되어 축과 함께 회전하지 않는다. 고속 회전이거나 대형인 경우 회전형 실을 사용하면 축의 동적 균형이 나쁘거나 회전 부품이 많아 작동이 불완전하므로 스프링이 원심력의 영향을 받지 않는 고정형 실을 사용한다.

회전형과 고정형의 비교

구 분	회전형	고정형
고속 회전의 효과	고속 회전 시에는 원심력이 스프링의 작동을 불안정하게 만든다.	스프링이 원심력의 영향을 받지 않아 고속에 사용 가능하다.
단면 직각도에 대한 효과	1회전 시마다 회전링 간극이 신축하여야 하기 때문에 2차 실의 마찰력이 실 성능에 영향을 준다.	고정 환은 1회전 시 스프링의 추종을 받지 않아도 되기 때문에 간극은 변화가 없으며 2차 실의 영향도 없다.
end plat의 변형에 대한 효과	고정링이 클램프형이거나 press-in형의 경우 변형이 영향을 받는다.	고정링이 end plat에 대하여 들떠 있기 때문에 plat의 변형이 대한 영향이 적다.
슬러리 치수에 대한 효과	싱글 스프링에 대해서 안정적이다.	스프링을 대기 측에 설치하였기 때문에 안정적이다.
점도에 대한 효과	싱글 스프링에 대해서 안정적이다.	고정한 리테이너 두께를 고려해야 하기 때문에 실 치수가 크게 된다.
실 치수에 대한 효과	슬리브와 축경이 실 치수가 되므로 주속상으로 안정적이다.	고정링 리테이너 두께를 고려해야 하기 때문에 실 치수가 크게 된다.
취급 부분의 구조에 대한 효과	슬리브와 end plat가 비교적 간단하다.	슬리브와 end plat가 비교적 복잡한 구조이다.

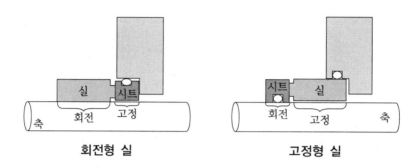

| **회전형 실** | **고정형 실** |

(4) 스프링 형상에 따른 분류

① single spring type : 1개의 큰 스프링을 사용한 것으로, 고농도의 슬러리(slurry) 사용 조건에서 선경이 굵어 슬러리, 고점도 및 부식성 유체에 사용되나 장착 길이가 길고, 고속 회전 시 뒤틀림 현상이 발생하며, 면압이 불균일하다.

② multi-spring type : 일반 산업용 기기에 가장 광범위하게 사용되고 있으며, 패킹, 개스킷은 밀봉 유체가 프레온, 용제 등은 -100℃, 메탄, 에탄 등의 탄화수소계 저비점 액은 -80℃ 정도에서 사용되고 있다. 밀봉 단면을 예압하는 여러 개의 작은 스프링을 원주상에 균등하게 설치한 구조로 면압이 일정하고 고속 회전일 때 사용되며 선경이 가늘어 부식성 유체나 피치 간격이 짧은 슬러리 함유 유체에서는 사용하지 않는다.

[사용상 주의해야 할 점]

1. 메커니컬 실 주변이 저온이므로 밀봉 단면 재료와 축 슬리브상에 공기 중의 수분이 빙결하여 성애 상태로 부착한다. 축의 회전에 따라 회전 밀봉 링이 원활한 운전을 방해하여 밀봉 단면을 개방하게 되고, 운전과 동시에 밀봉 단면에 성애 상태나 얼음 상태가 유입하여 손상될 우려가 있어 누설의 위험이 된다.

2. 펌프의 설치 장소가 대부분 옥외에 있으므로 비바람의 영향을 강하게 받는 경우 개시 전에 퀜칭을 하여 성애나 빙결된 상태를 녹여 운전해야 한다. 입형에 불활성 가스(질소 가스)나 건조한 공기를 퀜칭하여 실 주변과 대기를 차단하는 방법을 많이 사용하고, 외부로부터 수분의 침입을 방지하기 위하여 립 실을 채용하는 경우도 있다. 대책으로 실 주변에 보냉을 충분히 해야 한다. 그렇지 못할 경우 실의 밀봉 단면부가 발열되고, 모터의 팬으로부터 온풍이 발생하게 되어 실 박스 내, 특히 밀봉 단면 부근의 액체가 증발해 밀봉 단면은 건조한 접촉 상태가 되어 누설을 일으킨다.

3. 누설이 일어나지 않으면 온도가 상승한 액이 펌프 저압 부분(특히 흡입 부분)에 들어가게 되면 캐비테이션에 의한 축 진동이 생기게 되어 대책이 필요하다.

4. 펌프 토출구 → 실 박스 → 펌프 흡입 탱크로 이어지는 저 비점액용 플러싱 배관이 절대 필요하게 된다. 특히 입형 펌프는 실 박스가 펌프의 최상부에 있어 모터와 펌프 사이에 있게 되므로 모터의 바람을 직접 받아 예비 펌프가 그 배관에

따라 실 주변을 완전히 기체 상태로 만든다. 이에 액체와 기체의 점도 차에 비례하여 정지 중에 누설이 많아지게 되므로 운전 시작과 동시에 밀봉 단면은 고체 접촉이 되어 누설을 일으킬 수 있다.

③ 벨로스 실 : 실 내부로 슬러리가 침투되지 않으나, 박판은 부식성 유체에 부적합하다. 이 실은 패킹이 없어 축 슬리브에 부착된 성애나 빙결된 물의 영향을 받지 않는다. 또한 축 진동에 따른 밀봉 부재의 추종성을 고려할 필요가 없다는 장점을 가지고 있어 −180℃ 정도에서도 사용할 수 있다. 그러나 이 실은 압력 변화에 대한 실의 balance경 변화가 있으므로 충분한 강도를 유지하는 스테인리스의 2중 벨로스를 사용하고, 용접 부분의 취성 파괴를 방지하기 위하여 심랭 처리(subzero)를 한 후 사용하여야 한다. 그리고 저비점 유체에 사용하는 경우 multi-스프링형 메커니컬 실과 같이 밀봉 단면 부근의 유체 증발 등에 관한 같은 대책이 필요하며, 벨로스 곡경 사이의 성애나 빙결된 유체의 부착을 방지하기 위하여 건조한 공기에 불활성 가스를 퀜칭하여야 한다.

┃ 참고 ┃

퀜칭(quenching) : 고정 실 외측을 물, 공기 등으로 냉각시키거나 유독성, 인화성, 경정되기 쉬운 유체의 누설 시를 대비하여 질소나 스팀 등으로 세척하는 방법

플러싱(flushing) : KS에는 '축봉 부분에 있어서 고압 측 유체가 있는 부분에 유체를 주입 또는 주입 추출함으로써, 이 유체에 의하여 메커니컬 실의 온도를 적합한 범위로 유지하는 것을 주목적으로 한다. 또한 이와 병행하여, 밀봉 끝면에서 고압측 유체의 기화를 방지하여 윤활을 좋게 하거나, 불순물이 축 밀봉부에 고이는 것을 방지하는 역할을 하는 것도 많다. 플러싱에는 고압 측 유체 자체를 이용하여 시행하는 self flushing과 고압 측 유체와 다른 계통의 유체를 주입하는 external flushing이 있다.'라고 되어 있다.

자체적 플러싱(self flushing)

- dead end self flushing : 가장 일반적으로 케이싱 내 고압 유체를 저압인 스터핑 박스로 보내는 방법
- reverse self flushing : 스터핑 박스 내의 압력 강화 목적으로 흡입부(suction) 측으로 역류시키는 방법으로 토출 압력과 스터핑 박스의 압력 차가 작은 경우에 사용
- through delf flushing : 액화가스 펌프와 같이 흡입부와 토출부의 압력 차가 작은 경우 유체 흐름을 좋게 하기 위하여 스터핑 박스와 흡입부를 연결시켜 주는 방식

external flushing : 아래의 유체의 경우 self flushing으로는 메커니컬 실의 기능을 제대로 발휘하지 못하므로 밀봉 외의 유체를 외부에서 주입시키는 방법이다.

- 고온 유체
- 고점도 유체
- 강부식성 유체
- 고형 입자를 포함한 유체
- 윤활성이 적은 유체
- 섭동면에 접착하는 유체

| (a) 싱글 스프링 형 | (b) 멀티 스프링 형 | (c) 벨로스 실 형 |

스프링 형상에 따른 분류

7-5 메커니컬 실의 재료 선정 및 설계

메커니컬 실의 선정은 밀봉하려는 기기의 조건과 유체의 특성에 따라 메커니컬 실의 구조 선정(balance type과 unbalance type 등), 구성 부품의 재질 선정, 메커니컬 실의 주변 장치 선정으로 나누어 생각할 수 있다.

메커니컬 실을 구성하는 재료는 금속과 스프링, 고무로 구분되며 정지링과 회전링의 섭동성을 요구하는 섭동재(seal face)와 금속주체의 1차 구조재와 개스킷, 패킹 등의 2차 밀봉재로 구별된다. 일반적으로 구조재는 주로 강도와 내식성을, 2차 밀봉재는 내식성과 내열성 면에 따라 설계하고 선정한다. 따라서 메커니컬 실의 재료 선정 및 설계는 섭동면의 섭동재 선정 및 설계라 할 수 있다.

(1) 구조재

메커니컬 실에 사용하는 금속재는 장기적으로 기계적 강도를 유지하며, 밀봉 유체에 대해 충분한 내식성이 요구되기 때문에 스테인리스강이 많이 선정되고 있다. 또 섭동재와의 열적 특성을 고려하여 티타늄 등의 저열 팽창 합금을 선정하는 경우가 많이 있다.

① 일반적으로 섭동재를 보강하는 리테이너는 사용 온도 및 부하 조건에 따라 티타늄 합금이나 42 % Ni 합금강 등 저열 팽창 합금강이 많이 사용한다. 이것은 섭동재로 많이 사용하는 carbon, SiC, tungsten carbide 등의 열팽창 계수가 작기 때문에 리테이너 재료와의 열팽창 계수의 차를 작게 하여 열에 의한 변형을 작게 할 목적으로 사용된다. 또한 코팅재의 경우 코팅 면의 박리 및 부식을 없애기 위하여 열처리 및 산세척 등의 공정을 거쳐 사용된다.

② 필요한 스프링 면압을 유지하기 위하여 스프링재 및 금속 벨로스 재료는 높은 응력과 내식성을 겸비한 알로이 20, 헤스탈로이 C, 인코넬 718 등의 고 Ni 합금이 사용된다.

③ 그 외에 사용되는 재료로는 SUS304, SUS316 등의 오스테나이트계 스테인리스강이 사용되고 있다. 단, 실 플랜지 및 슬리브의 재질은 오스테나이트계 스테인리스강 이외의 재질이 사용되는 경우가 많다.

대표적인 메커니컬 실의 금속재료의 특성

재 료	밀 도	탄성계수	내 력	인장강도	열팽창계수	열전도율
SU304	8.03	종 193 횡 69	〈 205 〉 185	〉 440	17~80	16.3[14.0]
SUS304L	8.03	종 193 횡 69	〉 175	〉 390	17~80	16.3[14.0]
SUS316	8.03	종 193 횡 67	〉 185	〉 440	17~80	16.3[14.0]
SUS316L	8.03	종 193	〉 205	〉 440	17~80	16.3[14.0]
SUS410	7.75	종 200	490	〉 440	17~80	16.3[14.0]
SUS430	7.76	종 200	1225	〉 450	17~80	16.3[14.0]
Monel	8.84	종 179	〉 275(402)	637	17~80	16.3[14.0]
Inconel1718	8.20	종 205 횡 71	〉 165(245)	1372	17~80	16.3[14.0]
Has−C	8.94	종 193 횡 71	〉 175	495(828)	17~80	16.3[14.0]
Alloy29	7.85	종 151	〉 180	〉 395(898)	17~80	16.3[14.0]
42 Ni합금	7.8	종 106	〉 165	〉 440	5.6~80	16.3[14.0]
Titanium	4.51	종 204	〉 215	340~510	8.2	
Nickel	8.89	종 193	〉 100	〉 440	10.4	16.3[14.0]

(2) 2차 밀봉재

섭동면(밀봉 단명)의 마모에 추종성과 메커니컬 실의 설치부 기기의 정밀도, 즉 축의 진동, run-out, 섭동면과의 직각도 불량 등의 부적합량에 의한 섭동면 영향을 완화할 목적으로 탄성이 있는 고무 재료 등을 2차 밀봉재로 사용한다.

고무 재료에는 천연 고무와 합성 고무가 있는데. 재료는 NBR(니트릴 고무), FKN(불소 고무), FFKN(퍼플로로 엘라스토머) 등 합성 고무의 O링이 사용되는 것이 많다. 또 부식성이 높은 액질에는 플라스틱재의 PTFE(4불화 에틸렌 수지)가 사용되는데 PTFE는 내약품성, 내열성, 내한성에는 우수하지만 강성이 높고 탄성을 지니지 않은 특성이 있기 때문에 V링 쐐기 wedge 형상 등으로 보완하여 사용되고 있다.

(3) 고무 재료에 요구되는 성질

① 경도 : 경도가 높아지면 압력에 대한 저항이 증가하여 O링 홈에서의 extrusion 발생이 감소하나 압축력이 증가하여 초기 동적 마찰 저항이 높게 된다.

② 기계적 강도 : 인장 강도는 밀봉 성능과 직접 관계는 없지만 품질 관리 수단으로서는 중요한 역할을 한다. 인장 강도는 너무 낮으면 설치가 끊어지거나 흠집이 발생

할 수 있으므로 강한 것이 좋다.

③ 내마모성

④ 내유·내약품성 : 사용 유체에 따라 팽윤되는 경우가 많이 있는데 팽윤되면 기계적 강도가 저하하고 extrusion 발생이 쉽기 때문에 동적 사용에서 10~20 %를 한계로 잡고 있다. 그리고 이와는 반대로 수축되는 경우도 있는데 수축되는 경우에는 누설 발생이 쉽게 되어 팽윤보다 더 나쁜 결과가 된다. 동적 사용에서 수축량은 3~4 %가 한계이다.

⑤ 압축 영구 변형

⑥ 내열성

⑦ 내한성

⑧ 부식성

⑨ 가스 투과성

(4) PTFE(4불화 에틸렌 수지)의 특징

불소수지는 4불화 에틸렌 수지, 3불화 에틸렌 수지, 6불화 에틸렌 수지, 불화 비닐 수지 등이 있으며 이러한 불소수지계의 80 % 이상을 차지하는 것이 4불화 에틸렌 수지이다. 이 수지의 장점은 다음과 같다.

4불화 에틸렌 수지의 화학 구조

① 화학 저항성 : 용융 알칼리금속, 고온·고압하의 불소 알칼리 금속의 액체 용액 및 한정된 불소 화합물에는 침투되지만 다른 모든 액에는 침투되지 않는다.

② 내열성 : 상온에서 기계적 특성이 우수하다고 할 수는 없지만 1차 전이 온도 이상의 온도에서도 유동하지 않으므로 연속 사용할 수 있다.

③ 전기적 성질 : 유전율·전기 저항성이 가장 적고, 온도·주파수 특성이 좋다.

④ 저마모 계수 : 고체 물질 중 가장 적고 윤활성이 좋다.

⑤ 비점도성

(5) 기기의 조건

① 사용 기기 : 펌프, 교반기(또는 반응기), 송풍기, 압축기 등의 사용 유체 조건 등

② 기기 형식 : 펌프나 송풍기, 압축기 등에서는 횡형, 입형, 단수 등 교반기에서는 실의 위치 side end ring 등 유체의 상태와 유동 방향, 축수 방식과 축 회전 정도 및 실 취급부의 기기 정밀도 등이 필수 조건이다.

③ 회전수 : 실의 크기, 압력과 함께 실 선정상 중요한 3요소로서 구조(회전형과 고정형), 형식(unbalance type과 balance type), 섭동재, 패킹 방식 등에 따라서 실 회전 속도, Pv값, 섭동 발열량 조건, 실 배치, 플러싱 방식과 공급량, 퀜칭, 냉각 등

의 보조 장치 설계, 선정에 필수 조건이다.

④ 회전 방향 : single spring type에서 스프링 권선 방향의 결정, partial 임펠러부의 경우에 임펠러 형식 등 partial 임펠러(또는 펌프 링) 형식에 따라 역방향에는 성능을 저하시킨다.

⑤ 회전 정도 : 축수 형식, 지지 방식에 따라 진동, 축 진동, 축 이동 등의 실 구조, 형식 등을 결정하는 요소로서 추종성, 토크 전달부의 내마모성을 고려한 실 구조, 형식, 재질을 결정하는 요소이다.

⑥ 압력 조건 : 펌프, 송풍기, 압축기에서는 흡입압, 토출압, 박스와 교반기에서는 내압 등을 말하며 실 유체 압력 설정에 따른 요소이다. 따라서 실 구조, 형식, 섭동재, 플러싱 방식 등을 결정하는 변수이다. 압력 변동은 구성 부품의 변동, 카본 섭동면 편마모의 원인이 된다. 그리고 부압 조건은 섭동면의 공기 침입에 따른 운전의 원인이 되기도 한다.

(6) 유체의 조건

① 실 유체 : 실 취급 기기에 취급하는 유체로 기기의 조건과 함께 실 구조, 형식, 재질, 배치, 플러싱 등의 냉각 방식 등을 결정하는 주요소이다. 즉 자체적 플러싱 (self flushing)의 경우에는 실 유체의 특성을 결정하며 가스를 취급하는 송풍기, 압축기, 교반기에는 external flushing 유체의 특성을 결정할 수 있다.

② 비중, 점도 : 섭동 발열에 대하여 플러싱의 냉각 효과 및 섭동면 간의 윤활 조건을 설정하는 요소로서 유체의 상세한 특성을 모르는 경우, 데이터 시트를 통하여 그 값을 알게 되어 윤활 조건을 비교 검토할 수 있는 자료가 된다.

③ 온도 : 섭동재와 패킹재의 내열 온도를 대비하여 재질을 선정하는 요소이다. 이것은 응고점, 비점과의 여유 정도에 따라 플러싱 방식, 퀜칭, 냉각 등의 보조 장치를 결정하는 요소이다. 따라서 패킹재에 고무, PTFE 등은 저온 사용할 때 경화, 고온 사용할 때에는 연화되므로 경도 저하 등을 고려하여 선정해야 하며 온도 변화에 따른 부품의 열 변형, 섭동면의 열 변형 등에 따라 실 구조, 형식, 재질, 배치, 플러싱 방식, 퀜칭 방식, 보조 장치 등을 검토하여야 한다.

㈎ 고온 유체용 메커니컬 실 : 고온 유체에 사용하는 메커니컬 실은 누설 시의 위험도가 높고, 상온 유체에 비하여 특히 안정성을 높게 유지해야 한다. 일반적으로 메커니컬 실은 물의 경우 0℃ 초과, 80℃ 이하에 사용하며 80℃를 초과하는 고온의 경우는 그에 따른 재료를 선택한다. 고온일 때의 문제는 밀봉 단면의 마모 촉진, 밀봉 단면 내 액체의 기화, 패킹의 내구성 저하, 스프링의 피로, 재료의 강도 저하 및 부식, 고형물의 발생 등이 있다. 축봉부가 200~250℃를 초과하는 경우에는 불소 고무나 PTFE의 수명이 짧기 때문에 금속 패킹 또는 금속 벨로스를 사용한다.

또한 카본의 경우는 페놀수지 함침의 경우 180℃ 이하, 동·청동·은 함침의
경우 300~500℃ 이하, 무함침의 경우 500℃ 이하에서 사용하고 청동은 300℃
에서 사용한다. 500℃ 이상의 경우 비접촉식 메커니컬 실을 사용하고, 재료는
초경합금과 SiC 등의 신소재를 사용하는 것이 좋다. 사용하는 유체의 온도가 다
음의 온도 이상이 되면 플러싱 쿨러를 사용하여 제한된 온도 이하로 낮추어 사용
한다.

㉮ 물 : 60~65℃

㉯ 원유, C 중유 : 100℃

㉰ 38℃에서 비중이 0.65 이상인 탄소화합물 : 85℃

㉱ MEK, BTX, MEA 등의 용제 : 85℃

㉲ 용매 : 200℃

고온 유체용 메커니컬 실

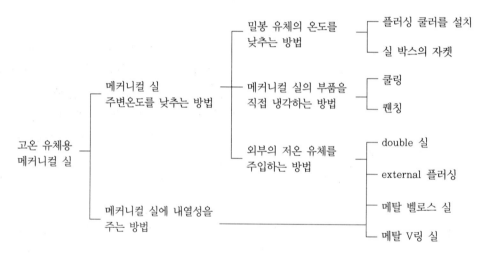

㈏ 저온 유체용 메커니컬 실 : 저온 유체를 밀봉하는 경우 메커니컬 실은 다음 4가
지 종류가 있다.

　　㉮ multi-spring형 메커니컬 실　㉯ 메탈 벨로스형 메커니컬 실

　　㉰ 텐덤형 메커니컬 실　　　　　㉱ 더블형 메커니컬 실

저온 유체에 사용하는 중요한 메커니컬 실에 대하여 가장 중요한 요소는 밀봉
단면 재료이다. double 메커니컬 실 이외에는 밀봉 유체가 저점도이고 저비점액
이므로 밀봉 단면의 건조 마찰 영역이 크게 된다. 또한 전체적으로 고Pv값이 많
으므로 각각 서로 다른 밀봉 단면 재료의 조합에는 대부분 초경 합금과 카본 조
합이 사용되는 경우가 대부분이다. 그 이유는 초경 합금은 경도가 높고, 열전도
율이 양호하며 열팽창 계수가 작고 강도가 강하기 때문이다. 초경 합금 이외 자
기 윤활성이 양호하며 열팽창 계수가 작은 카본의 특징에 따라 조합하여 사용하

면 접촉에 따른 면의 거칠음이 작으며, 마찰 계수가 작으므로 발생 열량은 당연히 낮게 되어 밀봉 단면이 건조 마찰에 되지 않게 된다. 그러나 최근에는 초경 합금보다 우수한 섭동 밀봉 특성을 가진 Sic가 개발되어 많이 사용된다.

④ 슬러리 : 섭동면 사이에 슬러리가 침입하면 윤활 불량, 면의 거칠어짐, 이상 마모, 누설의 원인이 되므로 실 구조, 재질, 배치, 플러싱 방법, 퀜칭 방법 등을 검토하여야 한다. 송풍기, 압축기 등 기내 가스 중에 더스트를 포함하는 경우도 검토가 필요하다. 만일 경질 슬러리가 섭동면 간에 침입하면 마찰 마모의 원인이 되며 부품 표면에 에러 존을 유발한다. 또한 연질 슬러리는 작동 부분에 고착하여 스프링에 따른 추종 기능을 저해하여 플러싱 배관 중에 축적하여 설정 환경을 파괴하는 원인이 되므로 설계 시 고려하여야 할 사항이 된다.

㉮ 유체 중에 고형물을 포함한 경우의 대책

  ㉮ 메커니컬 실에서의 대책 : 유체 중에 고형물이 섞여 있을 때 메커니컬 실에는 밀봉 단면 재료의 이상 마모, 패킹부 · 스프링부의 고형물 축척에 따른 실링 추종성 감량의 현상이 나타난다. 대책으로는 축 패킹의 형상을 벨로스로 하여 축척을 방지하는 것이 가장 좋다. 단, 금속 벨로스는 금속 박판을 사용하므로 충분한 내식성을 갖는 금속 재료를 사용하여야 하며, 고무 벨로스는 유체 압력에 대하여 고려해야 한다. 축 패킹에 O링을 사용하는 경우, 고형물이 O링부에 축적하여 실링의 추종성을 감소시키는 것을 방지하기 위하여 O링부에 방사상의 작은 구멍을 두어 원심력을 이용해 유체가 유동하게 하는 방법이 좋다.

    스프링부의 작동 불능 대책으로는 one coil spring을 사용하는 방법이 좋으며, multi-coil spring을 이용하는 경우 스프링부에 구멍을 가공하여 고형물의 축적을 방지하는 방법을 사용한다.

  ㉯ 외부 플러싱 : 다른 압력원으로부터 배관하여 청정한 유체를 실 박스에 주입하여 메커니컬 실 주변의 고형물을 제거하는 방법이 외부 플러싱의 배관을 사용하는 것인데, 고형물 혼입액에 대한 대책으로 효과적이다. 이때 실 박스부에 립 실, 스로틀 부시, 플로팅 부시 등을 병용하여 주입량을 최소화 한다. 즉 펌프 유체의 실 박스 내에 침입을 방지하는 방법을 사용한다. 청정 유체의 주입량은 neck 부시 내경과 축과의 간격을 작게 하여 유량을 적게 할 수 있다. 메커니컬 실부의 발생 열량을 외부 플러싱 유체에 흡수하게 하여 온도 상승을 예측할 때, 그 온도 상승이 큰 경우 실 박스의 냉각 자켓을 설치하여 냉각한다.

  ㉰ 사이클론 분리기 : 자체적 플러싱의 배관 중에 스트레이너를 설치하여 고형물을 포집, 정화하는 방법을 사용한다. 그러나 매시가 큰 경우를 제외하고는 단기간에 보수가 필요하므로 보수 전까지는 소요 플러싱양 얻기가 힘들게 된다. 이는 실면에서 발열하여 실을 손상시키는 원인이 되므로 사이클론 분리기를 사용하는 것이 효과적이다. 사이클론 분리기는 원추 상의 본체에 유체를 주입

하여 나선 운동을 일으켜 고형 입자에 가해지는 원심력에 따라 분리 배출하게 된다.

㉣ double 메커니컬 실 : 고형물 혼입 유체를 실링하는 경우에는 double 메커니컬 실을 사용한다. 이때 밀봉액 압력의 저하가 되는 경우 펌프 유체가 밀봉액 내에 역류하여 위험성을 발생할 수 있으며, 밀봉액 내에 고형물이 혼입했을 경우 밀봉액 전체를 오염시켜 1대의 가압장 내에 다수의 펌프의 실을 가압 순환하는 경우 이와 연결된 모든 펌프의 실에 누설을 일으키는 원인이 될 수 있으므로 주의한다.

㈏ 온도 변화에 따라 응고하거나 결정을 석출하는 경우의 대책

　㉮ 플러싱 라인에 의해 가열

　㉯ 자켓에 스탬 사용

　㉰ 내열 충격성이 좋은 재료 선택

　㉱ 기포 대책용 카본의 사용

　㉲ 클러치 방식의 채용

　㉳ single spring 또는 고정형 실 채용

　㉴ 스프링 면압의 상승

　㉵ 밀봉 단면 정밀도의 상승

　㉶ 퀜칭에 의한 누설액의 배제

　㉷ double seal 채용-고온 용액의 순환

㈐ 메커니컬 실 섭동면에 농축하여 결정 또는 고형물을 석출하는 경우의 대책 : 가성소다, 무기염류의 수용액을 실링하는 경우 그 물질의 용해도로 보아 결정이 석출되지 않으나 밀봉 단면의 발열에 따라 밀봉 단면 내의 윤활유가 농축 결정 또는 고형물을 석출하게 되어 카본으로 인하여 이상 마모를 일으키는 경우가 많다. 대책으로는 초경합금의 조합을 사용하는 경우가 많다. 그밖에 퀜칭, 외부 플러싱, double 실을 사용한다. double 실을 사용할 때에는 밀봉 액으로 용매를 사용하는 것이 좋다. 또한 밀봉 압력을 펌프 내압 이상으로 확보하여 펌프 내로 누설이 발생할 경우 펌프 유체가 희석되는 경우가 있으므로 밀봉액의 압력 조절이 대단히 중요하다. 또 메커니컬 실을 같은 방향으로 병렬시킨 탠덤 실을 사용하기도 한다. 이 방법은 펌프 유체 압력이 펌프 내압보다 작은 상태에서도 양호하며, 펌프 내에 유입되는 위험성도 작다. 또한 밀봉 압력을 정확하게 조정할 필요가 없으며 밀봉액 순환 장치도 간단하다. 경우에 따라서는 용매를 순환하는 것이 좋다.

㈑ 화학 반응에 따라 고형물을 생성하는 경우의 대책 : 이것은 실의 밀봉 단면부에 대한 마찰열 때문이며 대책으로는 플러싱양을 충분히 하고 퀜칭을 행하거나, double seal을 사용하는 것이 좋다. 순환 펌프 등에 사용하는 펌프는 서서히 열분해가 촉진되어 유체 중에 고형물이 많아지게 된다. 펌프 유체에 따라 배관 재

료에 침입하여 금속 산화물, 연화물 등의 고형물을 형성하는 경우도 마찬가지이다. 이때에는 고형물의 양을 확인하여 double mechanical seal을 사용하는 것이 효과적이다.

㉲ 전기 화학적인 반응에 따라 밀봉 단면에서 금속을 석출하는 경우 : 도금액 등을 실링하는 경우 double seal의 사용이 가장 좋다. single seal을 사용하는 경우는 SiC를 사용하고 메커니컬 실의 사용 조건이 가혹한 경우라면 상대 섭동재에 충진 재입 테프론을 사용하는 것이 좋다.

㉮ 증기 압력과 비점 : 실 압력이 증기압 근처인 경우나 실 온도가 비점 근처인 경우에는 섭동면 간이 극단적인 기화 현상(flush)을 일으키므로 주의해야 한다.

㉯ 결정 석출 및 중합성 : 실 유체의 특성에 따라 저온일 때 결정 석출과 응고하는 경우 또는 고온일 때에 중합 반응을 일으키는 경우에는 슬러리와 같은 방법으로 고려해야 한다. 이것은 섭동면 내의 결정 석출 또는 중합에 따른 점착 피막이 형성되어 실의 윤활 섭동을 방해하기 때문이다.

㉰ 부식성 : 강산 등 부식성 용액은 밀봉 재료, 구조 재료, 스프링 등을 부식시켜 강도를 저하시키고 최종적인 누설의 원인이 되며 특히 고온에서 부식성이 증가하므로 부식되지 않는 재료를 선정한다. 누설 유체는 주변 환경을 오염시키므로 유체와 반응을 일으키지 않는 유체를 사용하여 퀜칭한다. 구조적으로는 double seal을 사용하는 것이 가장 좋으나 사용하는 압력에 따라서는 out-side seal을 사용하기도 한다.

메커니컬 실의 선정 조건

선정 항목	사양 조건	액질								압력	회전수	Pv치	온도	운전조건	기기구조
		비점	용점	점도	비중	비열	부식성	용압	미립자						
재료	밀봉 단면 재료	○	○		○	○	○		○	○	○	○	△		
	구조 재료				△		○						○		
	축 packing 재료						○			○			○		
형식 구조	drive 방식		○	○											○
	예압 기구 방식		○	○			○	○	△		○		○		
	balance, unbalance	○								○		○			
	inside, outside			○			○			○		○			○
	고정형, 회전형			○							○				○
장치	메커니컬 실 수						○		○	○					
	온도 제어 system	○	○	○	○		○						○	○	△

㉑ 기타 : 독성, 강부식성, 휘발성 등이 있는 실 유체는 확실한 안전 설계를 강구 하여야 한다. 따라서 실 구조, 재질, 배치, 플러싱 방식, 퀜칭 방식 등을 고려 하여야 한다.

(7) 선정할 때 주의사항

메커니컬 실이 고부하에 견디어 장시간 안전한 성능을 유지하기 위해서는 누설되는 유체가 밀봉 단면 이에서 최소한의 윤활막을 연속적으로 형성하여 밀봉 단면을 보호해야 한다. 윤활 상태의 유지, 내구성(장기 안정성), 보수성, 경제성 등을 만족하기 위해서는 다음 조건을 만족해야 하며, 그 요구에 따라 구조, 재료, 가공 정밀도 등의 개선이 필요하다.

① 스프링 예압의 유지 : 밀봉면에 작용하는 밀봉력을 적절히 유지하여 회전 정도(精度) 유지
② 밀봉 단면의 윤활성 : 압력 변형, 열 변형의 균형을 유지하여 밀봉 단면을 형상, 평행 평면 상태로 유지하여 장기간 윤활 확보
③ 저발열량을 유지하여 밀봉면 사이에서의 윤활 유체의 기화 방지
④ 보전성 : 수리가 가능하도록 탈착 용이
⑤ 내식성, 내열성, 내마모성 : 충분한 기계적 강도와 내식성, 내열성, 내마모성
⑥ 밀봉 단면의 친밀성(친화성)

(8) 메커니컬 실의 선정 순서

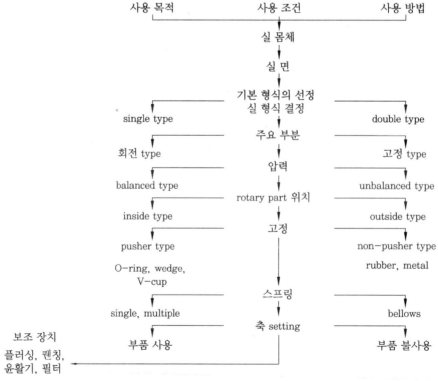

메커니컬 실의 선정 순서

① 메커니컬 실의 형식 및 배열
② balance비 및 면압
③ 밀봉면 재료의 선택
④ 구성 재료의 양립성
⑤ 2차 실, 개스킷의 선택
⑥ 플러싱 시스템의 검토

7-6 성능 보장

(1) 조립 전 확인 사항

① 메커니컬 실의 구성품을 확인한다.
② 실면의 확인 : 실면의 평면도는 보관 중 온도, 습도 등의 변화에 의해 영향을 받게
되므로 가능한 조립 전에 옵티컬 플랫을 사용하여 평면도를 확인한다.

(2) 조립할 때의 주의 사항

① 메커니컬 실에 고형물은 치명적이며, 특히 기기의 장착 부분(실 박스, 실 플랜지,
축, 축 슬리브, 플러싱 파이프 라인 등)에 이물질이 부착되어 있는 경우 아세톤이나
알코올 등의 용제를 이용해 세척한 후 사용하며, 실면에 그리스나 오일을 도포하지
않는다.
② 각 조립품을 조립할 때 조립도면에 의해 치수를 정확히 맞추어 조립한다. 특히 축
과 축 슬리브를 조립할 때에는 깨끗한 윤활제를 도포하여 장착한다.
③ VC링이나 O링을 장착할 때에는 실 및 장착부에 실리콘 오일 또는 터빈유, 냉동기
유 등의 윤활제를 도포한다. 단, 합성 고무의 재질이 EPDM의 경우에는 실리콘 오
일만을 사용한다.
④ 스프링이 복귀되는 곳에는 축이나 축 슬리브 상에 세팅하여 작동성을 확인한다.
⑤ 볼트, 너트는 균등하게 체결되어 있는지 확인한다.
⑥ 메커니컬 실을 조립한 후 축에 충격을 주지 않는다.

(3) 조립 순서

① 부품을 파손하지 않도록 주의하며 포장을 해체한다.
② 플로팅 셋과 실링의 실면을 세척한다.
③ 2차 실에 실리콘 오일이나 터빈유 또는 냉동기유 등의 윤활제를 도포한다.
④ 실 장착 전 각 부품의 정밀도 확인(단, 신품일 때에는 제외)

(4) 펌프에 장착 전

① 메커니컬 실 자체의 결함은 없는가?

㈎ 섭동면은 높은 정밀도가 요구되므로 손으로 만진 흔적이 남아 있거나, 이물질 또는 흠집이 없어야 한다.

㈏ 규정된 부품만 사용한다.

② 설치하고자 하는 기계 자체는 결함이 없는가?

㈎ 축은 원주 방향으로 흔들리거나, 축 방향으로 움직이거나, 휘어서는 안 된다.

㈏ 축을 포함한 모든 회전체는 무게 균형이 맞아야 한다.

㈐ 접촉 부위의 치수는 정확해야 하고 부식, 침식의 흔적 또는 흠집이 없어야 한다.

㈑ 기계 부품의 부착면, 장착면의 변형으로 직각도, 동심도에 영향이 없어야 한다.

(5) 펌프 가동 전

① 플러싱, 냉각, 퀜칭 등의 정상적인 배관 접속 여부

② 계기류의 정상 작동 여부

③ 축을 손으로 돌렸을 때 토크의 크기 이상 여부 및 이상 소음 및 마찰음 여부

④ 펌프 내부의 공기 제거 여부 및 액화 가스일 경우 신중을 기할 것

(6) 펌프 가동 중

① 공회전(dry running)이 되지 않도록 펌프 내 유체량 점검

② 운전 시작 후 약간의 초기 누설이 있는 경우 그대로 계속 가동하고, 실면이 완전히 자리를 잡은 후 재점검

③ 가동 중 펌프의 이상 소음, 이상 발열 점검

④ 메커니컬 실 운전 조건 점검 : 유막 형성에 적합한 플러싱양의 공급 여부, 입력, 온도, 보조 기능의 기능 여부 등

(7) 펌프 정지

① 유체가 상온에서 고착화되는 경우에는 펌프 내부의 유체를 제거할 것

② 장기간 운휴 시 펌프 내 유체를 제거하고, 혹한기 동파 방지를 위해 냉각 유체도 제거할 것

(8) 메커니컬 실의 보수, 보전

① 메커니컬 실의 축은 1.6 S, 실면은 평면도 $0.5\,\mu\text{m}$ 정도의 고정도로 가공되어 있으므로 취급 시 주의하여야 한다.

② 메커니컬 실에 이물질이 부착될 수 있는 장소에서 사용할 경우 부드러운 천이나 종이를 이용하여 아세톤이나 알코올 등의 용제를 이용하여 세척한다. 단, 합성 고

무 O링은 용제에 팽윤되므로 주의하여야 한다.

③ 패킹, 개스킷이 손상되거나 변형되지 않도록 주의하여야 한다.

④ 메커니컬 실을 분해하는 경우에 재사용하지 않는다. 이것은 메커니컬 실의 실면에 이미 마모가 진행되고 있으므로 재사용을 하면 다량의 누설이 발생할 수 있기 때문이다. 재사용하려면 반드시 래핑을 실시한 후 사용한다.

⑤ 메커니컬 실에 고형물은 치명적일 수 있다.

⑥ 각 조립품의 조립 시에는 제공되는 조립도면에 의해 치수를 정확히 맞추어 조립한다. 특히 축과 축 슬리브의 조립 시에는 청정한 윤활제를 도포하여 장착한다.

⑦ 스프링 조립품은 축이나 축 슬리브 상에 장착 후 작동을 확인한다.

⑧ 볼트, 너트가 균등하게 체결되어 있는지 확인한다.

⑨ 메커니컬 실을 조립한 후 축에 충격을 주지 않는다.

⑩ 호칭은 바깥지름(스터핑 박스 안지름), 안지름(축 지름), 길이(부착 길이)로 한다.

⑪ 부착 길이의 허용치는 ±0.5 이내이다.

⑫ 축 방향의 움직임은 베어링의 축 방향 흔들림 허용치에서 펌프의 기동일 때에만 발생하고 운전 중에는 없어야 하며, 허용 범위는 0.2 mm 이내여야 한다.

⑬ 밀봉 끝면의 평면도는 0.6 μm, 표면 거칠기는 0.4 μm 이하여야 한다.

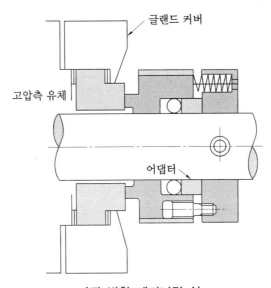

바깥 방향 메커니컬 실

7-7 메커니컬 실의 검사

(1) 외관 검사

① 2차 실(O링 VC링) : 유해한 burr, scratch를 육안으로 검사
② 밀봉 단면 : 유해한 burr, scratch를 육안으로 검사
③ 밀봉 단면 외 : burr나 상태를 육안으로 검사

(2) 치수 검사

도면을 참고로 하여 메커니컬 실 및 결합부의 치수를 측정한다.

(3) 조립 및 작동 검사

메커니컬 실을 조립한 상태에서 축 방향으로 압축하여, 정상적인 동작이 되는지 확인한다.

(4) 재질 및 제조 번호 각인 검사

재질 및 제조 번호 각인이 정확한지 도면을 통하여 검사한다.

(5) 표면 거칠기 검사

표면 거칠기 측정기를 사용하여 측정한다.

(6) 평면도 검사

옵티컬 플랫을 사용하여 3band(0.87 μm) 이하로 한다.
① 검사 장소 : 먼지가 없고 진동이 적은 실온 20℃ 정도의 장소에서 검사한다.
② 검사에 필요한 장비
  ㈎ 광원(단색 광선)

재 질	기준 조도
carbon	0.25 Ra
초경합금, SiC	0.1 Ra
세라믹(Al_2O_3)	0.35 Ra
코팅된 세라믹(Cr_2O_3)	0.35 Ra

  ㉮ sodium lamp : 파장 0.5890, 0.5896
  ㉯ helium lamp : 파장 0.5893
  ㈏ 측정기기 : 평면도가 2급 이상의 것을 사용한다.

㈐ 세척액, 세척포, 세척지

③ 검사 순서

㈎ 간섭호의 측정

㉮ air wedge 법 : 카본이나 부드러운 재질에 사용되며, 옵티컬 플랫에 피측정물을 올려놓고 나타난 간섭파를 측정한다.

㉯ contact 법 : 경질재의 측정에 사용되며, 옵티컬 플랫에 피측정물을 올려놓고 가볍게 눌러 공기가 밀착되게 하여 나타난 간섭파를 측정한다.

㈏ lamp를 점등한다.

㈐ 옵티컬 플랫과 피측정물의 측정 부위를 세척한다.

㈑ 옵티컬 플랫에 피측정물을 놓고 측정한다. 이때 간섭파의 두께는 2 mm 전후를 측정, 정밀도를 높인다.

(7) 정지 내압 시험

메커니컬 실을 조립한 상태에서 시험기에 장치한 후 수압을 가하여 누설 여부를 시험한다.

① 사용하는 시험 수 : $Cl^- < 100$ PPM, PH 6~8(25℃)을 만족하는 청정

② 압력계는 정도 등급 1.5급 이상을 사용한다.

③ 시험 조건

㈎ 압력 : 도면에 지시하지 않은 경우 0.4 MPa

㈏ 온도 : 실온

㈐ 시간 : 10분

㈑ 누설량 : 1.2 cc/h 이하

7-8 메커니컬 실의 고장 원인과 대책

메커니컬 실의 고장은 여러 가지 원인이 복합적으로 작용하여 일어나는 경우가 많기 때문에 누설이 발생했을 때는 각 부분을 세밀하게 점검하여 정확한 원인을 찾아야 한다.

(1) 유체가 물방울처럼 맺혀 서서히 약간씩 떨어질 때

원 인	대 책
① 실면이 평면이 아님 ② 카본 실면에 흠집 같은 현상이 생김	• 장착 치수에 맞게 실이 장착되었는지 점검 • 실 재질 등을 고려하여 실이 바르게 선정되었는지 점검 • 글랜드 볼트를 너무 조임으로써 변형 여부 확인

원 인	대 책
	• 글랜드 개스킷이 제대로 압축되었는지 점검 • 실면에 이물질의 삽입 여부 확인 • 실 장착 불량으로 면에 크랙 또는 모서리 부분이 부스러졌으면 반드시 교체 • 냉각을 위한 플러싱양을 증가
③ 2차 실(O링, wedge 등)이 상처를 입거나 실을 장착할 때 손상됨 ④ O링 노후됨 ⑤ 2차 실이 부적합하게 압축(경화되어 깨지기 쉬움) ⑥ 화학적 반응으로 2차 실의 변형 발생	• 2차 실 교체 • 적합한 실로 교체 • 모따기 부분과 기계 가공 시 마감 부위의 마무리 처리를 잘 할 것
⑦ 스프링 불량 ⑧ 리테이너와 디스크 등과 같은 구조물의 침식(부식)으로 인한 손상 ⑨ 실 구동 부위의 부식 발생	• 불량 및 손상된 부품 교체 • 다른 재질의 실로 교환

(2) 카본 분진 가루가 글랜드 링 바깥쪽에 있을 때

원 인	대 책
실면을 윤활시키기 위한 오일 부족	• 바이패스 플러싱 라인을 설치 • 플러싱 라인이 설치되어 있는 경우 플러싱 라인 및 오리피스 구경을 크게 할 것 • 실 박스 내의 압력이 과도하게 높을 경우 적절한 것으로 교환

(3) 운전 중인 실에 이상한 잡음(끽끽거리는 소리)이 발생할 때

원 인	대 책
실에는 아무런 이상이 없는 것으로 판단	• 액체가 물방울처럼 맺혀 약간씩 떨어질 때와 같은 원인 등을 다시 점검 • 축에 대해서 실 박스가 직각을 이루고 있는지 확인 • 축의 진동을 방지하기 위한 임펠러, 베어링 등의 정렬을 점검하고 글랜드 판과 링 변형을 일으키는 요소를 점검할 것

(4) 실 수명 단축

원 인	대 책
① 마모 성분이 있는 액체를 실링 할 경우	• 마모성 입자가 실면에 침입하지 않도록 할 것 • 분리기나 필터에 부착하여 마모성 입자를 제거

② 실에서 열이 많이 발생	• 실면이 충분히 냉각되도록 할 것 • 바이패스 플러싱 라인의 흐름 비를 증가 시킬 것 • 냉각 라인 내에서 흐름의 장애를 없앨 것
③ 실이 장착된 회전기기의 흔들림, end-play 및 정렬이 맞지 않음	• 장치의 정렬과 흔들림을 허용 공차 내에 있도록 할 것

┤참고├

• 글랜드 패킹(gland packing)
① 구조가 간단하고 취급이 쉬우나 신뢰성이 없어 물 펌프 등 어느 정도 누설이 허용되는 곳에 사용되는 축봉 장치로, 펌프 축이 케이싱을 관통하는 부분에 설치되는 스터핑 박스(stuffing box) 내에 들어간다.
② 패킹은 축 모양을 한 링으로, 마모성이 없고 마찰이 적은 재질로 만든다. 마찰이 있으면 스터핑 박스 내의 축 부분이 손상되어 축 전체를 교환해야 하므로 패킹 박스 내부의 축 부분에 슬리브를 만든다.
③ 유체 누설 때문에 글랜드를 강하게 조이면 일시적으로는 누출이 정지하지만 마찰 때문에 기계적 동력 손실이 증가하고, 축과 패킹은 모두 발열과 마모를 일으켜 누수가 발생한다. 계속 조이면 수명이 단축되고, 반대로 마찰을 줄이려고 느슨하게 하면 패킹의 역할을 못하게 된다.
④ 패킹과 축 사이의 누출은 윤활, 냉각을 위해 반드시 필요하나 누출이 발생되면 환경 문제가 되므로 유체를 펌핑하는 곳에는 글랜드 패킹을 사용하지 않는다.

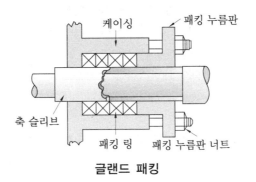

글랜드 패킹

┤참고├

• 랜턴 링(lantern ring) : 패킹에 침투되어 있는 윤활제는 펌프 운전 과정에서 점차 소실되기 때문에 운전 중에 윤활제를 공급해야 한다. 이를 위해 스터핑 박스 중심부의 패킹 링 사이에 랜턴 링을 장착하여 윤활유 또는 밀폐유를 공급해 준다. 대기압 이상에서 운전되는 펌프의 경우에는 누유 방지 목적으로 사용되고 대기압 이하-진공에서 운전되는 펌프의 경우에는 대기 중의 공기가 펌프 안으로 유입되지 않도록 윤활-밀폐를 위해 사용된다.

연 | 습 | 문 | 제

1. 블록 게이지의 정밀도 점검에서 사용되는 블록 게이지 등급이 아닌 것은?

㉮ 1급　　　　　　　　　　　　　㉯ 2급
㉰ 3급　　　　　　　　　　　　　㉱ 0급

2. 작은 간극 등을 측정하며 얇은 편으로 되어 있으며 일명 필러(feeler gauge)라 하는 측정기는?

㉮ 피치 게이지　　　　　　　　　　㉯ 높이 게이지
㉰ 틈새 게이지　　　　　　　　　　㉱ 나사 게이지

3. 정비용 측정 기구가 아닌 것은?

㉮ 베어링 체커(bearing checker)　　　㉯ 진동 측정기(tele-vibro-meter)
㉰ 지시 소음계(sound level meter)　　㉱ 오스터(oster)

4. 노치(notch) 붙음 둥근 나사나 로크 너트의 체결용으로 적합한 공구는?

㉮ 훅 스패너　　　　　　　　　　　㉯ 오일 건
㉰ 그리스 건　　　　　　　　　　　㉱ 기어 풀러

5. 다음 중 분해용 공구에 대한 설명으로 적합한 것은?

㉮ 스톱링 플라이어는 스냅링, 리테이닝 링의 분해용으로 사용된다.
㉯ 조합 플라이어, 롱 노즈 플라이어, 워터 노즈 플라이어 등이 있다.
㉰ 양구 스패너는 입의 너비의 대변거리로 규격을 한다.
㉱ 파이프 바이스는 파이프를 고정 시 사용된다.

6. 볼트 머리, 너트의 모서리를 상하지 않고 좁은 간격에서 작업이 용이한 체결용 공구는?

㉮ 훅 스패너　　　　　　　　　　　㉯ 더블 오프셋 렌치
㉰ 양구 스패너　　　　　　　　　　㉱ 기어 풀러

7. 다음 공구 중 규격을 입의 대변거리로 나타내지 않는 것은?

㉮ 양구 스패너　　　　　　　　　　㉯ 편구 스패너
㉰ 타격 스패너　　　　　　　　　　㉱ 멍키 스패너

정답 1. ㉰ 2. ㉰ 3. ㉱ 4. ㉮ 5. ㉮ 6. ㉯ 7. ㉱

8. 베어링 체커의 사용에 대한 설명으로 맞는 것은?

㉮ 회전을 정지시키고 사용한다.   ㉯ 그라운드 잭은 지면에 연결한다.

㉯ 이물질 유무 판정에 사용한다.   ㉰ 입력 잭을 축에 접촉시킨다.

9. 기계일반 및 기계 부품 등에 부착된 지문 제거 및 방청용에 해당되는 기호는?

㉮ KP-0급   ㉯ KP-1급

㉯ KP-2급   ㉰ KP-3급

10. 접착제의 구비 조건으로 적합하지 않는 것은?

㉮ 액체성일 것

㉯ 고체 표면에 침투하여 모세관 작용을 할 것

㉯ 도포 후 고체화하여 일정한 강도를 유지할 것

㉰ 도포 후 일정시간 경과 후 누설을 방지할 것

11. 방청제의 종류 중 방청 능력이 크고 두터운 피막을 형성하여 1종(KP-4), 2종(KP-5), 3종(KP-6)로 분류되는 것은?

㉮ 와셀린 방청유   ㉯ 용제 희석형 방청유

㉯ 윤활 방청유   ㉰ 지문 제거형 방청유

12. 합성 고무와 합성수지 및 금속 클로이드 등을 주성분으로 제조된 액상 개스킷의 특징이 아닌 것은?

㉮ 상온에서 유동성이 있는 접착성 물질이다.

㉯ 액체 고분자 물질을 주성분으로 한 일액성 무용제형 강력 봉착제이다.

㉯ 접합면에 바르면 일정 시간 후 건조된다.

㉰ 접합면을 보호하고 누수를 방지하고 내압 기능을 가지고 있다.

13. 다음 중 윤활유의 작용이 아닌 것은?

㉮ 감마 작용   ㉯ 냉각 작용

㉯ 방독 작용   ㉰ 응력 분산 작용

14. 장비 운전자가 매일 아침 오일러 스핀들을 세워서 1분 간격으로 5~10방울 정도 급유하는 체인 급유법은?

㉮ 적하 급유(저속용)   ㉯ 유욕 윤활(중·저속용)

㉯ 회전판에 의한 윤활(중·고속용)   ㉰ 강제 펌프 윤활(고속, 중하중용)

정답   8. ㉰   9. ㉮   10. ㉰   11. ㉮   12. ㉯   13. ㉯   14. ㉮

15. 고압의 압축기나 독성, 가연성 가스의 압축 시 사용될 수 있는 송풍기의 누설 방지 장치는?

　㉮ 래버린스 실　　　　　　　　㉯ 메커니컬 실
　㉰ 오일 필름 실　　　　　　　　㉱ 글랜드 패킹

16. 다음과 같은 공구를 무엇이라 하는가?

17. 다음 그림의 마이크로미터 눈금을 읽으시오.

---

18. 용제 희석형(溶劑稀釋形) 방청유의 종류를 간단히 설명하시오.

19. O링의 구비 조건은 무엇인가?

20. 글랜드 패킹(gland packing)을 기술하시오.

정답 **18.** 용제 희석형 방청유(solvent cutback type rust preventive oil)(KS M 2212) : 녹슬지 못하게 피막을 만드는 성분을 석유계 용제에 녹여서 분산시켜 놓은 것으로 금속면에 바르면 용제가 증발하고 나중에 방청 도포막이 생긴다.

① 1종(KP-1) : 경질막으로 옥내·외용이다.

② 2종(KP-2) : 연질막으로 옥내용이다.

③ 3종(KP-3) : 1호(KP-3-1)는 연질막이며, 2호(KP-3-2)는 중고점도 유막으로 두 가지다 옥내 물 치환형 방청유이다.

④ 4종(KP-19) : 투명 경질막으로 옥내·옥외용이다.

19. O링의 구비 조건 : 누설을 방지하는 기구에서 탄성이 양호하고, 압축 영구 변형이 적을 것, 사용 온도 범위가 넓고, 작동열에 대한 내열성이 클 것, 내노화성이 좋고, 내마멸성이 클 것, 내마모성을 포함한 기계적 성질이 좋을 것, 상대 금속을 부식시키지 말 것, 압력에 대한 저항력이 클 것, 오일에 의해 손상되지 않을 것, 작동 부품에 걸리는 일이 없이 잘 끼워질 것, 정밀 가공된 금속면을 손상시키지 않을 것

20. 구조가 간단하고 취급이 쉬우나 신뢰성이 없어 물 펌프 등 어느 정도 누설이 허용되는 곳에 사용되는 축봉 장치로, 펌프 축이 케이싱을 관통하는 부분에 설치되는 스터핑 박스 내에 들어간다.

패킹은 축 모양을 한 링으로, 마모성이 없고 마찰이 적은 재질로 만든다. 마찰이 있으면 스터핑 박스 내의 축 부분이 손상되어 축 전체를 교환해야 하므로 패킹 박스 내부의 축 부분에 슬리브를 만든다.

유체 누설 때문에 글랜드를 강하게 조이면 일시적으로는 누출이 정지하지만 마찰 때문에 기계적 동력 손실이 증가하고, 축과 패킹은 모두 발열과 마모를 일으켜 누수가 발생한다. 계속 조이면 수명이 단축되고, 반대로 마찰을 줄이려고 느슨하게 하면 패킹의 역할을 못하게 된다.

패킹과 축 사이의 누출은 윤활, 냉각을 위해 반드시 필요하나 누출이 발생되면 환경 문제가 되므로 유체를 펌핑하는 곳에는 글랜드 패킹을 사용하지 않는다.

제3편

기계요소 보전

1 체결용 기계요소 보전

1. 나사

1-1 볼트·너트의 이완 방지

(1) 홈붙이 너트 분할 핀 고정에 의한 방법(KS B 1015)

아래 그림과 같은 방법은 일반적으로 많이 쓰고 확실한 방법이다. 너트의 홈과 분할 핀 구멍을 맞출 때 너트를 되돌려 맞추지 말고, 규격에 적합한 분할 핀을 사용하며, 분할된 선단(先端)을 충분히 굽힐 것 등 확실한 작업을 하면 완벽하다. (b)와 같이 보통 너트를 죈 다음 구멍을 내서 분할 핀을 끼우는 것은 볼트의 강도를 약하게 한다. 또 재사용할 경우에는 구멍이 어긋나기도 하므로 좋은 방법이라고 할 수 없다. (c)와 같은 방법은 너트의 탈락 방지는 되지만 풀림 방지라고는 할 수 없다.

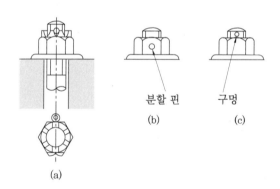

분할 핀 고정

(2) 절삭 너트에 의한 방법

절삭 너트는 다음 그림과 같이 너트의 일부를 절삭하여 미리 안쪽으로 약간 변형시켜 두고 볼트를 조립했을 때 나사부가 꽉 압착되게 한 것이다. 이 방법은 반복 사용에 의해 마모되어 압착력이 약해지므로 풀림 방지 효과가 감소된다. 대형 너트는 (c), (d)와 같이 절삭 부분을 작은 나사로 죄어 비틀어 압착력을 증가시켜 풀림 방지를 할 수도 있다.

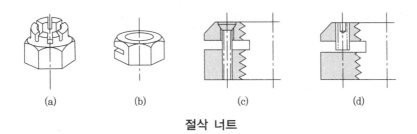

절삭 너트

(3) 로크 너트에 의한 방법

로크 너트는 더블 너트라고도 하며 산업기계에서 많이 사용된다. 사용 방법은 그림 (a)와 같이 우선 얇은 로크 너트로 죄고 다음에 정규 너트를 죈다. 그 후 (c)와 같이 스패너 2개를 써서 위쪽의 정규 너트를 고정하면서 밑의 로크 너트를 15~20° 역회전시킨다. 이와 같이 하면 2개의 너트와 볼트의 관계는 (d)와 같은 상태가 되어 죔 풀림 방지의 관계가 성립된다. (b)의 조립은 틀린 방법이다.

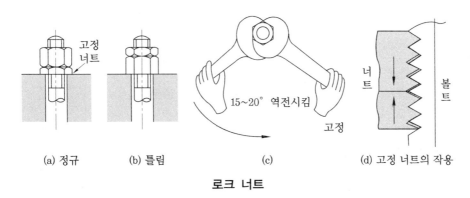

로크 너트

(4) 특수 너트에 의한 방법

그림 (a), (b)는 너트의 일부에 플라스틱을 끼워 넣어 나사 고정의 마찰을 증가하게 한 것이며, (c)와 (d)는 더블 너트 형태로 죔 자리를 원추 모양으로 가공하고 조이는 힘에 의해 볼트를 바싹 조이게끔 한 것이다. 싱글형이고 죄임면을 원추 모양으로 한 것은 자동차나 포크 트럭의 휘일 너트가 있다. (e)도 더블 너트이지만 강판 정형(鋼板整形)

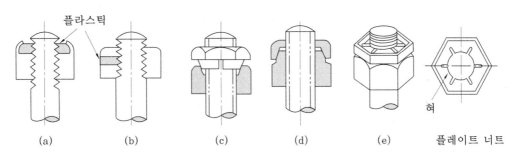

각종 나사 풀림 방지 달림 너트

한 플레이트 너트를 비틀어 넣으면 혀의 부분이 나사 밑에 파고들어 풀림 방지가 되는 것이다. 경량이므로 항공기, 차량, 고속 회전체 등에 사용된다.

(5) 와셔를 이용한 풀림 방지

스프링 와셔는 그림의 (a)와 같은 형상을 하고 있는데, 이 와셔는 반복 사용함으로써 죔 좌면을 손상시키거나 와셔의 절단 부분이 마모(磨耗)되거나 또 탄성력(彈性力)이 저하되면 풀림 방지 효과가 감소되므로 고속 회전, 고진동체에는 부적당하다. 그림 (b)의 이붙이 와셔는 일명 로크 와셔 또는 베어링 와셔라고도 하며 둥근 너트의 풀림 방지에 유용하다.

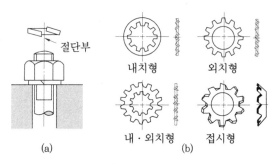

스프링 와셔와 각종 이붙이 와셔

1-2 고착(固着)된 볼트·너트 빼는 방법

(1) 고착의 원인

볼트를 분해할 경우 간혹 나사부가 굳어서 쉽게 풀리지 않는다. 다음 그림과 같이 너트를 조였을 때 나사 부분에 반드시 틈이 발생하고 이 틈새로 수분, 부식성 가스, 부식성 액체가 침입하면 녹이 발생하여 고착의 원인이 된다. 녹은 산화철로 원래 체적의 몇 배나 팽창하기 때문에 틈새를 메워서 너트가 풀리지 않게 된다. 또 고온 가열됐을 때도 산화철이 생기므로 풀리지 않게 된다.

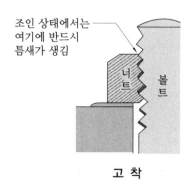

고 착

(2) 고착 방지법

녹에 의한 고착을 방지하려면 우선 나사의 틈새에 부식성 물질이 침입하지 못하게 해야 한다. 그 방법으로 조립 현장에서는 산화 연분을 기계유로 반죽한 페인트를 나사 부분에 칠해서 죄는 방법을 쓴다. 이 방법은 수분이나 다소의 부식성 가스가 있어도 침해되지 않고 2~3년은 충분히 견딘다. 또 유성 페인트를 나사 부분에 칠해서 조립하는 방법도 효과적이며 공장 배수관의 플랜지나 구조물의 볼트, 너트에도 이 방법이 효과적이다.

(3) 고착된 볼트의 분해법

① 너트를 두드려 푸는 방법 : 그림과 같이 해머 두 개를 사용, 한 개의 해머는 너트의 각에 강하게 밀어대고 반대쪽을 두드렸을 때 강하게 튀어나게끔 지지한다. 또 한편의 해머로 몇 번씩 순차적으로 위치를 바꾸어가며 두드리면 상당히 녹이 많이 난 너트도 풀 수 있다.

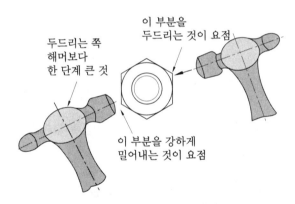

두드리는 쪽 해머보다 한 단계 큰 것

이 부분을 두드리는 것이 요점

이 부분을 강하게 밀어내는 것이 요점

너트를 두드려 푸는 방법

② 너트를 잘라 넓히는 방법 : 너트를 두드려 푸는 방법으로 너트가 풀리지 않는 경우 그림과 같은 방법으로 너트를 정으로 잘라 넓힌다. 이 방법은 너트의 치수가 M20 정도의 것까지 소형 해머로 절단할 수 있다. 그 이상의 것은 손잡이가 있는 정과 큰 해머를 사용한다. 단, 정과 볼트 사이 틈새를 남겨 수나사에 손상을 주지 않게 주의해야 한다. 이외 아버 프레스로 너트를 깎아 쪼개는 방법도 있다.

③ 죔용 볼트를 빼는 방법 : 죔용 볼트가 고착된 경우 보통은 볼트의 목 밑의 구멍 부분에 녹이 나서 잘 빠지지 않을 때가 많다. 이 경우 너트를 두드려 푸는 방법으로 뺄 수 있다. 그러나 녹이 심할 경우 볼트의 6각 머리도 부식해서 정규의 스패너를 사용할 수 없을 때는 파이프 렌치 등으로 고정하고 빼는 것도 효과적이다.

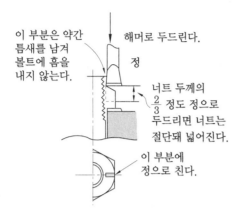

너트를 정으로 잘라 넓히는 방법

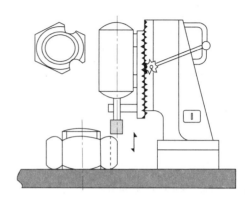

아버 프레스를 이용하는 방법

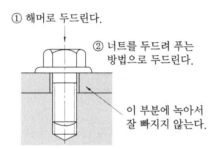

비틀어 넣기 볼트를 빼내는 방법

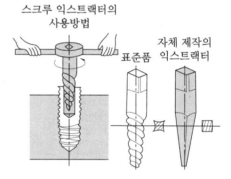

절단된 볼트를 빼는 방법

(4) 부러진 볼트 빼는 법

졈용 볼트가 밑 부분에서 부러져 있을 경우 그림과 같이 각 종류의 스크루 익스트랙터를 사용한다. 이것이 없을 경우에는 공구강의 환봉으로 그림과 같은 수제(手製)의 것을 만들어 사용한다. 분해용 구멍 지름은 볼트 직경의 60 % 정도가 적당하다.

1-3 볼트 · 너트의 적정한 죔 방법

(1) 적정한 토크(torque)로 죄는 방법

볼트, 너트의 대다수의 죔은 그림과 같이 스패너로 죄지만 힘이 작용하는 점까지의 길이 L과 돌리는 힘 F로부터 죔 토크 $T = L \times F$ [N · m]를 구할 수 있다. 그러나 실제의 죔에서는 죔 면이나 나사부의 마찰 저항 혹은 나사 형상에 의한 효율 등을 생각해서 볼트의 적정한 죔의 힘을 가해야 한다.

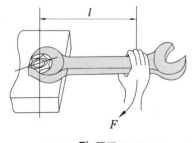

죔 토크

(2) 스패너에 의한 적정한 죔 방법

자동차, 전기 전자용 제품 등 대량생산 현장에서는 볼트, 너트를 신속 확실히 죄기 위해 토크 렌치(torque wrench), 임팩트 렌치(impact wrench)가 많이 쓰이고 있다.

임팩트 렌치
에어 호스

임팩트 렌치

① M6 이하의 볼트 : 그림 (a)와 같이 인지, 중지, 엄지손가락 3개로 스패너를 잡고 손목의 힘만으로 돌린다. L = 10 cm, F = 약 50 N

② M10 까지의 볼트 : (b)와 같이 스패너의 거리를 잡고 팔꿈치의 힘으로 돌린다. L = 12 cm, F = 약 200 N

③ M12~20 까지의 볼트 : (c)와 같이 스패너 손잡이 부분의 끝을 꽉 잡고 팔의 힘을 충분히 써서 돌린다. L = 15 cm, F = 약 500 N

④ M20 이상의 볼트 : (d)와 같이 한쪽 손은 확실한 지지물을 잡고 몸을 지지하며 발을 충분히 버티고 체중을 실어서 스패너를 돌린다. 이때 손끝 발끝이 미끄러지지 않게 주의한다. L = 20 cm 이상, F = 1000 N 이상

표준 토크

볼 트		표준 토크(N·cm)		볼 트		표준 토크(N·cm)	
형식	직경(mm)	보통 볼트	하이텐션 볼트	형식	직경(mm)	보통 볼트	하이텐션 볼트
미터 나사	6	640	1,300	유니 파이드 나사	3/8	2,300	4,200
	8	1,350	2,800		7/16	3,700	7,700
	10	2,800	5,600		1/2	5,500	11,500
	12	4,900	10,000		9/16	8,200	16,000
	14	8,000	16,000		5/8	11,400	23,000
	16	12,000	25,000		3/4	20,000	43,000
	20	24,000	49,000		7/8	33,000	69,000

(a) M6 이하(손목의 힘)

(b) M10까지(팔꿈치의 힘)

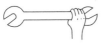

(c) M14까지(팔의 힘)

지지물에 손을 댄다.

몸 전체로 체중을 건다.

발은 힘주어 버틴다.

(d) M20 이상

볼트의 크기에 따른 정확히 죄는 방법

1-4 볼트·너트의 점검

점검 항목	점검 시기	점검 방법	판단 기준	조치 방법	점검·복원·개선의 필요성
녹(부식)	운전 정지	체결부를 청소하면서 육안 점검	녹 발생이 없을 것	• 나사 부품을 벗겨 녹 제거 후 방청유 바르고 더 조이기 실시(혹은 방청 도장) • 녹이 심하면 신품과 교환	녹 발생 → 금속 열화로 탄성 한계치 악화 → 정규 토크 상실 → 체결력 악화 → 진동 발생 → 파단·고장 발생
머리부의 찌그러짐, 마모	운전 정지	나사부를 청소하면서 모서리, 홈의 찌그러짐, 마모의 육안 점검	머리부의 찌그러짐, 마모가 없을 것	신품과 교환	찌그러짐, 마모 발생 → 증체 불가, 발취 불가
풀림 방지 불량(와셔 유무 체크)	운전 정지	체결부 청소하면서 규정의 와셔 사용 유무 육안 점검	나사 부품에 적절한 와셔일 것	정규 와셔 사용, 부적합 시 정규 와셔와 교환	정규 와셔를 사용하지 않음 → 느슨함 발생 → 진동 발생 → 고장 유발
나사산 상태	운전 정지	볼트·너트를 청소하면서 너트보다 돌출된 볼트의 나사산을 육안 점검	찌그러짐, 손상이 없을 것	볼트·너트를 신품과 교환	나사산 손상 → 분해 점검 시 빼내기 곤란, 손상부에 녹 발생 유발
나사산 상태	운전 정지	볼트 길이가 적정한지 육안 점검	볼트 길이가 적정할 것	정규 길이의 볼트와 교환	볼트 길이가 과도하게 짧음 → 너트의 결락 발생 → 부착 균형 악화 → 진동 발생
나사의 느슨함	운전 정지	토크 렌치를 사용하여 점검	정규 토크로 더 조일 것	나사 부품에 불량이 있으면 교환	느슨함 발생 → 부착 균형 악화 → 진동 발생 → 고장 발생
고착	정지	녹, 찌그러짐이 없는지 육안 점검	과도한 부식이 없을 것, 나사의 찌그러짐이 없을 것	빼낸 후 새 것으로 교체	고착 → 분해 수리 불가 → 진동 시 절손으로 사고 유발
느슨함 방지 상태	정지	체결부를 청소하면서 로크 너트, 홈 너트에서의 분할 핀 사용, 혀붙이 와셔 사용 상태 등을 육안 점검	적재적소에 바르게 사용될 것	정규 토크로 죈 후 더 조이기	느슨함 방지 불량 → 느슨함 발생 → 체결 부족 → 진동 발생 → 고장 유발
풀림 방지 불량(와이어 사용 상태)	정지	잡아매는 방향 점검	나사가 풀리지 않는 방향으로 잡아맬 것	풀리지 않는 방향으로 재작업	풀림 방지 와이어 불량 → 운행 시 풀림 → 체결력 저하 → 진동 발생 → 고장 유발

2. 키의 맞춤 방법

2-1 맞춤의 기본적인 주의

① 키의 치수, 재질, 형상 규격 등을 참조하여 충분한 강도를 검토해서 규격품을 사용한다.

② 축과 보스의 끼워맞춤이 불량한 상태에서는 키 맞춤(KS B 1311, KS B ISO 2491)을 하지 않는다.

③ 키는 측면에 힘을 받으므로 폭(H7), 치수의 마무리가 중요하다.

④ 키 홈은 축 보스 모두 기계 가공에 의해 축심과 완전히 평행으로 깎아내고 축의 홈 폭은 H9, 보스 측의 홈 폭은 D10의 끼워맞춤 공차로 한다.

⑤ 키의 각(角) 모서리는 면 따내기를 하고 양단은 타격에 의한 밀림 방지 때문에 큰 면 따내기를 한다.

⑥ 키의 재료는 인장 강도가 600 N/mm^2 인 KS D 3752(기계 구조용 탄소강)의 S42C나 S55C를 사용한다.

2-2 머리붙임 키의 맞춤법

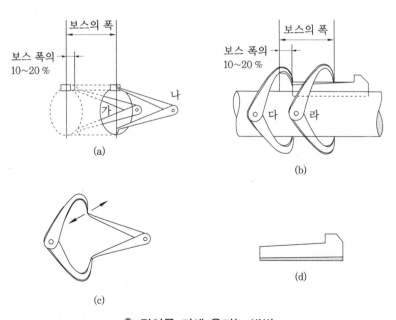

홈 깊이를 키에 옮기는 방법

① 키는 규격 치수이고 높이는 다듬질 여분이 남아 있어야 한다.

② 보스의 구멍 지름을 포함한 홈의 깊이는 보스 폭의 10~20 % 앞쪽의 지름을 캘리퍼스로 측정한다.

③ 축에 키를 확실히 끼우고 (b)와 같이 캘리퍼스로 ②와 같이 보스 폭의 10~20 %인 곳에서 잰다.

④ 다음에 (c)의 요령으로 마무리 여분을 확인한다.

⑤ 키의 마무리는 (d)의 사선 부분, 즉 키의 밑면을 깎고 ③, ④를 반복하면서 맞추어 나간다. 키의 윗면을 깎아 맞추려고 하면 머리가 방해되어 평면으로 절삭하기 어렵다.

⑥ 때때로 키의 상 · 하면에 적색 페인트를 얇게 칠하고 축에 보스를 장착해서 키를 가볍게 두드려 넣고 구배의 일치 상태를 확인한다.

⑦ 이와 같이 키의 높이, 구배가 일치됐다고 확신이 생겼을 때 보스를 소정의 위치에 놓고 키를 두드려 넣는다.

2-3 머리 없는 키의 맞춤법

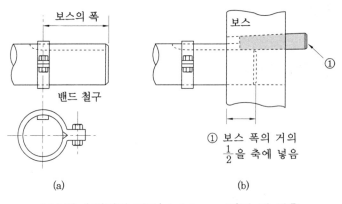

보스의 슈링키지 피트(shrinkage fit)와 키 맞춤

① 축에는 보스 폭에 해당하는 위치에 그림 (a) 슈링키지 피트와 같이 밴드 철구를 부착해 정확히 위치를 정할 수 있다.

② 보스는 가스 버너 또는 기름 탱크로 가열 팽창시켜 축에 들어가기 쉽도록 한다.

③ (b)와 같이 우선 보스를 축에 걸치고 가볍게 들어갈 수 있음을 확인한 다음 $\frac{1}{2}$ 정도 넣는다. 다음에 키를 홈에 대고 키 홈을 일치시킨다.

④ 단번에 보스를 밴드 철구까지 넣는다. 이때 키는 약간 남게 하여 보스를 보내지 않으면 키의 방해로 도중에서 멈추게 된다.

2-4 묻힘 키의 맞춤법

이 키는 대다수의 경우 그림 (a)와 같이 축의 중간 정도에 보스를 밀어 넣은 형태로 쓰인다. 그러므로 머리붙이 키와 마찬가지로 축과 보스의 끼워맞춤은 그다지 강하게 할 수 없으므로 그만큼 구배맞춤은 정확히 해야 한다.

① (a)는 짜넣은 최종적인 형이지만 축에는 베어링이나 스페이서 등을 부착하는 관계도 있으므로 구체적으로 (b) 또는 (c), (d)와 같은 방법으로 보스를 장착하게 된다.

② 이미 베어링이나 기타의 부품을 부착한 다음 보스를 끼울 때는 그것들의 부품이 손상되지 않게 세심한 주의를 한다.

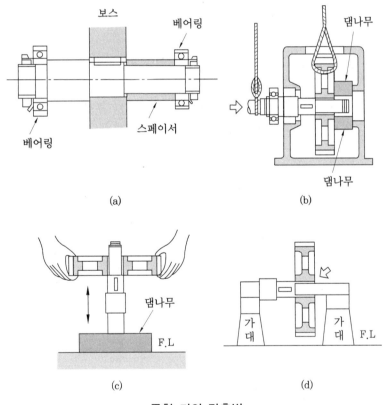

묻힘 키의 맞춤법

2-5 미끄럼 키의 맞춤법

미끄럼 키는 축과 보스가 가볍게 이동할 필요가 있을 때 사용한다. 또 보스의 키 홈과 키 폭도 가볍게 이동하는 것이라야만 한다. 작은 틈새에서 이동시키는 것이므로 축과 보스의 키 홈은 축 중심에 완전히 일치되도록 각각의 가공 마무리에서 세심한 주의를 한다. 또 키의 상면은 0.05 mm 정도의 틈새를 둔다. 이것은 미끄럼 키 조립의 특징이나, 또한 축의 홈과 키는 다른 것보다 한층 더 정확히 맞춰 고정 나사로 확고히 고정하는 것도 필요하다.

2-6 접선 키의 맞춤법

① 키는 그림 (a)와 같이 키 빼기 쐐기를 써서 상하의 키를 두드려 넣는다.
② 두드려 넣을 수 있는 최대 한도는 (b)의 상태까지이다. 또 키의 양단은 밀림 방지의 면 따내기를 한다.

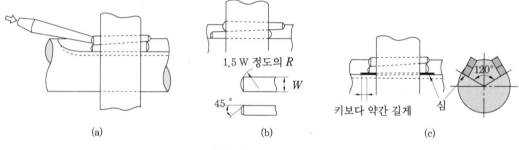

1.5 W 정도의 R

W

45°

키보다 약간 길게   심

120°

(a)   (b)   (c)

접선 키의 분해 조립

③ (c)의 상태에서 키의 두드려 넣기가 불충분할 것 같으면 축 쪽의 키 홈에 적당한 두께의 심(shim)을 깔아 키를 다시 두드려 넣는다.
④ 키를 빼낼 경우에는 두드려 넣기의 반대 순서로 하면 된다.

2-7 키를 빼내는 방법

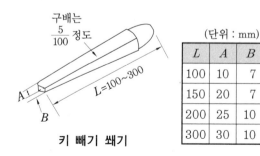

구배는 $\dfrac{5}{100}$ 정도

L=100~300

A
B

키 빼기 쐐기

(단위 : mm)

L	A	B
100	10	7
150	20	7
200	25	10
300	30	10

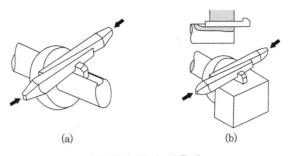

키 빼기 쐐기 사용법

① 조립된 키를 빼려면 여러 가지의 공구가 필요하지만 별도 주문하거나 자체 제작한 키 빼기 쐐기를 사용하면 대단히 편리하다.

② 키 빼기 쐐기는 그림 (a)와 같이 두 개를 번갈아 두드려 사용하지만 특히 키의 머리 부분이 처져 있을 경우에는 쐐기가 빠지거나 튀어나오지 않도록 주의한다.

③ (b)와 같은 경우에는 머리가 없는 키를 쓰는 것이 원칙이지만, 만일 이와 같은 것이 있을 때는 그림과 같이 돌출된 키 부분을 모루 위에 놓고 키가 구부러지지 않게 주의해서 쐐기를 두드려 넣는다.

④ 쐐기를 좌우에서 두드려 넣을 정도의 여유가 없을 경우에는 (a)와 같은 키 빼기 기구를 제작해서 쓴다. 이 기구는 (b)와 같이 20 mm 이하의 것은 키 빼기 쐐기를 대고, 또 30 mm 이상의 것은 화살표 부분을 직접 해머로 두드린다.

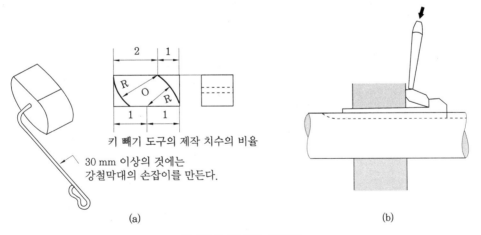

키 빼기 도구와 사용법

3. 코터

최근에는 그다지 사용되지 않는 요소이나 간단하고 확실한 방법이며, 특히 플런저 펌프(plunger pump) 등에서는 크로스 헤드(cross head)와 플런저의 결합 부분에 많이 쓰이고 있다. 코터(cotter)는 양쪽 구배와 편 구배(片句配)가 있으며 편 구배가 많이 쓰인다.

코터의 기본은 그림의 A, B, C 3면이 유효하게 작용하면서 고정하는 것이지만 분할 핀의 구멍을 내고 빠짐 방지용 분할 핀을 부착하는 것이 중요하다. 사용상 더욱 중요한 것은 코터에 의한 결합 부분에서 결합 방향 이외의 힘이 가해져서는 안 된다는 것이다. 이 경우 화살표 가의 방향에서 힘이 크며 이것은 A면에서 받을 수 있다. 화살표 나 방향의 힘은 패킹과의 마찰력에 의한 것이며 거의 무시해도 지장이 없다. 그러나 이것이 가, 나 모두 같은 정도의 힘이 걸리는 부분이면 코터 결합은 부적당하므로 나사 결합을 해야 한다. 코터는 인장 하중이나 압축 하중이 작용하는 곳의 간단, 신속, 확실한 결합에 적합하다.

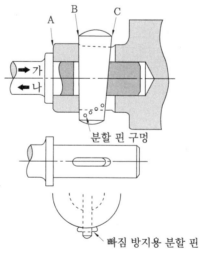

코터의 조립

3-2 위치 결정 코터의 사용법

베어링 유닛은 부착 위치의 조절이 가능하게 유닛의 볼트 구멍이 길게 만들어져 있다. 또 대다수의 경우 유닛 가까이에 기어, 스프로킷, 풀리 등이 부착되어 있으므로 항상 축과 직각 방향의 힘이 작용한다. 이러한 경우에 볼트를 죄기만 한다면 기동(起動), 정지와 하중 등의 자극을 받았을 때 유닛의 옆으로 밀려남을 완전히 방지할 수 없어서 생각지도 않은 사고가 발생한다. 그림은 이와 같이 베어링이 옆으로 밀려남을 방지하기 위해 떡갈나무로 코터를 두드려 박는 방법이다.

베어링 유닛

풀로어 블록

위치 결정용 코터

4. 핀

4-1 **테이퍼 핀의 사용 방법**

　테이퍼 핀을 사용(KS B 1308)할 때에 축에 칼라를 부착해서 유극(有隙) 칼라의 고정에 테이퍼 핀(pin)을 쓰는 경우, (a)와 같이 테이퍼 핀을 부착하지만 축의 강도를 약하게 하는 단점이 있다. 그러므로 (b)와 같이 핀을 축 중심에서 어긋나게 부착하면 축도 약해지지 않고 오히려 핀의 파단 단면적을 높이는 이점이 생긴다.

　테이퍼 핀은 (a)와 같이 관통 구멍의 밑에서 때려 뺄 수 있는 것과, (b)와 같이 밑에서 때려 뺄 수 없을 경우가 있으며, 그럴 경우 핀의 머리에 나사를 내고 너트를 걸어서 뺀다.

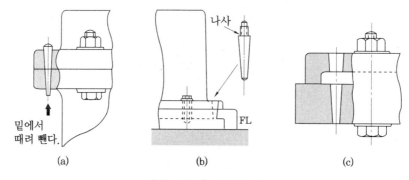

위치 결정용 테이퍼 핀

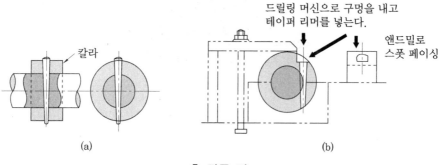

축 관통 핀

4-2 평행 핀의 사용법

평행 핀도 사용 방법(KS B 1310, 1320)의 기본은 테이퍼 핀과 같으며 관통 구멍에 넣고 핀 펀치로 때려 밑으로 빠지게 해서 사용한다. 핀 구멍은 드릴로 구멍을 낸 다음 스트레이트 리머로 관통시켜 정확한 구멍 지름으로 다듬질하며, 핀과의 끼워맞춤은 M6로 한다. 관통 구멍으로 사용할 수 없을 경우에는 (a)와 같이 핀에 공기빼기 홈을 내고 머리에 나사를 가공하여 사용한다. (b)의 스프링 핀은 구멍을 리머 가공하지 않아도 사용할 수 있어 대단히 편리하여 최근에는 이것이 평행 핀과 바뀌고 있다.

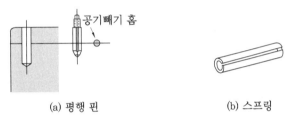

(a) 평행 핀   (b) 스프링

평행 핀

4-3 분할 핀의 사용법

분할 핀의 경우는 결합이나 위치 결정이라기보다 그림과 같이 이음 핀의 빠짐 방지 또는 볼트·너트의 풀림 방지 등에 사용되지만 큰 강도에는 적합하지 않다. 한 번 사용한 것은 사용하지 않아야 하며, 부착할 때에는 끝을 충분히 넓혀 두어 빠짐 방지의 분할 핀이 빠지거나 혹은 넣는 것을 잊어버려 사고가 나지 않도록 한다.

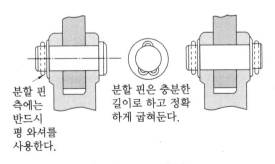

분할 핀 측에는 반드시 평 와셔를 사용한다.

분할 핀은 충분한 길이로 하고 정확하게 굽혀둔다.

분할 핀의 사용법

2 축계 기계요소 보전

1. 축의 보전

축은 손상이나 파손이 많아 기계 장치의 고장의 약 30 %를 차지하고 있다. 이 고장 중 약 60 %는 조립 정비의 불량이고, 설계 불량이 30 %, 나머지 10 %가 원인 불명, 자연 열화, 불가항력 등으로 나타난다.

1-1 축의 고장 원인과 대책

축 고장의 원인과 대책

근본 원인	직접 원인	주요 원인	조치 요령
조립, 정비 불량	풀리, 기어, 베어링 등 끼워맞춤 불량	끼워맞춤 부위에 미동 마모가 생겨 진동, 풀림 때문에 사용 불능, 축의 파단의 원인	보스 내경을 절삭하고 축을 덧살 붙이기 또는 교체하여 정확한 끼워맞춤을 함
	관련 부품의 맞춤 불량		
	위와 같은 현상이 지속될 경우	진동과 소음이 심하고 기어, 베어링의 수명이 급격히 저하, 시일 부위 누유	
	축이 휘어짐	진동과 소음이 심하고 베어링 부위 발열이 큼	곧게 수리 또는 교체
	급유 불량	기어 마모 및 소음, 베어링 부위 발열	적당한 유종 선택, 유량 및 급유 방법 개선
설계 불량	재질 불량	마모, 휨은 단시간에 피로 파괴 발생	재질 변경(주로 강도)
	치수 강도 부족		크기 변경
	형상 구조 불량	노치 또는 응력 집중에 의한 파단	노치부 형상 개선
		한쪽으로 치우침, 발열 파단	개선
기 타	자연 열화	끼워맞춤 부위 마모, 녹, 흠, 변형, 휨 등이 발생	외관 검사로 판명, 수리 또는 교체

① 축의 고장에서 가장 많이 차지하는 것은 기어 풀리, 베어링 등의 끼워맞춤 불량에 의해 풀림이 발생하고 그 발견이 늦어져 미동 마모(微動磨耗, 프레팅 코로존, 두드러짐 마모라고도 함)를 일으켜 때로는 이것이 축 파단의 원인이 되어 키 홈 마모, 기어 마모, 파손 베어링 마모 등 치명적인 고장과 연결된다.

② 다음으로 많은 것은 응력 집중에 의한 파단이다. 이것은 커플링의 중심내기 불량이나 설계 형상의 오류 가공 불량에 의한 것 노치 등에 의한 것이지만 파단면의 상태를 관찰하면 그 원인을 알 수 있다.

1-2 축의 점검

① 축의 편심

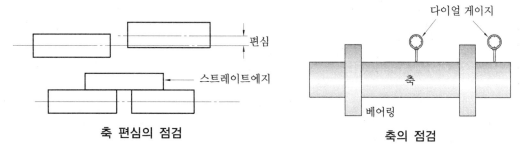

축 편심의 점검　　　　　**축의 점검**

② 베어링부 마모

베어링부의 점검

③ 조립 · 보전 불량

④ 자연 열화 · 부식

⑤ 베어링부 발열

⑥ 풀리 · 스프로킷 · 기어 등의 감합부 마모

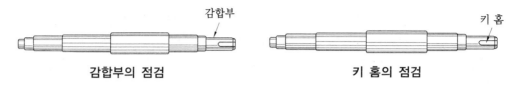

감합부의 점검   키 홈의 점검

⑦ 키 홈의 마모
⑧ 커플링부와 축 사이의 편심
⑨ 설계 불량
⑩ 밀봉부 누설

축의 점검

점검 항목	점검	점검 방법	판단 기준	조치 방법	점검·복원·개선의 필요성
조립 보전 불량	정지	풀리, 기어, 베어링 등의 끼워맞춤 상태 외관 점검	풀리, 기어, 베어링의 끼워맞춤 상태가 양호할 것	끼워맞춤이 불량하면 축의 외경 수정 혹은 베어링 선택 변경	끼워맞춤 불량 • 분해 조립 불가 → 베어링 파손 • 헐거움 발생 → 이상 마모
		축의 정렬 상태를 다이얼 게이지로 점검	맞춤 상태 양호할 것	정렬 재조정	축 정렬 상태 불량 → 베어링 이상 마모
		축 손상 여부 외관 점검	수리 후 사용	연삭기로 표면 재가공	축 손상 • 베어링 분해 조립 불가 • 축의 강도 저하 → 심하면 파손
	운전	축 흔들림이 없는지 5감 점검 혹은 축 진동계로 점검	휜 축의 사용이 (축 흔들림) 없을 것	축 정렬 교정	축 진동 발생 → 베어링 이상 마모
	운전 정지	베어링부 급유 상태 외관 점검	급유 상태가 양호할 것	급유 실시	급유 부족 → 베어링 이상 마모
축의 편심	정지	다이얼 게이지 사용	눈금 차가 나지 않을 것	축의 휨 수정	• 축의 편심 → 회전 시 진동 발생 → 스프로킷, 풀리, 기어 등의 편심에 의한 덜컹댐 • 진동 → 각 전달 기구부의 덜컹댐 • 진동 증폭 → 각 전달 기구부의 열화, 손상 → 고장 정지
커플링부 축 사이의 편심	정지	커플링부 양축의 편심을 스트레이트 게이지로 점검	편심이 없을 것	중심 확보를 위한 높이 조정	커플링부 축 사이의 편심 → 편심에 의한 진동 발생 → 베어링부 이상 마모, 전달 기구 및 각부에서 진동을 증폭
키 홈의 마모	정지	외관 점검	키 홈에 마모, 타흔 등이 없을 것	축의 교환 혹은 보수 가능 시에는 수리	키 홈의 이상 마모 → 감합부의 덜컹댐 발생 → 전달기기부에 덜컹댐 증폭 → 가공부 운동 불균일 발생, 충격 하중에 의한 키의 손상 및 탈락

1-3 축의 고장 방지

축의 열화나 고장은 기어나 풀리 스프로킷과의 끼워맞춤부에서 일어난다. 또 끼워맞춤의 강도가 적당하지 못하거나 분해 조립 방법의 부적당 혹은 점검 정비를 잘못한 것에 그 원인이 있다.

(1) 정확한 끼워맞춤 공차의 설정

축이 회전이 불량하거나 혹은 끼워맞춤의 부적당이 일어났을 때는 끼워맞춤 공차를 수정, 끼워맞춤의 정도를 높게 설정해야 같은 고장이 다시 발생되지 않는다. 끼워맞춤이나 키 맞춤은 강하게 하면 할수록 이 부분에서 신뢰성은 높아지지만, 무턱대고 강하게 하면 조립을 곤란하게 하여 오히려 조립 정도를 떨어뜨리거나 분해 불능이 되게 할 수도 있다.

(2) 억지 끼워맞춤에서 조립 분해

축단에 쓰이는 억지 끼워맞춤의 조립 분해 방법은 압연기의 롤러 베어링 조립 등의 방법을 커플링, 풀리, 기어 등의 조립에 이용한 것이다. 이 방법은 끼워맞춤 부위가 테이퍼로 되어 있는 곳에 쓰이는 것이 특징이다. 압연 롤러에서는 그림 (a)와 같이 조립할 때에는 전용 유압 너트로 밀어 넣고, 분해할 때는 축의 중심부의 구멍에 유압 펌프를 접속하고 끼워맞춤부에 높은 유압을 걸어 그 반작용에 의해 베어링의 내륜을 빼낸다. 이와 같은 방법을 오일 인젝션이라고 한다. (b)와 같은 지그를 만들면 나사를 이용할 수도 있다. 빼내기는 압연 롤러의 경우와 마찬가지로 유압 펌프를 쓰면 간단히 분해할 수 있다. 그러나 이 경우 기름 홈은 키 홈과 완전히 분리해야 끼워맞춤면에 유압이 걸리지 않으므로 기름 홈 가공은 볼 앤드밀을 사용하여 가공해야 한다.

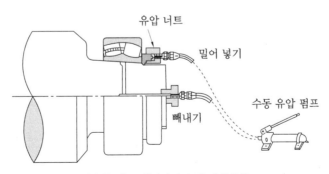

(a) 롤 네크 베어링의 오일 인젝션법

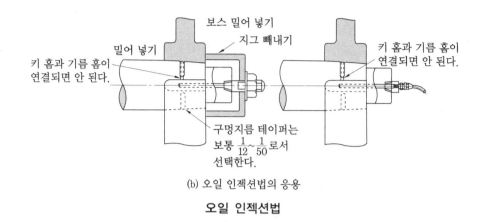

(b) 오일 인젝션법의 응용

오일 인젝션법

1-4 축과 보스의 수리법

(1) 끼워맞춤부 보스의 수리법

보스 내경이 마모된 경우 구멍을 크게 해도 될 때는 선반으로 편마모되어 있는 부분을 최소 한도로 절삭, 다듬질하면 된다. 이때는 키 홈의 마모도 고친다.

원래의 구멍 이상으로 할 수 없을 경우는 보스 내경을 상당량 절삭한 후 부시를 삽입한다. 이 경우 보스의 강도가 허용하는 한 강한 억지 끼워맞춤으로 프레스 압입 또는 보스를 약 300℃ 정도로 가열, 열박음한다. 내경 마무리는 압입 후 중심내기 마무리를 한다. 또 보스의 외경이 작아서 부시 압입 후의 강도가 부족하다고 판단될 때는 그림과 같이 보스 외경부에 링을 열박음하여 보강한다.

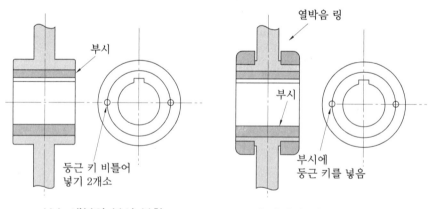

| 보스 내부의 부시 부착 | 슈링키지 피트로 보스, 보강 |

(2) 축 끼워맞춤부의 수리법

축 마모부의 수리는 보스 내경과의 공차 등을 고려하여 수리 방법을 결정한다. 또 수리 후의 강도, 신뢰성, 비용과 시간 등도 고려한다.

축의 끼워맞춤부 마모 수리법

축의 수리 방법	단 점	장 점	보스의 수리 방법과 조합
신작(新作) 교체	비용과 시간이 걸림	원래대로 수리됨	내경을 약간 절삭 후 사용
마모부의 덧살붙임 용접	용접열 때문에 굽어질 염려가 있고 축 중앙부는 불량하다.	신작 교체보다 비용 시간이 적게 든다.	위와 같음
마모부를 잘라 맞춰 용접	용접 기술이 좋지 않으면 신뢰성이 낮다.	위와 같음	위와 같음
마모 부위를 잘라 버리고 비틀어 넣어 용접	용접 완성 여분 축의 일부가 기어일 경우 적당		위와 같음
마모 부분 금속 용사	용사열 때문에 굽어질 염려가 있으며 강도가 좋고 자체 시공일 때 비용 및 시간이 경제적		위와 같음
마모 부분 경질 크롬 도금해서 연삭 마무리	마모량이 한쪽 면 0.05 mm 이하 정도일 때, 도금 연삭 비용과 시간이 절약될 때에 한한다. 보스와의 끼워맞춤이 아니고 베어링과의 끼워맞춤 마모일 때 새로운 베어링에 맞춘다.		
마모 부분 다시 깎기	축 지름이 작아져도 상용할 수 있을 때만 적용	축 수리 간단	보스에 부시를 넣어 가늘어진 축 지름에 맞춘다.
마모부에 로렛 수리	응급적인 방법에 불과하지만 급한 대로 회복시켜 운전하고 단기간 정도 축을 새로 제작해서 교체할 때까지 활용하는 방법		보스를 수리하지 않고 베어링의 경우 새 것을 조립하여 사용

(3) 축의 구부러짐의 수리

축에 구부러짐이 있으면 여러 가지 고장의 원인이 된다. 특히 기어에 흔들림이 일어나고 진동, 소음, 이의 이상 마모의 원인이 되므로 일반 산업기계의 기어에서는 0.05 mm 이상의 흔들림은 이상 상태이다. 또 커플링, 풀리, 스프로킷 등에서도 흔들림은 될수 있는 한 적게 해서 진동 베어링의 발열 등을 방지해야 한다. 그러나 흔들림을 반드시 축의 구부러짐만이 원인이라고 볼 수 없다. 예를 들면 기어의 가공 정도 베어링이나 끼워맞춤의 양부 등도 관계되므로 흔들림이 일어나고 있을 때는 이것들도 함께 점검해야 한다. 축이 구부러졌을 때 그 수리를 정비 현장에서 할 수 있느냐 없느냐의 판단은 경험적으로 아래와 같다.

① 500 rpm 이하이며 베어링 간격이 비교적 긴 축이 휘어져 있을 때

② 경하중 기계에서 축 흔들림 때문에 진동이나 베어링의 발열이 있을 경우

③ 베어링 중간부의 풀리 스프로킷이 흔들려 소리를 낼 때

이와 같은 경우에 현장에서 수리할 수 있으므로 빨리 해야 한다. 그러나 고속 회전축

기어에 감속기 축이나 단 달림부에서 급하게 휘어져 있는 것은 수리가 무리이므로 새로운 것과 교환한다. 또 $\phi 100 \times 1\,\mathrm{m}$ 축의 구부러짐 정비는 힘들지만 길이가 2 m이면 저속 회전에서의 사용은 수리가 가능하다.

수리 방법은 그림 (a)와 같이 바닥면에 V 블록을 2개 놓고 그 위에 축을 올려놓고 손으로 돌리면서 다이얼 게이지로 그 정도를 확인한다. 그 후 흔들림이 제일 심한 곳에 (b)와 같이 짐 크로(jim crow)를 대고 약간씩 힘을 가하면서 구부러짐을 수정하는 것이다. 이 방법으로 신중히 하면 0.1~0.2 mm 정도까지 수정할 수 있으며, 이는 철도 레일을 굽히기 위한 방법을 응용한 것이다.

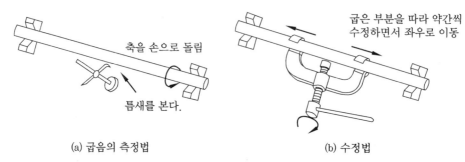

(a) 굽음의 측정법 (b) 수정법

축 흔들림의 측정법과 수리법

2. 축 이음 보전

2-1 커플링의 점검 기준

커플링의 원주 표면이 진원이지만 표면에 요철이 있으면 올바른 축심 조정이 되지 않는다. 일반적으로 커플링의 다듬질 정도는 축 구멍의 중심에 대한 외경의 흔들림 및 면 흔들림을 0.03 mm 이하로 정하고 있다.

센터링의 기준

		센터링(centering) 기준	
A : 원 방향(주간) B : 면간 차 C : 면간	rpm	1800까지	3600까지
	A	0.06 m/m	0.03 m/m
	B	0.03 m/m	0.02 m/m
	C	3~5 m/m	3~5 m/m

축과 커플링 구멍에 간극이 있는 것, 커플링이 축에 직각이 맞지 않을 경우에도 진동 발생의 원인이 된다.

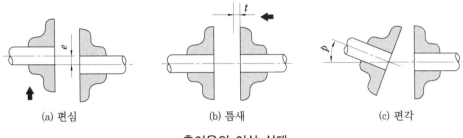

(a) 편심   (b) 틈새   (c) 편각

축이음의 이상 상태

일반적으로 커플링의 회전 흔들림(외경, 면)을 적게 하기 위하여 커플링을 축에 억지 끼움하고 묻힘 키를 사용한다. 또한 중간 끼워맞춤으로 테이퍼 키를 사용하기도 한다. 이 경우에는 축과 커플링 내경과의 간극에 $\frac{1}{2}$만큼 편심되어 설치되므로 주의를 요한다.

회전수가 1000 rpm 이상의 커플링에서는 열박음하고 키를 때려 박는다. 커플링의 죔 새는 설치 축 지름의 약 0.0003d로 한다.

고속 회전체의 불균형(unbalance)을 수정할 때는 커플링 및 조임 볼트의 무게중심 등을 반드시 고려하여야 한다. 따라서 미리 웨이트 밸런싱(weight balancing)을 한다.

커플링의 점검 기준 예

점검 항목	점검 시기	점검 방법	판단 기준	처치 방법	점검·복원·개선의 필요성
플랜지형 축 커플링의 취부 볼트 느슨함	정지	청소하면서 외관 점검	취부 볼트의 느슨함이 없을 것	토크 렌치를 사용하여 규정의 토크로 더 조이기	• 느슨함 발생 → 운전 시 덜컹댐 • 진동 발생 → 전달기구의 각 부위에서 진동 증폭, 기동 시 충격 하중에 의한 볼트 절손
고무축 커플링 고무의 마모, 열화	정지	청소하면서 외관 점검	고무에 마모, 열화가 없을 것	고무 교환	• 고무 마모·열화 → 덜컹댐 • 진동발생 → 전달기구의 각 부위에서 덜컹댐 → 진동 증폭 → 가공점부 운동 불균일 발생
체인 커플링의 체인 마모	운전 정지	커플링 커버를 벗겨 외관 점검	체인 이상 마모가 없을 것	체인 교환	• 체인 이상 마모 → 덜컹댐 • 진동 발생 → 전달기구의 각 부위에서 덜컹댐 → 진동 증폭 → 충격 하중에 의한 체인 절단
		그리스 열화가 없는지 외관 점검	그리스 열화가 없을 것	그리스 교환	

유니버설 조인트의 핀 마모	정지	청소하면서 외관 점검	핀 마모가 없을 것	분해 수리	• 핀 마모 : 기동 시 충격 하중에 의한 핀 절손→ 전동 불능→고장 정지 • 덜컹댐 : 진동 발생→전 달기구 각 부위 진동 증 폭→가공 정부 운동 불 균일 발생
축심 일치 상태 불량(축정렬 불량)	운전 정지	운전 상태를 외관 점검	중심내기 상태가 양호할 것	중심내기 조정	• 축심 일치 상태 불량→ 고무, 체인, 핀, 볼트, 너트 등 이상 마모→고장 유발
부식 상태	정지	부식 상태를 외관 점검	부식이 없을 것	녹 제거 후 방청유 도포	• 부식→강도 저하→고장 유발

2-2 커플링의 점검

(1) 점검 항목

① 플랜지형 축 커플링 취부 볼트 느슨함

② 고무축 커플링 고무의 마모, 열화

③ 체인 커플링의 체인 마모

④ 유니버설 조인트의 핀 마모

⑤ 축심 일치 상태 불량

⑥ 부식 상태

(2) 커플링의 조립 순서

① 강철자, 피아노선, 간극 게이지, 다이얼 게이지 등 측정 공구를 준비한다.

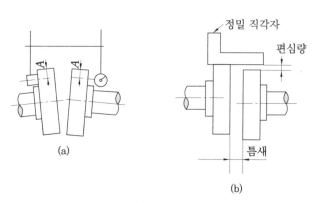

편각의 측정

② 커플링의 허브, 플랜지를 조립한다.

③ 기준축을 중심으로 수평도를 맞춘다.

④ 평행도(간극)를 맞춘다.

⑤ 공통 중심을 맞춘다.

(3) 커플링 취급 시 유의 사항

① 원통 커플링을 조립할 때 축의 센터링에 유의한다.

② 원통 분할 커플링의 조립과 분해 시 유의 사항

  ㈎ 좌우 분할 간격을 같게 맞춘다(평형에 유의).

  ㈏ 볼트는 좌우 대각으로 과도한 힘을 가하지 않는다(커플링의 파손).

  ㈐ 분할 틈새는 가능하면 좁게 하며 틈새가 넓을 경우 라이너를 물린다(주물 제품을 틈새가 넓은 상태에서 체결하면 깨지기 쉽다).

  ㈑ 체결 볼트는 같은 볼트를 사용한다.

③ 플랜지 커플링의 조립과 분해 시 유의 사항(KS B 1551)

  ㈎ 분해할 때 플랜지에 과도한 힘을 주지 않는다(특히 주물 제품).

  ㈏ 조임 여유를 많이 두지 않는다(커플링의 파손).

  ㈐ 틈새가 많을 때 라이너를 물린다.

  ㈑ 체결 볼트는 같은 볼트를 사용한다(평형 문제, 커플링의 진동).

  ㈒ 축과 플랜지 조립 후 키를 조립한다.

  ㈓ 축과 플랜지 원주면에 대한 흔들림은 0.03 mm 이내, 축과 축의 흔들림은 0.05 mm 이내로 한다.

④ 그리스 커플링의 조립과 분해 시 유의 사항(KS B 1557)

  ㈎ 허용 오차에 유의한다(편각 : 1.5°, 편심 : 길이의 2 % 이내).

  ㈏ 그리스가 두 개 이상이면 절단면은 한 방향으로 한다.

  ㈐ 개스킷을 조립할 때 오일 실에 유의한다.

  ㈑ 정렬 표시가 같은 방향에 있도록 커버를 조립한다.

  ㈒ 그리스를 분해할 때에는 단면 끝부터 양쪽을 번갈아 들어 준다.

  ㈓ 허브의 흔들림은 원주면은 0.05 mm 이하, 측면은 0.08 mm 이하로 한다.

⑤ 기어 커플링의 조립과 분해 시 유의 사항(KS B 1553)

  ㈎ 허용 오차에 유의한다(편각 : 1.5°, 편심 : 0.08 mm).

  ㈏ 내측 슬리브를 축에 먼저 끼우고 허브를 조립한다.

  ㈐ 개스킷 조립에 유의한다.

  ㈑ 그리스 주입 구간의 각도는 90°에 위치하도록 조립한다.

  ㈒ 기어 커플링의 각 부분별 흔들림은 최대 0.08 mm 이내이다.

⑥ 체인 커플링의 조립과 분해 시 유의 사항(KS B 1556)

⑦ 허용 오차에 유의한다(편각 : 1°, 편심 : 체인 피치의 2 %).

⑭ 체인 커플링의 각 부분별 흔들림은 최대 0.15 mm 이내이다.

⑦ 고무탄성 커플링의 조립과 분해 시 유의 사항(KS B 1555)

   ⑦ 허용 오차에 유의한다(편각 : 4°, 편심 : 2.5 mm).

   ⑭ 체결 볼트는 너무 세게 조이지 않아야 하고, 커플링의 단과 누름판의 면이 맞닿는 곳까지 볼트를 조인다.

   ㉰ 이음의 흔들림은 축의 어긋남에 관한 것으로 최대 0.25° 이내이다.

⑧ 나일론 커플링의 조립과 분해 시 허용 오차에 유의한다(편심 : 1.0 m/m, 편각 : 1°).

⑨ 올덤 커플링의 조립과 분해 시 커플링과 탄성체와의 간격이 밀착하지 않도록 한다(축의 진동 및 커플링 파손).

⑩ 링크형 커플링의 조립과 분해 시 링크의 회전각에 유의한다(지름의 $\frac{1}{2}$까지, 과부하의 원인).

⑪ 유니버설 조인트의 조립과 분해 시 유의 사항(KS B 1554)

   ⑦ 축의 교차각 15° 이내(고속 6° 이내)이다.

   ⑭ 축과 U-조인트는 깊게 조립하지 않는다(조인트 운동에 영향).

   ㉰ 축심의 흔들림은 최대 0.25 mm 이내이다.

2-3   이음에서 중요한 중심내기

센터링 작업은 기계가 운전 중에 가장 양호한 동심(同心) 상태를 유지하기 위한 것으로서 진동, 소음을 최소한으로 억제하고 기계의 손상을 적게 하여 설비의 수명을 연장하려는 것이다. 일반적인 센터링 작업은 정지 상태 및 실온(室溫)에서 실시한다. 또 운전 중에 있어서 축심(軸心)의 변화를 확인하여 센터링을 하기도 한다. 이것을 정렬(alignment)이라 하는데 예를 들면 펌프, 감속기 등의 센터링 작업을 실시하는 방법이다. 또 미리 계산에 의해 회전 중에 축심의 열 변화를 구해 두고 운전 중에 각 축이 바르게 동심이 되도록 고려하여 센터링하는 방법을 현장 정렬(hot alignment)이라 한다. 이 방법은 터빈, 열펌프 등의 센터링 작업에 쓰인다.

(1) 센터링 방법

① 두 축을 동시에 회전하여 센터를 측정하는 방법

② 축 하나를 회전하여 센터를 측정하는 방법

(2) 센터링이 불량할 때의 현상

① 진동이 크다.

② 축의 손상(절손 우려)이 심하다.

③ 베어링부의 마모가 심하다.

④ 구동의 전달이 원활하지 못하다.

⑤ 기계 성능이 저하된다.

(3) 두 축을 동시에 센터링하는 방법

① 축 간 높이 작업

   (가) 플랜지에서 중심내기를 할 경우는 물론 외경은 동일 치수이므로 그림과 같이 스트레이트 에지를 접촉하여 빛의 통과 여부를 A, B, C, D의 4점에서 확인한다. 또 틈새 오차도 A : C, B : D에서 최대 0.05 mm 이내로 해야 한다. 축에서 중심내기를 할 경우 (b)와 같이 스트레이트 에지를 접촉하고 전체 길이에 걸쳐 빛이 통하지 않을 정도로 조절한다. 또한 어느 경우라도 커플링의 위치가 베어링부보다 길게 나와 있고 비교적 가는 축에서는 자중(自重)으로 아래로 처짐을 고려해야 한다.

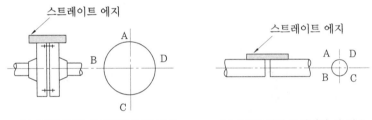

(a) 플랜지에서 중심내기를 할 경우   (b) 샤프트에서 중심내기 할 경우

죔형 커플링의 중심내기

   (나) 면간을 틈새 게이지(thickness gauge)로 측정 기록한다.

   (다) 모터 축을 180° 회전시킨 후 다이얼 게이지를 설치한다.

   (라) 한 번 더 두 축을 회전하는 동시에 0°, 180° 두 지점의 측정치를 기록한다(원주 측정 180°).

   (마) 수정값과 수정 방향을 결정할 평균치를 산출하여 그 측정치가 규정 이상일 때는 조정 작업이 필요하다. 조정이 필요할 때에는 산출 근거에 의하여 라이너인 심 플레이트(shim plate)를 준비한다. 심 플레이트는 프레스로 가공하여 절단면이 깨끗한 것을 사용하거나 절단 가위로 제작한다. 준비된 심 플레이트를 낮은 축쪽에 모터와 기초 사이에 삽입한다.

모서리 따낸다.

볼트 크기   심 플레이트

심 플레이트

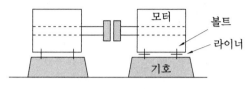

축의 심 조정

다이얼 게이지를 설치하고 기초 볼트를 조인다. 게이지의 지침을 확인하면서 좌우, 전후 볼트를 골고루 꽉 조인다. 양축을 회전 하면서 0°, 180° 지점의 원주 간과의 차이를 다이얼 게이지와 틈새 게이지로 측정 확인하면서 작업한다. 기록이 양호하면 측정치를 보관한다.

② 축 간 좌우 센터링 작업

㈎ 커플링의 외면을 세척한다.

㈏ 커플링의 외면에 0°, 90°, 180°, 270°의 방향을 표시한다.

㈐ 면 간(面間)을 틈새 게이지 혹은 테이퍼 게이지(taper gauge)로 측정 기록한다.

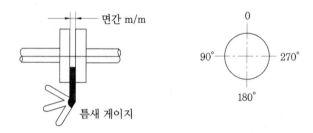

틈새 측정

㈑ 다이얼 게이지와 마그네틱 베이스를 설치한다.

㈒ 다이얼 게이지의 오차 및 편차를 구한다.

㈓ $S = d\cos\alpha$ (단, S : 실제 값, d : 게이지 읽음 값, α : 측정 방향과 측정자의 이동 방향과의 각도)

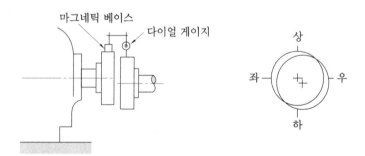

편심도의 측정

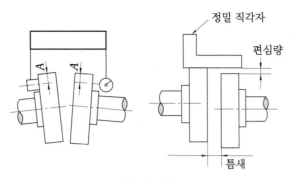

편각의 측정

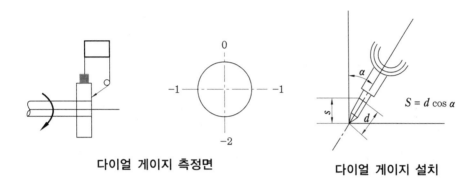

다이얼 게이지 측정면   **다이얼 게이지 설치**

$$S = d \cos \alpha$$

예 1. 측정자가 움직인 거리 $S = 1\,\mathrm{mm}$, 설치 각도 $\alpha = 30°$일 때($\cos 30° = 0.8660$)

$$d = \frac{S}{\cos \alpha} = \frac{1}{0.866} = 1.1547\,\mathrm{mm}$$

오차는 $1.1547 - 1 = 0.1547\,\mathrm{mm}$

(사) 두 축을 회전시키면서 $0°$, $90°$, $180°$, $270°$ 각 지점의 1차 측정치(지침)를 보고 기록한다(한쪽 방향으로 회전시키면서 면은 거울을 사용하여 보면 선명하게 보인다). 실제로는 다이얼 게이지에서 지시 수치의 $\frac{1}{2}$로 어긋남이 축소되어 있다.

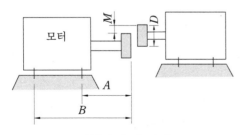

편심의 수정 방법

커플링의 설치 상태 측정

부 위	편 심	편 각
상하	$\dfrac{A+C}{2}$	$\dfrac{W-Y}{2}$
좌우	$\dfrac{B+D}{2}$	$\dfrac{X-Z}{2}$

예 2. 그림에서

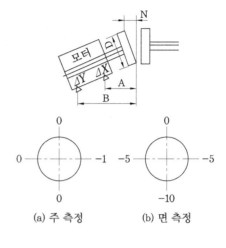

(a) 주 측정   (b) 면 측정

$$D : N = A : \Delta X$$

$$D \times \Delta X = N \times A$$

$$\Delta X = \frac{NA}{D}$$

마찬가지로,

$$\Delta Y = \frac{NB}{D}, \quad D = 100 \text{ mm},$$

$$A = 300 \text{ mm}, \quad B = 600 \text{ mm},$$

$$N = 10 \text{ mm라 하면}$$

$$\Delta X = \frac{NA}{D} = \frac{-10 \times 300}{100} = -30$$

$$\Delta Y = \frac{NB}{D} = \frac{-10 \times 600}{100} = -60$$

따라서 ΔX 지점에 $\dfrac{30}{100}$ 라이너를, ΔY 지점에 $\dfrac{60}{100}$ 라이너를 각각 삽입 조정한다.

(아) 다음 예는 편심과 편각이 된 상태의 수정 방법을 보여 주고 있다.

예 3. 그림에서

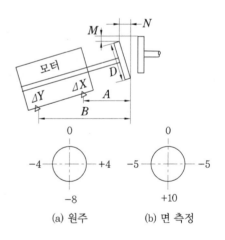

(a) 원주   (b) 면 측정

$$\Delta X = \frac{NA}{D} + M,$$

$$\Delta Y = \frac{NB}{D} + M$$

$$\Delta X = \frac{-10 \times 300}{100} + \frac{-8}{2} = -34$$

$$\Delta Y = \frac{-10 \times 600}{100} + \frac{-8}{2} = -64$$

따라서 ΔX, ΔY 지점에 $\dfrac{34}{100}$, $\dfrac{64}{100}$ 라이너를 삽입하여 조정한다.

(4) 플렉시블 커플링의 중심내기

플렉시블 커플링의 경우 축심의 어긋남은 그림의 A, B, C의 3가지로 판단할 수 있다. 플렉시블 축이라고 해도 정확한 중심내기가 되어 있어야 수명이 길어지므로 최적의 점을 찾아내야 한다.

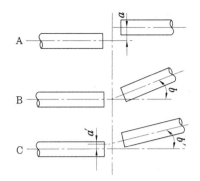

a : 종류, 사이즈에 따라 다르다.
b : 1~2°이내
a', b'의 경우 a, b의 $\frac{1}{2}$ 이내일 것

플렉시블 커플링의 잘못된 중심내기

3. 베어링 점검 및 정비하기

3-1 베어링의 점검

  베어링(bearing)의 고장 징후를 검출하는 것은 정기적인 진동 계측(경향 관리)과 윤활유 점검에 의해 상당히 정확하게 알 수 있으므로 중요한 기계는 별도로 정기 점검(분해 점검)을 하지 않고 상태 대응 보전(CBM)을 적용하는 경우가 많다.

(1) 일상 점검

  베어링을 양호한 상태로 유지하고 수명을 길게 하고, 동시에 고장 징후를 조기에 발견하여 대응하기 위해 적절한 일상 점검을 할 필요가 있다.

(a) 청음기에 의한 검사   (b) 온도에 의한 검사   (c) 육안 검사

베어링의 점검

베어링의 일상 점검

점검 항목	내 용	방법·기구	판정 기준	점검 주기
베어링	온 도	계측, 온도계	주변온도+40℃ 또는 70℃ 이하(일반적)	1회/일
		촉수	이상한 발열이 없을 것	1회/일
	소 리	청음, 청진봉	이상음이 없을 것	1회/일
	진 동	계측	허용 범위 내일 것	1회/일
		촉수	이상한 진동이 없을 것	
윤활유	양	육안	규정 레벨일 것. 연락관이 정상일 것	1회/일
	압력, 유량	계획, 육안	규정 압력, 유량일 것	1회/일
	색, 이물	육안	심한 변색, 물·혼입물 없을 것	1회/주
	오일링 등 작동 상황	육안	윤활유가 확실히 급유되고 있을 것	1회/일

① 온도 : 표준형 베어링은 100℃까지의 작동 온도에 견딜 수 있는 페놀계 수지의 게이지가 사용된다. 황동 및 경합금 게이지는 100℃ 초과 온도에서 사용이 가능하다. 120℃ 이상 온도의 경우 베어링의 리테이너와 볼은 고온에서 치수 안정성을 위하여 특수 열처리한다. 베어링 온도의 허용치(온도 상승, 최고)는 규격, 기준에 따라서도 다르나, 일반적으로 보통 윤활유를 사용한 경우의 아래 표와 같다. 표는 베어링 온도 상승의 원인과 대책이다.

베어링의 허용 온도

구 분	베어링 표면 온도	메탈 온도
허용 온도 상승(℃)	40℃	45℃
허용 최고 온도(℃)	75℃	80℃

베어링 온도 상승의 원인과 대책

설 비	원 인	대 책
냉각수	단수, 유량 저하	통수, 증량
	수온 상승	통수량 증량
윤활유	열 화	윤활유 교환
	물, 이물 혼입	윤활유 교환
윤활 장치	급유 펌프 불량	펌프 수리
	유압, 유량 저하	압력, 유량 조정 스트레이너 청소
	냉각기 능력 저하	내부 청소
베어링 손상	베어링 파손 등	베어링 보수, 교환

② 소리(음향) : 소리에 의한 점검은 정량성이 없지만 숙련된 사람은 작은 음질의 변화도 인식할 수 있기 때문에 고장 검출에는 효과적인 경우가 많다. 이 방법은 점검이 쉬워 우선 음향으로 이상을 간이 진단하여 각종 설비 진단 방법 등을 통한 정밀 진단을 하는 경우가 많다. 베어링의 이상 유무를 판별할 수 있는 청음기에는 편이형(계족형), 양이형이 있다.

편이형 청음기　　　　　　　　　　　**양이형 청음기**

③ 진동 : 베어링부의 진동 점검은 회전 기구의 이상과 베어링 이상의 검출을 위해 실시한다. 베어링에 이상 있을 때에의 진동은 고주파역(수 kHz 이상)으로 증대하는 것이 많은데, 최근에는 간이 진단기가 개발되어 많이 이용되고 있다. 간이 진단의 판정법은 두 가지 방법이 사용되고 있다.

베어링 진동의 판정 방법

방법명	판정 방법
절대 판정	베어링 내경, 회전수 등의 사용 조건별로 일률적으로 기준치를 설정하여 판정
상대 판정	기계별로 정상치에 대해 정해진 배율을 곱한 기준치를 설정해서 판정. 베어링에서는 일반적으로 다음과 같다. 주의치 정상치 × 2 이상치 정상치 × 6

④ 윤활

　㈎ 그리스 윤활 : 회전 저항의 감소 및 베어링 온도 유지를 위하여 그리스의 특성이 고려, 선정되어야 한다.

　　㉮ $n \cdot d_M = 560000$ 이하의 경우 일반적으로 그리스 사용

　　(n : rpm, d_M : (외경 + 내경) ÷ 2 = 베어링 평균 지름)

　　㉯ 그리스 도포량 = 내경 + $\dfrac{외경}{2}$ × 폭 × 정수

　　정수 = 2000 rpm 이하 : 0.003, 2000 rpm 이상 : 0.002

　㈏ 방류 윤활과 냉각 윤활

　　㉮ 방류 윤활 : 윤활로 인한 마찰 손실이 매우 적고, 오일 분무식이나 공기-오일 윤활식이 있다. 오일의 점도가 너무 낮지 않아야 하며, 40℃에서 35~40 mm²/s 정도가 바람직하다.

　　㉯ 냉각 윤활 : 열을 제거하는 방식의 윤활로, 방류 윤활 방식으로는 마찰열의 발

생이나 특히 저온 작동 온도가 요구되는 베어링을 설계하므로 고속이 불가능
할 경우 유리하다. 순환 오일의 냉각으로 작동 온도를 요구하는 수준까지 낮출
수 있다. 그러나 베어링 안쪽의 오일 저장 및 흘러넘치는 오일을 위한 배출 통
로가 필요하다.

ⓒ 방류 윤활과 냉각 윤활의 경우 오일량

호칭 안지름 초과	50	50	120
호칭 안지름 이하		120	23
방류 윤활(cm³/h)	0.1~0.2	0.2~0.5	0.5~1.0
냉각 윤활(L/min)	0.5~1.5	1.1~4.2	> 2.5

(다) 오일 윤활의 방법

㉮ 유욕법 : 가장 일반적인 윤활 방식이며 저속, 중속 회전에 많이 사용된다. 유면
은 원칙상 가장 낮은 위치의 전동체 중심에 위치하도록 하며, 유면의 위치는
오일 게이지를 사용하여 쉽게 확인할 수 있도록 하는 것이 좋다.

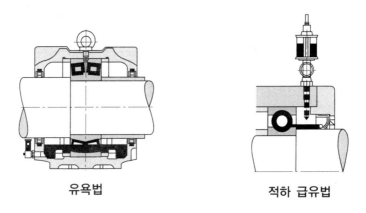

유욕법   적하 급유법

㉯ 적하 급유법 : 비교적 고속 회전의 소형 베어링 등에 많이 사용되며, 기름통에
저장되어 있는 오일을 일정량으로 떨어지게 유량 조절을 하여 윤활하는 방식
이다.

㉰ 비산 급유법 : 기어나 회전링을 이용하여 윤활하고자 하는 베어링에 오일을 비
산시켜 윤활하는 방법이다. 자동차 변속기나 기어 장치 등에 널리 쓰인다.

㉱ 순환 급유법 : 고속 회전이어서 부분을 냉각할 필요가 있는 경우 또는 베어링
주위가 고온인 경우에 많이 적용한다. 급유 파이프로 급유되고 배출 파이프로
배출되어 냉각된 후 펌프에 의해 다시 급유된다. 베어링 안의 오일에 배압이
걸리지 않도록 배출 파이프의 직경은 급유 파이프보다 큰 것을 사용한다.

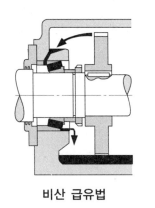

비산 급유법

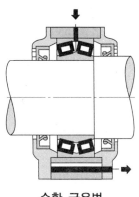

순환 급유법

㉮ 제트 급유법 : 제트 급유는 고속 회전($n \cdot dM$값이 100만 이상)의 경우에 많이 적용하며, 1개 또는 수개의 노즐로부터 일정 압력으로 윤활유를 분사시켜 베어링 내부를 관통시킨다. 일반적인 제트 윤활은 베어링 내륜과 부근의 공기가 베어링과 같이 회전하여 공기 벽을 만들기 때문에 노즐로부터의 윤활유 분출 속도는 내륜 외경면 원주 속도의 20 % 이상이 되어야 한다. 동일한 유량에 대해서 노즐의 수가 많은 것이 냉각도 균일하고 효과도 크다.

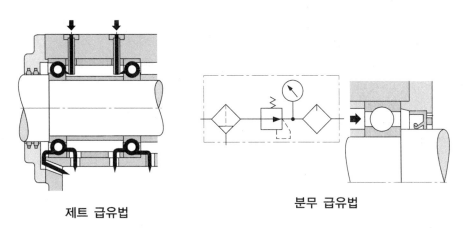

제트 급유법　　　　　　　　　　분무 급유법

㉯ 분무 급유법 : 분무 급유는 공기에 윤활유를 안개 형태로 만들어 베어링에 불어넣는 방법으로 윤활유는 소량이기 때문에 교반 저항이 작아 고속 회전에 적합하다. 베어링에서 누출되는 유량이 적기 때문에 설비와 제품의 오염이 적고, 항상 새로운 윤활유를 공급할 수 있어 베어링의 수명을 길게 할 수 있다. 따라서 공작 기계의 고속 스핀들, 고속 회전 펌프, 혹은 압연기 롤 네크용 베어링 등의 윤활에 많이 사용되고 있다.

㉰ 오일 에어 윤활 : 오일 에어 윤활은 최소한으로 필요로 하는 윤활유를 베어링마다 최적의 간격으로 정확하게 계량, 송출하여 끝부분까지 연속적으로 압송한다. 베어링에 대하여 항상 새로운 윤활유를 정확하고 연속적으로 보내므로 윤

활유의 상태가 변하지 않고, 압축 공기의 냉각 효과도 더욱 좋아져 베어링의 온도 상승을 낮게 억제할 수 있다. 또 오일은 베어링에 대하여 매우 소량의 액체 상태로 공급되므로 주위를 오염시키지 않는다.

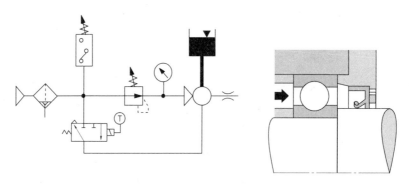

오일 에어 윤활

(2) 정기 점검

중요한 기계는 시간기준 보전(TBM)을 적용하여 정기 점검을 한다. 주기는 일반적으로 보전 실적에 따라 결정하는 경우가 많다.

구름 베어링의 경우는 외관 검사를 주로 하지만, 부품의 재사용은 다음 점검 주기까지 사용이 가능한가를 판단하기가 어렵기 때문에 미리 준비해서 교환하는 것이 보통이다. 베어링 검사에서 중요한 것은 우발 고장이 발생했을 때 그 원인의 규명과 대책이므로 개선할 필요가 있다.

베어링의 정기 점검(주기 2~6년)

베어링의 종류	손상 요인	검사 방법	판정 기준
구름 베어링	전동체, 레이스 흠	육안 검사	유해한 흠이 없을 것
	전동체, 레이스 마모	육안 검사	심한 마모가 없을 것
	소부	육안 검사	소부 형적이 없을 것
	발청	육안 검사	심한 발청이 없을 것
	지지 기기 파손	육안 검사	파손이 없을 것
	베어링 상자, 축과의 감합	치수 계측	허용 범위에 있을 것
미끄럼 베어링	마모, 박리	격간 측정 염색 탐상 검사	결함 제거 끝처리 후 허용치 내에 있을 것
	흠	육안 검사	결함 제거 끝처리 후 허용치 내에 있을 것
	소부	육안 검사	결함 제거 끝처리 후 허용치 내에 있을 것
	오일링 벗겨짐 변형	육안 검사 치수 계측	벗겨지는 일이 없을 것 변형이 허용치 내일 것

베어링의 점검과 개선

점검 항목	점 검	점검 방법	판단 기준	처치 방법	점검·복원·개선의 필요성
베어링 이상음	운전	청진기, 청음봉 사용하여 점검	이상음의 발생이 없을 것	베어링 교환	• 이상음→윤활제 부족→이상 마모→딜컹댐, 진동 발생 • 볼, 롤러의 편마모, 긁힘
베어링부 이상 발열	운전	2시간 이상 연속 운전 후 검온기, 서모라벨을 이용하여 진단	이상 발열이 없을 것	분해 점검	• 이상 발열→볼·롤러에 유막 갈라짐→볼·롤러의 이상 마모→딜컹댐, 진동 발생 • 전달 기구 각 부에 딜컹댐, 진동 증폭 • 볼·롤러의 긁힘, 눌러붙음
베어링 급유 상태	운전·정지	• 그리스를 급유하면서 열화 그리스가 적절히 배출되는지 조사 • 실 타입 베어링의 그리스 교환 주기 점검	• 적절히 배출되는 상태일 것 • 교환 주기에서 상태 확인	• 분해 점검 • 그리스 교환	• 베어링의 그리스 열화→볼·롤러의 이상 마모 • 볼·롤러의 편마모, 긁힘→고장 정지 • 딜컹댐, 진동 발생→전달 기구 각 부위 딜컹댐 • 진동 증폭 • 가공 점부 운동 불균일 • 가공 점부 이동 불균일→품질 불량
선택 불량	운전	운전 상태 관찰로 소음이나 발열도 점검	소음이나 발열이 없을 것	적절한 베어링 선택	• 선택 불량→이상 마모, 동력 전달 불량
베어링 고정 볼트의 느슨함	운전	청소하면서 점검	고정 볼트의 느슨함이 없을 것	토크 렌치를 사용하여 규정 토크로 더 조이기	• 고정 볼트에 느슨함 발생→운전 중 베어링에 딜컹댐 발생 • 볼·롤러에 편마모 발생→긁힘, 눌러붙음→고장 정지 • 전달기구 각 부위에 딜컹댐, 진동 증폭→가공 점부 운동 불균일 발생
손상 (타흔)	정지	정지 시 베어링 외륜을 육안 점검	손상(타흔) 없을 것	새 것으로 교환	• 손상(타흔)→이상 발열→이상 마모

3-2 베어링의 취급 유의 사항

(1) 취급상 유의 사항

① 사용할 베어링 및 주변환경 청결 유지

② 베어링 취급 조심

③ 청결한 윤활제 및 그리스 사용

④ 베어링 녹 발생 유의

⑤ 적절한 공구 사용

(2) 보관상 유의 사항

① 습기가 많지 않은 서늘하고 건조한 곳에 보관한다(50~60℃ 이상이 되면 온도에 의한 열화로 베어링 밖으로 누유 발생).

② 나무상자로 포장되어 수송된 것은 즉시 꺼내어 반드시 선반 위에 보관한다.

③ 베어링의 표면은 방청제를 도포하여 보관한다.

④ 베어링은 세워서 보관하지 말고 눕혀서 보관한다.

(3) 검사상 유의 사항

① 오물이 묻어 있는 베어링은 세척유로 세척 후 검사한다.

② 세척할 때는 내륜이나 외륜을 조금씩 돌려가면서 한다.

③ 실이나 실드가 양쪽에 있는 것은 세척하지 말고 오물을 제거하고, 방청제를 얇게 바른 후 사용하거나 기름종이에 싸서 보관한다.

(4) 베어링의 운전 성능 검사

① 소형 베어링의 경우

(가) 손으로 축을 회전시켜 원활하게 회전하는지 여부

(나) 이물질이나 압흔 등의 표면 손상에 의한 걸림 현상

(다) 베어링 장착면의 가공 불량

(라) 내부 틈새의 감소

(마) 설치(장착) 오차에 의한 정렬 오류

② 대형 베어링의 경우

(가) 무부하 저속 시동하여 회전 중의 소음 및 이상음의 유무를 청음기 이용하여 검사한다.

(나) 베어링의 온도 추이 및 발열에 의한 온도 상승이 가동 후 1~2시간 지나면 정상 상태에 도달 가능하여야 한다.

(다) 윤활제의 변색 및 누유를 검사한다.

3-3 베어링의 조립

(1) 베어링 조립의 3가지 기본 구조

베어링은 회전축을 지지하는 것이므로 1개의 축에 2개소 또는 그 이상 부착하는 것이 보통이다. 부착 방법은 그림과 같이 기본적으로 세 가지가 있다. 그 하나로 (a)의 A부의 베어링은 좌우로 이동하지 못하게 외륜이 고정되어 있다. 또 B부는 하우징 내에 좌

우로 이동할 수 있도록 틈이 있다. 이것은 a치수와 하우징의 b치수를 똑같은 치수로 제작하기 불가능하기 때문이다. 같은 치수로 제작할 수 있어서 A, B 양쪽이 꼭 고정된 상태라면 열 영향 때문에 축이나 하우징에 팽창, 수축이 일어났을 경우 베어링은 무리한 축 방향의 힘을 받아 발열, 소손, 파손의 원인이 될 수도 있다. (b)도 이것과 같은 방법이며 B부는 완전 자유로 되어 있다. 최후로 축이 좌우로 약간 이동해도 지장이 없는 경우에는 (c)와 같은 형태를 취해 양쪽의 틈새 부분을 이동할 수 있도록 한다.

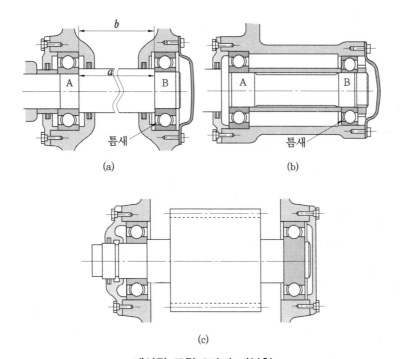

베어링 조립 3가지 기본형

(2) 베어링 조립의 요점

① 베어링의 끼워맞춤 : 축이나 하우징에 베어링을 부착할 때 간섭을 부여하느냐, 간섭을 주되 얼마를 주느냐 하는 것은 사용 조건에 따라 달라지지만 이것을 끼워맞춤이라 한다. 일반적으로 내륜과 축은 억지 끼워맞춤이, 또 외륜과 하우징은 헐거운 끼워맞춤이 사용된다. 즉 그림의 D와 d의 관계이지만 이 치수 차는 규격 베어링 제조사의 데이터를 바탕으로 설계자가 정한다. 현장 부문에서는 조립 전에 도면을 보면서 현물을 측정해서 끼워맞춤을 확인해 두어야 한다.

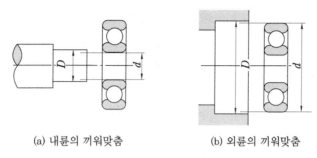

(a) 내륜의 끼워맞춤   (b) 외륜의 끼워맞춤

베어링의 끼워맞춤

㈎ 끼워맞춤의 중요성 : 베어링은 베어링 내륜과 축과의 끼워맞춤 및 베어링 외륜과 하우징과의 끼워맞춤이 그 사용 용도에 따라 적합하여야 한다. 따라서 적절한 끼워맞춤을 선정하는 것은 용도에 적합한 베어링을 선정하는 것과 마찬가지로 중요한 것이며, 적절하지 못한 끼워맞춤은 베어링 조기 파손의 원인이 된다. 일반적으로 적절하지 못한 끼워맞춤으로 발생하는 현상은 크리프 현상, 궤도륜의 깨짐, 궤도면에 나타나는 전동체 피치 간격의 압흔 등이 있다.

크리프 현상은 간섭량이 거의 없이 축에 설치되는 경우에 발생하는 것으로 내·외륜이 축이나 하우징에 대하여 원주 방향의 상대적인 이동이 나타나 끼워맞춤면의 긁힘, 발열 및 마모가 발생하고 그로 인한 금속 입자가 베어링 내부로 유입되면 베어링의 수명을 감소시킬 수 있다. 간섭량이 과대한 경우 궤도륜에 발생하는 과다한 원주 응력으로 심할 경우 궤도륜이 원주 방향으로 깨질 수 있으며, 베어링 틈새의 감소로 인하여 전동체와 궤도륜 사이에 과다한 응력이 발생하여 전동체와 접촉하는 궤도륜에 볼의 피치 간격으로 눌림 자국이 발생할 수 있다. 적절한 끼워맞춤을 선정하기 위해서는 아래 사항이 반드시 고려되어야 한다.

㉮ 베어링의 부하 능력이 충분히 발휘되기 위해 내·외륜은 반드시 잘 지지되어야 한다.

㉯ 내·외륜은 설치부 위에서 움직이지 않아야 하는데, 그렇지 않으면 베어링 자리가 손상될 수 있다.

㉰ 자유측 베어링의 내·외륜 중 한쪽은 축과 하우징의 길이 변화에 대응할 수 있어야 하는데, 이것은 축 방향으로 이동할 수 있음을 의미한다(분리형 베어링 중 내·외륜이 축 방향으로 자유로이 움직일 수 있는 베어링의 경우는 예외이다).

㉱ 높은 하중 특히 충격 하중이 작용할 때는 큰 간섭량과 작은 형상 공차를 필요로 한다.

㉲ 베어링의 직경 방향 틈새는 억지 끼워맞춤과 내·외륜 간의 온도 구배에 따라 변화되므로 이 틈새를 선정할 때 고려되어야 한다.

㉳ 베어링의 설치와 해제가 쉬워야 한다.

㈏ 끼워맞춤의 선정 : 베어링의 궤도륜에 대해 작용 하중의 방향이 상대적으로 회
　　전하고 있는지, 또는 정지하고 있는지는 베어링의 끼워맞춤을 선정하는 데 있어
　　서 가장 기본적인 조건이다. 만일 궤도륜에 대해 작용 하중의 방향이 상대적으로
　　회전하고 있다면 그 궤도륜에 관한 하중은 '회전 하중'이라고 하며, 이에 반해 궤
　　도륜에 대해서 작용 하중의 방향이 정지하고 있다면 그 궤도륜에 관한 하중은
　　'정지 하중'이라고 한다. 여러 가지 기계 중에는 사용 조건이 그다지 단순하지 않
　　고, 베어링 궤도륜에 대해서 '회전 하중'인지 '정지 하중'인지를 결정하지 못할 경
　　우가 있다. 가령 고속 회전의 회전자를 갖는 기계에서는 회전자의 중량에 의해
　　일정한 하중이 가해져 회전자의 동적 불균형에 의한 회전 하중이 발생한다. 이
　　합성된 하중에 기계의 작동 하중이 가해지면 합성된 베어링의 하중 방향은 더욱
　　변동하게 되므로 끼워맞춤의 선정에 신중을 기하여야 한다.

하중 조건과 끼워맞춤

운전 조건	적용 예	그 림	하중 조건	끼워맞춤
내륜 회전 외륜 정지 하중 방향은 일정	중량이 축에 가해지는 경우 자동차 구동	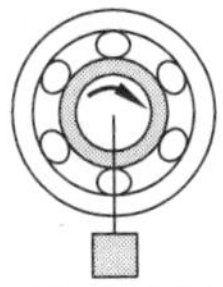	내륜 회전 하중	내륜 : 억지 끼워맞춤 필요
내륜 정지 외륜 회전 하중 방향이 외륜과 일체로 회전	큰 불평형 하중이 외륜에 가해지는 경우	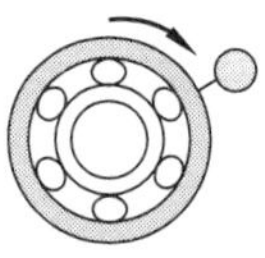	외륜 정지 하중	외륜 : 헐거운 끼워맞춤 가능
내륜 정지 외륜 회전 하중 방향은 일정	자동차 종동륜 컨베이어 아이들러	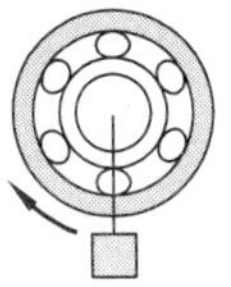	내륜 정지 하중	내륜 : 헐거운 끼워맞춤 가능
내륜 회전 외륜 정지 하중 방향이 내륜과 일체로 회전	원심 분리기 진동 스크린	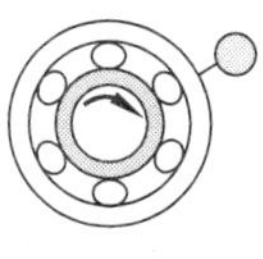	외륜 회전 하중	외륜 : 억지 끼워맞춤 필요

② 끼워맞춤 치수의 체크 방법 : 끼워맞춤의 확인은 그림과 같이 A, B 방향에서 1, 2,
　　3의 개소를 측정해서 도면의 치수 공차 내에 있음을 체크한다. 베어링의 외륜에 접
　　한 하우징의 부분도 이 방법으로 체크해 두어야 한다. 또 내륜과 축의 조립에서 중
　　요한 점은 축 단의 릴리프를 취하는 방법이다. 그림을 보면 내륜의 내경 각 모서리
　　부는 그림과 같이 라운드가 되어 있으므로 이에 대응한 축단의 구석 라운드는 ⒜,
　　⒝와 같이 충분히 도피시켜 두어야 한다. 또 어깨의 부분은 직각으로 마무리해서
　　내륜의 측면과 꼭 일치되게 하지만 ⒞와 같이 어깨가 내륜보다 높을 경우에는 빼내

기 지그를 걸 수 없으므로 사선과 같이 절삭가공 처리하면 편리하다.

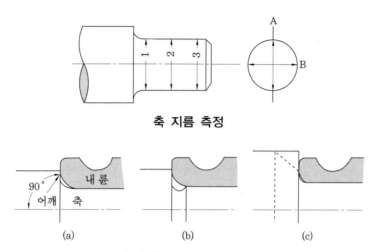

축 지름 측정

축 단 달림부 R의 릴리프 취하기

베어링의 끼워맞춤

항 목	베어링 등급	축	구 멍
진원도 공차	0급, 6급 5급, 4급	IT 3/2~IT 4/2 IT 2/2~IT 3/2	IT 4/2~IT 5/2 IT 2/2~IT 3/2
원통도 공차	0급, 6급 5급, 4급	IT 3/2~IT 4/2 IT 2/2~IT 3/2	IT 3/2~IT 5/2 IT 2/2~IT 3/2
턱의 흔들림 공차	0급, 6급 5급, 4급	IT 3 IT 3	IT 3~IT 4 IT 3
끼워맞춤면의 거칠기 Ra	소형 베어링 대형 베어링	0.8 1.6	1.6 3.2

(3) 베어링의 장착 방법

설치하기 전에 조립도를 검토하여 설치 구조를 잘 이해해야 한다. 또한 가열 온도, 설치에 필요한 장착력과 그리스 양에 대해서도 결정한다. 포장된 베어링의 방청제는 일반적으로 사용되는 그리스(리튬 비누기, 광유 그리스)에는 영향을 미치지 않으므로 설치 전에 세척할 필요가 없고, 설치될 부분만 세척하면 되며, 방청유를 제거한 경우 녹의 발생이 예상되므로 오래 방치해서는 안 된다.

베어링의 설치는 먼지 등의 이물이 없는 장소에서 행하여야 하며 사용할 그리스나 오일의 오염에 주의하여야 한다. 베어링의 설치 시 궤도륜과 전동체 간의 하중이 부가되지 않도록 하며 궤도륜의 모든 원주에 균등한 압입력을 가하여 삽입하여야 한다. 망치 등으로 베어링의 내·외륜을 직접 두드려 삽입하는 방법은 베어링의 파손 등을 발생할 우려가 있으므로 피해야 한다.

① 가열에 의한 방법 : 축에 내륜을 억지 끼워맞춤할 때 베어링을 가열하여 조립한다. 가열 온도는 80~100℃가 적절하며 이 온도에서 충분한 팽창이 얻어진다. 가열에 의한 방법으로 베어링을 조립하는 경우 정확한 온도 제어가 필요하다. 온도가 130℃를 초과하게 되면 베어링 재질의 입자 구조가 변화하고 이로 인하여 경도가 저하되고, 치수가 불안정하게 된다. 실드형 베어링이나 실형 베어링은 제작할 때 그리스가 주입된 상태이므로 80℃ 이하로만 가열하여야 하고 오일 배스(oil bath)를 사용한 가열은 하지 않는다.

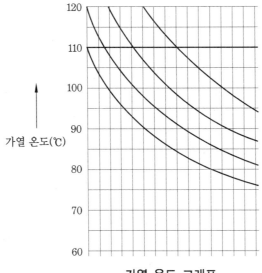

가열 온도 그래프

(가) 열판에 의한 가열 : 전기 가열 판에 베어링을 1개씩 올려놓고 가열하는 방법도 있으며, 베어링을 금속판으로 덮고 뒤집을 수도 있다. 열판을 사용하여 가열하는 경우 반드시 온도 조절이 가능한 열판을 사용하여 온도가 120℃를 넘지 않도록 하여야 한다. 또한 균일한 가열 효과를 얻기 위하여 자주 베어링을 뒤집어 놓아야 한다.

(나) 오일 욕조에 의한 가열 : 정밀급 베어링과 그리스가 충진된 밀봉형 베어링을 제외한 모든 베어링은 오일 욕조에서 가열할 수도 있다. 이 경우 균일한 가열을 위하여 80~100℃의 자동 온도 조절이 가능한 오일 배스에 담구어 가열한다. 그림과 같이 베어링이 직접 열원에 접촉되지 않도록 베어링을 매달아 놓거나 오일 배스 바닥으로부터 수십 mm 위치에 스크린을 깔고 그 위에 베어링을 얹어 불균일한 가열이 되지 않도록 한다. 가열 후에는 베어링 내에 남아 있는 오일을 잘 쏟아내고 조립 부위는 깨끗이 닦아낸다. 가열된 베어링은 즉시 축에 조립하며 조립 시 약간 회전하며 밀어 넣는다. 이때 열보호 장갑, 미끄러지지 않는 헝겊의 사용이 바람직하며 면 조각은 사용하지 않도록 한다. 이 방법의 단점은 사고 발생의 위험성, 증발된 오일에 의한 환경 오염, 가열된 오일이 연소될 가능성 및 베어링의 오염 등이 있다.

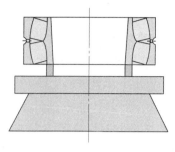

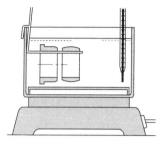

열판에 의한 가열   오일 배스에 의한 가열

㈐ 열풍 캐비닛에 의한 가열 : 베어링 가열의 안전하고 정확한 방법의 하나로 온도 조절 장치에 의하여 정확한 온도 제어가 가능하다. 주로 중·소형 크기의 베어링을 가열할 때 이용되며, 사용할 때 이물질이 들어가지 않도록 주의하여야 한다. 단점은 가열 소요 시간이 길기 때문에 여러 개를 동시에 가열하는 것이 바람직하다.

㈑ 유도 가열기에 의한 가열 : 자기 유도 가열 장치는 베어링의 일괄 조립에 사용할 수 있는 방법으로 변압기의 원리에 의하여 작동되며 구름 베어링을 신속, 안전, 정확하게 조립하고 온도까지 가열할 수 있으며 베어링의 크기와 무게에 따라 적절한 장치를 사용할 필요가 있다.

유도 가열기

② 기계적인 방법 : 원통 내경 베어링의 조립에 있어서 기계적인 방법은 유압 프레스 혹은 방치를 이용하는 방법으로 베어링의 내경이 80 mm 이하일 때 냉간 조립하는 방법이다.

㈎ 유압에 의한 방법(오일 인젝션법) : 유압에 의한 방법으로 조립하는 것은 오일을 부품 사이에 주입하는 것으로 테이퍼 내경 베어링의 조립과 분해 혹은 가열 조립된 원통 내경 베어링이나 슬리브의 분해가 가능하다. 기계유 혹은 녹 용해 첨가제가 들어 있는 오일을 사용하며 오일 주입을 위한 오일 홈, 이송 홈 및 펌프 설치용 나사 연결부를 축이나 슬리브에 가공하여야 한다. 유막은 상관 부품 간의 마찰력을 크게 감소시켜 표면의 손상 없이 용이하게 상대 위치를 이동시킬 수 있도록 한다(제3편 2장 1-3 그림 참고).

㈏ 프레스 압입이나 해머로 때려 넣기 : 그림은 유압 프레스에 의하여 베어링을 조립하는 방법을 나타낸 것이다. 그림과 같이 소형 베어링의 경우 유압 프레스가 아닌 망치 등을 이용하여 부드럽게 때려 박는 방법을 사용하기도 한다. 이때 연강재의 조립 슬리브를 사용하는데 조립 시 조립력이 링 주위 전체에 동시에 가해지도록 하여 베어링이 손상되지 않도록 하여야 한다. 또한 슬리브의 내경은 베어링의 내경보다 약간 크게 만들어 케이지에 손상을 주지 않도록 하여야 하고 슬리

브의 외경은 내륜 턱 높이보다 커서는 안 된다.

기계적인 조립 방법에서 주의하여야 할 점은 망치 등으로 베어링을 직접 가격하지 않도록 해야 한다. 프레스 압입이나 해머에 의한 때려 넣기는 그림 (a), (b), (c)와 같은 방법으로 하고 (d)와 같은 된 펀치로 때려 넣는 방법을 사용해서는 안 되며, 그림 (e)와 같은 대기 철의 사용은 할 수 있다. 연강으로 그림에 기입한 것과 같은 치수로 대소 세 종류 정도 만들어 두면 내경 ϕ30~150의 일반적인 베어링은 내·외륜 모두 사용한다. 이 대기 철은 축과 평행으로 대고 1개소만을 두드리지 말고 원주를 번갈아 두드리면서 베어링의 기울기, 두드렸을 때의 느낌을 확인하고 또 선단이 미끄러지지 않게끔 주의해서 사용한다. 베어링의 부착이 완료된 다음에는 그림 (a)의 뒤틀림이 일어났는지 점검을 실시하고, 이상이 있을 때에는 적절한 조치를 취한다.

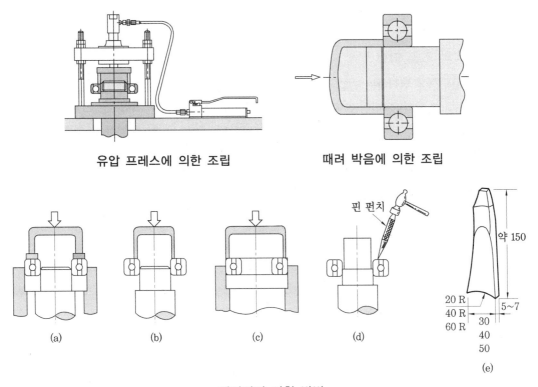

유압 프레스에 의한 조립   때려 박음에 의한 조립

베어링의 장착 방법

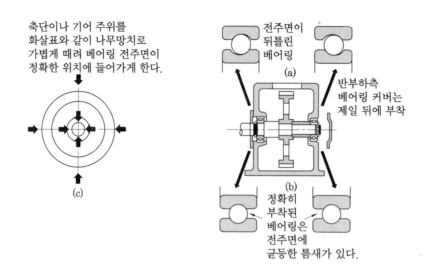

장착 후의 점검 방법

(4) 부착 후의 조립 방법

① 분할 하우징에 부착하는 방법 : 베어링 중심부에서 상하 분할이 된 기어 감속기 등의 하우징에 부착할 때에는 미리 축에 기어 베어링 커플링을 부착해 두고 하우징에 조립한다. 이때 축 방향의 여유를 반드시 확인한다. 그리고 위 뚜껑을 부착한 후 임시 죄기를 하고 또한 고정축의 베어링 커버를 부착하면서 전체의 조립, 볼트를 죈다. 틈새가 있는 쪽의 베어링 커버는 마지막에 죄도록 한다.

② 하우징에 축을 넣은 다음 베어링을 부착할 경우 : 중소형 전동기의 베어링이나 그림과 같은 기어 박스의 경우 하우징에 축을 넣은 다음 베어링을 부착하게 된다. 이 경우,

⑺ 부하측 베어링은 미리 축에 조립해 둔다.

⑷ 기어는 그림 (b)와 같이 점검창에서 와이어 로프로 매달고 중심을 맞춘다.

⑸ 축도 한끝을 와이어 로프로 매달고 기어에는 댐나무를 물려 화살표의 방향으로 때려 넣는다.

⑷ 축이 소정의 위치까지 들어갔으면 부하측 베어링 커버를 임시로 고정시키고 (c) 와 같이 반대편 베어링을 신중히 때려 넣는다.

③ 베어링 사용 시 주의할 점

⑺ 베어링의 압력과 미끄럼 속도에 따라서 윤활법과 윤활유의 종류 선정

⑷ 마찰에 의해서 발생되는 열을 발산할 수 있어야 하며 만약 필요하다면 강제 냉각도 해야 한다.

⑸ 먼지의 침입에 주의하고 윤활제의 열화에 적당한 조치를 취할 것

⑷ 진동 혹은 충격 하중에 견디도록 확실히 고정할 것

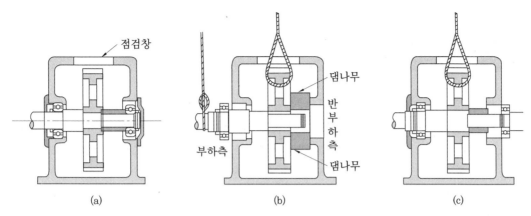

기어 박스 내부에 베어링을 장착하는 경우

(5) 테이퍼 내경 베어링의 설치

테이퍼 내경 베어링은 테이퍼 진 축에 직접 설치되거나, 어댑터 슬리브나 해체 슬리브를 이용하여 원통축에 설치된다. 일반적으로 원통 내경 베어링보다 조금 간섭량이 큰 끼워맞춤을 필요로 한다. 작용 하중이 커질수록 테이퍼 축의 끼워맞춤은 보다 강성이 큰 억지 끼워맞춤을 하게 되며, 이로 인하여 내륜이 팽창하게 되어 베어링의 내부 틈새는 감소하게 된다. 따라서 설치하기 전의 베어링 내부 틈새는 테이퍼 내경 베어링이 원통 내경 베어링에 비하여 커야 한다. 내륜의 끼워맞춤양은 내륜 팽창에 의한 경방향 틈새의 감소를 틈새 게이지를 이용하여 측정하거나, 축 방향 변위를 측정함으로써 알 수 있다. 소형 베어링(내경 약 80 mm 이하)은 로크 너트를 이용하여 테이퍼 진 축이나 어댑터 슬리브에 압입할 수 있다. 너트를 조일 때는 훅 스패너를 이용한다. 로크 너트를 이용하여 소형 해체 슬리브도 축과 내경 사이의 틈으로 압입할 수 있다. 중형의 베어링은 너트를 이용하여 조일 때 상당히 큰 힘이 필요하며, 트러스트 볼트가 있는 로크 너트는 이러한 경우의 설치를 쉽게 한다.

베어링을 설치하거나 해체할 때 유압을 사용하는 방법도 유용하다. 유압식 너트는 일반적인 슬리브와 축의 나사에 모두 사용 가능하다. 내경 160 mm 이상 되는 베어링을 설치하거나 해체할 때는 유압식 방법을 이용하면 무척 쉬워진다. 설치 시에는 20℃에서의 점도가 약 75 mm²/s인 오일(40℃에서의 정격 점도는 32 mm²/s)을 사용하는 것이 바람직하다.

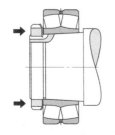　　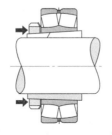　　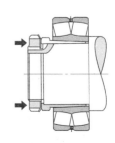

테이퍼 진 축에 직접 설치　　어댑터 슬리브에 의한 설치　　해체 슬리브에 의한 설치

3-4 베어링의 해체

운전 중인 베어링에 대하여 정기 점검이나 교체가 필요할 때 베어링의 해체 작업이
이루어진다. 해체는 베어링 설치와 같이 세심한 주의를 필요로 하며 베어링, 축, 하우
징 및 주변 부품을 손상시키지 않고 해체할 수 있도록 설계 초기 단계에서의 고려와 적
절한 해체용 공구를 준비할 필요가 있다. 이때 베어링을 재사용하여야 할 경우에는 간
섭량을 갖고 억지 끼워맞춤이 되어 있는 궤도륜에만 인발 하중을 가하여 해체해야 한다.

(1) 원통 내경 베어링의 해체

소형 베어링의 해체는 고무망치 또는 플라스틱 해머로 가볍게 두드려 해체하며, 이때
풀러(puller)나 드리프트(drift)를 사용한다. 또 베어링 풀러 및 프레스에 의한 방법을
사용하는 것이 능률적이며, 비분리형인 깊은 홈 볼 베어링 등의 해체 시 내륜이 억지
끼워맞춤되어 있다면 모든 인발력을 내륜이 받을 수 있도록 주의한다.

인발 공구를 사용하여 해체할 경우는 인발 공구의 내륜 지지부가 내륜 측면에 충분히
고정되도록 하여야 하기 때문에 설계의 초기 단계에서부터 축의 턱 치수를 고려하거나,
턱이 있는 곳에 인발 공구의 사용을 위한 홈의 가공 등을 미리 검토하는 것이 바람직하다.

대형 베어링을 억지 끼워맞춤으로 축에 설치한 경우 이를 해체할 때에는 큰 인발력이
요구되므로, 끼워맞춤면에 유압을 이용해서 행하는 오일 인젝션 방법이 보편적으로 사
용되고 있다. 이 방법은 압입한 유막 두께만큼 내륜을 팽창시켜 베어링의 해체를 용이
하게 한 것이다.

턱이 없거나, 한쪽면에만 턱이 있는 NU형 및 NJ형 등의 원통 롤러 베어링을 해체할
경우에는, 내륜만을 국부적으로 급격히 가열 및 팽창시켜 해체하는 유도 가열기를 이용
하는 방법이 사용된다.

비분리형 베어링의 해체는 헐거운 끼워맞춤 한쪽을 먼저 분리한 후 억지 끼워맞춤 한
쪽을 해체하고, 분리형은 내륜 및 외륜을 개별적으로 해체한다.

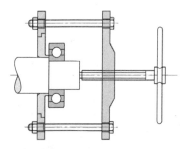

베어링 풀러에 의한 볼 베어링의 해체

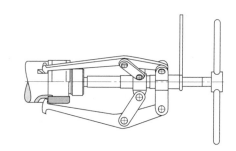

베어링 풀러에 의한 원통 롤러 베어링 내륜의 해체

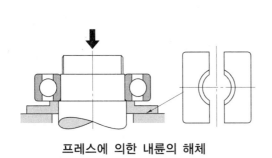

프레스에 의한 내륜의 해체

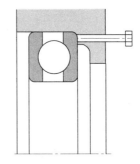

압출 볼트에 의한 외륜의 해체

(2) 테이퍼 내경 베어링의 해체

베어링이 어댑터 슬리브나 테이퍼 진 축에 직접 설치되었을 때에는 먼저 로크 너트를 약간 풀어준 후 치구를 이용하여 망치로 두드려서 베어링을 빼낸다. 해체 슬리브에 고정된 베어링은 너트의 조임에 의해 베어링이 해체된다. 작업이 곤란한 경우에는 너트에 미리 원주상으로 볼트 구멍을 가공하여 볼트의 조임에 의해 베어링을 빼낼 수도 있다.

억지 끼워맞춤한 대형 베어링을 오래 사용하여 녹이 발생했을 경우에는 볼트 이용법이나 오일 인젝션법(또는 기름 주입법, 유압법)을 사용한다. 기름 주입법은 축에 뚫린 구멍을 통하여 고압의 기름을 주입함으로써 내륜을 팽창시켜 분해하는 방법이다.

대형 베어링의 경우에는 유압 너트를 이용하면 작업이 훨씬 용이해진다. 테이퍼 진 축에 미리 오일 홈과 구멍을 가공한 경우 또는 오일 홈과 구멍이 가공되어 있는 슬리브를 사용한 경우에는 오일 펌프를 이용하여 유압에 의해 해체하면 접촉부 사이에 오일이 주입되어서 표면의 손상 없이 베어링을 쉽게 빼낼 수 있다. 이때 베어링이 급작스럽게 빠질 수 있으므로 정지 장치로 너트 등을 이용하여 사고를 방지하여야 한다.

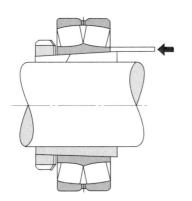

금속 맨드릴을 이용한
어댑터 슬리브의 해체

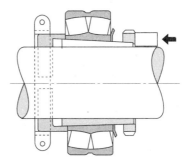

정지 장치를 사용한
어댑터 슬리브의 해체

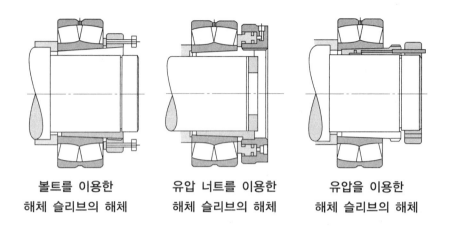

볼트를 이용한	유압 너트를 이용한	유압을 이용한
해체 슬리브의 해체	해체 슬리브의 해체	해체 슬리브의 해체

(3) 외륜의 해체

억지 끼워맞춤한 베어링의 외륜을 해체하려면 미리 하우징에 외륜 압출 볼트용 구멍을 원주상으로 몇 곳에 설치해 놓고 볼트를 균등하게 조이면서 해체하거나, 하우징의 턱부에 몇 군데의 홈을 가공해 놓고 받침쇠를 이용하여 프레스 또는 해머로 해체한다. 드라이아이스 또는 액체 질소를 사용하여 냉각 수축을 이용한 방법은 베어링에 큰 힘을 부가하지 않고도 해체가 용이하나 비용이 많이 들기 때문에 특별한 경우에만 사용된다.

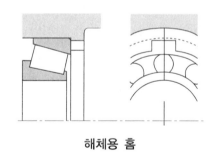

해체용 홈

3-5 베어링의 틈새

베어링의 내부 틈새는 내륜 또는 외륜의 어느 한쪽을 고정시키고, 다른 쪽의 궤도륜을 상하 또는 좌우 방향으로 움직였을 때의 움직임양을 말하며 KS B 2102에 규정되어 있다. 내부 틈새는 외력을 가하지 않은 상태에서의 내륜 및 외륜의 상대적인 변위량으로 변위량의 방향에 따라 그림과 같이 경방향 틈새와 축방향 틈새로 구분된다. 베어링을 운전할 때 내부 틈새가 적정하지 않을 경우에는 피로 수명 및 진동, 발열 등에 영향을 미치므로 내부 틈새의 올바른 선정이 매우 중요하다. 이론적으로 운전 상태에서 베어링의 틈새는 약간의 마이너스 틈새를 갖는 것이 피로 수명이 가장 길게 되나, 이러한 상태에 이르게 하는 것은 현실적으로 매우 힘들다. 즉 베어링의 내부 틈새는 끼워맞춤,

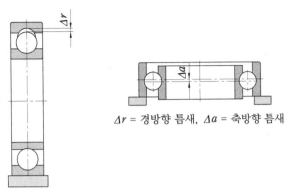

Δr = 경방향 틈새, Δa = 축방향 틈새

베어링 틈새

온도 차에 의한 열팽창량의 차이, 하중에 의한 변형 등에 의해 변화하기 때문에 운전 조건의 적절한 평가 및 해석이 내부 틈새의 선정에 반영되어야 한다.

베어링의 틈새는 보통의 사용 조건에 적합한 보통급 틈새와 이 보통급 틈새보다 작은 C2급, 보통급보다 큰 C3급, C4급, C5급 등이 있다. 전동기에서 특히 요구되는 소음의 최소화를 위해 경험적인 틈새의 규격인 CM급 틈새가 있으며, 이 CM급 틈새는 경 방향 틈새의 범위를 가능한 한 작게 하고, 또한 틈새의 값도 작다.

3-6 베어링의 예압

베어링은 일반적인 운전 상태에서 약간의 틈새를 갖도록 선정되고 사용되나, 용도에 따른 여러 가지 효과를 목적으로 구름 베어링을 장착한 상태에서 음(−)의 틈새를 주어 의도된 내부 응력을 발생시키는 경우가 있다. 이와 같은 구름 베어링의 사용 방법을 예압법이라 한다. 미끄럼 베어링에는 없는 구름 베어링의 특징 중 하나이며 특히 조립 시에 유념하여야 할 사항이다.

(1) 예압의 목적

① 베어링 강성이 향상된다.
② 축의 경 방향 및 축 방향으로의 위치 결정을 정확히 함과 동시에 내부 틈새가 발생하기 어렵다.
③ 축의 흔들림이 억제되어 회전 정밀도 및 위치 결정 정밀도가 향상한다.
④ 축의 흔들림에 의한 진동 및 이상음이 방지된다.
⑤ 전동체의 공전 미끄럼이나 자전 미끄럼이 억제되어 스미어링이 경감된다.
⑥ 전동체 선회 미끄럼을 억제한다.
⑦ 궤도륜에 대하여 전동체를 정확한 위치로 제어한다.

⑧ 축의 고유 진동수가 높아져 고속 회전에 적합하다.

⑨ 외부 진동에 의해 발생하는 프레팅을 방지한다.

예압의 사용 목적과 사용 예

예압을 주는 목적	사용 예
축의 레이디얼 방향 및 스러스트 방향으로의 위치 결정을 정확히 함과 동시에 축의 회전 정밀도 향상	공작기계 주축용 베어링, 정밀 측정기기에 사용되는 위치 제어용 정밀 베어링 등
베어링 강성의 향상	공작기계 주축용 베어링, 자동차 differential의 피니언 베어링
축의 흔들림에 의한 진동 및 이상음의 방지	가전제품 등에 사용되는 소형 전동기용 베어링 등
false brinelling의 방지	진동이 많은 장소에서 사용되며, 정지할 기회가 많은 전동기나 자동차의 킹핀 스러스트 볼 베어링 등
전동체의 공전 미끄럼이나 자전 미끄럼의 억제	고주파 전동기에 사용되는 앵귤러 콘택트 볼 베어링이나 제트 엔진에 사용되는 원통 롤러 베어링 등
전동체 선회 미끄럼의 억제	접촉각을 갖는 볼 베어링이나, 고속 회전에 사용되는 롤러 베어링 등
궤도륜에 대하여 전동체를 정확한 위치로 제어	스러스트 볼 베어링이나 스러스트 자동 조심 롤러 베어링을 횡축에서 궤도륜이 자중에 의해 위치가 밀리는 것을 방지

예압법과 적용 베어링

예압법	그림 예	적용 베어링	예압 부가 방법	사용 기기
정위치 예압		앵귤러 콘택트 볼 베어링	내륜 및 외륜폭면의 평면차 또는 소정량의 예압을 부가	연삭기 선반 측정기
		테이퍼 롤러 베어링, 스러스트 볼 베어링	나사의 체결력을 가감시킴에 의해 예압을 부가하며, 예압량은 베어링의 기동 마찰 토크 등을 측정하여 정함	선반 인쇄기 자동차 피니언 자동차 휠
정압 예압		앵귤러 콘택트 볼 베어링, 깊은 홈 볼 베어링, 테이퍼 롤러 베어링	코일 또는 용수철에 의해 예압을 부가	전동기 와인더 스핀들 연삭기

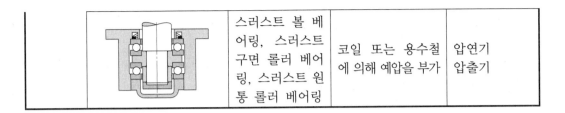	스러스트 볼 베어링, 스러스트 구면 롤러 베어링, 스러스트 원통 롤러 베어링	코일 또는 용수철에 의해 예압을 부가	압연기 압출기

(2) 예압 방법

① 정위치 예압 : 미리 예압 조정이 된 한 쌍의 베어링을 꼭 조여서 사용하는 방법, 짝맞춘 베어링은 사용되지 않고 적정한 예압량을 얻을 수 있도록 스페이서나 심 치수를 조정해서 사용하는 방법과 스페이서나 심을 사용하지 않고 적정한 예압을 기동 마찰 모멘트의 측정에 의한 관리를 통해 적정 조임양을 결정해 사용하는 방법 등이 있다. 이 정위치 예압은 베어링의 상대적인 위치가 사용 중에도 변화하지 않고, 일정하게 되는 예압 방법이다.

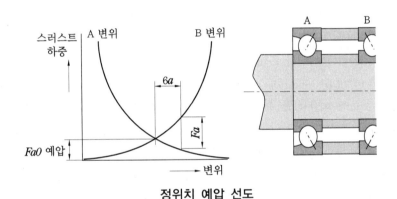

정위치 예압 선도

정압 예압 선도

스프링 계수 : 2N/cm^2, δ 변위 : $10\,\text{cm}$

예압량 $P = 2\text{N/cm}^2 \times 10\,\text{cm} = 20\,\text{Ncm}$

② 정압 예압 : 코일 스프링, 접시 스프링 및 판 스프링 등을 이용해서 적정한 예압을 베어링에 주는 방법이다. 예압 스프링의 강성은 베어링의 강성에 비해서 통상적으로 충분히 작기 때문에 예압된 베어링의 상대적인 위치는 사용 중에 변화하지만 예압은 거의 일정하게 되는 예압 방법이다.

③ 정위치 예압과 정압 예압의 특징

㈎ 베어링 강성의 증가에 대한 효과 : 정압 예압 〈 정위치 예압

㈏ 베어링 하중에 대한 베어링 강성의 변화 : 정압 예압 〉 정위치 예압

㈐ 온도 및 하중에 의한 예압 변화 : 정압 예압 〈 정위치 예압

(3) 예압의 관리법

① 베어링의 기동 마찰 모멘트의 측정에 의한 관리법 : 축 방향 하중과 베어링의 기동 마찰 모멘트의 관계를 이용해서 기동 마찰 모멘트를 측정하여 예압을 관리하는 방법으로서, 테이퍼 롤러 베어링에 예압을 주어 이용하는 경우에 널리 사용되고 있다.

② 스프링 변위량의 측정에 의한 관리법 : 정압 예압일 경우 미리 예압 스프링의 하중과 변위의 관계를 구해 두고, 스프링의 변위량에 의해 예압을 관리하는 방법이다.

③ 베어링의 축 방향 변위량을 측정하는 관리법 : 베어링에 걸리는 축 방향 하중과 축 방향 변위량의 관계를 구해 두고, 축 방향 변위량에 의해 예압을 관리하는 방법이다.

④ 너트의 조임 토크(체결력)를 측정하는 관리법 : 스페이서 또는 심 등을 사용하지 않고 서로 대응되는 2개의 베어링에 조임 너트로 예압을 부가할 경우 너트를 잘 길들이고 또한 충분히 큰 토크로 너트를 조일 경우에는 비교적 작은 산포로 조임력, 즉 예압을 줄 수가 있기 때문에 너트의 조임 토크에 의해 예압을 관리하는 방법이다. 이 방법은 주로 자동차 등에 테이퍼 롤러 베어링을 사용할 경우 널리 사용되고 있다.

⑤ 예압의 조정(정위치 예압)

예압 증가	예압 감소	방 법
DB	DF	내륜 space < 외륜 space
DF	DB	내륜 space > 외륜 space

예압은 space의 폭을 변화시킴으로써 조정 가능하다.

⑥ 예압의 변화

제조사	미(微)예압	경(輕)예압	중(中)예압	중(重)예압
FAG	–	UL	UM	US
NSK	C2	C7	C8	C9
NTN	GL(경)	GN(보통)	GM	GH

3-7 베어링의 재료

구름 베어링은 부하를 직접 받는 궤도륜 및 전동체와, 전동체를 등 간격으로 유지하기 위한 케이지로 구성되어 있다.

(1) 궤도륜과 전동체

궤도륜 및 전동체는 높은 접촉 압력을 반복하여 받으면서 미끄럼 운동을 수반하는 구름 접촉을 하므로 높은 반복 응력을 받으면서 장시간 사용하게 되면 재료 조직에 피로 현상이 일어나며 또한 미끄럼 접촉부에서는 마찰과 마모가 발생하여 결국은 베어링 손상에 이르게 된다. 또한 베어링 재료의 선정은 베어링 각 부품마다의 응력 조건뿐만 아니라 윤활 조건, 윤활제와의 반응성, 사용 온도, 사용 환경 등을 모두 고려하여야 한다.

궤도륜 및 전동체는 기계적 강도 및 구름 피로 강도가 크고 경도가 높아야 하며 내마모성이 요구된다. 또한 사용 중 치수 변화에 따른 성능 저하가 일어나지 않기 위해서는 재료의 치수 안정성이 우수해야 함은 물론이다. 그 외에 생산면에 있어서는 가공성이 좋아야 한다. 이와 같은 요구를 만족하는 강종으로서 고탄소 크롬 베어링강과 표면 강화강이 주로 쓰이고 있다. 사용 부위의 특성에 따른 베어링 강종을 구분하면 다음과 같다.

① 일반적인 사용 부위 : 고탄소 크롬 베어링강에 완전 경화 처리

② 내 충격성과 인성이 요구되는 부위 : 고탄소 크롬 베어링강에 표면 유도 경화 크롬강, 크롬 몰리브덴강, 니켈 크롬 몰리브덴강을 사용하여 침탄 열처리 베어링의 구름 피로 수명은 동일 소재를 사용하여도 산포가 발생하는데, 재료 중에 존재하는 비금속 개재물이라든가 기타 재질의 불균일성 등이 그 주요인이다.

③ 베어링의 일반적인 사용 온도 조건은 120℃ 까지는 보장이 되나 그 이상의 온도에서는 경도 저하와 베어링 부품의 치수 변화 및 윤활 문제 등으로 인해 사용이 곤란해질 수가 있다. 이에 대한 재료로서의 대응을 위해 경도 보상 및 치수 안정화 처리 방법이 개발되어 있으며, 사용 조건에 따라서는 350℃ 정도까지는 보장이 될 수 있다. 고온 또는 부식 환경 조건에서의 베어링 소재는 아래와 같다.

(개) 350℃ 이상의 고온 : 내열강, Si_3N_4 등의 세라믹 베어링

(내) 내열 또는 내식성 요구 : 마텐자이트계 스테인리스강

(대) 베어링의 경량화, 사용 조건의 가혹화에 대비한 특수 열처리 방법도 개발되어 있다.

(2) 케이지의 재료

케이지는 궤도륜 사이에서 전동체를 안내하거나, 전동체를 일정한 간격으로 유지시켜 줌으로써 전동체 간의 접촉에 따른 마찰을 없애는 기능을 담당하므로 궤도륜 및 전

동체와 혹은 어느 한쪽과 미끄럼 접촉을 하면서 인장력과 압축력을 받게 된다. 따라서 적절한 강도를 지녀야 함은 물론이고, 내마모성과 조직 변화에 의한 변형 안정성이 좋을 것 등이 필수적으로 요구된다. 전동체나 궤도륜보다는 부담 하중이 적지만 상대적으로 미끄럼 접촉의 기회가 많으므로 이에 대한 고려가 필요하다.

케이지는 재질면에서 금속계(철계, 비철계) 케이지와 합성수지계 케이지로 구분되며, 금속계일 경우는 가공 방법에 따라 프레스 가공 케이지와 기계 가공 케이지로 대별할 수 있다. 각각 베어링의 종류, 크기, 회전 속도, 온도 조건, 윤활 종류, 제조 용이성 등에 따라 용도를 달리하고 있다.

철계 케이지는 주로 냉간 압연 강판이 사용되며, 대체로 프레스 가공 형태로 제조되어 깊은 홈 볼 베어링, 원통 롤러 베어링 및 테이퍼 롤러 베어링에 대부분 채용된다. 일반적인 용도에서는 250℃ 이상의 온도까지 사용해도 별 지장이 없다. 대형 베어링에서는 일부 기계 가공된 철계 케이지가 채용되기도 한다. 한편, 비철계 금속 케이지는 고장력 황동계가 대부분이며, 기계 가공인 경우가 많다.

금속계 케이지는 용도에 따라 화성 처리(SL 처리)에 의해 윤활성과 내열성을 부여하기도 하며, 윤활 성능을 더욱 개선하여 토크 특성 및 소음 특성을 향상시키기 위해 특수 고체 윤활 피막을 입히기도 한다.

또한 자기 윤활성을 가지면서 무게가 가벼운 합성수지계의 케이지 사용도 점차 확대하고 있다. 주로 폴리아미드계에 유리섬유로 강화된 소재가 널리 쓰이며, 윤활성이 우수하므로 전동체나 궤도륜과의 마찰이 적고 경량이므로 고속 회전에 유리하다. 뿐만 아니라 케이지의 마멸분이 거의 없으므로 그리스 윤활의 경우는 그리스의 수명 연장에도 도움이 되며, 복잡한 형태의 것도 제조 가능하므로 베어링 특성에 적합한 형상의 케이지를 제조할 수 있다는 유리한 특성을 갖는다. 다만 내열성이 그리 우수하지 못한 것이 단점으로 지적되나, 베어링의 일반 사용 온도인 120℃까지는 충분히 보장된다.

적층 페놀 수지가 케이지의 재료로써 사용되기도 하는데 페놀 수지에 섬유를 적층시킨 복합 재료로서, 윤활제를 흡수할 수 있는 능력이 있기 때문에 윤활 성능이 특히 우수하므로 초고속 회전을 하는 용도에 많이 사용되고 있다.

3-8 베어링의 운전 성능 검사

프레스를 이용하거나 망치를 이용하여 설치한 경우에 비분리형 베어링은 억지 끼워 맞춤되는 궤도륜의 폭면에 받침 치구를 사용하여 설치하거나, 내·외륜에 모두 접하는 받침 치구를 이용하여 설치한다. 이때 케이지나 볼이 폭면보다 튀어나온 베어링(일부 자동조심 볼 베어링)일 경우에는 홈이 있는 받침 치구를 사용하여 케이지나 볼이 설치 시 손상되지 않도록 하여야 한다. 그러나 분리형 베어링은 별도로 설치할 수 있으며,

최대 내경 약 80 mm까지는 가열하지 않고도 기계식이나 유압식 프레스를 이용하여 설치할 수 있다. 프레스를 이용할 수 없을 때는 망치와 슬리브를 사용해서 설치할 수 있다. 원통 내경 베어링을 축에 억지 끼워맞춤할 때, 프레스를 이용할 수 없는 경우에는 열박음을 한다.

(1) 시동 운전 성능 검사 정밀도(KS B 2014 참조)

소형 베어링은 수동으로 회전을 시키고, 대형 베어링의 경우에는 무부하 상태에서 순간적으로 동력을 부가시킨 후 바로 동력을 끊고 회전이 원활한지를 확인한다.

이물질, 먼지, 흠, 압흔 등에 의한 회전 토크의 불균일, 설치 불량, 틈새의 과소, 실의 마찰에 의한 토크의 과대, 음향, 진동, 회전 부분의 간섭 유무 등을 검사하여 확인한다.

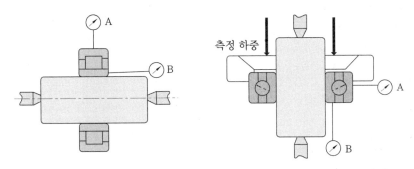

베어링의 검사

(2) 동력 운전 성능 검사

시동 운전에서 이상이 없을 경우 동력 운전 검사를 실시한다. 동력 운전 검사는 무부하 및 저속으로 시동하여 소정의 속도 조건으로 가속시킨 후 정격 운전에 들어가며, 회전 중의 소음 및 이상음의 유무, 베어링 온도의 추이 및 발열에 의한 온도 상승, 윤활제의 변색 및 누유 등을 검사해야 한다.

베어링의 온도는 오일 구멍 등을 이용하여 베어링 외륜의 온도를 직접 측정할 수도 있지만 일반적으로는 하우징의 외면 온도로부터 추측하게 된다. 베어링의 온도는 회전 시간의 경과에 따라 상승하지만 일정시간 후에는 정상 상태에 이르게 된다. 이때 베어링의 설치 오차 및 내부 틈새의 과다, 밀봉 장치의 마찰 과다 등의 이상 조건이 존재하면 단시간 내에 급격히 상승하게 되므로 점검이 필요하다.

3-9 베어링의 손상과 대책

일반적으로 베어링을 바르게 취급하고 정상적으로 사용하게 되면 이론적인 피로 수명 이상 동안 충분히 사용할 수 있지만, 그렇지 않게 되면 조기에 손상되어 제 수명을

다 발휘하지 못하게 된다. 이때 정확한 원인을 밝혀 재발이 되지 않도록 할 필요가 있으나, 베어링의 손상 형태만으로 명확하게 원인을 찾는 것은 매우 어려운 일이다. 따라서 베어링의 손상 형태와 사용 조건, 주변 구조, 사고 발생 전후의 상황 등을 종합하여 원인을 추정하고 그에 따른 적절한 조치를 취하게 되면 조기 손상의 재발을 방지하는 것이 가능하다.

베어링 이상 발생 시기와 원인

베어링 이상 발생 시기	베어링 선정 부적합	축, 하우징 등 주변 부품의 설계 부적절 또는 가공 불량	베어링의 설치 불량	윤활제, 윤활 방법, 윤활량의 부적절	실 불량, 수분 등 오물 침입	베어링의 결합
베어링 설치 직후 또는 운전 초기에 발생하는 경우	○	○	○	○		○
베어링을 분해하고 재조립한 직후에 발생하는 경우			○	○	○	
윤활제의 보급 직후에 발생하는 경우				○	○	
축, 하우징 등 부품 수리 또는 교환 후에 발생하는 경우		○	○		○	
어느 정도의 운전 후에 발생하는 경우	○	○	○	○	○	○

베어링의 이상 운전 상태와 그 원인 및 대책

운전 상태		추정 원인	대책
소음	높은 금속음	이상 하중	끼워맞춤 조건의 수정, 베어링 내부 틈새의 검토, 예압량의 조정, 하우징 턱의 수정 등
		설치 오차 및 불량	축 및 하우징의 가공 정밀도 향상, 설치 정밀도의 향상 및 방법의 개선
		윤활제의 부족 및 부적합	윤활제의 적절한 보급 및 적정한 윤활제의 선정
		금속성 마찰음(롤러의 미소 미끄럼)	낮은 등급의 내부 틈새를 갖는 베어링의 선정
		볼의 미끄럼	예압의 부가 및 조정, 낮은 등급의 틈새를 갖는 베어링의 사용, 적정한 점도를 갖는 윤활제 선정
		회전 부품의 접촉	래버린스 등 접촉부의 수정
	규칙음	이물질에 의해 궤도면에 발생한 압흔, 녹 및 긁힘	베어링의 교환, 관계 부품의 세정, 밀봉 장치의 개선
		false brinelling	베어링의 교환, 취급 주의
		궤도 륜의 플레이킹	베어링의 교환

		내부 틈새의 과대	끼워맞춤 조건 및 베어링 내부 틈새의 검토, 예압량의 조정
	불규칙음	이물 침입	베어링의 교환, 주변 부품의 세정, 밀봉 장치의 개선, 청정한 윤활제의 사용
		볼 표면의 손상 및 플레이킹	베어링의 교환
이상 온도 상승		윤활제 양의 과다	윤활제의 적량화, 적정한 점도를 갖는 윤활제의 선정
		윤활제의 부족 및 부적합	윤활제의 보충, 적정한 윤활제의 선정
		이상 하중	끼워맞춤 조건의 수정, 베어링 내부 틈새의 검토, 예압량의 조정, 하우징 턱의 수정 등
		설치 오차 및 불량	축 및 하우징의 가공 정밀도 향상, 설치 정밀도의 향상 및 방법의 개선
		끼워맞춤면의 크리프 및 밀봉 장치의 마찰 과대	베어링의 교환. 끼워맞춤의 검토, 축 및 하우징 공차의 검토, 밀봉 형식의 변경
진동 과다		펄스 브리넬링	베어링의 교환 및 취급 주의
		플레이킹	베어링의 교환
		설치 오차 및 불량	축 및 하우징 어깨면의 직각도 등 정밀도 향상, 스페이서의 직각도 수정 등
		이물 침입	축 및 하우징 어깨면의 직각도 등 정밀도 향상, 스페이서의 직각도 수정 등
윤활제의 누출 및 변색		윤활제의 과다, 이물 침입, 마모분의 발생 및 침투	윤활제의 적정화, 베어링의 교환 검토 및 윤활제 교환 주기의 재검토

베어링의 대표적인 손상 형태와 원인 및 대책

손상 형태	발생 위치	원인	대책
플레이킹	레이디얼 베어링 궤도의 중앙부에 원주상의 저체에 발생	틈새 과소	끼워맞춤, 간섭량 검토, 베어링 틈새 검토
	레이디얼 베어링 궤도의 원주상에 대칭으로 발생	축 또는 하우징의 진원도 불량	축 또는 하우징 재가공 또는 재제작
	레이디얼 베어링의 궤도 원주에 대해 경사지게 발생 롤러 베어링의 궤도, 전동체의 모서리 부분에 발생	설치 불량 축의 휨, 편심	축 강성 증대, 축 또는 하우징 턱의 직각도 수정, 설치 주의
	외륜 궤도 또는 내륜 궤도 원주상의 일부분에만 발생	하중 과대	부하능력이 큰 베어링으로 재선정
	궤도에 전동체 간격으로 생김	설치 시의 큰 충격 하중, 운전 정지 시 녹 발생	설치 작업 주의, 운전 정지 시 녹 발생 대책 수립

	레이디얼 베어링의 궤도 한쪽에만 발생	이상 축 방향 하중	축의 열팽창을 고려한 자유단 확보, 축 방향 부하 능력이 큰 베어링으로 재선정
	조합된 베어링에 조기 발생	예압 과대	예압량 조정
긁힘	궤도에 발생	윤활제 부족, 그리스가 경질임, 시동 시 급가속	윤활제 주입량 검토, 그리스 재 선정, 시동 시 급가속을 피한다.
	스러스트 볼 베어링의 궤도에 나선형으로 발생	궤도륜이 평행하지 않고 너무 고속임	설치주의, 적절한 예압 부여, 베어링 재선정
	롤러 단면과 턱면에 발생 윤활제, 윤활 방법 재검토	윤활 불량	과대 축 방향 하중, 베어링 재선정, 열팽창에 대한 대책 수립
깨짐	내륜 또는 외륜에 발생	과대 충격 하중 간섭량 과다 플레이킹 현상의 진전	충격 하중에 대한 대책, 설치주의, 끼워맞춤 간섭량 재검토, 플레이킹에 대한 대책
	전동체 또는 턱에 발생	설치 시 타격 운반, 취급 부주의로 낙하 플레킹의 진전	설치 주의, 운반 및 취급 주의, 플레이킹에 대한 대책
케이지파손	케이지에 발생	설치 불량에 의한 이상 하중, 윤활 불량	설치 주의, 윤활제, 윤활 방법 재검토
압흔	궤도에 전동체 피치 간격으로	설치 시의 충격 하중, 정지 시의 과대 하중	설치 주의, 발생 베어링 부하 능력 재검토
	궤도면, 전동면에 미세하게 발생	금속, 오물, 모래 등의 침입	설치 시 주변 청결 오물 침입에 대한 밀봉 개선
이상마모	궤도, 턱, 케이지에 발생	이물 침입, 윤활 불량	설치 시 주변 점검, 오물 침입에 대한 밀봉 개선, 윤활제와 윤활 방법 재검토
	프레팅	끼워맞춤면의 미소한 틈새에 의해 생기는 미끄럼 마모	끼워맞춤 간섭량 재검토, 축 또는 하우징에 그리스 등의 도포
	크리프	간섭량 부족	끼워맞춤 간섭량 재검토
	펄스 브리넬링	베어링 정지 및 운반 중 진동 진폭이 작은 요동 운동	진동에 대한 대책, 예압 부여, 고점도의 윤활제로 변경
용착	궤도면, 전동체, 턱면의 변색, 연화되어 용착	틈새 과소 윤활 불량, 설치 불량	틈새 또는 끼워맞춤 간섭량 검토, 윤활제와 윤활 방법 재검토, 설치 주의
전식	궤도면에 요철이 생김	통전에 의한 스파크로 용융	접지 절연, 그리스 채용 절연 베어링 사용
녹·부식	베어링 내부에 발생, 끼워맞춤면에 발생	공기 중 수분의 침입, 프레팅 부식성 물질의 침입	보관 시 주의, 프레팅에 대한 대책 수립, 바니스 가스 등에 대한 대책

깊은 홈 베어링 내륜 궤도에 발생한 플레이킹

깊은 홈 볼 베어링 내륜 궤도에 발생한 플레이킹

테이퍼 롤러 베어링 외륜 궤도에 발생한 긁힘

테이퍼 롤러 베어링 케이지의 파손

테이퍼 롤러 베어링 외륜 궤도에 발생한 압흔

깊은 홈 볼 베어링 외경 면에 발생한 크리프

깊은 홈 볼 베어링 외륜 궤도에 발생한 용착

테이퍼 롤러 베어링에 발생한 녹

깊은 홈 볼 베어링 외륜 궤도와 전동체의 깨짐

깊은 홈 볼 베어링 외경 면에 발생한 전식

깊은 홈 볼 베어링 외륜 궤도면에 발생한 녹

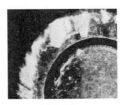

테이퍼 롤러 베어링 롤러 대단면에 발생한 긁힘

깊은 홈 볼 베어링 외륜 궤도에 발생한 압흔과 플레이킹

3 전동장치 보전

1. 기어의 보전

1-1 기어의 손상

사용 중의 기어 손상은 이의 피칭(pitching), 파손(breakage), 장시간의 마모(long-range wear), 소성 변형(plastic deformation), 스코어링(scoring) 그리고 비정상적이고 파괴적인 마모(destructive wear) 등의 원인으로 볼 수 있다.

AGMA(american gear manufactures association)는 ANISI/AGMA 110.04(1980) 규격에서 모든 기어의 손상 범위를 다음 5가지로 구분하였다.

① 마모(wear)

② 소성 유동(plastic flow)

③ 표면 피로(surface fatigue)

④ 파손(breakage)

⑤ 복합 요인에 의한 손상(associated gear failure)

기어 손상의 분류

손상 부위	분 류	손상의 원인	발생 빈도
Ⅰ. 이면의 열화	1. 마모	① 정상 마모	○
		② 습동 마모	
		③ 과부하 마모	
		④ 줄 흔적 마모	○
	2. 소성 항복	① 압연 항복(ridging)	○
		② 피닝 항복(case crushing)	
		③ 파상 항복(rippling)	
	3. 용착	① 가벼운 스코어링	
		② 심한 스코어링	
	4. 표면 피로	① 초기 피칭	○
		② 파괴적 피칭	○
		③ 피칭(스폴링)	○

5. 기 타	① 부식 마모 ② 버닝 ③ 간섭 ④ 연삭 파손	○	
II. 이의 파손		① 과부하 절손(over load breakage) ② 피로 파손 ③ 균열 ④ 소손	○

기어의 일상 점검

점검 항목	점검 사항	원 인
음향 상황	• 음의 종류 • 기어의 맞물림 소리는 양호한가? • 베어링의 고장에 의한 소리인가? • 발생음은 주기적(또는 연속적)인가? • 부하와 무부하와의 변화는 어떤가?	• 이의 결손 • 이 뿌리나 리브에 균열 • 축의 휘어짐 • 보스의 키 느슨 • 이 면의 마모 • 이물질의 혼입 • 유량 부족 • 베어링의 마모 • 볼트의 풀림
진동 상황	• 진동 발생의 부위와 진동 방향은? • 감속기 본체의 진동인가? • 베어링의 일부 진동인가? • 진폭(진동의 크기)은 일정한가? • 부하와 무부하와의 변화는 어떤가?	
급유 상황	• 유량의 점검 • 유면계(油面計)에 관리 라인을 표시 • 기름 누출의 유무와 누출 부위 • 축 오일 실 부위 • 상하 케이싱의 플랜지 • 점검 구멍의 플랜지	• 실 패킹의 마모 • 에어 블리더(air bleeder)의 막힘 • 2분할 케이싱 부착 볼트의 풀림
온도 상황	• 발열 부위는? • 감속기 본체(케이싱)인가? • 베어링의 일부 발열인가? • 윤활유 온도(강제 순환 급유 방식)는?	• 기름의 초과 주유 • 베어링의 고장 • 쿨러의 막힘

기어의 정지 중 점검

점검 항목	점검 사항	원 인	조 치
마모 현상 ① 이 면 ② 이 봉우리 ③ 이 뿌리 ④ 피치 마모	• 이 면의 마모 상태 : 이 봉우리의 남은 두께(t), 마모 현상 정상　이 뿌리　이 봉우리	• 정상 마모 • 이물질 혼입 • 이 접촉 상태, 맞물림 불량(심함)	• 이상 발견 후 (그림에서 × 표시) 정비 기술자에게 의뢰

	• 이 면의 홈 : 어떤 종류의 홈인가? 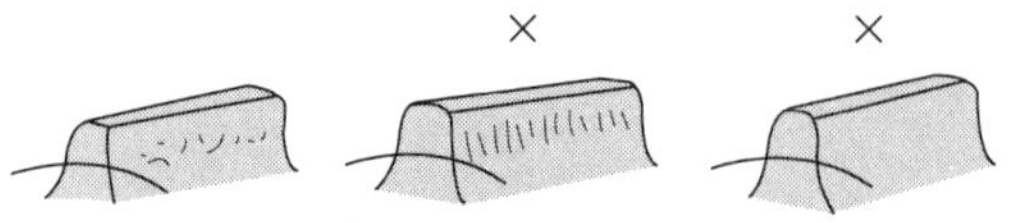 압흔 긁힌 모양 벗겨진 모양 • 이의 결손이나 이 뿌리의 균열  이의 결손 이 뿌리의 결손 • 이 봉우리의 거스러미, 이 면의 융기, 이 바닥의 조글링(joggling) 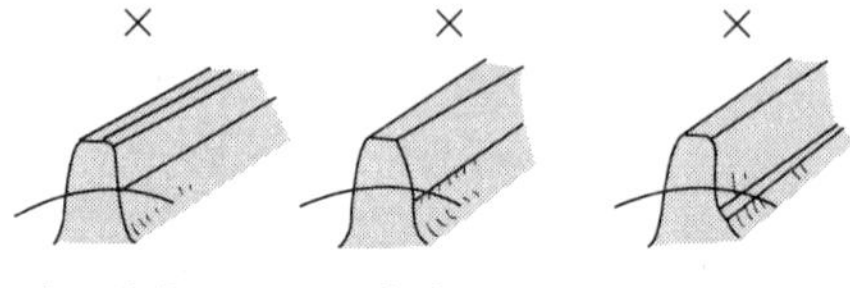 거스러미 융기 조글링		
맞물림의 상황 ① 이 너비의 어긋남 ② 이 끝 틈새 ③ 평행도 ④ 직각도	• 이 접촉의 면적은 어떠한가?(너비, 길이, 이 접촉의 강약) 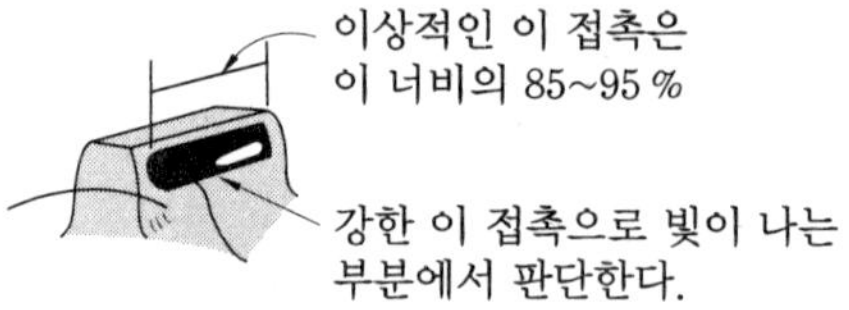 이상적인 이 접촉은 이 너비의 85~95 % 강한 이 접촉으로 빛이 나는 부분에서 판단한다. • 이 접촉의 위치는 어떤가?(피치원의 위, 좌우로 치우침, 상하로 치우침) 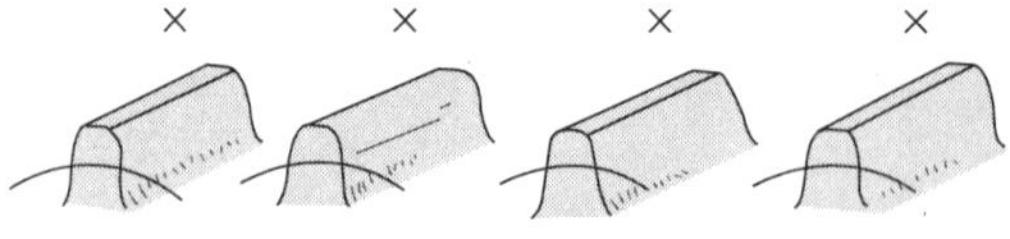 좌우 치우침 상하 치우침 과도한 크라우닝 경사 접촉	• 이 접촉 조사	• 아래 그림의 경우 보전 요원에게 의뢰
윤활 상황 ① 유량 ② 오염	• 유성(油性)의 열화(또는 오염) : 감속기 바닥 부분의 침전물 성상(性狀)(기어 또는 메탈의 마모 가루, 외부로부터의 분진)	• 유종(油種)의 부적격(기름막 형성) • 보관유의 관리 불량 • 분진의 침입	• 기름을 분석 검사 • 점검, 기름 교환할 때의 분진 침입 방지

기어의 손상과 대책

손상	원 인	점검 사항	응급·영구 조치
피칭	• 이 면의 거칠음 • 고하중	• 초기 피칭 : 이 면이 미세한 돌기 부분에 응력이 집중하여 발생하는 작은 구멍	
		• 초기 피칭 : 이 면이 미세한 돌기 부분에 응력이 집중하여 발생하는 작은 구멍 집중 응력 피로에 의한 균열 탈락 • 파괴적 피칭 • 고하중에 의한 표면층의 파괴로 퀜칭층이 얇으면 발생하기 쉽다.	• 초기 피칭은 이 접촉면이 안정되면 진행하지 않는다. • 이 면을 연마
스폴링	• 기어 재료의 연질(軟質) • 충격 고하중	• 이 면에 고하중을 받아 표면 아래가 피로하여 금속 핀의 결락이 생긴다. 표면 아래 피로·균열 상당히 크게 결락 • 표면 아래 피로, 균열이 상당히 크게 결락된다.	• 기어의 재질, 열처리의 개선 • 윤활제로 방지는 기대할 수 없다.
이의 절손	• 충격 과하중 또는 이물질 혼입 • 반복 피로	• 충격 과하중에 의한 절손 파손면은 새로우며 결정 또는 입상 • 피로에 의한 이의 절손 파손면은 광택이 없고 매끄러우며 파손 기점에서 조개껍데기 무늬를 볼 수 있다.	• 이물질 혼입 조사 • 가능하면 운전 조건 재검토하여 충격을 받지 않도록 한다. • 정기적인 균열의 점검 컬러 체크 또는 자분 탐상
어브레이전	• 기어 자체의 마모분 • 외부로부터 먼지 혼입	• 연마성이 있는 미립자가 맞물리는 이 면에 들어가면 마모를 일으킨다. 특히 기어를 새로 교체할 때 발생하기 쉽다. 기름막이 없어진다.	• 윤활유 교체, 또는 정화(새 기어로 교체 후에 단시간에 기름을 점검) • 외부 먼지의 침입 방지

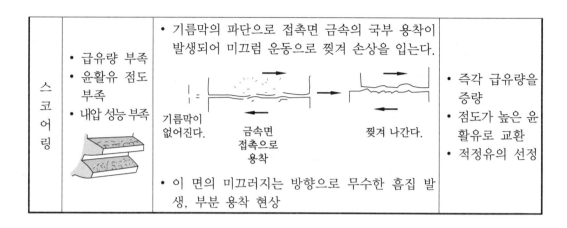

| 스코어링 | • 급유량 부족
• 윤활유 점도 부족
• 내압 성능 부족 | • 기름막의 파단으로 접촉면 금속의 국부 용착이 발생되어 미끄럼 운동으로 찢겨 손상을 입는다.

기름막이 없어진다.　금속면 접촉으로 용착　찢겨 나간다.

• 이 면의 미끄러지는 방향으로 무수한 흠집 발생, 부분 용착 현상 | • 즉각 급유량을 증량
• 점도가 높은 윤활유로 교환
• 적정유의 선정 |

1-2 이 면에 일어나는 주요 손상과 대책

(1) 이 접촉과 백래시(back lash)

① 정확한 이 접촉과 백래시 : 정확한 이 접촉은 이의 축 방향 길이의 80 % 이상, 유효 이 높이의 20 % 이상 닿거나, 이의 축 방향 길이의 40 % 이상, 유효 이 높이의 40 % 이상이 닿아야 한다. 이때에 두 가지 조건 어느 것이나 피치원을 중심으로 유효 이 높이의 $\frac{1}{3}$ 이상 정확하게 닿아야 한다. 이 접촉과 백래시는 그림 (a)와 같은 방법으로 적색 페인트를 칠해 두면 모두 측정할 수 있다. 또 백래시만을 그림 (b)와 같이 측정하는 방법이 있으나 이것은 한쪽의 기어를 고정해야 하는 문제가 있다.

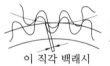

피니언을 회전시켜 퓨즈를 물리게 한다.

이 직각 백래시

늘려진 퓨즈가 이와 같은 형태면 정상 중심부를 가위로 자르고 마이크로미터로 두께를 잰다.

이와 같은 형상이 되는 경우가 있다. 이것은 이를 낼 때, 호브 아버에 유극이 있을 때 등 인벌류트 치형 불량 때문에 일어난다. 기타 상하가 비대칭인 것은 이의 형상 불량일 수가 있다.

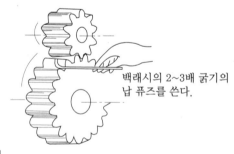

백래시의 2~3배 굵기의 납 퓨즈를 쓴다.

(a) 백래시와 이 닿기 체크

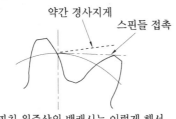

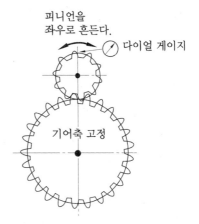

(b) 피치 원주상의 백래시 측정

피치 원주상의 백래시 측정

(2) 이 면의 초기 마모

① 초기 마모의 체크 : 새 기어는 운전 개시 후 대략 500시간이 경과했을 때 이 면의
상태를 체크한다. 확인은 기계의 운전 조건과 기어 장치의 설계, 제작, 조립 상태가
양호하여 연속 운전에 견딜 수 있는가를 결정하는 중요한 포인트가 된다. 이의 접
촉 기준에 합치된 가벼운 마모 상태는 적색 페인트로 접촉면이 부각된 상태보다 약
간 작으면 초기 마모로서 양호한 것이다.

② 초기 이상과 이 면의 수정 : 산업용 기계는 운전
초기에는 50~70 %의 부하로 운전될 경우가
많으나 접촉 마모, 스코어링(scoring), 진행성
피칭(pitching)이나, 스폴링(spalling)을 일으
킬 때가 있다. 이것은 기어의 제작, 조립 불량
과 윤활 불량이 주원인이다. 또한 닿는 면적이
크고 작음은 제작상의 문제이며 윤활상의 문
제는 정비 부문에서 취급해야 한다. 그 경우
유종, 유량, 유압, 유온, 이물질의 혼입 등을

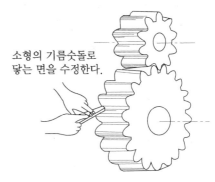

이 면의 수정 방법

철저하게 체크한다. 또 여기서 이 면의 열화가 가벼울 때는 아래 그림과 같은 방법
으로 수리를 하고, 이후의 경과를 보면서 500~1000시간마다 2~3회 같은 방법으
로 수리를 하면 안전하게 운전시킬 수 있다. 그러나 이 경우 이 폭의 거의 양끝에서
백래시를 측정했을 때 그 차가 50 μm 이내이어야 한다. 그 이상 이의 축 방향 어긋
남이 있으면 개선할 수 없게 되므로 교체해야 한다.

(3) 소성 유동(plastic flow)

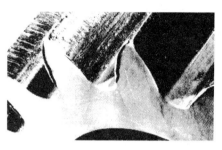

과부하 상태에서 접촉면이 항복이나 변형될 때 높은 접촉 응력 하에 맞물림의 구름과 미끄럼 동작으로 발생한다. 대부분 이런 소성 유동은 기어 이의 끝과 가장자리 부분에서 얇은 금속의 돌출 상태로 나타내며 작용 하중을 줄이고 접촉 부분의 경도를 높이면 줄일 수 있다.

소성 유동

(4) 표면 피로(surface fatigue)

일반적으로 기어 재질이 견딜 수 있는 지면 용량을 초과했을 때 나타나는 피로 파괴 현상이다.

① 피칭 : 기어가 회전할 때는 당연히 이의 접촉 압력이 걸린다. 이 압력은 사용 초기에는 이의 면의 높은 부분에 집중, 반복, 접촉 압력에 의해 표면에서 어떤 깊이의 부분에 최대 전단 응력이 발생한다. 그러므로 표면에 가는 균열이 생기게 되고 그 균열 속에 윤활유가 들어가면서 유체 역학적인 고압을 받아 균열을 진행시켜 이의 면의 일부가 떨어져 나가는 것을 말한다. 이것은 보통 피치선의 약간 이 뿌리 측에 핀 홀(미시적으로는 조개껍데기 모양)이 되어 나타난다. 보통 초기 마모에 의해 닿는 면적이 넓어짐에 따라 차차 없어지지만 진행성인 것은 비교적 큰 파편이 탈락해서 운전을 계속함에 따라 맞물림의 충격도 증가하고 손상도 심해져 도리어 파괴적인 증가를 나타낸다.

② 스폴링 : 피칭보다 더욱 넓은 부분이 어느 정도의 두께를 갖고 최종적으로는 박리되는 형태로 이 면의 경화 기어에 많다. 때로는 이 끝에 금이 가는 것도 있고 또 진행성 피칭의 구멍과 구멍이 연결되어 크게 박리되는 경우도 있다.

스폴링

이의 절손

(5) 파손(breakage)

기어의 전체나 일부분이 과부하나 충격 또는 굽힘 응력 작용 시 재질 내구 한계를 초과하는 반복 응력에 의한 피로 현상으로 일어난다. 이런 현상은 설계 및 가공 단계에서 잘못된 초과 하중, 호브 자국, 노치, 금속 함유물, 열처리 크랙, 정열 오차 등에서 발생한다. 또한 과도한 마모나 피팅 파손의 2차적인 결과이다. 관리 단계에서는 무엇보다도 정확한 정열이 이루어져야 한다.

(6) 스코어링

운전 초기에 자주 발생하는 현상이다. 또 이것이 가장 많이 일어나는 것은 이 뿌리 면과 이 끝면의 맞물리는 시초와 끝 부분이다. 이의 면은 회전할 때의 접촉 압력에 의해 휨이 일어나고 또 제작 시에 발생하는 피치 오차, 이 형태의 오차 등에 의해 이 끝에서 상대측의 이 뿌리에 버티는 작용(간섭)을 일으키고 국부적인 고온 때문에 윤활막이 파단되어서 완전한 금속 접촉이 되게 한다. 이 접촉 압력은 헤르츠 압력이라고 하지만 대단히 높으며, 기어 재질 자신의 용융점보다 월등히 낮은 온도(그러나 유막이 끊어질 정도의 고온)라도 순간적으로 표면의 극소 부분에 용착이 발생하게 된다. 그것은 또 미끄럼 때문에 할퀸 상처로 진전 균열을 발생시켜 차차 확대되어 피치원을 경계로 이 뿌리면이 도려내져 치명적인 스코어링이 된다. 이것을 방지하기 위해 고속 회전을 하는 중(重)하중 기어는 이 끝까지 인벌류트 곡선으로 다듬질하는 것이 아니라 이의 면을 연삭이나 셰이빙(shaving)할 때 이 모양을 수정해서, 평행도 오차에 대해서 이의 면에 크라우닝을 한다. 따라서 기어 설계의 단계에서 스코어링 한계 하중까지 계산하여 적절한 치형 수정을 한 것은 비교적 스코어링에 관한 고장은 적다고 할 수 있다.

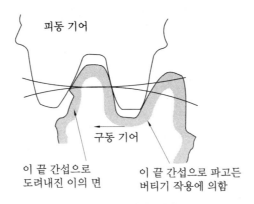

이 끝의 버팀 작용

다음 윤활유의 선택에서 보면 고점도 윤활유가 어느 정도 효과는 있으나 단지 이것만으로는 유막의 형성에는 더욱 높은 압력이 필요해지므로 그 때문에 온도 상승으로 오히려 유막의 파단을 초래할 염려가 있어서 그다지 큰 기대는 할 수 없다. 그보다 극압 윤활유 또는 극압 첨가제를 사용하는 편이 스코어링 한계 하중을 높이는데 효과적이다.

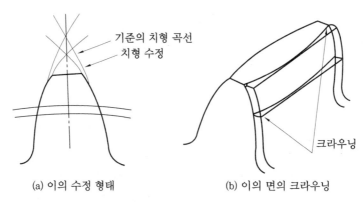

(a) 이의 수정 형태   (b) 이의 면의 크라우닝

고속 고하중 기어의 이의 형 수정

기어용 윤활유의 형식과 용도

규 격	윤활유	첨가제	용 도
제1종	보통형	무첨가 증류광유 또는 잔사광유	저하중 저속 스퍼 기어, 베벨 기어, 웜 기어
제2종	웜형	동식물성 유지 또는 유성 향상제	속도 하중이 가혹한 조건 밑에서의 웜 기어 및 기타 기어

2. 벨트의 보전

2-1 평 벨트의 동력 전달

두 축에 고정된 평 벨트 풀리에 벨트를 거는 방법에는 바로걸기 방법(open belting)과 엇걸기 방법(crossed belting)이 있다. 엇걸기로 할 경우 접촉각이 바로걸기보다 크기 때문에 큰 동력을 전동할 수 있다. 그러나 벨트가 서로 닿으며 스쳐가기 때문에 벨트에 손상이 가고 비틀림으로 인한 응력도 발생하므로, 축간 거리가 벨트 폭의 20배 이상이어야 하며 고속에는 적합하지 않다.

두 평 벨트 풀리의 회전 방향은 바로걸기 방법에서는 같은 방향이고, 엇걸기 방법에서는 반대 방향이다. 벨트가 원동차로 들어가는 쪽을 인장 쪽(tension side), 원동차로부터 풀려 나오는 쪽을 이완 쪽(loose side)이라 한다. 이완 쪽이 원동차의 위쪽으로 오게 하거나 인장 풀리를 사용하면 접촉각이 크게 되어 미끄럼이 적게 된다.

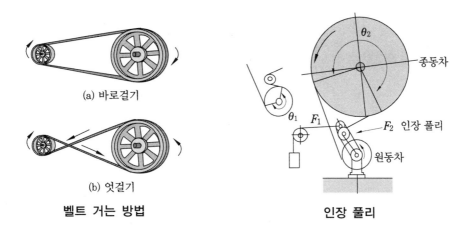

(a) 바로걸기

(b) 엇걸기

벨트 거는 방법

인장 풀리

2-2 평 벨트의 성능

벨트를 부착할 때의 기준 장력은 약 2 % 정도의 늘어남을 허용하지만 최종적으로는 사용 조건에 따라 경험적인 장력을 찾아내서 쓰면 1.5~2년 이상의 수명을 유지할 수 있다. 단지 항장체가 늘어남이 적다고 하는 것은 풀리의 평행도를 좋게 하고 벨트를 접속할 때의 중심을 정밀하게 해야 운전 중에 벨트가 한편으로 치우치거나 빠져나오지 않게 된다. 그렇지 않으면 때에 따라서 거의 쓸 수 없게 될 때도 있다. 또 풀리에 종래의 가죽 벨트와 마찬가지 감각으로 크라우닝을 하여 치우침을 방지하려 하면 오히려 항장체를 열화시킨다.

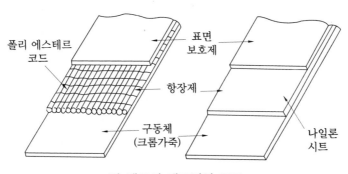

평 벨트의 대표적인 구조

2-3 V 벨트의 정비

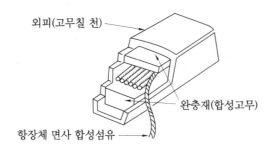

외피(고무칠 천)

완충재(합성고무)

항장체 면사 합성섬유

V 벨트의 구조

길이가 맞지 않을 염려가 없고
평 벨트와 V 벨트의 장점을 겸비
하고 있다.

(a) 평 벨트에 다수의
V형 리브를 가진 벨트

엔드리스가 아니고 자유로이
절단 접속에서 쓴다(경하중용).

(b) 접속형 V 벨트

여러 가지 V 벨트

(1) V 벨트 종류

V 벨트 종류에는 M, A, B, C, D, E의 여섯 가지가 있다.

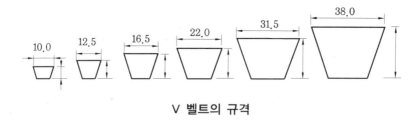

10.0   12.5   16.5   22.0   31.5   38.0

V 벨트의 규격

(2) V 벨트의 정비 요점

① 2줄 이상을 건 벨트는 균등하게 처져 있어야 한다.

② 풀리의 홈 마모에 주의한다. 홈 상단과 벨트의 상면은 거의 일치되어 있는데, 벨
  트가 어느 정도 밑으로 내려가 있다면 그것은 홈이 마모되어 있기 때문이다. 홈 저
  면이 마모되어 번뜩이는 것은 미끄럼이 일어난다.

③ V 벨트는 합성 고무라 해도 장기간 보관하면 열화된다. 보관품의 구입 연월을 정

확히 하고 오래된 것부터 쓰는 것이 좋다.

④ V 벨트 전동 기구는 설계 단계에서부터 벨트를 거는 구조로 되어 있다. 원동부에서는 전동기의 슬라이드 베이스나 이동할 수 없는 축 사이에서 그림과 같은 장력 풀리를 쓴다. 벨트 수명을 이론적으로 보면 정장력 쪽이 옳다고 보지만 실제로는 구조가 간단한 반대 장력이라도 큰 차는 없다.

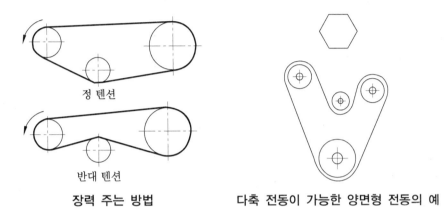

정 텐션

반대 텐션

장력 주는 방법

다축 전동이 가능한 양면형 전동의 예

2-4 타이밍 벨트 정비

(1) 타이밍 벨트의 특징

타이밍 벨트의 원리는 그림과 같이 기어 대신 이에 해당하는 돌기를 지닌 고무벨트로 만들어져 있다. 최근에는 가정용 전동 재봉틀, 복사기 등의 소형 정밀 기계로부터 산업 기계에 이르기까지 넓은 범위의 정밀고속 전동에 쓰인다. 늘어남이 적고 한번 풀리에 장착하면 그 이후의 조정은 거의 불필요하다. 그러나 한 줄의 코드를 나선상으로 감아 고무로 싸서 성형되어 있어 2축 사이의 평행도가 정확해도 다소 옆으로 치우치는 성질이 있기 때문에 구동축 풀리에 사이드 플랜지를 부착해 쓴다. 축의 평행도에 대해서는 제작 기준에서 오차는 3부 이내로 지정되어 있다. 그림과 같이 $\tan\theta$로 계산하면 1000 mm 사이에 1 mm의 오차가 된다.

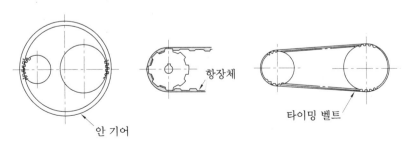

안 기어

항장체

타이밍 벨트

타이밍 벨트의 원리

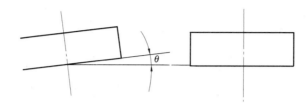

타이밍 벨트 풀리의 평면도

(2) 중심내기 방법

타이밍 벨트도 V 벨트와 같이 정장력을 기본으로 하고 있다. 그러므로 장력 풀리는 타이밍 풀리를 사용하고 또한 3축 평행이 필요하므로 중심내기도 어렵다.

타이밍 벨트도 평 벨트의 일종이므로 반드시 장력을 고려한다.

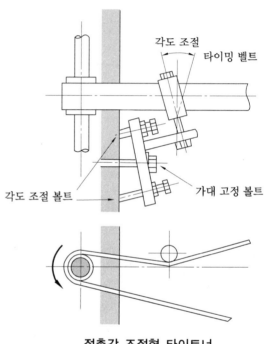

접촉각 조절형 타이트너

그림과 같이 간단한 원통형의 장력 풀리를 써서 벨트의 도피 방향에 따라 접촉 각도가 조절되는 가대(架臺)를 설치하여 풀리의 스파이럴 작용에 의해 벨트의 도피를 방지하게끔 반대 장력을 준다.

이 방법은 벨트의 뒷면을 마모시킬 것으로 예상되지만 의외로 효과가 크다. 일반적으로 벨트 수명은 3개월 이하이나 이 장치를 사용하면 벨트 수명이 1년 이상 연장된다.

타이밍 벨트 구조 중 스틸 코드 항장체의 것은 고무 부분이 마모되어도 스틸 코드는 마모되지 않고 튀어나와 대단히 위험을 동반하므로 안전상 가능한 한 사용하지 않는 것이 좋다.

3. 체인 전동의 보전

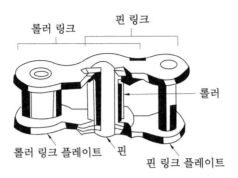

롤러 체인

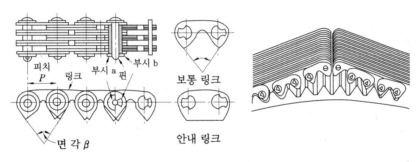

사일런트 체인

3-1 체인의 사용상 주의점

① 용량에 맞는 체인을 사용한다.

② 무게중심을 맞추고 모서리는 피한다.

③ 과부하는 피하고 작업 전에 이상 유무를 확인한다.

④ 정격 하중의 70~75 %, 충격 하중은 $\frac{1}{4}$ 이하로 사용한다.

⑤ 체인 블록을 2개 사용 시 무게중심이 한곳으로 쏠리지 않도록 한다.

⑥ 물건을 장시간 걸어두지 않는다.

⑦ 비꼬임이나 비틀림이 없어야 한다.

3-2   체인의 검사 시기

① 체인의 길이가 처음보다 5 % 이상 늘어났을 때
② 롤러 링크 단면의 직경이 10 % 이상 감소했을 때
③ 균열이 발생했을 때

3-3   체인을 거는 방법과 스프로킷의 중심내기

(1) 체인 스프로킷의 중심내기

기계의 전동 측은 보통 수평 또는 수직이고 서로 연동하는 것은 거의 모든 경우 평행으로 부착되어 있다. 체인의 경우도 적어도 두 축을 포함한 평면상에서 두 개의 축이 평행이 아니면 체인 전동을 할 수 없다. 또 스프로킷은 그 두 축을 포함한 평면에 대하여 동일 수직면상에 있어야 한다. 이것들의 체크 방법은 그림과 같다. 우선 스프로킷이 동일 평면상에 있는가, 없는가는 그림과 같이 스트레이트 에지를 대고 조사한다. 1 m 이상의 거리가 있으면 끈을 이용하여 확인하고, 더 길 경우 또는 복잡한 부분이 있을 경우에는 광학 레벨, 트랜싯을 활용하기도 한다. 또 축의 수평은 수준기로 확인할 정도면 되고, 축의 평행도는 버니어 캘리퍼스, 내경 캘리퍼스 등으로 확인한다.

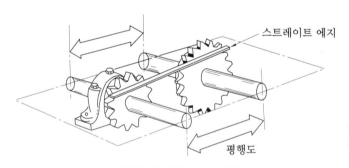

스프로킷의 중심내기 방법

(2) 체인을 거는 방법

① 체인을 푸는 방법 : 연결된 체인에는 반드시 그림 (a), (b)와 같은 이음 링크가 붙어 있다. 링크 플레이트는 보통 검게 착색(파커라이징 처리), 방청이 되어 있으나 정도가 좋은 이음이 되면 금색 등으로 착색하여 알기 쉽게 한 것도 있다. 체인을 풀 경우에는 연결부로 되어 있는 이 이음 링크를 한 후 링크의 클립 또는 분할 핀을 빼면 핀 링크 플레이트는 손끝으로 가볍게 뺄 수 있다. 이음 링크가 스프로킷을 지나 중

간 위치에 있을 경우에는 당기는 힘이 걸려 있으므로 풀기가 힘이 든다. 특히 주의
할 것은 체인을 풀었으므로 축이 공전해서 생각지도 않은 사고가 발생할 우려가 있
다는 것이다. 따라서 축을 확실히 고정해 두는 것이 중요하다.

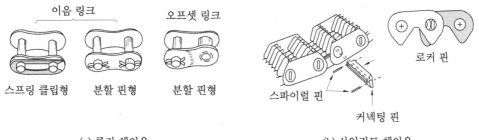

(a) 롤러 체인용   (b) 사일런트 체인용

여러 가지 이음 링크

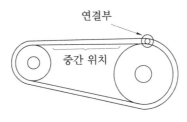

체인을 분리하는 위치

② 긴 체인을 짧게 하는 방법 : 작업 현장에서는 긴 롤러 체인을 적당한 길이로 짧게 하
는 작업도 때때로 발생한다. 롤러 체인은 그림과 같이 제일 마지막의 핀 양단이 코
킹에 의해 고정되어 있다. 체인은 담금질되어 있으므로 톱으로는 절단되지 않는다.
또 그라인더로 연삭하면 다시 사용할 수 없게 된다. 그러므로 사용하지 못하는 너
트 등을 놓고 위에서 핀을 해머로 때린다. 이와 같이 하면 핀의 코킹 부분이 플레이

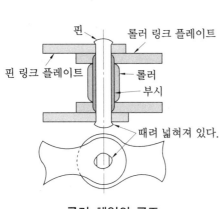

롤러 체인의 구조

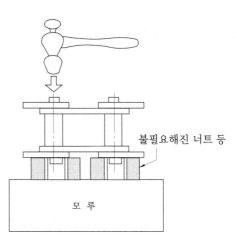

롤러 체인을 짧게 하는 방법

트 상면까지 빠진다. 다음에는 핀 펀치로 때려서 빼면 된다. 또는 때리지 않아도 되는 체인 커터를 사용해도 된다. 사일런트 체인도 핀에 와셔를 넣고 양단을 코킹했으므로 같은 방법으로 작업한다.

③ 체인을 거는 방법 : 체인을 걸 때는 체인을 푸는 방법과 거의 반대의 순서로 작업을 한다. 이 경우 무리하게 체인을 잡아 당겨 건다는 것은 피해야 한다. 오프셋 링크를 쓰면 1피치 이내의 조절도 되므로 이것들의 이음 링크를 끼워 보는 등 임시 고정시켜 체인의 느슨함을 조사하면서 해야 한다. 이 경우 축 사이의 거리에도 다르지만 그림의 느슨한 측을 손으로 눌러 보고 S – S′가 체인 폭의 2~4배 정도면 적당하다. 체인을 건 다음에는 실제로 운전해 보고 느슨한 측의 체인이 불규칙하게 파도치지 않으면 양호하다. 축 사이의 거리가 1 m 이상인 것이나 중하중에서의 기동, 정지나 역전이 있는 것은 통상의 $\frac{1}{2}$ 정도로 심하게 걸지 않으면 안 된다. 또한 오프셋 링크만의 조절로는 불충분한 경우에는 장력을 준다. 이 장력에는 롤러 체인에서는 안쪽에서 스프로킷으로 걸고, 사일런트 체인에서는 안쪽에서 스프로킷으로, 바깥쪽일 경우는 두 개의 턱이 달린 롤러를 쓰든가 또는 평행 누르기 가이드 판을 바깥쪽에서 쓴다.

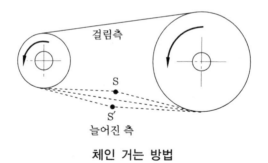

체인 거는 방법

3-4 체인의 윤활

체인과 스프로킷 정비는 스프로킷의 정확한 중심내기와 윤활에 달려 있다. 체인의 경우 그리스 윤활로는 불충분하므로 윤활유를 병행 사용한다. 보통 체인 전동부의 윤활 방법은 다음 표와 같이 네 가지 형식이 있다. 급유 방법 중 Ⅰ, Ⅱ에서는 대략 6개월마다, 또 Ⅲ, Ⅳ에서는 1년마다 체인을 떼어내고 세정(洗淨) 점검하여 케이스 속의 청소, 기름 교환 등을 해야 한다. 이것들을 확실히 하면 체인의 수명을 한층 더 연장할 수 있다. 또한 윤활유의 점도에 대해서는 체인의 대소, 속도, 주위 온도 등에 따라 틀리지만 표를 참고로 선택하면 된다.

체인 급유법

급유 형식	급유법과 득실		급 유 량
I		체인의 늘어진 측의 안측에서 핀, 롤러 링크의 틈새를 향해 엔진 래퍼 또는 브러시로 급유한다. 회전 중에는 위험하므로 손 돌리기해서 급유한다. 부근에 기름이 튀어서 오염되고, 바닥면이 미끄러움 등 위험성이 많으며 공해 방지상 좋은 법은 아니다.	매일 아침 기동 시 운전원이 체인을 점검하여 핀, 롤러부가 건조되어 있지 않을 정도로 급유한다.
II		간단한 케이스를 써서 오일러에서 적하시킨다. 핀, 롤러 링크부에 떨어지게 한다. 케이스 안에 남은 기름을 정기적으로 뺀다.	매일 아침 기동 시 운전원이 오일러 스핀들을 세워서 1분간에 5~10방울 정도 떨어지게 한다.
III		기름이 누설되지 않는 케이스를 쓰며 스프로킷 하부를 기름 속에 넣어 둔다. 유량 감소에 주의가 필요하다.	체인이 기름 속에 잠겨 있는 부분, $h=16~12$ mm로 한다. 유량이 지나치게 많으면 열화가 빠르다.
IV	회전판에 의한 윤활 (중·고속용) 	기름이 누설되지 않는 케이스를 써서 회전판을 부착해서 비말을 받아 적하한다. 회전판의 주속은 200 m/분 이상이 필요, 체인 폭이 125 mm 이상인 경우는 회전판을 스프로킷 양측에 부착한다. 급유법으로서는 거의 완벽하다.	체인은 기름에 잠기지 않는다. 회전판은 기름 속에 잠기고 $h=12~25$ mm로 한다.

급유 형식	급유법과 득실	급유구에 대한 급유량의 개략	
V	강제 펌프 윤활 (고속, 중하중용) 기름이 누설되지 않는 케이스를 써서 펌프에 의해 강제 순환시킨다. 다열(多列) 체인에는 개개의 플레이트부에 급유하도록 급유구를 설치한다.	체인 속도 (m/분)	급유량 (L/분)
		500~900	1.0~2.5
		800~1,100	2.0~3.5
		1,100~1,400	3.0~4.5

윤활유의 점도

급유 형식 주위 온도 체인 크기	Ⅰ · Ⅱ · Ⅲ				Ⅳ			
	−10~ 0℃	0~ 40℃	40~ 50℃	50~ 60℃	−10~ 0℃	0~ 40℃	40~ 50℃	50~ 60℃
피치 16 mm 이하	SAE 10	SAE 20	SAE 30	SAE 40	SAE 10	SAE 20	SAE 30	SAE 40
피치 25 mm 이하	SAE 20	SAE 30	SAE 40	SAE 50	SAE 10	SAE 20	SAE 30	SAE 40
피치 32 mm 이하	SAE 20	SAE 30	SAE 40	SAE 50	SAE 20	SAE 20	SAE 40	SAE 50
피치 38 mm 이상	SAE 30	SAE 40	SAE 50	SAE 60	SAE 20	SAE 20	SAE 40	SAE 50

4 관계요소 보전

1. 관이음의 종류

1-1 관의 종류

(1) 주철관

주철관은 강관보다 무겁고 약하나 내식성이 풍부하고, 내구성이 우수하며 가격이 저렴하여 수도, 가스, 배수 등의 배설관과 지상과 해저 배관용으로 미분탄, 시멘트 등을 포함하는 유체 수송에 사용된다. 호칭은 안지름으로 하고 길이는 보통 3~4 mm이나 원심 주조법의 개발로 안지름 1500 mm, 길이 8~10 m 정도까지 생산된다.

(2) 강관

제조에 의한 이음매 없는 강관과 이음매 있는 강관으로 구별하고 이음매 없는 강관은 바깥지름이 500 mm까지 있으며, 이음매 있는 강관은 500 mm 이상의 큰 지름관은 이음매를 나선형인 스파이럴 용접 강관으로 구조용 및 강관 갱목용 등에 사용된다. 강관의 내식성을 증가시키기 위하여 아연 도금, 모르타르, 고무, 플라스틱 등을 라이닝(lining)하기도 한다.

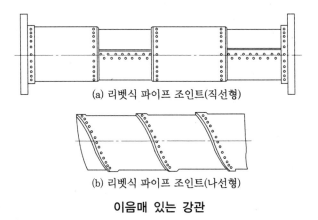

(a) 리벳식 파이프 조인트(직선형)

(b) 리벳식 파이프 조인트(나선형)

이음매 있는 강관

① 가스관(배관용 강관) : 저압용의 증기, 물, 공기 등의 수송 등에 사용되며 이음매 없는 강관, 단접관, 전기저항 용접관 등이 해당된다. 호칭 지름은 내경을 인치로 표시하며 보통 5.5 m가 최대이다. 다듬질은 흑피가 있는 흑관과 아연 도금한 백관이 있다.

② 압력 배관용 강관 : 주로 150~1000 N/mm², 350℃를 넘지 않는 각종 압력 배관에 사용된다.

(3) 동관

냉간 인발로 제작된 이음매 없는 관으로 내식성, 굴곡성이 우수하고 전기 및 열 전도성이 좋으며 내압성도 상당히 있어 열교환기용, 급수용, 압력계용 배관, 급유관 등 화학 공업용으로 사용된다. 길이는 보통 3~5 m, 호칭은 바깥지름×두께로 한다. 값이 비싸고, 고온 강도가 약한 결점이 있다.

(4) 황동관

냉간 인발로 제작된 이음매 없는 관으로 작은 직경이 많다. 특징은 동관과 거의 같고, 가격이 싸며 강도가 커서 가열기, 냉각기 복수기, 열교환기 등에 사용된다. 호칭은 바깥지름×두께로 보통 3~7 cm 정도이다.

(5) 연관 및 연합금관

연관은 압출제관기로 이음매 없는 제작을 하며 내산성이 강하고 굴곡성이 우수하여 공작이 용이하므로 상수도, 가스의 인입관, 산성 액체, 오 수송용관에 사용된다. Sb 6 %를 함유한 경연관은 특히 내산성과 강도를 요하는 곳에 사용한다. 호칭은 안지름×두께로 한다.

(6) 알루미늄관

냉간 인발로 제작된 이음매 없는 관으로 비중이 작고 동, 황동 다음에 열과 전기 전도도가 높고, 고순도일수록 내식성과 가공성이 우수하여 화학 공업용, 전기 기기용, 건축용 구조재로 널리 사용된다. 가공을 연하게 하려면 300℃ 정도로 가열하면 된다. 호칭은 바깥지름×두께로 한다.

(7) 염화 비닐관

압출제관기로 이음매 없는 제작을 하며 연질과 경질이 있다. 연질은 내약품성, 내알칼리성, 내유성, 내식성이 우수하여 고무 호스 대신 사용된다. 또 전기 절연성이 우수하고, 불연성이므로 연관, 가스관 대신으로 화학공장, 식품공장용 배관, 절연 부품으로도 사용된다. 열가소성 수지이므로 고온에서는 기계적 강도가 저하되어 -10~60℃ 범위에서 사용한다.

(8) 고무 호스

진공용은 압궤 방지를 위하여 코일상으로 강선을 넣은 흡입 호스가 있다. 호칭은 내경으로 한다. 수송 물체에 따라 증기 호스, 물 호스, 공기 호스, 산소 호스, 아세틸렌 호스 등이 있다.

(9) 특수관

강관의 내면에 고무 또는 유리를 라이닝한 라이닝관은 내약품, 내산, 내알칼리용으로 널리 사용된다. 토관, 목관, 콘크리트관은 배기 배수용으로 사용된다. 원심 유입법에 의한 철근 콘크리트관인 흄관은 강도가 크다. 목관은 내산성의 배기 배수관으로 화학 공장에서 사용된다.

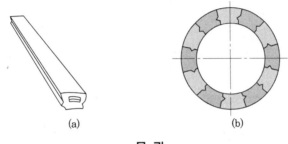

(a)   (b)

목 관

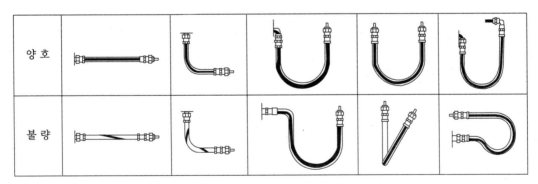

고무 호스

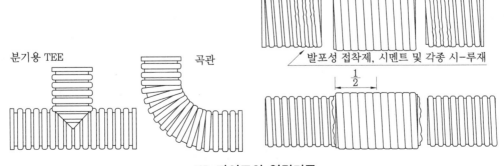

KD 파이프의 연결기구

(10) KD 관

자외선 안정제(UV)를 혼합한 고밀도 합성수지(HDPE)를 원료로 외부를 파형으로 한 관벽과 평활한 내부 관벽을 압출성형으로 일체적 접착시킨 역학적 이중 구조로 된 관이다.

일반 배관용 강관의 일람표

종 류	적용 범위	제조법	종 류	기 호
배관용 탄소강 강관	어느 정도 저압의 증기, 물, 기름, 가스, 공기 등의 배관	이음 곳 없음. 단접 전기 저항 용접	흑관	SGP
			백관 (Zn 도금)	
고압 배관용 탄소강 강관	35 MPa 이하의 중압 배관	이음 곳 없음 단접 전기 저항 용접	2종	STPG 38
			3종	STPG 42
	35 MPa 이하의 고압 배관	이음 곳 없음	1종	STS 35
			2종	STS 38
			3종	STS 42
			4종	STS 49
	35 MPa 이상의 배관	이음 곳 없음 단접 전기 저항 용접	2종	STPT 38
			3종	STPT 42
		이음 곳 없음	4종	STPT 49
배관용 아크 용접 탄소강 강관	어느 정도 저압의 증기, 물, 기름, 가스, 공기 등의 대경 배관	스트레이트 또는 스파이럴로 서브머지드 용접		STPT 41
배관용 합금강 강관	고온도의 배관	이음 곳 없음	12종	STPA 12
			22종	STPA 22
			23종	STPA 23
			24종	STPA 24
			25종	STPA 25
			26종	STPA 26
배관용 스테인리스 강관	내식성, 내열용, 고온용 및 저온 배관	이음 곳 없음 또는 자동 아크 용접		SUS 304 TP
				SUS 321 TP
				SUS 316 TP
				기 타
저온 배관용 강관	빙점 하의 특히 낮은 온도의 배관	이음 곳 없음 단접 전기 저항 용접	1종	STPL 39
		이음 곳 없음	2종	STPL 46

1-2 관 이음

(1) 관 이음의 개요

파이프의 연결이나 방향을 바꾸는 경우에는 파이프 이음(pipe joint)을 한다. 파이프 이음쇠의 재질은 파이프의 재질에 따라 정해지며, 파이프 이음은 그 사용 목적과 파이프의 수리, 바꿔 끼우기, 증설 등의 고려에 따라 여러 가지 종류로 나누어지나 크게 영구 이음과 분리 가능한 이음으로 나누어진다.

① 영구 이음(용접 이음) : 파이프의 이음부를 용접하여 사용하는 것으로서 고압관 이음에서와 같이 이음부를 되도록 적게 하여 누설이 발생하지 않도록 할 때에 사용하며, 설비비와 유지비가 적게 든다. 용접 이음을 할 때에는 수리에 편리하도록 플랜지 이음(flange joint)을 병용하는 것이 좋으며, 이음부는 V형 맞대기 용접으로 하여, 안쪽에 이면 비드가 나오지 않도록 한다. 관과 관을 용접으로 결합하는 방법은 다음과 같은 것이 있다.

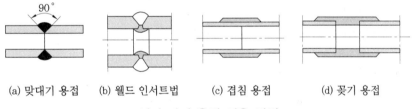

(a) 맞대기 용접　　(b) 웰드 인서트법　　(c) 겹침 용접　　(d) 꽂기 용접

여러 가지 용접 이음 방법

② 분리 가능 이음

  ㈎ 나사 이음 : 용접 이음과 거의 같은 형상의 부품이지만 파이프의 끝에 관용 나사를 절삭하고 적당한 이음쇠를 사용하여 결합하는 것으로, 누설을 방지하고자 할 때에는 접착 컴파운드나 접착 테이프를 감아 결합한다. 수나사 부분은 관 끝에 암나사를 내고 비틀어 넣는 것이 아니라 다른 이음쇠나 소형 밸브를 비틀어 넣어서 사용한다.

  ㈏ 패킹 이음 : 생 이음이라고도 하며, 파이프에 나사를 절삭하지 않고 이음하는 것으로 숙련이 필요하지 않고, 시간과 공정이 절약된다.

  ㈐ 턱걸이 이음 : 파이프의 한끝을 크게 하여 여기에 다른 한끝을 끼우고, 그 사이에 대마나 목면 등의 패킹을 넣고 그 위에 납이나 시멘트를 유입한 다음 코킹하여 누설이 방지되도록 결합하는 것으로, 정확성을 필요로 하지 않는 상수, 배수, 가스 등의 지하 매설용에 많이 사용된다.

  ㈑ 플랜지 이음 : 관의 끝부분에 플랜지를 나사이음 용접 등의 방법으로 부착하고

볼트, 너트로 죄어서 관을 접합 또는 기기 용기 밸브류와 접속하는 것이다. 이것은 관의 직경이 비교적 클 경우, 내압이 높을 경우 사용되며 분해, 조립이 편리하여 산업 배관에 많이 사용된다.

㉮ 부어내기 플랜지 : 주철관과 일체로 플랜지를 주물로 부어내서 제작한다.

㉯ 나사형 플랜지 : 관용 나사로 플랜지를 강관에 고정하는 것이며 지름 200 mm 이하의 저압, 저온 증기나 약간 고압 수관에 사용된다.

㉰ 용접 플랜지 : 용접에 의해 플랜지를 관에 부착하는 방법이고 맞대기 용접식, 꽂아 넣기 용접식 등이 있다.

㉱ 유합(遊合) 플랜지 : 강관, 동관, 황동관 등의 끝 부분의 넓은 부분을 플랜지로 죄는 방법이다.

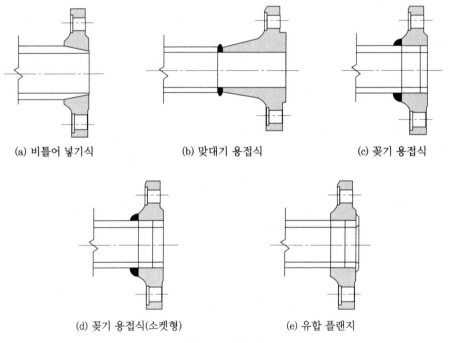

(a) 비틀어 넣기식   (b) 맞대기 용접식   (c) 꽂기 용접식

(d) 꽂기 용접식(소켓형)   (e) 유합 플랜지

플랜지 부착방법

㉲ 고무 이음 : 진동 흡수용 이음으로 냉동기, 펌프의 배관에 사용된다.

㉳ 신축 이음 : 온도에 의해 관의 신축이 생길 때 양단이 고정되어 있으면 열응력이 발생한다. 관이 길 때는 그 신축량도 커지면서 굽어지고, 관뿐만 아니라 설치부와 부속 장치에도 나쁜 영향을 끼쳐 파괴되거나 패킹을 손상시킨다. 따라서 적당한 간격 및 위치에 신축량을 조정할 수 있는 이음이 필요한데, 이것을 신축 이음이라 한다.

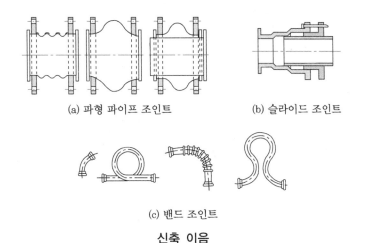

(a) 파형 파이프 조인트　(b) 슬라이드 조인트

(c) 밴드 조인트

신축 이음

(2) 관 이음쇠

관과 관을 연결시키고, 관과 부속 부품과의 연결에 사용되는 요소를 관 이음쇠라 부르며, 관로의 연장, 관로의 곡절, 관로의 분, 관의 상호 운동, 관 접속 착탈의 기능을 갖는다.

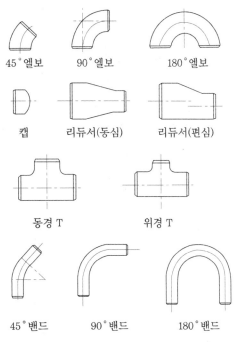

45° 엘보　90° 엘보　180° 엘보

캡　리듀서(동심)　리듀서(편심)

동경 T　위경 T

45° 밴드　90° 밴드　180° 밴드

일반 배관용 강제 맞대기 용접식 관 이음쇠

① 영구관 이음쇠 : 주로 용접, 납땜에 의하여 관을 연결하는 것으로 고장 수리와 관내의 청소가 필요 없는 경우와 빌딩과 땅속의 매설관 접속에 많이 사용된다. 맞대기 용접식은 이음쇠와 관을 맞대고 용접하는 것이며 탄소강 강관의 이음에 사용한다. 끼워넣기 용접식은 압력 배관, 고온·저온 스테인리스 배관의 비교적 소구경(小口徑)의 경우 및 관의 살이 얇아 용접이 어려울 경우 사용된다. 두 가지 방법은 용접만 확실하면 고압·고온에서의 누설이 없어 배관 시공이 용이하다. 그러나 현재는 이 두 방법보다 분해가 쉬운 플랜지 이음이나 유니언 이음이 많이 사용된다.

② 착탈관 이음쇠 : 정기적으로 배관을 해체, 검사, 보수하는 곳에 가단주철제가 많이 사용된다. 대형관 또는 주철, 주강, 청동 등의 관 이음에도 사용되며, 종류에는 나사관 이음쇠, 플랜지관 이음쇠, 소켓관 이음쇠 등이 있다.

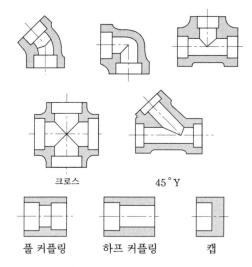

크로스 45°Y

풀 커플링 하프 커플링 캡

끼워 넣기 용접식 관 이음쇠

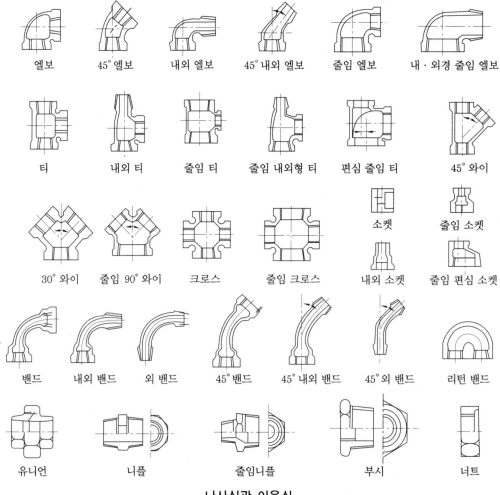

엘보 45°엘보 내외 엘보 45°내외 엘보 줄임 엘보 내·외경 줄임 엘보

티 내외 티 줄임 티 줄임 내외형 티 편심 줄임 티 45°와이

소켓 줄임 소켓

30°와이 줄임 90°와이 크로스 줄임 크로스 내외 소켓 줄임 편심 소켓

밴드 내외 밴드 외 밴드 45°밴드 45°내외 밴드 45°외 밴드 리턴 밴드

유니언 니플 줄임니플 부시 너트

나사식관 이음쇠

㈎ 나사관 이음쇠 : 관의 양단에 테이퍼 나사를 절삭하고, 대마, 테프론 실 등을 넣어 나사를 조립하여 누설을 방지한다. 관의 접합부에 수나사를 끊어 연결하는 것이 소켓, 암나사를 끊어 연결하는 것이 니플이다.

㈏ 유니언 조인트 : 중간에 있는 유니언 너트를 돌려서 자유로 착탈하는 이음쇠로 양측에 있는 유니언 나사와 유니언 플랜지 사이에 패킹을 끼워서 기밀을 유지한다. 설치 위치에서 관을 회전시키지 않아도 되고, 관의 방향에 약간 움직이는 여유가 있으면 자유롭게 설치하고 분해할 수 있다.

배관 계통의 정비를 위하여 분해할 필요가 있는 기기 용기, 밸브 등의 가까이에 유니언을 설치한다. 그 다음 F형의 경우는 접촉부에 개스킷을 넣고 죈다. 또 C형은 금속 접촉형으로 개스킷은 필요 없다. F형, C형 모두 기계 용기 가까이나 긴 관로의 여기저기에 부착하면 대단히 편리하며 물, 기름 증기, 공기, 가스 배관에 사용된다. 재료는 보통 가단주철, 고압용에는 강제가 사용된다. 소형 강관 황동관용으로는 황동제의 납붙임 유니언 이음쇠 등이 이용되지만 이것도 금속 접촉형이다. 링 이음쇠는 소형 내연기관의 연료 파이프 등에 사용된다.

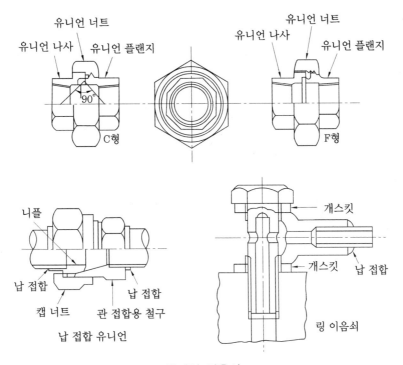

유니언 이음쇠

⒟ 플랜지관 이음쇠 : 관지름이 크고 고압관 또는 자주 착탈할 필요가 있는 경우에
  사용된다.

③ 주철관의 이음쇠 : 주로 주철관을 지하 매설할 경우에 그림 ⒜의 소켓(socket) 이음
  은 대마사, 무명사 등의 패킹을 굳게 다져 넣고 납이나 시멘트로 밀폐한 이음이며,
  신축성은 있으나 시공할 때에 고도의 숙련이 필요하여 거의 사용되지 않는다. 그
  대신 ⒝ 표준 메커니컬 이음, ⒞ 개량 메커니컬 이음 등이 이용되고. 주철관에서는
  ⒟와 같이 플랜지 이음으로 한다.

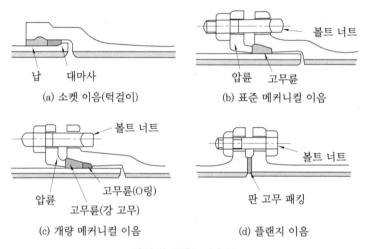

일반적 주철 이음쇠

④ 신축관 이음쇠 : 열에 의한 관의 팽창 수축을 허용하고 축 방향으로 과도한 응력이
  걸리지 않게 하기 위해 신축이 가능한 이음쇠가 필요해진다. 그러므로 각종 팽창
  이음쇠가 쓰이며, 그 종류는 다음과 같다.

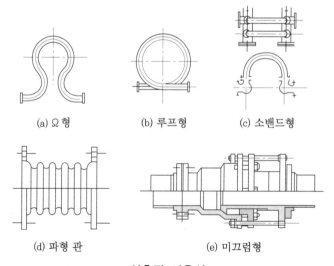

신축관 이음쇠

2. 배관 정비

2-1 나사 이음부의 누설

(1) 누설 방지 요점

증기, 물 등의 나사부에서 누설은 관의 나사 부분을 부식시켜 강도 저하, 균열, 파단의 원인이 된다. 또 나사부에서 착탈을 반복함으로써 나타난 마모는 생각지도 않은 사고를 유발한다.

(2) 더 죄기로 인한 누설 방지

그림과 같은 배관에서 나사부 누설이 생겼을 경우 그 상태로 밸브나 관을 더 죄면 반드시 반대측의 나사부에 풀림이 생겨 단순히 누설 개소가 이동한다고 밖에 볼 수 없다. 그러므로 이 경우 플랜지로부터 순차적으로 비틀어 넣기부를 빼내고 누설 개소까지 빼냈으면 교체 여부를 확인한다. 교체가 불필요할 때는 실 테이프를 감고 순차적으로 비틀어 넣어 최후에 플랜지부를 접속한다. 또 그러기 위해서는 플랜지나 유니언 이음쇠가 적당히 설치되어야 한다.

비틀어 넣기부의 누설은 그 부분만의 처리로는 안 된다. 플랜지부에서 떼내고 더 죄기한다.

나사 부위 더 죄기

2-2 용접부의 누설

배관이나 이음쇠의 용접 부분은 기본적으로 믿을 수 있는 용접 기술에 의해 용접되지 않으면 안심할 수 없으나 나사식보다 문제가 적다. 또 나사식과 같이 갑자기 빠져 나오는 사태는 거의 없다. 그러나 용접부의 일부에 균열이 생겨 누설이 진행되어서 파단에 이르기도 하므로 누설의 조기 발견에 의한 빠른 처치가 가장 중요하다.

2-3 누설의 발견

누설의 조기 발견과 그에 대한 적절한 처치는 비틀어 넣기식, 용접식을 불문하고 가장 중요하다. 누설의 발견은 증기, 액체의 경우는 쉬우나 압축 공기의 경우는 대단히 어렵다. 그러므로 1~2년에 한 번 정도 공장이 가동되지 않을 때 공기 압축기를 운전하여 공장 내의 공기 누설 소리를 발견하고, 또 각 이음부에 비누칠을 하여 거품으로 누설의 여부를 본다.

2-4 배관 지지 장치의 정비

(1) 지지 장치의 종류

배관 지지 장치를 크게 나누면 고정식과 가동식으로 분류된다. 상온의 물, 공기, 기름, 가스 등의 일반 배관에서는 고정식이 많으며 열팽창이나 수축을 고려해야 할 증기 배관에서는 대부분의 개소에 가동식을 사용하고 있다.

(2) 보수 점검의 방법

장기간 운전되는 발전소 배관 및 지지 장치는 장기간에 걸친 열 변형, 변동 하중, 노화, 부식, 지지 하중의 불평형 등으로 응력 집중 및 피로(fatigue)로 조기 파손될 우려가 있으며 단순 육안 점검 및 비파괴 검사 방법에만 의존한 경우 근원적인 문제 해결이

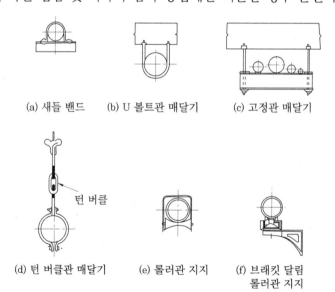

(a) 새들 밴드　　(b) U 볼트관 매달기　　(c) 고정관 매달기

(d) 턴 버클관 매달기　　(e) 롤러관 지지　　(f) 브래킷 달림 롤러관 지지

각종 배관 지지 장치

어려워 정밀 진단 기술이 필요하다. 이 장치는 정지된 상태로 사용되고, 가동식이라고 해도 큰 하중이 반복되는 것은 아니다. 일상 점검에 해당되지 않고 다른 관이나 이음쇠의 수리, 교체, 도장, 보온의 보수 등 관계에 보수할 경우 부근의 지지 장치와 함께 점검, 보수를 한다.

2-5 배관의 부식

(1) 방식(防蝕)이 필요한 배관

지하에 매몰된 배관이나 200 A 이상 되는 큰 직경의 파이프 라인 등에서 관의 부식은 안전성, 경제성의 점에서 중요한 문제이며 관의 내외면에 방식 도장, 라이닝, 전기 도금 방식 등 각종 부식 방지 처치를 해야 한다.

(2) 배관 재료에 의한 방식 대책

아연 도금 이외의 배관은 옥내외 관계없이 다른 철강 구조물과 같이 외면을 도장해서 녹 부식으로부터 보호한다. 또 도장의 박리(剝離) 손상 오염 등에 대해서도 정기적인 점검과 보수를 한다.

2-6 지관(支管)의 분기(分岐) 방법

공장 내에서는 보통 주배관을 가공(架空) 배관으로 해서 건물의 기둥이나 보에 브래킷으로 고정하고 여기에 지관을 분기해서 설비에 배관한다. 이 배관에 의해 일반적으로 건물은 침하(沈下)되지 않으나 설비는 어느 정도 침하되는 것이 보통이다.

지관의 분기는 보통 그림 (a)와 같이 하지만 설비의 침하가 예상될 경우 사고 방지의 하나로서 (b)와 같은 '흔들림'을 갖게 한 엘보에 의한 분기 배관의 방법이 취해진다.

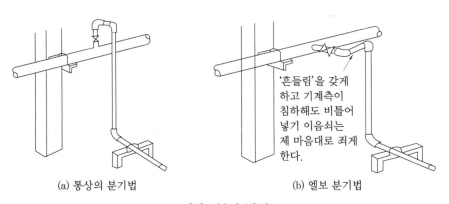

'흔들림'을 갖게 하고 기계측이 침하해도 비틀어 넣기 이음쇠는 제 마음대로 죄게 한다.

(a) 통상의 분기법   (b) 엘보 분기법

지관 · 분기 방법

2-7 보온·보랭 부분의 보전

배관의 보온·보랭이 시공되는 이유는 몇 가지가 있으나 주요한 것을 들면 다음과 같다.

① 방열에 의한 손실 방지(경제적 이유)

② 배관 계통에 요구되는 온도의 유지

③ 사람이 고온 관에 접촉하는 것을 방지(위험 방지)

④ 배관의 표면이 결로되어 오염을 방지(방노)

⑤ 한랭지에서의 동결 방지

이것들 보온·보랭의 재질, 시공 방법의 선택, 경제 계산의 방법 등은 규격화되어 있고 배관 설계의 시점에서 검토되고 산정된다. 그러나 자원, 에너지 절감 차원에서 보온·보랭 부분의 유지, 보전은 큰 의의가 있고 동시에 이것들의 구조를 알아야 보수도 할 수 있다.

(1) 보온·보랭 부분의 구조

다음 그림에 나타낸 것은 관, 플랜지, 밸브 등의 증기용 옥외 주관의 일반적인 시공 예이다. 옥내와 옥외 주관과 지관을 포함한 기계용 배관 등에서는 시공 방법이 서로 다르다.

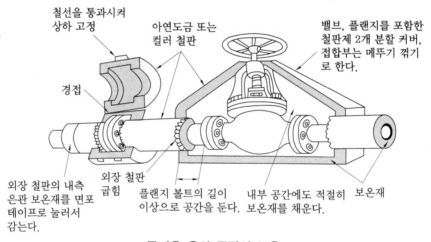

증기용 옥외 주관의 보온

(2) 보수의 요점

보온·보랭 부분이 손상되는 큰 원인은 다음과 같다.

① 밸브나 플랜지를 보수 공사할 때 보온 부분을 거칠게 분해하여 파손·변형시키고 확고히 다시 조립하지 않았을 경우

② 다른 부분의 보수 공사 시 접촉 손상시키거나 혹은 보온 부분에 올라서거나 걸어

서 생긴 변형·손상

③ 장기간의 사용(5~10년)으로 비, 바람에 의한 부식, 손상, 지진, 폭풍, 진동 등에
  의한 손상

3. 밸브의 구조와 정비

 밸브

유체 흐름의 단속과 유체의 흐름 변경, 유량, 온도, 압력 등을 조절하기 위하여 유체
통로의 개폐를 행하는 관계 기계요소를 밸브라 한다.

(1) 리프트 밸브(lift valve)

유체 흐름의 차단 장치로 가장 널리 사용되는 스톱 밸브로 유체의 에너지 손실이 크
나 작동이 확실하고, 개폐를 빨리 할 수 있으며, 밸브와 밸브 시트의 맞댐도 용이하고
가격도 저렴하다. 유체의 입구 및 출구가 일직선상에 있는 달걀형으로 흐름의 방향이
동일한 글루브 밸브(gloove valve)와 흐름의 방향이 90˚ 변화하는 앵글 밸브(angle
valve)가 있으며, 이음매 형상에 따라 나사 박음형과 플랜지형이 있다.

시트에는 평면 시트, 원추 시트, 구면 시트, 삽입 시트가 있다. 밸브 시트의 구멍 지
름은 관의 안지름과 같게 결정하고, 유체가 밸브를 통과하는 속도는 최대 리프트의 경
우 관내 유속과 같게 한다. 보통 밸브의 시트는 청동, 스테인리스강 등의 부시로 만든
다. 단, 밸브 박스와 재질이 다르면 팽창 계수의 차에 의하여 밸브 시트가 이완되는 수
가 있으므로 주의하여야 한다.

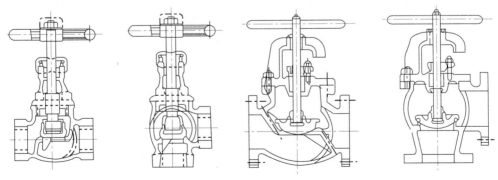

(a) 나사 박음 글루브 밸브 (b) 나사 박음 앵글 밸브 (c) 플랜지형 글루브 밸브 (d) 플랜지형 앵글 밸브

리프트 밸브

(2) 게이트 밸브

게이트 밸브는 밸브봉을 회전시켜 열 때 밸브 시트면과 직선적으로 미끄럼 운동을 하는 밸브로 밸브판이 유체의 통로를 전개하므로 흐름의 저항이 거의 없다. 그러나 $\frac{1}{2}$만 열렸을 때는 와류가 생겨서 밸브를 진동시킨다. 밸브를 여는 데 시간이 걸리고 높이도 높아져 밸브와 시트의 접합이 어렵고 마멸이 쉬우며 수명이 짧다. 밸브의 경사는 $\frac{1}{8}$ ~ $\frac{1}{15}$ 이고 보통 $\frac{1}{10}$ 이다.

(3) 플랩 밸브와 나비형 밸브

플랩 밸브(flap valve)는 관로에 설치한 힌지로 된 밸브판을 가진 밸브로 밸브판을 회전시켜 개폐를 한다. 스톱 밸브 또는 역지(逆止) 밸브로 사용된다.

나비형 밸브는 원형 밸브판의 지름을 축으로 하여 밸브판을 회전함으로써 유량을 조절하는 밸브이나 기밀을 완전하게 하는 것은 곤란하다.

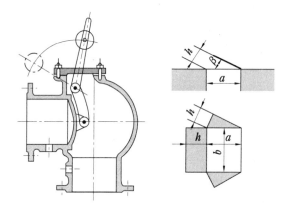

플랩 밸브 및 리프트

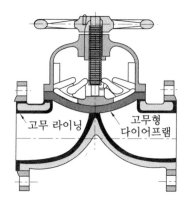

다이어프램 밸브

(4) 다이어프램 밸브

산성 등의 화학 약품을 차단하는 경우에 내약품, 내열 고무제의 격막 판을 밸브 시트에 밀어 붙이는 다이어프램 밸브(diaphragm valve)가 사용된다. 유체 흐름 저항이 적고 기밀 유지에 패킹이 필요 없으며 부식의 염려도 없다.

(5) 체크 밸브 및 자동 밸브

체크 밸브는 밸브의 무게와 밸브의 양면에 작용하는 압력 차로 자동적으로 작동하여 유체의 역류를 방지하여 한쪽 방향에만 흘러가게 하는 밸브이다.

자동 밸브는 펌프 등의 흡입, 배출을 행하여 피스톤의 왕복 운동에 의한 유체의 역류를 자동적으로 방지하는 밸브이다.

(6) 감압 밸브

유체 압력이 사용 목적에 비하여 너무 높을 경우 자동적으로 압력이 감소되어 감압시키고 감소된 압력을 일정하게 유지시키는 데 사용되는 밸브이다.

3-2 콕

콕은 구멍이 뚫려 있는 원통 또는 원뿔 모양의 플러그(plug)를 0~90° 회전시켜 유량을 조절하거나 개폐하는 용도로 사용하는 것으로, 플러그는 보통 원뿔형이 많으며 신속한 개폐 또는 유로 분배용으로 많이 사용된다.

① 유로 방향수 : 이방 콕, 삼방 콕, 사방 콕
② 접속 방법 : 나사식, 플랜지식

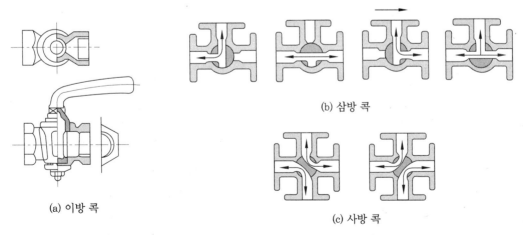

(a) 이방 콕 (b) 삼방 콕 (c) 사방 콕

콕의 종류

3-3　밸브의 정비

(1) 공통 취급 주의 사항

① 핸들의 회전 방향을 정확히 확인 : 손으로 돌리는 밸브는 '좌회전 열기', '우회전 닫기'로 만들어져 있으며 핸들 바퀴의 표면에 화살표 등으로 표시되어 있다.

② 밸브를 여는 방법 : 처음에 약간 열고 유체가 흐르기 시작하는 소리 및 약간 진동을 느끼면 흐름 방향의 관이나 기기에 이상이 없음을 확인한 후 개도(開度)까지 연다.

③ 밸브를 전개(全開)할 때 : 우선 위의 방법으로 열기 시작하고 핸들 바퀴가 정지될 때까지 회전시킨 후 약 $\frac{1}{2}$회전을 '닫음' 방향으로 역전시켜 둔다. 강한 힘으로 밸브봉을 끌어 올린 상태로 두면 밸브 누르개나 밸브 봉 나사 부분을 손상시키는 원인이 된다. 그러나 밸브봉에 '반대 시트'가 달린 것은 밸브봉을 충분히 끌어올리고 '반대 시트'를 접촉시키면 패킹부로 유체 침입을 방지할 수 있다.

④ 밸브를 닫을 때 : 서서히 닫지만 밸브 누르개의 부분이 마모된 글로브 밸브나 슬루스 밸브에서는 전폐에 가까워지면 밸브체가 내부에서 진동을 일으킬 때가 있다. 이 경우에는 빨리 닫아야 한다.

⑤ 이종(異種) 금속으로 만든 밸브 : 열팽창 차이에 주의한다. 주철, 주강 밸브는 내 마모 때문에 밸브와 밸브 시트는 스테인리스강, 청동, 황동 등의 다른 금속이 사용된다. 그러므로 이것들의 밸브가 200℃ 이상으로 쓰일 경우에는 이종 금속 사이의 열팽창률이나 열응력의 차이로 고온 상태에서 전개해서 상온 온도까지 됐을 때 밸브 시트에 약간의 틈새가 생겨 누설이 생긴다. 또는 상온일 때 전폐하고 그대로 밸브의 1차 측에 고온 유체가 보내져 밸브의 온도가 상승된 다음 열려고 했을 때 보통의 힘으로는 핸들 바퀴가 돌지 않을 정도로 밸브 시트가 파고 들어간다. 이때는 냉각 후 더 죄기를 하고 작동시킨다.

(2) 밸브 관리의 중요 사항

밸브 부분의 누설 발생 부위는 플랜지 부분(또는 나사 이음 부분), 밸브 시트, 밸브봉 패킹 부분 등이 있다. 각 부위마다 각각 다른 원인이 있으므로 부위별로 나누어 다음과 같이 원인과 그 대책을 수립한다.

첫째, 플랜지부의 누설은 정확한 개스킷의 선정이 제일 중요하며 플랜지의 누설 방지를 위해서는 우선 적절한 종류와 약간 두꺼운 개스킷을 선정한다. 취급 유체가 일반 공장에 있어서 1 MPa, 120℃ 이하의 물, 기름, 공기, 가스, 포화 증기라면 석면 조인트 시트 개스킷 또는 석면 비터 시트 개스킷의 1 mm 두께 전후의 것을 사용한다. 또한 정확히 잘라서 부착한다. 플랜지 내경에서 빠져나오거나 들어갔을 경우에는 누설이 없다고 하더라도 새로운 트러블의 원인이 될 수 있다.

둘째, 플랜지 볼트의 죔을 적절히 한다. 개스킷은 탄성체이기 때문에 복원력이 남아 있어 누설을 방지하고 있다. 그러므로 그 죔이 중요하며 지나친 죔, 한쪽 죔이 되지 않게 충분히 주의해야 한다.

셋째, 나사 이음의 경우는 테플론 실 테이프를 사용한다. 이것은 240~300℃까지의 유체에 적합하고 현재는 모든 배관 설비의 나사 이음에 사용된다.

넷째, 누설을 방지하려면 나사 이음을 정확히 해야 한다. 그 예로서 나사부를 충분히 내지 않음으로써 생기는 현상으로 조립할 때에 암수 나사부와 불완전 나사부가 닿을 경우 진동 등에 느슨해져서 누설이 생긴다.

① 밸브 시트부의 누설은 글로브 밸브, 슬루스 밸브의 어느 것에 있어서도 밸브 시트 면이 손상되어 있으면 당연히 누설된다. 밸브 시트 누설의 판정 방법은 다음과 같다.

   ⑦ 전폐된 밸브 이후의 2차 측의 압력을 빼서 체크하는 방법 : 온유체(溫流體)이면 밸브 이후의 관의 온도가 내려가지 않을 경우에는 그 온도의 상태에 따라 누설의 다소가 판단된다.

   ㉯ 상온 유체, 온유체 모두 밸브체 또는 밸브에 가까운 관부에 청음봉(聽音棒)을 댈 때 '딱딱 쭉쭉'하는 단속음(斷續音)이 나면 비교적 소량의 누설이며, '슉'하는 연속음이 나면 비교적 다량의 누설이라고 할 수 있다.

   ㉰ 1차 측 2차 측 모두 압력을 전부 빼고 밸브 뚜껑을 떼어 내고 직접 밸브 시트를 확인하는 방법 : 압력이 완전히 빠졌음을 확인하고 또한 배관계의 일부를 개방한다.

② 밸브 시트에서의 누설의 원인

   ⑦ 장시간의 개폐조작에 의한 것(즉 수명)

   ㉯ 무리한 조작에 의한 것 특히 닫을 때 지나치게 죄거나 강한 교축으로 장시간 사용했을 때

   ㉰ 유체의 이물(異物), 관의 녹이나 스케일에 의한 것

(3) 글로브 밸브의 구조와 취급

보통 밸브 박스가 구형으로 만들어져 있으며 주로 밸브의 개도를 조절해서 교축(絞縮) 기구로 이용된다. 구조상 유로가 S형이고 유체의 저항이 크므로 압력 강하가 큰 결점이 있다. 그러나 전개(全開)까지의 밸브 리프트가 적으므로 개패가 빠르고 또 구조가 간단해서 저렴하므로 많이 사용되고 있다.

① 글로브 밸브의 구조 : 다른 밸브와 마찬가지로 비틀어 넣기형과 플랜지형이 있다.

   ⑦ 나사형 글로브 밸브 : 그림과 같이 (a), (b) 모두 청동제이고 밸브 자리는 밸브 박스와 일체로 만들어져 있다. 이 청동제의 것 중 호칭경이 10~100 mm까지는 소형에 쓰이며 호칭경의 크기에 따라서 그림과 같이 뚜껑의 형상이 다르다. 또한 주철, 주강제의 것은 규격화되어 있지 않으나 밸브 자리 재료는 사용 조건에 따

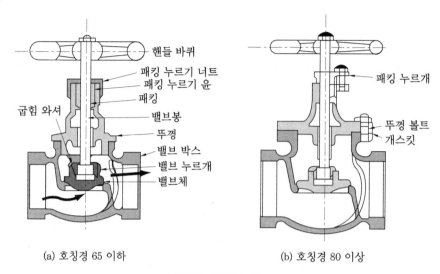

(a) 호칭경 65 이하   (b) 호칭경 80 이상

나사형 글로브 밸브

른 것이 사용된다.

㈏ 플랜지형 글로브 밸브 : 청동제 및 주철, 주강제의 것이 있으며, 청동제는 비틀
어 넣기형과 마찬가지로 지름 100 mm까지는 소형용이며, 호칭경의 크기에 따라
뚜껑의 형상이 다르다. 주철, 주강제는 호칭경이 200 mm까지는 대형용이고 밸
브봉(棒)은 그림과 같이 왼나사형으로 규격화되고 있다.

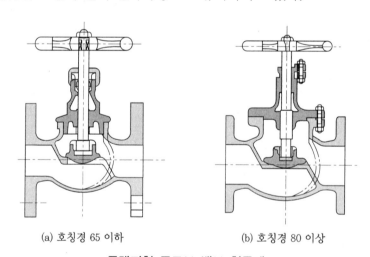

(a) 호칭경 65 이하   (b) 호칭경 80 이상

플랜지형 글로브 밸브 청동제

② 글로브 밸브의 취급상의 주의 : 글로브 밸브는 교축 기구로서 쓰이지만 지나치게 강
한 교축으로 장기간 사용하면 밸브 시트에 가는 세로 흠이 생겨 전폐 시라도 누설
이 생길 수 있다. 그러므로 오히려 이와 같은 경우에는 감압 밸브를 사용하고, 관경
을 가늘게 하는 방법을 사용한다.

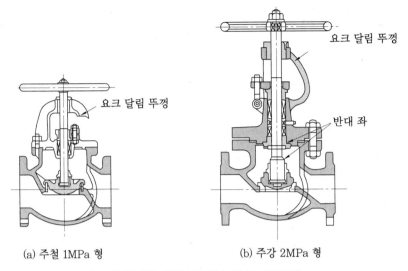

(a) 주철 1MPa 형   (b) 주강 2MPa 형

플랜지형 글로브 밸브 주철, 주강제

밸브 누르개에는 반드시 굽힘 와셔를 사용하여 밸브 누르개의 풀림에 의한 밸브의 탈락이 없게 한다. 만일 밸브 누르개가 풀려도 배관이 밸브 박스의 흐름 방향을 나타내는 화살표를 따르고 있으면 개폐는 가능하다. 동시에 닫았을 때 밸브봉 패킹 박스에도 압력이 없다. 이것은 밸브 박스 외측에 정확한 흐름 방향을 표시하도록 규정되어 있어서 밸브를 관에 부착할 경우 반드시 확인한다.

(4) 앵글 밸브의 구조와 취급

글로브 밸브의 일종으로 L형 밸브라고도 하며 관의 접속구가 직각으로 되어 있어 취급법이 글로브 밸브와 같다.

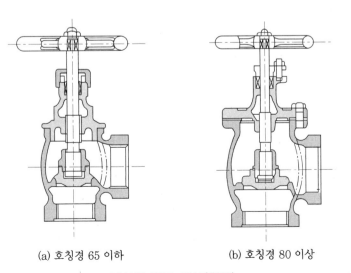

(a) 호칭경 65 이하   (b) 호칭경 80 이상

나사형 앵글 밸브(청동)

① 나사형 앵글 밸브 : 청동제이며 호칭경이 100 mm까지의 소형으로 하고 크기의 틀림
에 의한 뚜껑의 형상도 글로브 밸브와 마찬가지로 그림의 (a), (b)와 같이 규격화가
되어 있다.
② 플랜지형 앵글 밸브 : 글로브형과 마찬가지로 청동제와 주철, 주강제가 있으며, 청동제
는 호칭경이 100 mm까지 소형이고 크기에 의한 뚜껑 형상도 글로브 밸브와 같다.

(5) 슬루스 밸브의 구조와 취급

칸막이 밸브라고도 하며 밸브체는 밸브 박스의 밸브 자리와 평행으로 작동하고 흐름
에 대해 수직으로 개폐한다. 일직선으로 흐르기 때문에 유체 저항이 가장 적고, 죄임
힘은 글로브 밸브에 비해 적으며 보통 전개 전폐로 쓰인다.

① 슬루스 밸브의 구조

㉮ 나사형 슬루스 밸브 : 청동제로 소형이다. 각부의 형상, 밸브 시트의 재질 등은
글로브 밸브와 같다. 그림과 같이 밸브봉 상승형이란 일반의 밸브에서 핸들을 돌
려 밸브를 개폐하면 밸브봉이 상하로 이동하는 것이며, 비상승형은 상하 이동이
없는 것이 있다. 따라서 밸브체의 개폐 상태를 외부에서 보고 분간할 수 없으므
로 개폐의 지시반(指示盤)이나 눈금을 낸 것도 있다.

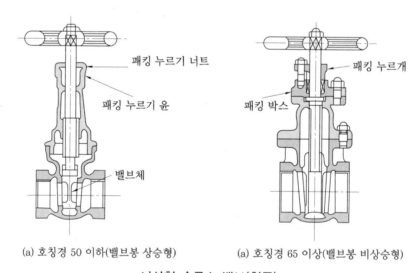

(a) 호칭경 50 이하(밸브봉 상승형)   (a) 호칭경 65 이상(밸브봉 비상승형)

나사형 슬루스 밸브(청동)

㉯ 플랜지형 슬루스 밸브 : 호칭 지름, 온도, 압력 등에 의한 재질, 형상 모양은 글
로브 밸브의 경우와 마찬가지로 규격화되어 있다. 특히 그림에 나타낸 주철, 주
강제의 경우 밸브봉 나사가 밸브 박스 내측에 있는 내나사식과 외측에 있는 외나
사식이 있고, 명칭에는 반드시 내나사 또는 외나사로 표시된다. 또 (b)의 밸브봉
은 비상승형으로 되어 있다. 이 형은 핸들 바퀴에 요크 슬리브를 부착하며 밸브
봉은 회전하지 않고 밸브의 개폐를 한다.

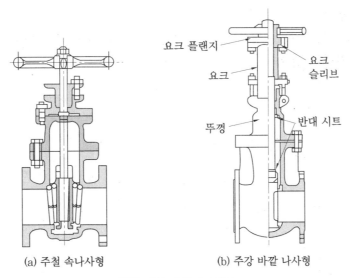

(a) 주철 속나사형   (b) 주강 바깥 나사형

플랜지형 슬루스 밸브

② 슬루스 밸브 취급상의 주의 : 보통 전개, 전폐로 쓰이지만 유속이 빠를 경우에는 밸브체를 낮춰서 전폐에 가까운 상태가 되면 밸브체가 진동을 일으킨다. 이는 밸브 자리의 손상이나 유체 맥동의 원인이 되며, 이때는 빨리 조작하는 것이 좋다. 그리고 슬루스 밸브봉에는 밸브봉을 회전시켜 상하로 움직이게 하는 것, 밸브봉 회전 비상승의 것, 밸브봉 비상승의 것의 3종류가 있다. 이것들은 압력, 온도 등의 사용 조건에 따라 특징지어진다. 예컨대 주강제의 것은 고온, 고압으로 쓰이므로 밸브봉 패킹부에서의 누설 방지를 위해 '반대 시트'라고 하는 것이 부착되어 있다. 밸브를 전개했을 때 '반대 시트'가 '뚜껑 끼움링'의 시트에 접촉되기까지 끌어올려서 사용한다.

(6) 체크 밸브의 구조와 취급

유체의 역류를 방지하기 위한 체크 밸브는 리프트식과 스윙식이 있다.

① 체크 밸브의 구조

㉮ 리프트 체크 밸브 : 그림의 (a)와 같이 화살표 A 방향의 유체에 대해서는 밸브체가 자동적으로 열려 흐름을 허용하고 B 방향에 대해서는 밸브체가 자중과 유치 압력에 의해 자동적으로 닫힌다.

㉯ 스윙 체크 밸브 : 리프트식과 마찬가지로 A 방향에서 개, B 방향에서는 폐로 작용하도록 밸브체는 힌지 핀에 의해 지지된다. 이 밸브도 나사형은 청동제이며 소형용, 주철·주강은 대형이고 플랜지형이 되며 밸브 자리의 재질도 글로브 밸브와 같이 규격화되어 있다.

② 취급상의 주의

㈎ 유체의 흐름 방향은 밸브 박스의 바깥 측에 화살표를 표시하고 있지만 부착할 때에는 확인이 필요하다.

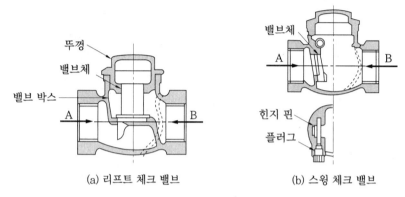

(a) 리프트 체크 밸브   (b) 스윙 체크 밸브

수평 배관용 체크 밸브

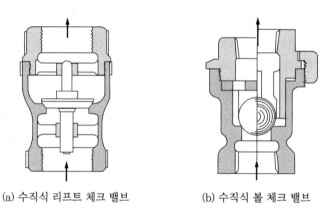

(a) 수직식 리프트 체크 밸브   (b) 수직식 볼 체크 밸브

수직 배관용 체크 밸브

㈏ 수평 배관용 체크 밸브 그림에 나타낸 것은 수평 상태에서 밸브체의 자중으로 작동하는 것이므로 수평 배관 이외에는 사용하지 못한다. 수직 배관에 사용하는 것은 위의 그림과 같다. 이와 같이 배관 방향에 맞는 밸브를 선택해야 한다.

㈐ 체크 밸브는 밸브체의 움직임에 따라 역류 방지까지 시간적으로 약간의 지연이 있다. 또 밸브체가 밸브 자리를 누르기 위한 배압(背壓)이 충분한 높이로 되기까지는 소량의 누설은 허용하여야 한다.

㈑ 흐름이 급격히 차단되면 수격의 원인이 되므로 체크 밸브도 빨리 멈추는 데 한계가 있어 천천히 작동시키기 위해 댐퍼 등을 부착할 때가 있다.

(7) 콕의 구조와 취급

① 콕의 구조 : 그림 (a)를 메인 콕이라고 하며 (b)는 마개의 상부에 글랜드 패킹이 있

는 것으로 글랜드 콕이라고 하며 열 유채용으로 적합하다. 두 개 모두 구조가 간단
하고 만들기 쉬우며 염가이므로 물, 가스, 공기 등에 널리 사용되고 있다.

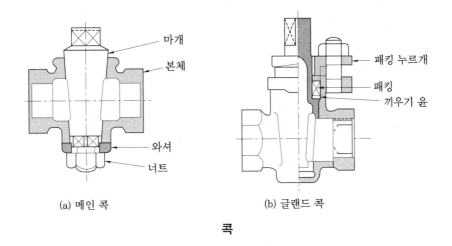

(a) 메인 콕   (b) 글랜드 콕

콕

② 콕의 취급상의 주의

㈎ 고온이 되면 윤활제가 흘러나와 소손이 일어나기 쉽고 또한 마개가 본체보다 고
   온이 되므로 열팽창에 의해 한층 더 소손을 증대시킨다.

㈏ 윤활제로서는 마개에 보통 그리스를 약간 도포하지만 증기용의 경우는 흑연 그
   리스 또는 이유화 몰리브덴 그리스 등을 얇게 도포한다.

㈐ 메인 콕은 마개의 와셔의 부분을 각이 난 구멍으로 해서 너트를 죄고 사용 중에
   풀리지 않는 구조로 되어 있다. 보통 둥근 구멍 와셔 등을 임시로 사용하면 사용
   중 너트가 풀리거나 지나친 죔이 되어 마개의 회전 불능이나 누설을 일으키므로
   주의가 필요하다.

5 제어용 요소의 보전

1. 클러치 및 브레이크 용어

클러치란 동심축상에 있는 구동측에서 피동측으로 기계적 접촉에 의해 동력을 전달·차단하는 기능을 가진 요소라 하고, 브레이크는 운동체와 정지체와의 기계적 접촉에 의해 운동체를 감속하고 정지 또는 정지 상태로 유지하는 기능을 가진 요소라고 정의할 수 있다.

2. 클러치·브레이크의 분류

클러치 브레이크에는 기계 다판 클러치, 유압 다판 클러치(습식), 습식 전자 클러치 등 세 종류가 있다. 다음의 표에는 용도에 따른 분류이다.

클러치·브레이크 용도에 따른 분류

종 류	클러치	브레이크	주요한 용도
맞물림형	○	×	개폐가 적은 단순한 동력의 전달·차단용
마찰력형	○	○	가장 광범위하게 각종 기계에 이용
파우더형	○	○	종이·전선 등의 감기 기계의 정장력 조절용 등
인덕션형	○	○	비교적 소형의 고빈도 기동·정지·연속 슬립 운전용 등
히스테리시스형	○	○	

2-1 마찰 클러치·브레이크

마찰식은 자동차의 클러치와 같이 마찰판(디스크)에 의해 구동축과 피동축을 개폐하는 것이다. 마찰판의 조작 형식에 따라 기계식과 공압식, 전자식으로 구별된다. 또한 브레이크 전용의 원판을 축에 부착하여 마찰력을 주는 디스크 브레이크가 있다. 이 마찰식은 비교적 간단한 구조이고 또한 동력의 전달, 차단이 용이하여 산업 기계에 많이 사용된다.

(1) 건식과 습식

마찰력 클러치, 브레이크는 동력을 전달할 때 발생하는 마찰열을 냉각하는 방식에 따라 건식과 습식으로 분류한다. 건식은 공랭 방식, 습식은 유랭 방식이다.

(2) 단판식과 다판식

단판식은 마찰판(디스크)이 1장, 다판식은 2장 이상이다.

(3) 습식 다판과 건식 단판의 특징

마찰 클러치, 브레이크는 건식 · 습식과 단판 · 다판을 조합해서 네 종류가 있으나 습식 다판식과 건식 단판식이 많이 사용되고 있으며, 최근에는 전자 방식이 많이 사용된다.

습식 다판식과 건식 단판식의 특징

종 류	특 징
습식 다판	기어 박스의 등에서 쓰인다. 작동이 매끄러우며 마찰면의 마모도 적다. 다판이므로 접촉 면적을 크게 취할 수 있어서 소형이며 큰 동력을 전달할 수도 있으므로 고하중과 고빈도에 좋다.
건식 단판	마찰판이 한 장이므로 외형을 크게 잡아야 하므로 큰 체적을 필요로 한다. 가격이 저렴하고, 비교적 저하중, 저빈도의 용도에 좋다.

2-2 전자 클러치

(1) 전자 클러치의 용도

리밋 스위치나 기타의 전기 신호(DC 24 V)에 의해 코일을 여자, 소자시켜 동력의 전달과 차단을 할 수 있고 또한 빠른 응답 속도를 갖고 있기 때문에 각종 기계 장치 및 자동화 시스템에 많이 사용되고 있다.

(2) 전자 클러치 · 브레이크의 분류

조작 방식에 전자력을 이용한 전자 클러치, 브레이크는 습식 다판식과 건식 단판식이 사용된다.

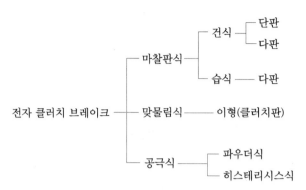

전자 클러치 · 브레이크의 분류

(3) 습식 다판 전자 클러치 · 브레이크

① 구조와 작동 원리 : 외측 디스크는 외측 드라이버가 몇 개의 랙형 또는 기어형으로 유지되고 축 방향으로 자유로이 움직인다. 내측 디스크는 스플라인 허브의 스플라인부와 맞물린 상태, 즉 디스크의 내측에 스플라인 홈이 있어 이것도 축 방향으로 자유롭게 움직인다. 외측 디스크와 내측 디스크는 1장씩 번갈아 넣어져 있다. 이 상태로 코일이 여자되면 양 디스크와 아마추어는 스플라인 허브 측에 흡수되어 양 디스크의 마찰력에 의해 구동측과 종동측이 결합 상태가 된다. 전류를 차단하면 디스크 자체의 스프링 힘에 의해 양 디스크는 일정한 거리를 유지하게 되고 스플라인 허브의 회전 상태는 외측 드라이버 측에는 전달되지 않는다. 또 코일을 내장한 요크는 베어링을 개재해 스플라인 허브에 연결되어 있어서 약간의 회전력을 받으므로 홀더에 의해 고정되어 있다. 그림과 같이 스플라인 허브가 종동축이 되며 외측 디스크 축에 코일이 있는 코일 정지형(靜止形)이 있다.

② 습식 전자 클러치 · 브레이크의 점검

㈎ 일상 점검의 요령

㉮ 전자 클러치의 작동 상태가 최근 변하지 않는가를 확인하고 미끄러짐 등이 확인되면 수리 또는 조정한다.

㉯ 습식 클러치는 일반적으로 감속기 내부에 들어가 있어서 직접 작동 상태를 확인할 수 없으므로 바깥쪽에서 청음기로 클러치의 이동 소리를 확인한다.

㉰ 클러치의 작동에 의한 회전축 운동 교환 상태가 무리 없이 행하여지고 있는지 확인한다.

㉱ 클러치가 유욕 급유일 때 적정 유면이 유지되어 있는지 확인해야 한다. 또 축 끝에서의 강제 급유일 때 급유계의 이상 유무 또한 기름의 오염, 열화 등 윤활 계통의 이상 유무를 조사한다.

㉲ 전기 계통을 확인한다. 즉 작동유의 리밋 스위치나 근접 스위치, 배선, 박스에서 유도해 낸 코일의 리드선, 제어 박스 속의 릴레이 등의 이상 유무를 확인한다.

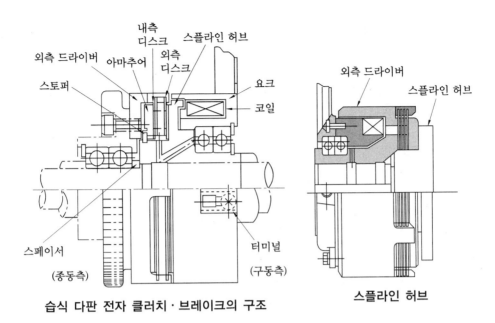

습식 다판 전자 클러치·브레이크의 구조　　　**스플라인 허브**

　㉯ 습식 다판 클러치의 경우에는 라이닝이 경계 윤활의 영역에서 작동하고 있기 때문에 초기 마찰 후 큰 마찰은 없다. 또한 전자 클러치의 접속과 분리는 순간적으로 이루어지지만, 과부하나 윤활 점도가 과대하거나 전자적 공극이 과대하면 1~3초 동안 소요될 경우가 있다. 이 경우에는 원인을 찾아 정비해야 한다.

㈏ 윤활 : 베어링을 포함한 윤활은 경부하, 저회전의 경우는 유욕 윤활, 그 이상의 경우는 축심 급유가 되도록 기름 구멍이 있어 축 끝에 로터리 조인트를 부착하는 축심 급유법으로 한다.

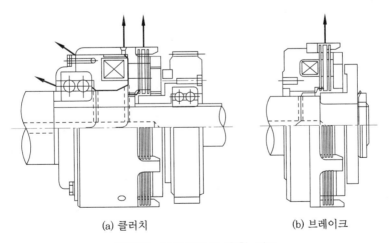

(a) 클러치　　　　　　　(b) 브레이크

클러치·브레이크의 윤활 경로

㈐ 윤활유의 교환 : 윤활유는 디스크의 초기 마모를 300~500시간(2~3개월)으로 보고 그때가 되면 한 번 교환한다. 이후는 유온의 상승 정도(60℃ 이하)나 오염,

이물질의 혼입 상황 등에 따라 6개월~1년마다 교환한다.

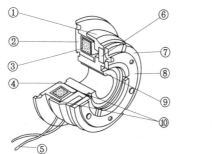

① 로터   ⑥ 라이닝
② 클러치 스테이터   ⑦ 아마추어
③ 코일   ⑧ 정하중형 판 스프링
④ C형 멈춤륜의 홈   ⑨ 키 홈
⑤ 리드선   ⑩ 갭(gap)

전자 클러치의 각부 명칭

㈑ 기타 주의 사항 : 코일 정지형이 많이 사용되어 코일 회전방지 레버 혹은 볼트가 부착되어 있으나 이것들은 감속기 박스에 가볍게 여유가 있는 상태로 접촉시키도록 한다. 또 코일의 리드선이 회전부에 접촉되지 않게 한다.

습식 다판 전자 클러치의 결함과 대책

현 상	원 인	대 책
공전 시 마찰판에 소음	• 마찰판의 면 거침	• 마찰판 교환 • 평행해서 면을 거칠게 하는 절삭분, 철분 등의 불순물을 제거하고 깨끗한 기름과 교환
연결 시 높은 금속음 발생	• 윤활 불량에 의한 마찰판 소착	• 마찰판 교환 • 유체 윤활인지 확인
연결 시 쇼크 발생	• 클러치 전달력 초과	• 트랜스의 탭과 코일 인가 전압을 정격치보다 약간 낮추어 확인하면서 최적점 확인
연결 시간이 지연, 클러치 슬립	• 토크 부족	• 윤활유 오염이 심할 경우 깨끗한 기름과 교환 • 트랜스의 탭을 일단 올려 코일의 인가 전압 상승 • 마찰판에 이상 있을 때 마찰판 교환
마찰판 소착	• 기어 박스 청소 불량 • 윤활 불량 • 연속 작업량 과대	• 윤활방법 개선 • 기어 박스 내의 청소 • 클러치의 선택, 설계 잘못의 재검토
클러치 개방 후에도 부하측이 회전	• 기름의 점도에 의한 공전 토크 발생 • 베어링 불량	• 유온을 올려 기름의 점도를 낮추든가 점도가 낮은 기름과 교환한 후 이 현상이 계속되면 브레이크를 1회 ON-OFF 한다. • 베어링의 교체, 끼워맞춤 체크
코일 회전(파손)	• 베어링 불량 • 회전 정지구의 탈락	• 베어링 체크 • 회전 정지구의 재검토

(4) 건식 단판 전자 클러치

이 클러치는 단순한 구조로 마찰판 이외는 습식 다판식과 다른 점이 없다. 이 형식은 코일에 DC 24[V]를 통전하면 스플라인 허브에 맞물린 보스와 일체로 되어 있는 아마추어가 라우터의 라이닝부에 흡인되어 구동측과 종동측이 결합되는 구조이다.

전류를 끊으면 스플라인 보스에 넣어진 스프링(오토캡 장치)에 의해 소정 위치로 아마추어는 되돌아간다. 건식 클러치는 노출된 대로 쓰일 때가 많아 먼지가 많은 장소에서는 커버를 씌운다. 또 마찰 부분에 물, 기름이 부착되면 마찰 토크가 크게 저하되어 슬립되거나 클러치의 조작이 나빠진다.

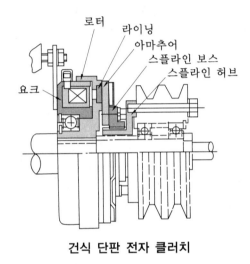

건식 단판 전자 클러치

① 마찰판의 마모 : 건식이므로 라우터의 라이닝부나 아마추어는 어느 정도 마모된다. 마모되면 라우터와 아마추어 사이의 갭이 결합 불량 등의 문제가 발생되므로 이 갭을 일정하게 유지하도록 오토 캡 장치가 스플라인 보스부에 삽입되어 있다.

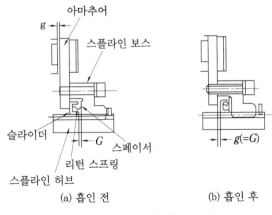

(a) 흡인 전   (b) 흡인 후

오토 캡 장치

오토 캡 장치 그림의 (a) 흡입 전과 같이 흡인 캡 g는 $G=g$로 설정되어 있다. 여기서 코일에 통전하면 아마추어는 라우터에 흡인되어 $G=g=0$이 된다. 한편 슬라이더는 스플라인 허브에 스프링 힘에 의해 장착되어 있으므로 아마추어가 이동해도 정지하고 있으며 따라서 아마추어와 슬라이더가 닿는 면에는 $g=G$ 만큼의 갭이 발생되는 것이다. 각 부의 힘의 관계는 아마추어의 흡인력 〉 슬라이더 밀착력 〉 리턴 스프링 힘과 같이 되어 있다. 전원을 끊으면 아마추어는 리턴 스프링의 힘에 의해 그 위치까지 되돌아와 $g=G$를 유지한다.

② 건식 단판 전자 클러치의 취급 : 기어, 풀리 등을 구동축에 달아 관통축으로서 클러치를 이용하는 것이 보통이지만 그림과 같이 맞대기 축으로 쓰일 때도 있다. 맞대기 축의 경우 중요한 것은 양 축의 중심 맞추기이며 동심도(同心度)와 클러치의 직각도가 정밀하여야 한다.

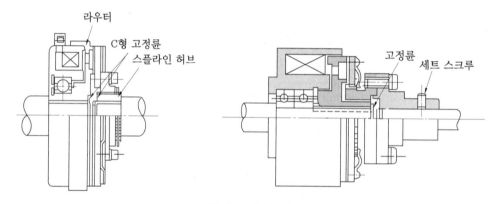

맞대기 축의 예

특히 축의 정렬이 중요하며 전자 클러치를 축에 부착한 다음, 외주(外周)와 라우터의 외주에서 동심도는 아마추어의 스플라인 부에 백래시가 있으므로 하지 않는다. 편심의 허용치는 크기에도 따르지만 0.05 이하로 억제하여야 한다.

건식 클러치 브레이크의 경우 마찰열과 코일의 줄 열의 발열이 매우 크지만 통풍을 통하여 요크의 외주 부분이 90℃ 이하가 되도록 한다.

마찰면의 마모 상태는 불규칙한 마모가 생겨도 정상적인 마모로 보고 보수가 필요 없다.

마찰면의 상태

(5) 전자 기어형 클러치

기어형(齒形) 클러치는 축 방향의 이 맞물림에 의해 연결되는 것이며, 연결은 기본적으로 정지일 때에만 하지만 일반적으로는 30 rpm 정도까지의 저속 중 변속은 가능하다. 소형 경량이며 큰 토크 전달이 되는 외에 공전 토크가 없고 발열도 없는 장점이 있다. 정도(精度)가 높은 위치 결정이나 다른 기구와 동기(同期)시키거나 확실한 정·역 회전용 등에 사용된다. 그러나 기계의 강성(剛性) 부족이나 유격 때문에 소리가 나거나, 단속적인 부하 혹은 급정지 때문에 예기치 않은 큰 토크가 걸리면 슬립이 일어나 맞물리기 이의 면이 치명적인 손상을 초래하므로 설치 초기의 가동 상황은 여유를 갖고 관찰하여야 한다.

코일 회전형의 경우 통전은 슬립 링을 개재해서 실시한다. 코일 정지형, 코일 회전형 모두 라우터와 아마추어의 위치 결정은 비자성(非磁性) 재질(황동, 스테인리스 등)의 칼라로 한다.

(6) 전자(電磁) 브레이크의 사용 방법

전자 브레이크는 코일을 내장한 요크부가 고정되어 있다는 것만 다르고 클러치와 원리적으로는 같다. 전자 브레이크는 축 회전의 급정지를 시킬 수 있으며 코일이 여자(勵磁)되었을 때 결합을 개방하도록 안전 브레이크도 있다. 이것은 긴급 정지 이외에도, 전자 클러치와 병용해서 클러치가 연결했을 때 브레이크가 개방되고 크러치가 개방됐을 때 브레이크가 걸린다. 이와 같이 인터로크 기구로서 이용된다.

(7) 파우더 클러치·브레이크

① 파우더 클러치의 구조 : 파우더 클러치·브레이크는 동력 전달의 매체이다. 반고체라고도 할 수 있는 투자율(透磁率)이 높은 자성철분(磁性鐵粉)인 파우더는 드라이브 멤버와 드리븐 멤버의 공극(空隙)에 넣어져 있다. 코일이 소자일 때 드라이브 멤버가 회전하고 있으면 파우더는 원심력에 의해 파우더 갭의 외주부로 밀려져 드라이브 멤버와 드리븐 멤버는 연결되어 있지 않은 상태이다. 코일을 여자하면 발생된 자속(磁束)을 따라 파우더가 체인 모양으로 연결해서 고체화되고 파우더 사이의 결합력, 파우더 사이의 전단(剪斷) 저항 및 파우더와 동작 면과의 마찰력에 의해 토크가 연결되어 파우더를 매체로 한 마찰 클러치라고 할 수 있는 동작이 된다.

구동측과 종동측의 회전수에 관계없이 여자 전류와 전달 토크의 관계가 거의 비례된다는 것이 중요하다. 이 전달 토크를 정격 토크의 5~100 %에 걸쳐 제어할 수 있는 점이 큰 특징이다. 이와 같은 특성이나 연결할 때에 충격이 극히 적은 점 등의 특성상 그 용도는 연속 슬립 운전이 필요한 전선이나 종이, 필름 등의 장력 제어나 고빈도의 기동 등에 쓰인다.

② 파우더 클러치 사용상의 주의

㈎ 맞대기 축으로 쓸 경우 : 맞대기 축으로 쓸 경우에 드라이브 멤버와 접속, 차단 시에 충격을 완화하기 위해 입종동축 모두 플렉시블 커플링으로 접속한다. 충격을 주면 파우더가 한쪽으로 쏠려 성능이 떨어진다.

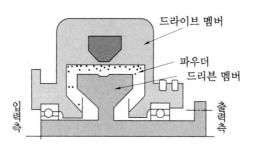

여자 코일에 전류를 흘리지 않을 때는 클러치는 분리, 토크는 전달되지 않는다. 파우더는 원심력에 의해 파우더 갭 외주부에 부착되어 있다.

차단 시

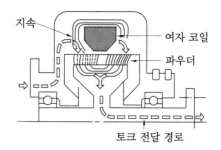

코일이 여자되면 강력한 자속에 의해 파우더가 갭 속에 결속되어 고체상이 되어 토크를 전달시킨다.

연결 시

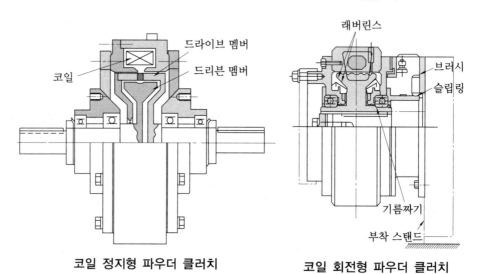

코일 정지형 파우더 클러치   **코일 회전형 파우더 클러치**

㈏ 냉각을 하는 방법 : 파우더 클러치, 브레이크는 파우더의 마찰부가 밀폐 상태로 되어 있으므로 발열이 있어 요크의 표면 온도가 80℃ 이상이 되지 않도록 냉각시켜야 한다. 냉각에는 강제 통풍, 공랭식 등이 있다.

㈐ 파우더 : 파우더는 습기가 있으면 성능에 지장이 있으므로 물이나 기름이 클러치, 브레이크 내부에 들어가지 않도록 한다.

(8) 디스크 브레이크

① 구조와 특징 : 디스크 브레이크는 자동차 브레이크에서부터 건설 기계, 크레인, 공작 기계, 일반 산업 기계 등 각종 분야에서 널리 사용되고 있다. 유압으로 피스톤을 구동하고 마찰 패드를 디스크에 압력을 가해 양측으로부터 사이에 끼워 브레이크를 작동시킨다. 디스크 브레이크는 패드가 닿는 면이 작고 디스크가 외팔보에 접촉되므로 열 방출이 좋고, 페이드 현상(온도 상승에 의한 제동력의 저하)이 없어 사용 빈도가 잦은 곳에 적당하다. 또 브레이크가 동작할 때 충격을 유압력으로 조정할

수 있으므로 부드러운 정지가 필요한 곳에 좋다. 또한 디스크 브레이크는 다른 브레이크에 비해 먼지나 물에 강하고 높은 주위 온도에도 견딜 수 있으므로 천장 주행의 크레인 등에 사용된다.

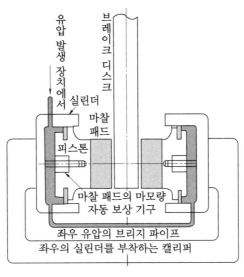

디스크 브레이크

② 패드의 마모 보상 장치 : 패드는 예방 보전을 하여도 어느 정도 마모되므로 그에 대해 마모량 자동 보상 장치가 부착되어 있다. 각 부의 힘의 관계는 유압 > 코일 부시와 핀과의 습동 저항 > 스프링 압력……의 순으로 되어 있다. 따라서 패드가 신품일 때의 그 동작은 (a), (b)와 같이 되고 (c), (d)와 같이 마모되면 그 마모량에

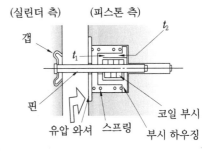

따라 와셔가 코일 부시를 눌러서 전진시켜 항상 $t_1 = t_2$를 일정하게 유지한다. t_1, t_2는 소형의 것이 0.1 mm, 대형이 0.4 mm 정도이므로 제동 시는 패드 마모량에 불구하고 패드와 디스크에는 항상 약 0.1~0.4 mm의 간극이 유지된다. 따라서 스프링의 힘은 강하지 않으므로 실린더 속에 나머지 압력이 남아 있거나 디스크가 고온이 되어 패드의 마모가 촉진되므로 주의한다.

③ 디스크 브레이크의 취급

㈎ 디스크와의 위치 결정 : 디스크 브레이크는 디스크와 패드가 밀착됨으로써 제동하는 것이므로 캘리퍼의 부착은 디스크와의 동심도와 평행도를 정확히 해야 한다. 디스크와 브레이크의 동심도는 ±0.2 mm 이내, 평행도는 4개소의 a, b개소이며 a, b값의 차는 0.3 mm 이내이어야 한다.

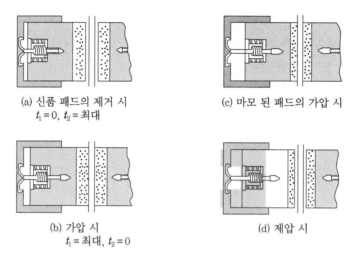

(a) 신품 패드의 제거 시
$t_1 = 0$, $t_2 = $ 최대

(c) 마모 된 패드의 가압 시

(b) 가압 시
$t_1 = $ 최대, $t_2 = 0$

(d) 제압 시

마모량 자동 보상 장치

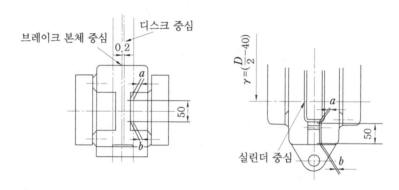

캘리퍼와 디스크의 동심도, 평행도의 측정

또 디스크의 가공 정밀도가 나쁘거나 디스크의 장착 축의 정도가 나쁘면 디스크에 흔들림이 생겨 패드와의 밀착을 나쁘게 하여 편(偏)마모되거나 브레이크 자체에도 악영향을 미치므로 흔들림은 제동 유효 반경 r 위치에서 다이얼 게이지에 의해 측정하여 0.1 mm 이내로 제한한다.

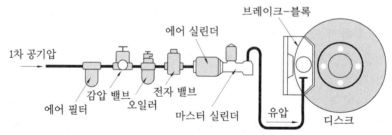

이외에 발 누르기 페달, 수동 레버, 유압 펌프 등을 써서 유압을 발생시킬 수도 있다.

제동력 전달 체계

⒩ 유압 발생 장치와 작동유 : 그림은 디스크 브레이크를 작동시키기 위한 전달계의 예이며, 자동에는 유압이 필요하다.

   산업 기계용으로서는 이외에 마스터 실린더를 페달이나 수동 레버로 작동시킬 수도 있고 다른 유압계와 병용시키는 방법도 할 수 있다. 이 조건을 만족시키기 위해서는 공기압이나 유압의 안정된 공급이 필요하다. 또 하나의 문제점으로서 작동유의 종류와 취급이 있다. 가혹한 사용 조건에 대한 큰 안정성을 가지고 있어 브레이크액(식물성)은 고빈도 사용에 의해 발열에 의한 증발 현상(베이퍼 로크)이 적으며 안정적이다. 그러나 흡습성이 높고 수분에 의해 실린더 내에 녹이 나서 작동 불량의 원인도 된다. 산업 기계에서는 광물성 터빈유 #90~140을 쓸 수도 있으나 피스톤 패킹이나 실린더 패킹의 재질은 각각의 작동유에 적합한 것을 사용해야 한다. 어느 경우라도 유압계의 누설이나 공기의 혼입 등에 대해 주의해야 한다.

⒟ 디스크의 허용 온도 : 디스크가 일정 온도 이상으로 과열되면 브레이크액이 베이퍼 로크 현상을 일으켜 제동력이 감소 또는 불안정하게 된다. 또 피스톤 실이 열 노화에 의해 액의 누설이 생기거나 패드의 마모도 빨라진다. 그러므로 디스크의 허용 온도는 200℃ 이하가 되도록 한다.

⒭ 디스크 브레이크의 문제 해결

현 상	문제 부위	원 인	대 책
기름 누설	피스톤 실	이물 혼입, 실 파손	적정 작동유 사용
	실린더 실	실 열화, 변질	실린더 신품, 캘리퍼 신품 교환
	접속부	파이프 선단 형상 불량	파이프 교체
		파이프 너트 풀림	더 죔
		파이프 너트 불량	교환
	브리드 스크루	나사 풀림	더 죔
		나사 불량	교환
		볼 분실	볼 삽입
끌기	패드 이상 마모	전압	에어 빼기
	패드 편마모	외곡(각부)	교체
		디스크 흔들림	부착 수정
효율 불안정	유압계	에어 빼기 불충분	에어 빼기
	각부	패드에 유지 부착	제거

연 | 습 | 문 | 제

1. 볼트 너트의 이완 방지 방법 5가지는?

2. 다음 그림의 기계요소 부품 명칭을 쓰시오.

3. 부러진 볼트를 빼는 데 사용되는 공구는?

4. 그림에서 $L = 50$ cm, $F = 300$ N일 때 스패너를 조이는 토크는 몇 N · m 인가?

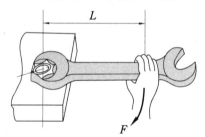

5. 코터(cotter) 이음으로 가장 적합하게 사용되는 곳은?

6. 저속 회전에 사용되던 길이 2 m의 축이 구부러져 조정하고자 할 때 사용되는 것은?

정답 1. 홈붙이 너트 분할 핀 고정에 의한 방법, 절삭 너트에 의한 방법, 로크 너트에 의한 방법, 특수 너트에 의한 방법, 와셔를 이용한 풀림 방지

2. 아이 볼트

3. 스크루 익스트랙터

4. $T = L \times F = 0.5 \times 300 = 150$ N·m

5. 코터는 인장하중이나 압축하중이 작용하는 곳에 간단, 신속, 확실한 결합에 적합하다.

6. 짐 크로(jim crow)

7. 다음 기계요소의 명칭과 특성 2가지를 쓰시오.

8. 다음 그림의 기계요소 명칭과 특성 3가지를 쓰시오.

9. 다음 그림의 기계요소 명칭과 특성 3가지를 쓰시오.

10. 베어링의 열박음 장착 시 베어링 재료의 강도가 급격히 저하되는 가열 한계 온도는?

정답 7. 명칭 : 체인 커플링
　　　特성 : 이음 링크로 간단히 분해, 조립이 가능하다. 설치와 보수가 간단하여 정비가 필요 없
　　　　　　다. 수명이 길다.

　　8. 명칭 : 기어 커플링
　　　特성 : ① 긴 수명과 전달 동력 손실이 적다.
　　　　　　② 크라운 기어로 가공되어 점 접촉을 한다.
　　　　　　③ 평행 오차, 각도 오차, 축 유동 오차를 허용한다.

　　9. 명칭 : 플랜지 플렉시블 커플링
　　　特성 : ① 윤활 및 정비가 필요 없다.
　　　　　　② 경량이지만 큰 토크 전달이 가능하다.
　　　　　　③ 백래시가 없고 비틀림 강성이 우수하다.
　　　　　　④ 장착 및 분해가 용이하다.

　　10. 130℃

11. 축의 중심부 구멍에 펌프를 접속하고 끼워맞춤부에 높은 유압을 걸어 그 반작용에 의해서 베어링의 내륜을 빼내는 방법은?

12. 다음 그림의 베어링과 같은 결함이 발생된 원인을 쓰시오.

13. 고주파 가열에 의한 베어링 끼워맞춤 작업을 할 때 주의 사항 3가지를 쓰시오.

14. 베어링을 산소 가열 토치로 가열, 조립하려 한다. 이 작업을 할 때 발생할 수 있는 현상과 올바른 작업 방법을 적으시오.

15. NU 412의 베어링 명칭과 안지름을 쓰시오.

16. 고속 고하중 기어에 이 면의 유막이 파괴되어 국부적으로 금속이 접촉하여 마찰에 의해 그 부분이 용융되어 뜯겨나가는 현상으로 마모가 활동 방향에 생기는 현상은?

17. 기어가 회전할 때 이의 표면에 가는 균열이 생겨 윤활유가 들어가면 균열을 진행시켜 이의 면 일부가 떨어져 나가는 현상은?

정답 **11.** 오일 인젝션법

12. 클리어런스 불량

13. ① 접지시킨다.
② 절연장갑을 착용한다.
③ 금속제품을 휴대하지 않는다.

14. 현상 : ① 국부적인 가열로 인한 베어링 변형 발생
② 과열로 인한 윤활유 탄화
③ 재질의 변화
올바른 방법 : 유도 가열법, 유조 가열법

15. 베어링 종류 : 원통 롤러 베어링
안지름 : 60 mm

16. 스코어링

17. 피칭

18. 3줄의 V 벨트 전동 장치 중 1줄의 V 벨트가 노후되었을 때 조치 방법은?

19. V 벨트의 벨트 단면 모양의 종류를 모두 쓰시오.

20. 벨트 풀리와 벨트 사이의 접촉면에 치형의 돌기가 있어 미끄럼을 방지하고 맞물려 전동할 수 있는 벨트는?

21. 체인 전동에서 체인을 구동시켜 동력을 전달하는 부품은?

22. 파이프에 나사를 절삭하지 않고 열에 의한 수축을 허용하는 진동이나 충격이 있는 곳에 적합한 이음 방법은?

23. 천장 배관의 높낮이를 조절할 수 있는 지지 기구는?

24. 나사 이음 또는 용접 등의 방법으로 부착하고 관 지름이 비교적 클 경우, 내압이 높을 경우 사용되는 관 이음쇠는?

25. 밸브 시트가 유체의 흐름 방향과 평행이고 유체의 흐름양을 조절하는 밸브는?

26. 다음 밸브 중 유체의 흐르는 방향을 직각으로 바꿀 때 사용하는 밸브는?

27. 전자 클러치 브레이크의 윤활유 교환에 대하여 설명하시오.

정답 18. 3줄 전체를 교환한다.

19. M, A, B, C, D, E

20. 타이밍 벨트

21. 스프로킷

22. 신축 이음

23. 턴 버클

24. 플랜지관 이음쇠

25. 글루브 밸브

26. 앵글 밸브

27. 윤활유는 디스크의 초기 마모를 300~500시간(2~3개월)으로 보고 그때가 되면 한 번 교환한다. 이후는 유온의 상승 정도(60℃ 이하)나 오염, 이물질의 혼입 상황 등에 따라 6개월~1년마다 교환한다.

제4편

산업 기계장치 정비

1. 통풍기

공기나 가스에 거의 압력을 주지 않고 유동(流動)시키는 기계로서 형식은 대부분 축류(軸流) 1단식이며, 보일러의 연소실에서 발생한 연소 가스를 굴뚝으로 배출하는 데 사용하는 것 외에 공장, 광산 등의 통풍에도 사용된다. 또 일반적으로 사용되고 있는 환풍기나 가정용의 선풍기도 통풍기의 일종이다.

2. 통풍기의 개요 및 분류

통풍기(ventilator)를 압력에 의해 분류하면 통풍기(fan), 송풍기(blower), 압축기(compressor)로 대별하고 작동 방식에 의한 분류에는 원심식, 왕복식, 회전식, 프로펠러(propeller)식 등으로 세분할 수 있다.

2-1 압력에 의한 분류

통풍기의 압력에 의한 분류

구 분	압 력		
	mAg(수주)	kgf/cm^2	kPa
통풍기	1 이하	0.1 이하	9.8 이하
송풍기	1~10	0.1~1.0	9.8~98
압축기	10 이상	1.0 이상	98 이상

2-2 통풍기의 적용 범위

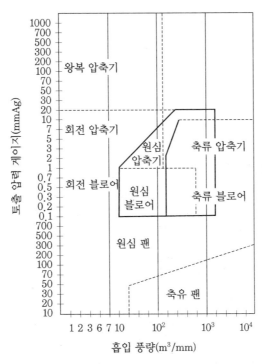

통풍기의 적용 범위

통풍기의 분류

명칭			송풍기		압축기
			팬	블로어	
종별		압력	10 kPa 이하	10 kPa 이상 100 kPa 이하	10 kPa 이상
터보형	축류식	축류			
	원심식	다익			
		레이디얼			
		터보			

용적형	회전식	루츠			
		가동익			
		나사			
	왕복식	왕복			

압력 환산표

단위	Pa	bar	kgf/cm^2	표준 기압 (atm)	수주(15℃) (mmH_2O)	수은주 (℃)(mHg)
압력	1	1×10^{-5}	1.0197×10^{-5}	0.9869×10^{-5}	1.01972×10^{-1}	0.7501×10^{-5}
	1×10^5	1	1.0197	0.9869	1.01972×10^{-4}	0.7501
	9.80665×10^4	0.9807	1	0.9678	1.000×10^4	0.7355
	1.01325×10^5	1.0133	1.0333	1	1.03323×10^{-5}	0.7600
	9.80665	9.80665×10^{-5}	1.0000×10^{-4}	9.67841×10^{-5}	1	7.35559×10^{-2}
	1.33322×10^2	1.33322×10^{-3}	1.35951×10^{-3}	1.31579×10^{-3}	1.35951×10	1

2-3 작동 방식에 의한 분류

① 원심식 : 외형실 내에서 임펠러(impeller)가 회전하여 기체에 원심력이 주어진다.
② 왕복식 : 기통 내의 기체를 피스톤(piston)으로 압축한다(고압용 압축비 2 이상).
③ 회전식 : 일정 체적 내에 흡입한 기체를 회전 기구에 의해서 압송한다(원심식에 비해 압력은 높으나 풍량이 적다).
④ 프로펠러(propeller)식 : 고속 회전에 적합하다.

3. 원심형 통풍기의 정비

3-1 ## 원심형 통풍기

원심형 통풍기의 특징

종 류	베인(vane) 방향	압 력	특 징
시로코 통풍기 (sirocco fan)	전향 베인	15~200 mmHg	풍량 변화에 풍압 변화가 적다. 풍량이 증가하면 동력은 증가한다.
플레이트 팬 (plate fan)	경향 베인	50~250 mmHg	베인의 형상이 간단하다.
터보 팬(turbo fan)	후향 베인	350~500 mmHg	효율이 가장 좋다.

 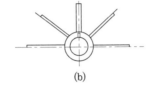 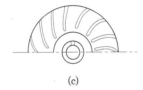

(a)   (b)   (c)

통풍기의 베인

3-2 ## 회전식 통풍기

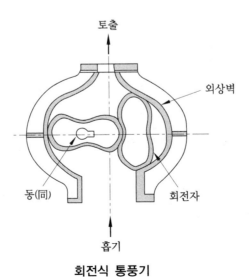

회전식 통풍기

3-3 왕복식 통풍기

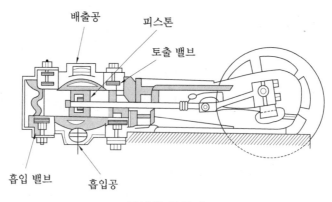

배출공   피스톤

토출 밸브

흡입 밸브   흡입공

왕복식 통풍기

3-4 냉각 장치

(1) 필요성

압력비가 높은 송풍기, 압축기에서 압축된 기체가 베인(vane) 내에서 단열 압축 (adiabatic compressor)을 받아서 온도가 상승하고 기체의 비체적이 증가한다. 여기서 압축 압력이 $19.6\,kPa(2\,kgf/cm^2)$ 이상일 때 온도 상승 방지 및 동력 절약 목적으로 냉각 장치가 필요하다.

(2) 냉각법

① 케이싱(casing) 벽을 이중으로 하여 그 사이에 냉각수를 유동시키는 방법
② 별도 냉각기를 설치하여 압축 도중에 냉각하는 방법(중간 냉각 : inter cooling)

3-5 원심형 통풍기의 정기 검사 항목

① 후드 덕트의 마모, 부식, 움푹 패임, 기타의 손상 유무 및 그 정도
② 덕트 배풍기의 먼지 퇴적 상태
③ 통풍기의 주유 상태
④ 덕트 접촉부의 풀림
⑤ 통풍기 벨트의 작동

⑥ 흡기 배기의 능력
⑦ 여포식 제진 장치에서는 여포의 파손 풀림
⑧ 기타 성능 유지상의 필요 사항

3-6 기록 사항

① 검사 연월일
② 검사 방법
③ 검사 개소
④ 검사 결과
⑤ 검사자명
⑥ 검사 결과를 바탕으로 한 보수 내용

3-7 기타의 필요한 검사

(1) 성능 검사

팬은 설계 시방서에 의한 송풍의 목적이나 계통을 잘 판단하여 검사 항목을 정한다. 여기에 풍량, 풍압, 풍속이나 흡기 온도 등 성능상의 중점으로 하는 필터, 제진 장치, 열 교환기, 배기 세정, 분리 장치 등 고장이 일어나기 쉬운 부분, 즉 기계적인 성능의 유지 등을 고려해야 한다.

(2) 후드의 가장자리, 덕트 수평부

그림과 같은 국소 배풍기의 배기 가스 실내 온도가 기온보다 높으면 덕트 속에서 냉각 응결하여 떨어진다. 만일 이것이 유해하거나 부근을 오손하게 되면 2차적인 고장의 원인이 되므로 후드 가장자리 덕트의 수평부 등에 응결액을 배출하여야 한다.

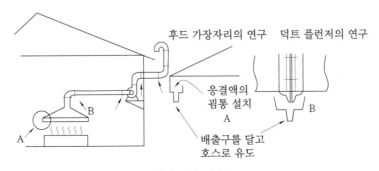

배기 가스 덕트

(3) 필터의 점검

냉난방 공조용으로 사용할 경우는 흡기 필터를 사용한다. 보통 필터 재료에는 동식물성 섬유가 쓰이고 있으며, 먼지 등으로 눈이 막히면 흡입 공기량이 저하되어 공조 효율이 크게 저하될 경우가 있다. 이 필터의 점검도 최초는 정비 계획표에 따라 월 1회 정도로 하고 흡·배기 압력을 체크해서 필터의 수세정비 주기를 측정한 후 다음 정비 계획에 들어가도록 한다.

4. 베어링의 수명과 정비성

4-1 베어링 형식과 특징

보통 롤러 베어링을 쓸 때에는 그림 (a), (b), (c)를 그 예로 들 수 있다 (a)는 베어링의 구조가 간단하고 부품의 호환성이 좋아 분해 조립, 수리와 점검을 하기 쉽다. (b)는 축의 형상은 복잡하지만 축 강도와 관계없는 부분을 두껍게 하여 재료의 가공비를 낮추며 베어링의 내륜과 축의 끼워맞춤부 공차를 정확히 한다. (c)의 그림은 필로 블록이라고 하는 극히 경하중의 베어링으로 소형의 간단한 기계에 쓰인다. 특히 회전자(impeller)는 내륜이 축에 나사로 고정되고 끼워맞춤도 헐거워야 조립할 수 있다. 또 베어링 회전부위의 그리스 보유량도 적어 베어링 수명이 짧다. 더욱이 축 방향의 팽창 수축을 흡수하는 형식도 아니다. 이것은 가격이 저렴하기 때문이며 소형 경하중에 적합하다.

4-2 베어링 적정 틈새

베어링 어댑터(슬리브) 테이퍼 구멍의 베어링은 조립 기술이 수명에 중대한 영향을

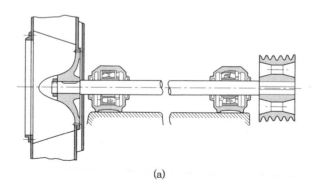

(a)

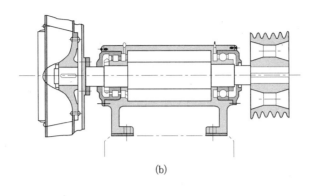

(b)

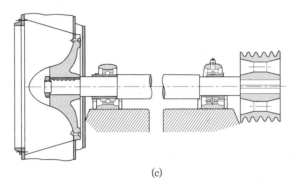

(c)

원심형 팬의 베어링 형상

미친다. 다음 표는 베어링 회전부 주위에 틈새로 원래 베어링의 틈새는 약간 마이너스 쪽이 수명이 길다. 그것은 윤활유가 유체 역학적 쐐기 작용에 의해 전동체에 약간의 왜곡을 일으켜 적정한 두께의 유막을 형성하여 전주면을 최대한으로 활용할 수 있기 때문이다. 또 정도가 높은 하우징 축의 정확한 끼워맞춤의 이상적 운전 조건 등이 요구되지만 실제로는 어렵기 때문에 보통 적정한 틈새를 설정해 준다.

이 치수를 가늠으로 알 수 있다.

어댑터 너트의 회전 각도에 따라 죄는 양을 판단한다.

어댑터의 죔 방법

어댑터를 죄는 방법은 그림과 같이 어댑터 달림 베어링을 축에 삽입시켜 어댑터가 축과 내륜에 꽉 끼워진 상태에서 너트를 죄어 내륜에 틈이 없어지도록 끼워맞춤을 강하게 하는 것이다. 이에 따라 내륜의 축 방향 죔량(어댑터와 내륜의 상대적 이동량)으로 전주면의 잔류 틈새를 판정할 수 있으며, 이는 아래 표와 같다. 그러나 이 죔량은 0.35~5 mm 정도로 정확히 측정하기는 어렵다.

피치 1 mm인 너트를 $\frac{1}{3}$ 회전시키면 내륜을 0.33 mm 이동시킬 수가 있다. 여기서 중요한 점은 최초로 저항을 느끼게 되는 것이며, 너트 죄임의 가감과 틈새 감소량에 대해서는 틈새 게이지 등을 사용한다. 보통 베어링의 틈새를 지정하지 않을 때에는 보통

테이퍼 구멍 구면 롤러 베어링의 레이디얼 틈새

(단위 : 0.0001 mm)

베어링 내경 호칭 치수 (mm)	틈 새							
	C₂		보 통		C₃		C₄	
	최소	최대	최소	최대	최소	최대	최소	최대
30~40	25	35	35	50	50	65	65	85
40~50	30	45	45	60	60	80	80	100
50~65	40	55	55	75	75	95	95	120
65~80	50	70	70	95	95	120	120	150
80~100	55	80	80	110	110	140	140	180
100~120	65	100	100	135	135	170	170	220
120~140	80	120	120	160	160	200	200	260
140~160	90	130	130	180	180	230	230	300
160~180	100	140	140	200	200	260	260	340
180~200	110	160	150	220	220	290	290	370
200~225	120	180	180	250	250	320	320	410

테이퍼 구멍 구면 롤러 베어링의 죔과 틈새 감소 관계

베어링 내경 호칭 치수 (mm)	틈새 감소량(mm)		축 방향 죔량(mm)				보통 틈새의 베어링 조립 시 허용 잔류 틈새(mm)
			테이퍼 1:12		테이퍼 1:30		
	최소	최대	최소	최대	최소	최대	
30~40	0.020	0.025	0.35	0.40			0.015
40~50	0.025	0.030	0.40	0.45			0.020
50~65	0.030	0.040	0.45	0.60			0.025
65~80	0.040	0.050	0.60	0.75			0.025
80~100	0.045	0.060	0.70	0.90	3.75	2.25	0.035
100~120	0.050	0.070	0.75	1.10	1.90	2.75	0.050
120~140	0.065	0.090	1.10	1.40	2.75	3.50	0.055
140~160	0.075	0.100	1.20	1.60	3.10	4.00	0.055
160~180	0.080	0.110	1.30	1.70	3.25	4.25	0.060
180~200	0.090	0.130	1.40	2.00	3.50	5.00	0.070
200~225	0.100	0.140	1.60	2.20	4.00	5.50	0.080

틈새로 되어 있다. 베어링의 측면에 기입되어 있는 C_3, C_4는 틈새의 종별을 나타낸다. 테이퍼 구멍 달림 자동 조심 볼 베어링의 경방향 틈새는 표의 롤러 베어링의 경우의 60 % 정도로 되어 있다. 또 베어링 테이퍼 구멍은 1 : 12와 1 : 30의 것이 있으나 자동 조심 볼 베어링은 모두 1 : 12, 구면 롤러 베어링은 대형 중하중의 것에 1 : 30이 사용된다.

어댑터의 나사 치수

적용축(mm)	나사 치수
30~ 45	M35~50×1.5
50~145	M55~150×2
150~190	M160~200×3

2 송풍기

1. 개요

1-1 풍량

송풍기(blower)의 풍량(Q)이란 토출 측에서 요구되는 경우라도 흡입 상태로 환산하는 것을 말한다. 이것은 풍량이 압력, 온도에 따라 변화가 심해 어떤 일정한 기준으로 되지 않기 때문이다. 단, 압력비가 1.03 이하일 경우는 토출 풍량을 흡입 풍량으로 봐도 지장이 없다. 단위는 m³/min, m³/h가 보통 쓰이고, 중량 유량(kgf/min)도 사용된다.

흡입 상태는 표준 공기(온도 20℃, 관계 습도 75 %, 대기압 760 mmHg, 비중 1.2)의 상태로 하고, 이 밖에 기준 상태 0℃, 760 mmHg에 있어서의 건조 기체 상태)로 환산할 때도 있다. 이 환산식은 다음과 같다.

$$Q = Q_N \times \frac{273+t}{273} \times \frac{1.033}{1.033+P}$$

단, Q : 표준 상태의 흡입 풍량(m³/min)
 Q_N : 기준 상태의 흡입×풍량(Nm³/min)
 t : 흡입 가스 온도(℃), P : 흡입 풍량(mmAq)

1-2 정압

정압(P_s ; static pressure)은 기체의 흐름에 평행인 물체의 표면에 기체가 수직으로 밀어내는 압력으로 그 표면의 수직 구멍을 통해 측정한다.

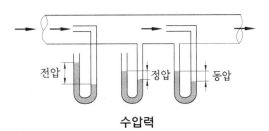

수압력

1-3 동압

동압(P_d ; dynamic pressure ; velocity pressure)은 속도 에너지를 압력 에너지로 환산한 값으로, 송풍기의 동압은 50 mmAq(약 30m/s)를 넘지 않는 것이 좋다.

$$P_d = \frac{V^2}{2g} r \qquad V = \sqrt{2g} \times \frac{P_d}{r}$$

여기서, V : 속도(m/s), r : 비중량(kgf/mm^3), g : 중력 가속도(m/s^2)

1-4 전압

전압(P_t ; total pressure)은 정압과 동압의 절대압의 합으로 표시된다.

$$P_t = P_s + P_t$$

1-5 수두

송풍기의 흡입구와 배출구 사이의 압축 과정에서 임펠러에 의하여 단위 중량의 기체에 가해지는 가역적 일당량(kgf · m/kgf)을 말하며, 기체의 기둥 높이로 나타내고 이것을 수두(head)라고 한다.

$$\text{이론 수두 } H = \frac{P_t}{r} \qquad \text{압력비} = \frac{\text{토출구 절대압력}(P_2)}{\text{흡입구 절대압력}(P_1)}$$

여기서, H : 수두(head, m), P_t : 전압(kgf/m^2), r : 비중량(kgf/m^3)

압력비 1.03(310 mmAq) 이하일 때는 이론 수두식, 이상일 때는 단열 수두식을 적용한다.

1-6 비속도

비속도(비교 회전도 ; N_s)란 송풍기의 기하학적으로 닮은 송풍기를 생각해서 풍량 1 mm^3/min, 풍압을 수두 1 m 생기게 한 경우의 가상 회전 속도이고, 송풍기의 크기에 관계없이 송풍기의 형식에 의해 변하는 값이다.

$$N_s = N \times Q^{\frac{1}{2}} \times H^{\frac{3}{4}}$$

단, N : 송풍기의 회전 속도(rpm), Q : 풍량(m^3/min or m^3/s)

1-7 동력 계산

(1) 이론 공기 동력

$$L_a = \frac{Q \times P_t}{6120} \, [\text{kW}]$$

단, Q : 풍량(m^3/min), P_t : 전압(mmAq)

(2) 축동력(black power)

$$L_a = \frac{Q \times P_t}{6120 \times \eta} \, [\text{kW}]$$

여기서, η : 송풍기 효율

(3) 실제 사용 동력

$$L_k = L_b \times \alpha$$

여기서, α: motor 안전율, 25 Hp 이하 : 20 %, 25~60 Hp 이하 : 15 %, 60 Hp 이상 : 10 %

1-8 효율

효율은 전압 효율, 정압 효율로 구분하지만 특별한 규정이 없는 한 전압 효율을 지칭한다.

송풍기의 효율

기 종	효 율	기 종	효 율
터보 송풍기	40~70 %	축류 팬	40~85 %
터보 팬	60~80 %	배풍기	40~50 %
익형 원심 팬	70~85 %	환풍기	30~50 %
시로코 팬	40~60 %	플레이트 팬	40~70 %

2. 분류

송풍기는 크게 터보형 송풍기와 용적형 송풍기로 나누어진다. 터보형 송풍기는 회전차가 회전함으로써 발생하는 날개의 양력에 의하여 에너지를 얻게 되는 축류 송풍기와 원심력에 의해 에너지를 얻는 원심 송풍기로 나누어진다.

2-1 임펠러 흡입구에 의한 분류

① 평흡입형(single suction type)
② 양흡입형(double suction type)
③ 양쪽 흐름 다단형(double flow multi-stage type)

2-2 흡입 방법에 의한 분류

① 실내 대기 흡입형   ② 흡입관 취부형
③ 풍로 흡입형

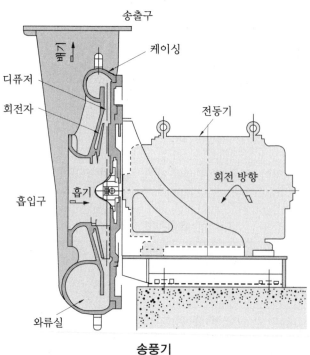

송풍기

2-3 **단수에 의한 분류**

① 1단형(single stage)　　　　② 다단형(multi stage)

2-4 **냉각 방법에 의한 분류**

① 공기 냉각형(air cooled type)
② 재킷 냉각형(jacket cooled type)
③ 중간 냉각 다단형(inter cooled multi-stage type)

2-5 **안내차에 의한 분류**

① 안내차가 없는 형(blower without guide vane)
② 고정 안내차가 있는 형(blower with fixed guide vane)
③ 가동 안내차가 있는 형(blower with adjustable guide vane)

2-6 **날개의 형상에 따른 분류**

(1) 원심형

① 시로코 팬(sirocco fan) : 날개(blade)의 끝 부분이 회전 방향으로 굽은 전곡형(前曲 形)으로 동일 용량에 대해서 다른 형식에 비해 회전수가 상당히 적고. 동일 용량에 대해서 송풍기가 크기가 작아 특히 팬코일 유닛(FCU)에 적합하며, 저속 덕트용 송 풍기이다(압력 범위 : 10~100 mmAq).

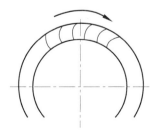 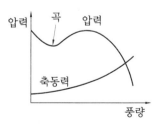

시로코 팬의 형상과 특성 곡선

② air foil fan(limit load fan) : 날개의 끝 부분이 회전 방향의 뒤쪽으로 굽은 후곡형(後曲形)으로 박판을 접어서 유선형으로 형성된 것이다. 고속 회전이 가능하며 소음이 적다. 다익형은 풍량이 증가하면 축동력이 급격히 증가하며 over load가 된다. 이를 보완한 것이 익형과 limit load이다. limit load는 날개가 S자 형이며 후곡형과 전곡형을 개량한 것이다(압력 범위 : 25~300 mmAq).

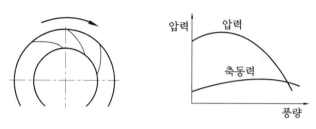

air foil fan의 형상과 특성 곡선

③ 터보 팬(turbo fan) : blade의 끝 부분이 회전 방향의 뒤쪽으로 굽은 후 곡형으로 (a) 와 같이 날개가 곡선으로 된 것과 (b)와 같이 직선으로 된 것이 있다. 후곡형은 효율이 높고 non over load(풍량 증가에 따른 소요 동력의 급상승이 없음) 특성이 있으며, 고속에서도 비교적 정숙한 운전을 할 수 있다(압력 범위 : 50~1000 mmAq).

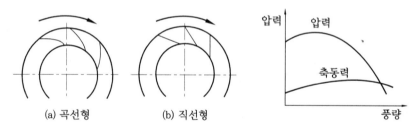

터보 팬의 형상과 특성 곡선

④ 레이디얼 팬(radial fan, plate) : 방사형의 날개로 (a)는 평판(平板), (b)는 전곡 (forward)으로 되어 있다. 방사형은 self cleaning(자기 청소)의 특성이 있으나 분진의 누적이 심하고, 이로 인해 송풍기 날개의 손상이 우려되는 공장용 송풍기에 적합하다. 효율적이나 소음면에서는 다른 송풍기에 비해 좋지 못하다(압력 범위 : 50~500 mmAq).

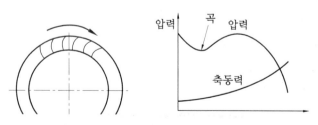

평판, 레이디얼 팬의 형상과 특성 곡선

(2) 축류형

축류 송풍기(axial fan)는 낮은 풍압에 많은 풍량을 송풍하는 데 적합하며 프로펠러형의 블레이드가 기체를 축 방향으로 송풍한다.

축류 송풍기는 원래 저압으로서 다량의 풍량이 요구될 때 적합한 송풍기이지만, 근래에는 고압용으로도 효율이 좋은 것이 제작되기에 이르러 그 적용 범위는 점점 확대되어가고 있다. 축류 팬은 풍압 10 mmAq 이상, 150 mmAq 이하에서 다량의 공기 또는 가스를 취급하는 데 적합한 팬으로 효율이 높다(대형의 경우 최고 80 %). 특히 가변 날개로 하면 높은 효율을 광범위하게 가질 수 있으므로 대풍량의 풍량 제어의 경우 동력비의 점에서 유리한 팬이다. 유체 역학 이론과 실험 결과가 적용된 합리적인 익형 단면을 가지는 임펠러, 안내 깃 등으로 구성되어 있고 축동력은 풍량 0점에서 최고이며, 그 특성 곡선은 비교적 평탄하고 저항 변동에 의한 동력의 변동이 작다. 원심 송풍기보다 소음이 크고, 설계점 이외의 풍량에서는 효율이 갑자기 떨어지는 결점이 있다. 주로 일반 건축물, 공장, 선박 등의 온습도 조절용, 덕트의 통풍, 도장 배기, 에어커튼, 냉각탑 등에 사용되어진다. 이 송풍기는 회전차를 둘러싼 덕트의 유무와 구조에 따라 프로펠러 팬, 덕트붙이 축류 팬, 고정 깃붙이 축류 팬으로 분류된다.

① 프로펠러 팬(propeller fan, wall) : 덕트관이 없는 송풍기로 회전차 뒤쪽에 회전 방향으로 바람의 분속도가 남는다. 관 모양의 하우징 내에 송풍기가 들어 있다. 환기용, 유닛 히터용으로 많이 사용한다.

② 덕트붙이 축류 팬(duct inline, tube axial fan) : 덕트관이 있으며 뒤쪽에 분속도가 남지 않는다.

③ 고정 깃붙이 축류 팬(vane axial fan, roof fan) : 덕트관에 고정 날개가 고정되어 있다. 이 고정 날개에 의해 회전 방향의 흐름은 정압으로 회수되고 효율은 그만큼 높아진다. 커버를 이용하여 옥상 및 외부에 설치한다.

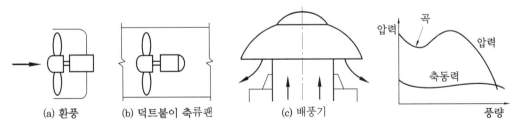

(a) 환풍　　　(b) 덕트붙이 축류팬　　　(c) 배풍기

축류 팬의 형상과 특성 곡선

3. 송풍기의 특성

3-1 송풍기의 특성 곡선

각종 송풍기는 고유의 특성이 있다. 이러한 특성을 하나의 선도로 나타낸 것을 송풍기의 특성 곡선이라 한다. 즉 어떠한 송풍기의 특성을 나타내기 위하여 일정한 회전수에서 횡축을 풍량 $Q[\text{m}^3/\text{min}]$, 종축을 압력(정압 P_s, 전압 P_t)[mmAq], 효율[%], 소요동력 $L[\text{kW}]$로 놓고 풍량에 따라 이들의 변화 과정을 나타낸 것을 말하며, 개개의 기종에 따라, 동일 종류 중에서도 날개(impeller)의 크기, 압력비 등에 의해서 그 특성이 다르게 나타난다. 다음 그림은 그 한 예이다.

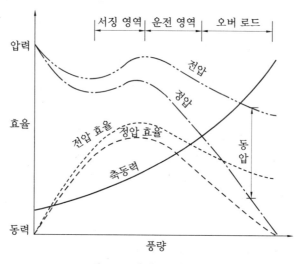

시로코 팬의 특성 곡선

그림에 의하면, 일정 속도로 회전하는 송풍기의 풍량 조절 댐퍼를 열어서 송풍량을 증가시키면 축동력(실선)은 점차 급상승하고, 전압(1점 쇄선)과 정압(2점 쇄선)은 산형(山形)을 이루면서 강하한다. 여기서 전압과 정압의 차가 동압이다. 한편, 효율은 전압을 기준으로 하는 전압 효율은 전압을 기준으로 하는 전압 효율(점선)과 정압을 기준으로 하는 정압 효율(은선)이 있는데, 포물선 형식으로 어느 한계까지 증가 후 감소한다. 따라서 풍량이 어느 한계 이상이 되면 축동력이 급증하고, 압력과 효율은 낮아지는 오버 로드 현상이 있는 영역과 정압 곡선에서 좌하향(左下向) 곡선 부분은, 송풍기 동작이 불안정한 서징(surging) 현상이 있는 곳으로서 이 두 영역에서의 운전은 좋지 않다.

3-2 서징 대책

- 시방 풍력이 많고, 실사용 풍량이 적을 때 바이패스 또는 방풍한다.
- 흡입 댐퍼, 토출 댐퍼, 회전수로 조정한다.
- 축류식 송풍기는 동·정익의 각도를 조정한다.

(1) 방풍

필요 풍량의 서징 범위 내에 있을 경우 송풍기의 토출 풍량을 외부로 방출하여 서징 범위를 벗어나게 하는 방법으로 여분의 축동력이 필요하며, 방풍구의 소음을 방지할 필요가 있다.

(2) 바이패스

위의 방풍이 비경제 혹은 해롭게 될 경우에 가스를 송풍기의 흡입 측에 되돌려 순환하는 방법이다. 이 경우 주의할 점은 압축열로 고온이 된 가스를 그대로 흡입 측에 되돌리면 흡입 가스의 온도가 더욱 상승되어 기계적으로 좋지 않을 뿐더러 소요 압력을 얻지 못할 수 있어 냉각 등의 충분한 조치가 뒤따라야 한다.

(3) 동익, 정익의 각도 변화, 흡입 베인의 조정으로 압력 곡선을 변화시켜 서징 범위를 변화시킨다.

(4) 조임 밸브를 송풍기에 근접해서 설치하는 방법

토출 댐퍼를 송풍기에 근접하면 공기의 맥동을 감쇄시키는 방향에 작용하므로 서징의 범위 및 그 진폭이 작게 된다. 흡입 측에 댐퍼를 두면 날개차 입구의 압력 저하에 의한 밀도의 감소에 의해 효과를 얻을 수 있다.

3-3 저항 곡선과 운전점

(1) 저항 곡선

풍량을 보내기 위해서는 관로의 저항(길이, 표면 거칠기, 곡면 상태 등) 장치 자체의 저항과 내부를 흐르는 기체의 속도로 결정된다.

(2) 운전점

송풍기는 관료계의 저항 곡선(R), 송풍기의 특성 곡선(P)의 교점(A)에 상당하는 풍량과 압력으로 운전된다. 이 교점(A)은 이 관로계의 운전점이라 한다. 이 운전점은 관로 저항과 송풍기의 기체가 흘러가려고 하는 힘의 균형을 이루는 점으로 저항치 또는 송풍기의 운전 상태가 변하지 않는 한 이 점도 변하지 않는다.

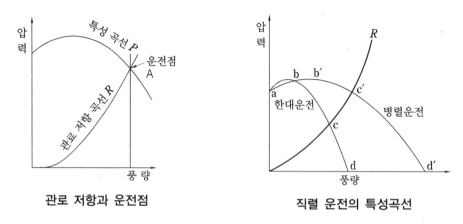

관로 저항과 운전점　　　　　　　직렬 운전의 특성곡선

(3) 직렬 운전

압력을 좀 더 올리고 싶을 때 송풍기를 2대 이상 직렬로 연결하여 운전하면 그 효과를 얻을 수 있다. 동일 특성의 송풍기를 그대로 운전하는 경우 아래의 그림과 같이 1대의 특성 a, b, c, d를 알면 2대의 특성 a′, b′, c′, d′를 얻을 수 있고, b′점은 b점의 2배의 압력이 되나 실제 운전 시 압력은 2배로 되지 않는다. 그것은 관로 저항(R)이 2배로 되지 않기 때문에 1대의 운전점(c)에서 2대 운전점(c′)에 상당하는 압력으로 되기 때문이다.

① 저항 곡선이 누우면 누울수록(수평에 가까운 정도) 직렬 효과는 적다.
② 압력이 높은 송풍기를 직렬 운전할 때 1대째의 승압에 의해 2대째의 송풍기가 기계적 문제도 일어날 수 있으므로 주의해야 한다.

(4) 병렬 운전

필요 풍량이 부족한 경우나 대수 제어 운전을 행하고 저하여 동일 특성의 송풍기를 2대 이상 병렬로 연결하여 운전하는 경우는 직렬의 경우와 동일하게 a′, b′, c′, d′를 얻을 수 있다. 이 경우도 특성 곡선은 풍량을 2배하여 얻어지지만, 실제 2대 운전 시의 작동점은 c이기 때문에 2배의 풍량으로 되지 않는다.

4. 송풍기의 구조

그림과 같이 흡입구로 들어온 공기는 흡입쪽 댐퍼, 흡입통을 지나 임펠러의 축 방향으로 흡입된다. 임펠러에 의하여 원심력을 받은 공기는 임펠러의 바깥 둘레로부터 와류실로 들어가 와류실을 돌면서 감속되어, 속도 에너지를 압력 에너지로 변환받아 송출구를 통하여 유출된다. 회전차가 끼어 있는 축은 베어링으로 지지되고, 축 끝의 커플링을 지나 모터와 연결된 구조를 가지고 있다.

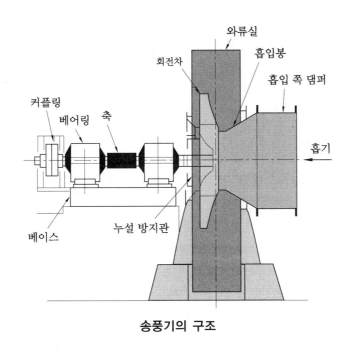

송풍기의 구조

5. 송풍기의 풍량을 조절하는 방법

저항 손실의 언밸런스(unbalance)가 있든가 또는 계획할 때 풍량보다 여유가 있을 때는 종종 있는 경우로 이들의 경우 풍량 조절법으로서 조절하며, 일반적으로는 다음과 같은 것이 있다.

- 가변 피치(pitch)에 의한 조절
- 송풍기의 회전수를 변화시키는 방법
- 흡입 날개 조절(suction vane control)에 의한 조절
- 흡입구 댐퍼(damper)에 의한 조절
- 토출구 댐퍼에 의한 조절

(1) 가변 피치에 의한 조절

가변 피치에 의한 조절은 임펠러 날개의 취부 각도를 바꾸는 방법으로서, 원심 송풍기에서는 그 구조가 복잡해져서 비용이 많이 드므로 실용화되지 않고 단지 축류 송풍기

에 적용되고 있다.

(2) 송풍기의 회전수를 변화시키는 방법

유도 전동기의 2차 측 저항을 조절	전동기의 회전을 변경시키는 방법, 풀리의 직경비를 변경시키는 방법
정류자 전동기에 의한 조절	전동기의 회전을 변경시키는 방법, 임의의 회전을 얻을 수 있음
극수 변환 전동기에 의한 조절	전동기의 회전을 변경시키는 방법, 풀리의 직경비를 변경시키는 방법
가변 풀리에 의한 조절	대량의 것에서는 그 기구상 조작에 어려움이 있음
V-풀리, 직경 비를 변경하는 조절	그때 그때 회전을 정지시키고, 미리 준비한 풀리로 교체한 후 V 벨트를 바꿔 끼우는 경우

(3) 흡입 날개 조절(suction vane control)에 의한 방법

송풍기의 케이스 흡입구에 붙인 가변 날개에 의해서 풍량을 조절하는 방법이다. 풍량이 큰 범위에서는(80 % 전후까지) 송풍기의 회전을 변경시키는 방법보다도 효율이 좋고 오히려 더 경제적이나 다익형 날개를 갖는 송풍기에는 별로 효과가 없고 한정 부하 팬, 터보 팬에서는 효과가 좋다. 이 제어는 수동으로도 되나 온도, 습도에 따라서 자동으로 조절할 수 있다.

(4) 흡입 댐퍼에 의한 조절

토출압은 흡입 댐퍼(damper)의 조정에 따라서 감소하고 이것은 흡입 날개 조절의 경우와 같은 성능을 나타낸다. 흡입압의 강화에 의해 가스 비중이 감소한 비율만큼 동력도 작아지므로 일반 공조용의 송풍기와 같이 저압인 경우에는 거의 그 영향을 받지 않는다.

(5) 토출 댐퍼에 의한 조절

가장 일반적이며 비용도 적게 들고 다익 송풍기나 소형 송풍기에 가장 적합한 방법이다. 계획 풍량에 얼마간의 여유를 계산해 놓고, 실제 사용 시에 댐퍼를 조정해서 소정 풍량으로 조절하며 사용할 수 있다. 송풍기는 형식, 용도, 사용 조건 등에 따라서 종류가 많으며 일반적으로 그 주요 구성 부분은 케이싱, 임펠러, 축 베어링, 커플링, 베드 및 풍량 제어 장치 등으로 되어 있다.

6. 기초 작업

(1) 기초 치수의 라인

송풍기를 설치하기 전에 기초 치수, 기초 볼트 위치 및 부품의 배치를 조립 외형도에 의거 확인한다.

(2) 기초의 조정

① 기초 볼트의 양쪽에 기초 판(base plate)을 놓고 설치하여 기초의 높이를 조정한다.

② 기초판 또는 위에는 구배($\frac{1}{10} \sim \frac{1}{15}$) 라이너(liner) 또는 평행 라이너를 넣어 조정한다. 센터링(centering)을 완료한 후 기초판과 라이너를 용접하여 두면 운전 중의 진동 등에 대한 변위가 방지되며 형강의 위에 설치할 때도 상기에 준하여 시행한다.

7. 설치

7-1 한쪽 지지형

(1) 베어링의 설치

분할형의 케이싱 설치에서 하부 케이싱에 임펠러를 흡입구로부터 조립하는 형식의 케이싱(분할되어 있지 않음)은 케이싱 흡입구를 떼어 놓고 기초 라이너 위에 설치한다. 케이싱이 베어링 전동기와 함께 공통 베드 위에 설치되는 경우에는 그 기초의 위에 설치한다.

(2) 베드의 설치

축 방향 및 축에 직각인 방향에 변위가 없는가를 실 띄우기 등으로 기초 치수를 충분히 점검한다.

① 베어링 케이싱이 상하 두 부분으로 되어 있는 경우는 베어링 대(또는 공통 베드)와 하부 베어링 베이스를 소정의 위치에 설치하고, 이것을 가조임한 후 베어링 케이스

의 분할면에 수준기를 놓고 레벨을 조정한다. 그 후 베어링이 조립된 축(케이싱이 분할형이 아닌 경우는 임펠러를 빼어둠)을 설치하고 다시 베어링 베이스를 붙인다.

② 베어링 베이스가 분할형이 아닌 경우에는 베드를 설치한 다음 베어링 베이스 가 조립된 축을 베드 위에 설치하고 가조임을 한 후, 양 베어링 간의 축부에 수준기를 놓고 레벨을 조정한다.

7-2 양쪽 지지형

(1) 베드의 설치

한쪽 지지형과 같이 베드의 기초 치수를 충분히 점검하고 베어링(공통 베드)을 소정의 위치에 가설치한다. 베어링 대의 높이는 트랜싯으로서, 양 베어링 간의 위치 치수는 강재 줄자로 측정 조정한다.

① 베어링 베이스가 상·하 2개로 분할되어 있는 경우(그리스 윤활) 베어링 대 위에 수준기를 놓고 수평도를 세로 가로 방향에 한하여 측정 조정한 후 베어링 대의 기초 볼트를 가볍게 조여 둔다.

② 베어링 베이스가 상·하 2개로 분할되어 있는 경우(윤활유) 베어링 대의 소정의 위치에 하부 베어링 베이스를 볼트 조임을 한 후 베어링 베이스의 분할면에서 전항과 동일한 방법에 의하여 수평도 측정을 하고 기초 볼트를 가볍게 조여 둔다.

(2) 하부 케이싱의 설치

하부 케이싱을 기초 라이너 위에 설치하는 것으로서 기초 볼트는 케이싱의 센터링이 끝날 때까지 완전 조임을 하지 말고, 케이싱의 베어링 전동기와 함께 공통 베드 위에 조립되는 경우는 우선 헤드 전체를 소정의 위치에 설치하고 앞에서 다룬 '(1) 베드의 설치 방법'으로 조정한 후 하부 케이싱을 베드 위에 붙인다.

(3) 축의 설치와 조정

임펠러가 붙여질 축(구름 베어링의 경우는 베어링 또는 베어링 케이스도 함께 붙여 둔다)을 그림과 같은 방법으로 설치한 후 전동기 축과 반전동기 축의 수평부에 수준기를 놓고 수준기의 좌우 구배의 차가 0.05 mm 이하 또 베어링 케이스의 축 관통부의 축과의 틈새의 차가 0.2 mm 이하가 되도록 베드 밑 쪽에 라이너로 조정한다.

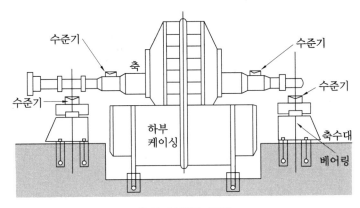

축의 설치와 조정

7-3 베어링의 조정

(1) 구름 베어링

베어링 케이싱이 분할형이 아닌 경우는 베어링 커버를 떼고 분할형의 경우는 상부 베어링 케이스를 떼고 난 후 베어링의 위치를 조정한다.

(2) 미끄럼 베어링

상 · 하 베어링의 포금(gun metal)에 흠집이 없는지와 닿기가 정상인지를 확인한다.

7-4 케이싱의 조립과 조정

① 베어링을 조정하여 축과 베어링 케이스의 위치를 정하고 하부 케이싱의 설치가 끝나면 분할 플랜지면에 두께 1.6 mm의 석면 패킹을 본드 등으로 발라 붙여 움직이지 않도록 한다. 상부 케이싱 흡입구와 임펠러가 랩(lap)으로 되어 있는 경우는 상부 케이싱을 설치한 후 케이싱 흡입구를 붙인다.

② 상부 케이싱을 설치할 때 임펠러에 닿지 않도록 주의하고, 볼트 구멍에 맞춤 봉을 넣어서 구멍을 맞춘 후 내린다. 상부 케이싱 댐퍼가 부식되었을 때에는 케이싱과 함께 붙이는 경우도 댐퍼만을 단독으로 붙이는 경우는 댐퍼의 베인을 전폐로 고정하고 붙여야 한다.

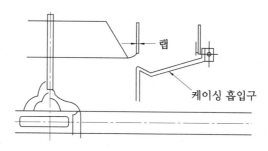

케이싱 흡입구 설치

③ 한쪽 지지형으로서 케이싱이 분할형이 아닌 경우에는 축을 넣은 후 임펠러 보스가 끼워맞추어질 축부에 눌러 붙기(seizure : 몰리코트, 실 엔드 EPS 등)를 도포하고 임펠러 보스 내부를 버너로 약간 가열하여 축의 플랜지 끝까지 삽입한다. 키를 넣은 후 멈춤 와셔 너트를 장착한다. 너트는 보스가 냉각하고 난 후에는 반드시 다시 조여 와셔의 끝부를 너트의 홈에 집어 끼운다(끝부가 없는 와셔일 때에는 와셔의 양측을 너트 측면에 굽혀 준다).

④ 케이싱 흡입구를 붙여서 임펠러와 축을 기준으로 하여 임펠러와 케이싱 흡입구의 틈새 케이싱의 축 관통부와 축과의 틈새를 90° 간격으로 측정하고 이들이 거의 같게 되도록 조정한다. 단, 고온 송풍기의 경우는 외형도 또는 단면도에 기재되어 있는 치수로서 설치하고 베인 제어 장치가 붙어 있는 경우는(일반적으로 이것은 케이싱 흡입구와 일체로 되어 있으므로) 그대로 케이싱에 붙인다.

⑤ 케이싱의 축 관통부에 실 패킹을 붙인다. 아래 축 관통부의 실 패킹 그림 2종류 중 하나는 송풍기 내의 온도가 상승하면 케이싱이 위로 신장하게 되나, 고온도용의 것은 상하로 슬라이드가 되는 구조로 되어 있다. 표준형의 경우는 이 온도 조정을 고려하여 붙이고 누름쇠가 축에 접촉하면 사고의 원인이 되므로 주의한다.

⑥ 이상의 조정이 끝나면 맞춤 플랜지의 기초 볼트를 조인 후 모르타르(mortar) 바름을 하고 이것이 고정된 후 각부 너트를 조인다. 너트 조임 후 설치 치수 센터링 등에 변화가 없는가를 재차 점검하고 필요하면 조정하며, 설치를 완료한 후 베이스 기초판과 라이너를 용접하고 최후로 기초면에 모르타르를 바른다.

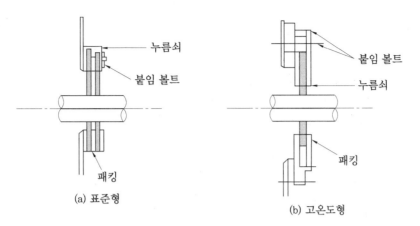

축 관통부의 실 패킹

7-5 덕트(duct)의 접속과 보온

① 댐퍼 붙음의 송풍기에서는 덕트를 붙이기 전에 댐퍼의 조작 기구나 베인의 개폐가 원활한지를 확인한다. 덕트의 접속에 있어서는 그 하중이 송풍기에 걸리지 않도록 배치해야 한다. 송풍기에 큰 하중이 걸리면 케이싱이 변형하는 수도 있어서 그 결과 설치 치수에 변동이 생긴다든지, 풍량 제어 장치의 조작이 곤란할 경우 등이 생기면 케이싱 임펠러가 접촉하여 사고의 원인이 된다.

② 케이싱 보온을 행하는 경우 맨홀(manhole)이나 점검창의 개폐 조작을 확인하고 댐퍼는 보온하지 말아야 한다. 댐퍼와 케이싱의 플랜지의 사이로부터 가스가 누설 가능성이 있을 때에는 내측으로부터 액체 패킹 등으로서 틈새를 메우든지 혹은 내부로부터 실 용액을 행한다.

7-6 중심 맞추기

(1) 플랜지

① 축의 센터링은 커플링의 외주에 다이얼 게이지를 붙여서 측정 조정한다. 측정에서 게이지까지 암(arm)의 거리인 그림의 a가 긴 경우 상하 방향으로 암이 휘어서 지침이 변화하므로 될 수 있는 한 암을 짧게 한다.

② 커플링의 연결 볼트를 1개 조이고 양측을 동시에 회전되도록 한 후, 축 커플링을 90° 간격으로 회전시켜 A, B, C, D 네 점에서 센터링을 측정한다.

③ 연간 치수의 측정은 테이퍼 게이지(taper gauge) 혹은 틈새 게이지를 사용하여 외형도의 측정 치수를 설치한다.

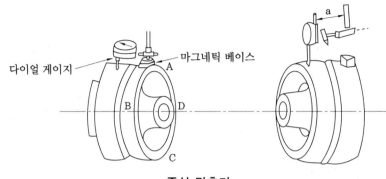

중심 맞추기

(2) 치차형 커플링

센터링은 커플링의 기준면에 다이얼 게이지를 붙여서 측정하나 기초면이 좁기 때문에 그림과 같이 다이얼 게이지의 붙임쇠를 준비하거나 또는 기타 보조 기구를 사용하여 측정하며, 평행도가 틀리면 이상 진동 발생의 원인이 되므로 평행도는 정확하여야 한다. 그리고 운전 중 요동이나 무리한 조임이 없게 한다.

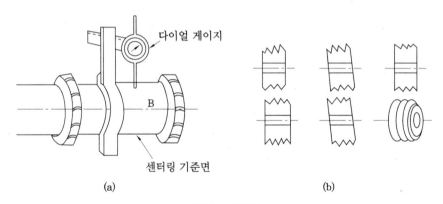

치차의 평행도

8. 운전 및 정지

(1) 운전까지의 점검

① 임펠러와 케이싱 흡입구, 케이싱, 베어링 케이스의 측 관통부와 축과의 틈새를 재점검한다.

② 특히 각부 볼트의 조임 상태는 베어링 케이스 볼트 테스트 해머(test hammer)로서 확실히 점검한다.

③ 댐퍼 및 베인 컨트롤 장치의 개폐 조작이 원활한가를 재확인하여 전폐해 둔다.

④ 운전 부서와 상담하여 기동 시간을 정하여 둠과 동시에 기동 후 이상이 있을 경우를 대비 긴급 정지 체제를 확립한다.

(2) 기동 후의 점검

① 이상 진동이나 소음의 발생 혹은 베어링 온도의 급상승이 있을 때는 즉시 정지시켜 각부를 재점검한다.

② 케이싱이 이상 진동을 하는 것은 축 관통부와 실이 축에 강하게 접촉되어 있는 경우가 많으므로 재점검한다.

③ 베어링의 온도가 급상승하는 경우의 점검

　(개) 관통부에 펠트(felt)가 쓰이는 경우는 이것이 축에 강하게 접촉되어 있지 않은가 축 관통부와 축 틈새가 균일한가 확인한다(구름 베어링의 경우 베어링이 눕는다든지 하면 이 틈새가 균일하지 못할 때가 있다).

　(내) 윤활유의 적정 여부를 점검한다.

　(대) 상하 분할형이 아닌 베어링 케이스의 경우는 자유 측의 커버가 베어링의 외륜을 누르고 있지 않나 점검한다.

　(래) 누름 베어링은 궤도량(외륜 및 내륜)이나 진동체(볼 또는 롤러)의 흠집 여부를 점검한다.

　(매) 미끄럼 베어링은 오일링의 회전이 정상인가 또는 베어링 메탈과 축과의 간섭이 정상인가 점검한다(오일 링의 회전이 가끔 정지한다든지 옆 이행이 심할 때는 오일링의 변형이 예상됨).

(3) 운전 중의 점검

① 베어링의 온도 : 주위의 공기 온도보다 40℃ 이상 높으면 안 된다고 규정되어 있지만, 운전 온도가 70℃ 이하이면 큰 지장은 없다.

② 베어링의 진동 및 윤활유 적정 여부를 점검한다.

(4) 정지

① 정지하면 댐퍼(또는 베인 control)를 전폐로 한다.

② 베어링 내의 영하 기상 조건의 경우에는 냉각수를 조금씩 흘려 준다.

③ 고온 송풍기에서는 케이싱 내의 온도가 100℃ 정도로 된 후 정지한다.

9. 보수 요령

(1) 임펠러

① 임펠러가 부식 마모로서 침해되거나 먼지 등이 부착하면 불균형이 생기기 쉬우며 이상 진동의 원인이 된다. 이물의 부착에 의한 진동은 이것을 완전히 제거하고 부식 마모의 경우는 보수하든지 교체해야 한다(수리 시 균형을 보고 용접할 때 크랙이 생기지 않도록 주의).

② 임펠러를 축에 조립할 때는 보스가 끼워맞추어질 축부에 눌러붙기 방지제를 도포하고 임펠러 보스 내부를 가열해서 키 홈을 맞추면서 보스를 축의 플랜지 끝까지 장입한다. 너트는 보스가 냉각한 후에 반드시 되조임을 하고 와셔의 끝을 너트의 홈에 접어 끼운다(끝부가 없는 와셔일 때는 와셔 양측을 너트 측면에 굽혀 준다).

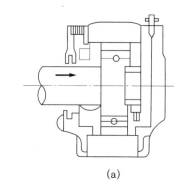

(a)

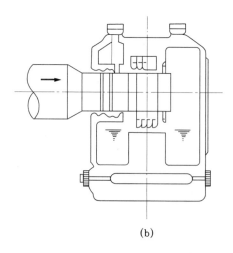

(b)

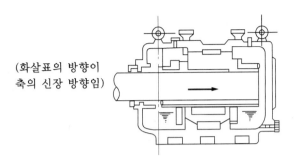

(화살표의 방향이
축의 신장 방향임)

축의 축 방향 신장

(2) 축의 축 방향의 신장 여유

송풍기 축은 압축열이나 취급하는 가스의 온도 등의 영향으로 운전 중에 축 방향으로 신장하려고 한다. 이 때문에 전동기 측 베어링(고정측)은 고정하고, 반전동기 측(자유측) 방향으로 신장되도록 되어 있다.

(3) 구름 베어링

① 베어링 케이스가 라인 분할형인 경우(기름 윤활) : 베어링을 깨끗한 유조 속에서 약 70℃로 균등히 가열하여 온도가 내려가지 않은 상태에서 축에 장착한다. 이때 외륜에 힘을 준다든지 내륜을 직접 해머로 치지 말고 반드시 목편 등의 공구를 활용한다. 베어링의 외측에 회전 멈춤 와셔와 너트를 넣고 조여 준다. 너트는 베어링이 냉각한 후에 반드시 되조임을 하고 와셔의 끝을 너트의 흠에 접어 끼운다. 드로어(drawer)를 소정의 위치에 붙여 베어링이 조립된 축을 미리 베드에 설정되어 있는 베어링 케이스에 조심스럽게 삽입한다. 조립된 베어링의 외륜을 그림의 요령처럼 다이얼 게이지를 이용해 측정 베어링의 기울기를 조정한다(기울기의 허용치 = 0.05 mm 이하). 분할면에 액체 패킹을 도포하여 상부 베어링 케이스를 붙인 후, 축과 축 관통부의 틈새 차가 0.2 mm 이내가 되도록 조정한다.

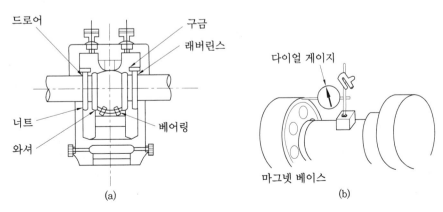

구름 베어링의 보수

② 베어링 케이스가 분할형이 아닌 경우 : 베어링을 축에 장착하기 전에 그림과 같이 내측 커버에 펠트링을 장입하여 축에 맞춘다. 펠트링에는 터빈유를 잘 스며들게 하고, 고정 측과 자유 측에서는 커버와 H치수가 서로 틀리므로 주의한다. 베어링 축에의 장착 및 와셔 너트의 붙임을 하고, 베어링 케이스를 주의하면서 삽입한다. 일체형일 때는 자유 측으로부터 조립하여 그림 위치까지 맞추며 고정 측에 베어링을 삽입한다. 그리스 윤활일 때는 그리스를 볼 부분에 충분히 채운다.

자유 측, 고정 측을 틀리지 않도록 펠트링을 삽입한 양측 커버를 붙이고 다시 떼어 고정 측은 커버가 베어링을 눌러 주도록 하며, 자유 측은 베어링과 접촉하지 않는다. 양측의 커버의 붙인 후 축 관통부와 축과의 틈새가 0.2 mm 이내가 되도록 조정한다. 기름 윤활 시에는 커버와 본체의 사이에 패킹을 삽입한다. 조정 작업이 끝나고 축에 조립된 베어링 케이스를 베드에 설치한 후 다시 커버를 떼어내고 베어링의 기울기를 측정 조정한다.

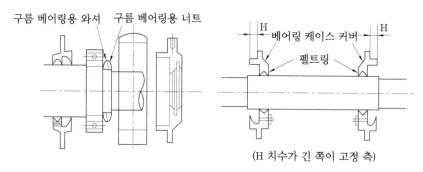

일체 베어링

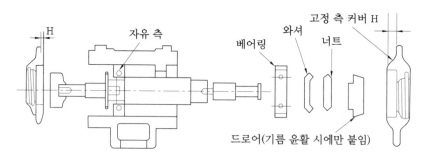

일체형 베어링 분해도

(4) 미끄럼 베어링

① 분해 : 베어링 냉각용의 배관을 떼어내고, 상부 베어링 케이스를 떼어낸 후 상부 베어링 메탈을 떼어낸다. 고정 측은 양측에 축의 플랜지가 있으므로 축 베어링 메탈의 측면을 상하지 않게 주의한다. 오일링을 변형시키지 않도록 양측으로 이동시킨다.

축을 조금 뜨게 하여 그림과 같이 목편을 받쳐 해머로 두들겨서 축을 회전시키든지 혹은 그림과 같이 가요식의 경우에는 냉각관을 한쪽에 붙여 축을 회전시켜 준다.

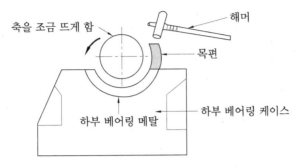

미끄럼 베어링 조립

② 다듬질 맞춤 : 교환할 경우에는 예비품일지라도 다듬질 맞춤을 한다. 그림과 같이 가요식의 경우에는 구면의 간섭도 확인한다.

다듬질 완료 후 그림과 같은 위치에 연선을 넣어서 상하 베어링을 조이고 축과 베어링의 틈새를 측정하고 기록한다. 조임 후의 a, b, c 연선의 두께를 측정하면 틈새 $=\dfrac{a+b}{2}$ 가 된다.

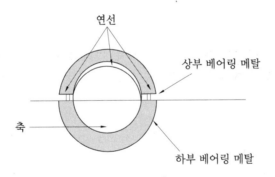

다듬질 맞춤

③ 조립

　(가) 하부 베어링 케이스를 설정하고 내부를 깨끗이 청소한 후, 아래 베어링을 넣고 오일링을 넣는다.

　(나) 위 베어링 메탈에 오일 링을 끼운다든지 세게 닿게 하면 오일 링을 변형시키는 수가 있으니 주의해야 한다. 고정측은 특히 주의한다. 오일 링의 변형은 대부분 작업 중에 일어나며 변형된 채로 운전하면 베어링 메탈에 닿거나 하여 회전 불량 또는 정지를 일으켜 베어링 손상의 원인이 된다.

　(다) 오일 링 변형(최대경과 최소경의 차) 허용치는 3 mm이다. 변형량이 2 이상일 때는 신제품과 교환한다.

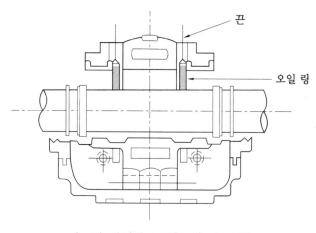

미끄럼 베어링 조립(오일 링 이용)

㈑ 그림과 같이 끈으로 오일 링을 달아 매고 위 베어링과 함께 내려서 넣으면 거의
파손을 방지할 수 있다.

㈒ 베어링 케이스의 분할면에 액체 패킹을 도포하여 상부 베어링 케이스를 붙인다.
단, 베어링 메탈의 분할면에는 액체 패킹을 절대 도포하지 말아야 한다. 축과 베
어링 포금 사이에 액체 패킹이 유입되면 베어링 손상의 원인이 된다.

(5) 플랜지

볼트, 고무 부시를 교환할 때는 고무 부시를 커플링의 구멍에 무리가 없도록 1개씩
장입한다. 무리한 장입은 고무의 편심으로 진동 발생의 원인이 된다. 옆 늘기 대책 시
는 대책용의 와셔(한 쌍)를 붙인다.

(6) 치차형 커플링

① 조립

㈎ 모든 부품 부속품을 잘 씻고, 플랜지 죔용 볼트 너트는 규격품을 사용한다.

㈏ 보스를 축에 붙일 때는 내치를 상하지 않도록 주의하면서 나무 해머로 조립하거
나 수축 맞춤으로 한다.

㈐ 키 홈으로부터의 누유 방지를 위하여 키 홈에 본드, 세미 락 등의 패킹재를 도
포한다.

㈑ 보스 끝면에 누유 방지용의 판을 종이 패킹과 함께 끼워서 붙인다.

㈒ 링을 삽입한 보스 외경을 조용히 내경에 물려서 조립한다. 링은 조임 여유가 있
으므로 조립 시에 흠집이 생기지 않도록 윤활제를 발라 조립한다.

㈓ 플랜지 맞춤과 오일 플러그에 본드 세미 락 등의 패킹재를 발라 플랜지의 마크
에 맞추어 리머 볼트로 조인다.

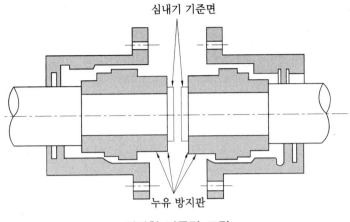

치차형 커플링 조립

② 윤활유와 그의 교체 : 기름의 경우는 기어유 2종 8호 이상을 사용하고, 그리스의 경우는 1종 및 2종의 각 1호 상당의 것을 사용한다.

(7) V 벨트

V 벨트가 마모나 손상됐을 때는 전체 세트로 교체한다(1개만 교체할 시는 불균일하게 되기 쉽기 때문).

(8) 베어링용 윤활유

① 기름 : 윤활유는 운전 개시 후 3개월에 전량 교체하고, 그 후는 1년에 1회 교체한다.
② 그리스 : 1년에 1회 베어링 케이스 커버를 열고 전량 교체한다.

3 압축기

1. 개요

1-1 종류

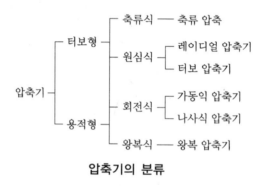

압축기의 분류

1-2 원리

(1) 왕복식 압축기

① 왕복식 압축기(reciprocating compressor)는 왕복 펌프와 같은 구조로 모터로부터 구동력을 크랭크축에 전달시켜 크랭크축의 회전에 의하여 실린더 내부에 조립된 피스톤이 왕복 운동을 한다. 이에 따라 실린더 피스톤을 왕복 운동시켜 흡입 밸브를 통하여 공기를 흡입하고, 흡입된 공기를 토출 밸브를 통하여 압송한다.

② 왕복식 압축기는 쉽게 고압을 얻을 수 있으나 밸브의 개폐에 시간이 걸리기 때문에 피스톤의 이동 속도를 낮게 해야 하며(소형은 2~3 m/s, 대형은 3~4 m/s), 기계의 치수 및 중량이 크게 된다. 또 피스톤의 왕복 운동에 의하여 진동이 일어나기 쉽다.

③ 작동 방식에 따라 단동형과 복동형으로 나누며, 압력비가 커지면 다단식을 채용하고 각 단의 압력비는 소형($0.1 \sim 0.5 \ \mathrm{m^3/min}$)에서 12, 중형($1.5 \sim 15 \ \mathrm{m^3/min}$)에서 5~8, 대형($20 \ \mathrm{m^3/min}$)에서 2~5 정도로 한다.

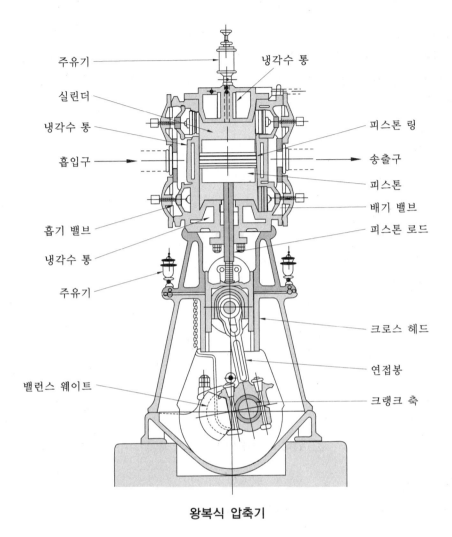

주유기

냉각수 통

실린더

냉각수 통

흡입구

흡기 밸브

냉각수 통

주유기

밸런스 웨이트

피스톤 링

송출구

피스톤

배기 밸브

피스톤 로드

크로스 헤드

연접봉

크랭크 축

왕복식 압축기

각 단마다 송출된 공기를 냉각하며 대용량에서는 실린더 직경이 대단히 커서 제작, 보수 취급상 문제가 있으므로 풍량 한도는 $250 \text{ m}^3/\text{min}$ 정도이다.

④ 밸브의 치수는 실린더의 크기에 따라 제한을 받지만, 될 수 있는 대로 통로의 면적을 크게 잡아 기체가 통과할 때의 저항을 감소시킨다.

⑤ 압축기의 피스톤은 주로 고급 주철로 만들고 고속인 것에는 경합금을 이용하며 피스톤 로드는 주강제로 한다. 또한 밸브는 주로 Ni-Cr은 같은 특수강을 사용한다.

⑥ 압축기에 의해 공기의 온도가 상승하면 구동 동력의 증대, 윤활의 불량 등으로 압축기 파손의 원인이 되므로 가능한 저온을 유지하도록 해야 한다. 그러므로 저압용 압축기에 있어서는 실린더에 핀을 붙여 대기로 냉각하는 공랭식으로 만들고, 고압용 압축기는 실린더 주위를 물로 냉각하는 수랭식으로 만든다.

⑦ 왕복식 압축기는 밸브의 개폐에 다소 시간이 걸리므로 회전수를 비교적 적게 해야 한다. 따라서 대형으로 되고, 원동기를 특히 저속인 것을 사용하지 않는 한 감속 장

치로서 회전수를 적게 해야 하며, 공기의 맥동도 심하다. 그러나 1단당 압력 상승은 압력비 7 정도로 높다. 그러므로 고압인 것에는 주로 이 왕복식 압축기를 사용한다.
⑧ 왕복식 압축기는 실린더의 배치에 따라 입형, 횡형, V형, 반성형, 대향형 등으로 구분된다.

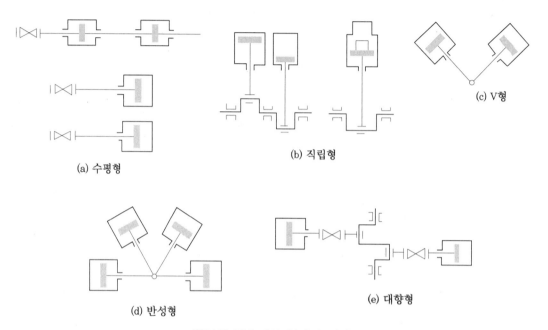

왕복식 압축기의 실린더 배치

(2) 원심식 압축기

회전체의 원심력에 의하여 압송하는 기계이다.

왕복식 · 원심식 압축기의 장단점

구 분	장 점	단 점
왕복식	• 고압 발생이 가능하다.	• 설치 면적이 넓다. • 기초가 견고해야 한다. • 윤활이 어렵다. • 맥동 압력이 있다. • 소용량이다.
원심식	• 설치 면적이 비교적 작다. • 기초가 견고하지 않아도 된다. • 윤활이 쉽다. • 맥동 압력이 없다. • 대용량이다.	• 고압 발생이 어렵다.

(3) 회전식 압축기

회전식 압축기(rotary compressor)는 케이싱 내의 로터리의 회전에 의하여 공기를 압축하고 고압으로 만들어 송출하는 기계이다. 종류는 로터의 형상과 구조에 따라 나누며 2축식으로는 루츠 압축기(roots compressor)와 스크루 압축기(screw compressor)가 있고, 편심식으로는 가동익 압축기(sliding vane compressor)와 스크롤 압축기(scroll compressor)가 있다.

이 압축기의 특징은 경량 소형으로 고속 회전이 가능하고 설치 면적이 작으며, 회전수의 변화와 관계없이 압력을 일정하게 유지할 수가 있다. 또 압력비를 거의 일정하게 하고 유량을 회전수에 비례시켜 변하게 할 수도 있다. 송출 기류가 비교적 균일하고 큰 맥동이나 서징(surging) 현상이 없어 사용하는 데 편리하다. 왕복식 압축기에 비해 압축이 연속적으로 행해지므로 압축 작용이 원활하고, 왕복 질량이 적게 되며, 거의 완전히 균형을 유지하기 때문에 진동이 적다. 그리고 왕복식처럼 회전 진동을 왕복 운동으로 변환하는 기구가 없고 부품 수도 적다. 흡입 밸브가 불필요하고 유로 저항이 적어서 체적 효율, 성적 계수가 좋다.

하지만 원심식에 비하여 회전식의 단점은 회전이 일정할 때에 유량을 변화시키기 위해서는 여분의 공기를 방출하든지 또는 흡기를 교축할 필요가 있고, 또 여분의 공기에 의한 송출 압력 증대에 대비하여 안정 장치를 설비하는 등 취급이 곤란하다는 점이다. 각 부의 틈이 대단히 균일하지 않으면 압축 가스가 저압측으로 누설되어 성능을 발휘하지 못할 수도 있고, 마모가 된 경우는 급격한 성능 저하를 보인다. 그래서 매우 고도의 가공이 필요하다. 또한 급격한 압력 변화에 의한 편하중이 작용하여 베어링이 파손되기 쉽다.

① 루츠형 압축기 : 케이싱 내에 2개의 기어를 가진 한 쌍의 로터가 90° 위상으로 서로 역방향으로 회전하면서 공기를 흡입, 송출하는 구조이다. 이 로터의 치형에는 사이클로이드형(cycloid type), 인벌류트형(involute type), 엔벨로프형(envelop type) 세 가지가 있다.

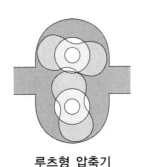

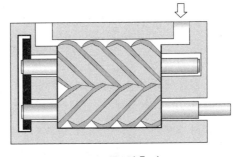

| 루츠형 압축기 | 스크루 압축기 |

② 스크루 압축기(screw compressor) : 일종의 헬리컬 기어를 케이싱 내에서 맞물리게

한 것으로, 공기를 회전 축의 방향으로 이송하는 기어 펌프의 변형이라고 생각하면 된다. 케이싱 내에서 서로 맞물려 있는 숫로터와 암로터의 회전에 의해 케이싱과 조성되는 밀폐 공간의 증가와 감소가 밀봉선을 경계선으로 이루어져 공기의 흡입, 압축 및 토출 과정을 연속적으로 진행한다.

(가) 흡입 과정 : 흡입 과정 중에 케이싱 내로 흡입된 공기는 흡입구를 통하여 밀폐 공간으로 흡입되며 회전에 따른 숫로터의 회전각의 증가에 따라 밀폐 공간이 점차 커지면서 공기가 유입된다. 이러한 흡입 과정은 흡입구가 막히는 지점까지 밀봉선을 기준으로, 압축하고 있는 치형 간의 밀폐 공간이 최대로 될 때까지 이루어진다.

(나) 압축 과정 : 회전이 계속 진행되어 숫로터와 암로터 치형이 흡입구를 지나자마자 로터와 케이싱 간의 공간은 밀봉선을 기준으로 밀폐되고 체적이 감소하면서 압축이 시작된다. 이 압축 행정 도중에 케이싱 내부와 오일 탱크와의 압력 차에 의해 로터와 케이싱이 이루는 공간으로 분사되는 오일은 로터와 케이싱과의 간극에서의 공기의 누설을 최대한 감소시키고 압축 공기의 냉각 효과 및 실링선의 윤활 작용을 하게 된다.

(다) 토출 과정 : 회전이 계속되어 미리 설계되어진 설계 용적비(built-in volume ratio)가 되면 토출구와 밀폐 공간이 연결되어 압축된 공기는 토출구를 통해 토출된다. 이러한 토출구에 대한 설계는 압축 공기의 압축비와 매우 깊은 관련이 있으며 운전 중 사이클 조건에 맞도록 압축비를 바꾸기 위하여 케이싱 내에 슬라이드 스톱 밸브(slide stop valve)가 부착된 것도 있다. 압축된 공기가 토출된 후 다시 맞물리는 동안 반대편에 있는 흡입 포트를 통해 새로운 공기가 흡입되어 연속적인 반복 과정을 하게 된다.

흡입 과정

압축 과정

토출 과정

유분사 과정

스크루 압축기의 원리

③ 가동익형 압축기(sliding vane compressor) : 그림과 같이 원통형 실린더 내에 편심해서 설치한 회전차는 한쪽을 실린더에 근접해서 회전하므로 날개와 실린더 사이에 흡입된 공기를 점차 축소하여 압력을 높인 후 송출한다.

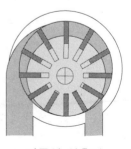

가동익 압축기

④ 스크롤 압축기(scroll compressor) : 스크롤 압축기는 로터리 압축기의 일종으로 인
벌류트 치형의 두 개의 맞물린 스크롤이 선회 운동을 하면서 압축하는 압축기이다.
스크롤 압축 기구는 기하학적으로 180°의 위상차를 갖는 선회 스크롤과 고정 스크
롤이 쌍으로 이루어져 있다. 각각의 스크롤 부품은 평판상에 스크롤 형상의 날개
(wrap)를 갖고 있으며 이 양쪽 랩은 기본적으로 같은 모양의 인벌류트(involute)
곡선으로 되어 있다. 선회 스크롤과 고정 스크롤의 맞물림에 의해 초승달 모양의
밀폐 공간이 동시에 4개가 형성되어 압축 사이클을 이루게 된다. 이 밀폐 공간은
바깥쪽일수록 크고 중심에 가까울수록 작게 되어 외주에는 흡입실을, 중심부에는
토출구를 갖게 된다. 스크롤의 옆면은 접촉한 상태로 접촉된 부분이 안쪽을 따라
움직이게 되고 스크롤 사이의 상대적인 회전은 선회 스크롤의 하부에 연결된 커플
링에 의해 회전하지 않고 선회하게 된다. 압축은 스크롤의 외곽 둘레에서 주어진
체적의 밀폐 공간 내의 밀봉된 흡입 가스와 스크롤의 상대적인 회전에 의해 토출구
를 향하여 포켓의 크기가 점차 감소하게 되고 흡입된 공기는 안쪽으로 움직임으로
써 이루어진다.

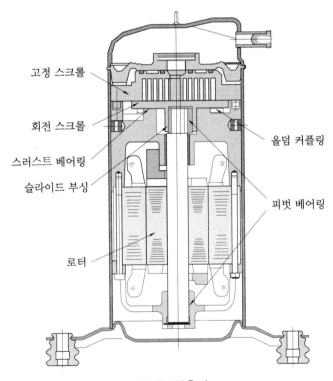

스크롤 압축기

2. 부품 취급

2-1 밸브의 취급

운전 중 사고를 미연에 방지하기 위해 정기 점검은 반드시 실시하며 1일 24시간의 연속 운전을 충분히 고려하여 표준적인 기간을 정해 하나의 지침을 삼는다.

- 정기 점검 기간 : 1000시간마다 실시
- 교환기간 : 4000시간마다 실시
- 밸브 플레이트, 밸브 스프링을 사용 한계의 기준값 내에서도 이상이 있으면 전부 교환한다.

(1) 밸브의 취급

① 흡입 기체의 종류와 부식의 정도
② 흡입 기체의 순분과 먼지의 양
③ 흡입, 토출 기체, 온도, 압력의 정도
④ 연속 운전인가, 간헐적 운전인가
⑤ 일상의 운전 관리 및 손실 상태

(2) 밸브 부품의 교환

① 밸브 플레이트
  (개) 마모 한계에 달하였을 때는 파손되지 않아도 교환한다.
  (내) 교환 시간이 되었으면 사용 한계의 기준치 내라 할지라도 교환한다.

밸브 플레이트

  (대) 마모된 플레이트는 뒤집어서 사용해서는 안 된다(두께가 0.3 mm 이상 마모되면 교체한다).
② 밸브 스프링
  (개) 자유 상태 하에서 높이가 규정값 이하로 되었을 때 교환한다.
  (내) 교환 시간이 되었을 때 탄성 마모가 없어도 교환한다.
  (대) 손으로 간단히 수정하여 사용해서는 안 된다.

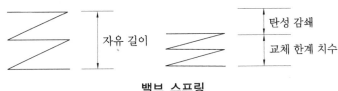

밸브 스프링

③ 밸브 시트

　㈎ 밸브 시트의 접촉면 그림 A가 상처에 의한 편마모를 발생시켜 플레이트와의 접촉이 좋지 않으면 래핑하여 맞춘다.

　㈏ 시트면의 연마 래핑제 # 600~800

　㈐ 밸브는 너무 강한 힘으로 조이지 말 것

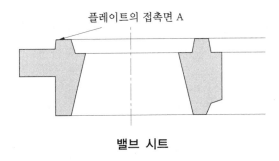

밸브 시트

2-2　글랜드 패킹의 취급

　글랜드 패킹은 피스톤 로드의 기밀을 유지하고 실린더로부터 기체의 누설을 방지하기 위해 주요 부품들로 잘 맞추어 있다. 따라서 분해 조립 시의 취급은 주의 깊게 행하고 이물의 부착, 상처 및 변형이 발생하지 않도록 주의한다.

(1) 기체 누설 원인 및 손질

　① 내측 패킹 그림의 T가 0.1 mm 마모되면 교환한다.

　② 가이드 스프링이 변형 또는 절손되었을 때는 교환한다.

　③ 내측 패킹의 내면이 불량한 경우 피스톤 로드 외주면에 맞추며 흠집, 파손이 있을 때는 교환한다.

　④ 내외 패킹의 조립면의 밀착이 불량한 경우 변형된 틈새 그림의 D를 발생시킨 것은 교환한다.

　⑤ 내외 패킹의 측면이 동일 측면이 아닌 경우 그림의 A면과의 직각도에 주의하여 맞춘다.

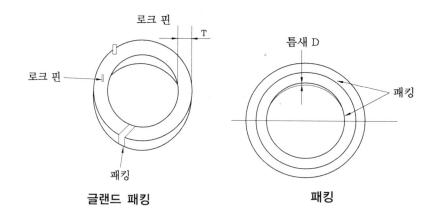

글랜드 패킹 **패킹**

(2) 패킹의 조정

① 패킹 케이스 그림의 측면 G, H는 각각의 로드에 직각되게 주의하여 충분히 맞추
어야 한다. 흠집 및 접촉면 불량 시는 보수 또는 교환한다.

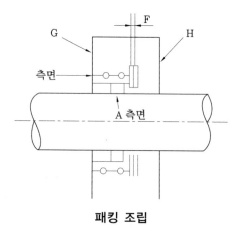

패킹 조립

② 틈새 그림의 F를 확인하기 위해 패킹과 스프링을 조립, 조성한다.

③ 코일 스프링 형은 코일 스프링을 전압축하여 스프링 홈이 잠기는가 확인한다.

④ 코일 스프링, 플레이트 스프링, 가이드 스프링은 중요한 역할을 하므로 순수 부품
이외는 사용하지 말 것. 탄성이 줄거나 변형 절손된 것은 즉시 교체한다.

(3) 패킹의 조립

① 패킹은 세척용 기름으로 깨끗이 씻어낸 후 윤활유를 바르고 이물질이 부착되지 않
도록 주의한다(단, 산소 등 폭발성 가스 압축기에 대해서는 압축기 제작사의 지시
에 따른다).

② 글랜드 실의 시트 패킹면을 깨끗이 청소한다.

③ 패킹 케이스의 조립 순서 및 방향

   ⑺ 실린더 측의 패킹은 깨끗이 청소하여 시트 패킹의 양면에 잘 벗겨지는 실재를 도표해서 넣으며, 손상된 시트 패킹은 새것으로 교체하여 조립한다.

   ⑻ 오일 홀에 붙은 패킹 케이스의 조립 순서는 원칙적으로 안쪽에서 두 번째로 조립한다. 오일 홀의 출구가 피스톤 로드 상부가 되도록 조립해서 넣는다.

   ⑼ 랜턴 링(lantern ring)의 조립 위치는 정확한지 사용 기종의 경우를 고려하여 확인한다.

   ⑽ 오일 스프링 형식의 패킹은 코일 스프링의 탈락에 주의하여 조립한다.

   ⑾ 글랜드를 체결하는 볼트는 대칭으로 조이고 한쪽만 세게 조이지 않도록 주의한다.

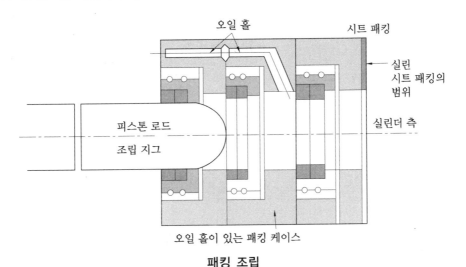

패킹 조립

2-3 오일 웨이퍼 링의 취급

크랭크 케이스 내의 윤활유가 피스톤 로드를 흘러나와 외부로 누설됨을 방지하고자 오일 웨이퍼 링이 부착되어 있다.

   ① 웨이퍼 그림의 접촉면 A가 불량한 때 피스톤 로드의 외주면에 정확하게 절단하여 맞춘다. A부에 상처 파손이 있는 것은 교체한다.

   ② 내면이 마모하여 컷(cut) 부분의 틈새 그림 B가 없어졌을 때 교체한다.

   ③ 가이드 스프링의 절손 및 변형이 있을 때 교체한다.

   ④ 로크(lock) 핀이 탈락했을 때 컷 틈새 B에 로크 핀을 넣어 조립한다.

   ⑤ 링에 이물이 혼입되었을 때 충분히 세척하여 조립한다.

   ⑥ 피스톤 로드 습동면 불량 시 상처, 편마모의 정도에 따라 보수 또는 교체한다.

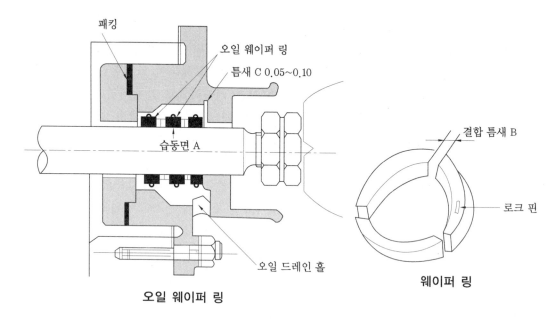

오일 웨이퍼 링

웨이퍼 링

⑦ 조립 조정 불량 시는 3조의 링 상하 방면으로 무리 없이 움직일 정도로 그림의 틈새 C를(기준치 = 0.05~0.01 mm) 패킹의 두께로 조정한다. 윤활유 배출구가 하부에 위치하도록 조립한다.

3. 설치 및 배관

3-1 기초 공사

① 기초 설계 시에는 기초도의 하중 데이터에 의해 지반을 조사하고 필요하다면 파일을 박고 기초 저면의 돌출 부분 등에 의해 기초 공사를 한다.

② 기초 표면은 모르타르(mortar)의 두께는 라이너의 두께를 고려하여 마무리 작업보다 45 mm 낮게 기초 공사를 한다.

③ 기초의 표면에는 기초가 완전히 굳지 않았을 때 기초 라이너를 배치한다.

④ 모르타르의 두께는 50 mm 정도가 적당하며 이보다 크면 강도가 약하게 된다.

⑤ 라이너의 배치도 및 배치 상세도를 참고한다.

⑥ 모르타르의 다짐에 의한 베이스 라이너 설치는 시공 전에 계획을 충분히 하지 않으면 모르타르의 두께, 시공 방법이 불완전하게 되므로 본 방식을 피해야 한다.

3-2 베이스 라이너의 설치 조정

① 라이너의 사용 개소는 배치도 및 설치 관계도를 보고 확인한다.
② 라이너와 기초와의 접촉면은 평평하고 매끈하게 하여 완전히 밀착한다.
③ 각 베이스 라이너의 상부면은 수평과 거의 같은 레벨로 설치한다.
④ 베이스 라이너 접촉면은 최소한 $\frac{1}{2}$ 정도까지 밀착시킨다.
⑤ 요철면에 설치하면 하중에 의해 레벨을 불균형하게 하므로 주의한다.
⑥ 테이퍼 라이너(taper liner), 베이스 라이너 설치에 결함이 있으면 기초 볼트의 체결 후 레벨이 대폭 변한다.

3-3 기초의 정비

① 본체 전동기 부속 기기의 상태 관계 치수를 확인한다.
② 기초 볼트 구멍의 위치와 치수를 확인한다.
③ 기초의 표면은 그라우트(grout) 처리를 잘 하기 위해 표면을 거칠게 하여 물로 씻어 깨끗이 한다.
④ 기초 볼트 구멍 안에 이물질이 들어 있는가 확인하고 깨끗이 청소한다.

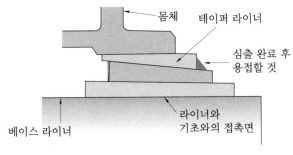

베이스 라이너 설치

라이너 치수

구 분	치 수		
	L	B	T
테이퍼 라이너	150	50	25
베이스 라이너	180	70	15
심출 볼트용 평판	200	50	25
	100	50	15

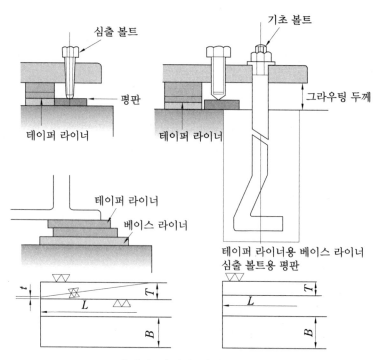

테이퍼 라이너 설치 관계도

3-4 크랭크 케이스 설치

(1) 가심률

① 수평도는 기계 가공면을 기준으로 하여 수평
게이지를 사용한다.

② 수평 게이지를 놓은 위치는 커플링의 외주면
크랭크 축 크로스 가이드(crank shaft cross
guide)의 크로스 헤드(cross head)의 습동면에
서 행한다.

③ 가심률에서는 0.05~0.1 mm를 목표로 하여 조
정한다.

④ 테이퍼 라이너를 압입한다.

⑤ 주의 사항

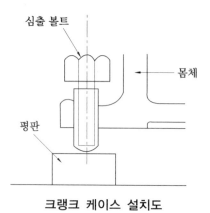

크랭크 케이스 설치도

㈎ 수평 게이지는 0.02 mm 정도의 것을 사용한다.

㈏ 수평 게이지는 반드시 180° 회전해서 어느 방향으로도 같은 치수가 되도록 한다.

㈐ 크랭크 케이스 표면의 커버를 벗겼을 때 먼지가 들어가지 않도록 한다.

(2) 기초 볼트 구멍에 모르타르 충진

① 모르타르는 공동이 생기지 않도록 한다.

② 논 슈링크 시멘트(non shrink cement), 조강 시멘트를 사용하여 충분한 양생 기간(2일간)을 필요로 한다.

(3) 본심률

① 테이퍼 라이너를 활용해서 기초 볼트를 다시 조인다. 테이퍼 라이너는 몸체의 중량을 평균적으로 받을 수 있도록 조정하고, 심출 시 조정 볼트를 느슨하게 하여 기초 볼트를 평균적으로 조여 수평도가 유지되면 수평이 완료된다.

② 수평 게이지의 놓는 위치는 가심률의 경우에 준한다.

③ 본심 출시는 0.05 mm 이내로 수평을 조정한다.

(4) 처짐의 측정

① 기초 볼트를 완전히 체결하여 수평을 확인한 후 크랭크축의 처짐(deflection)을 측정한다.

② 커플링과 터닝 바를 사용하여 회전시키고 다이얼 게이지를 사용하여 $90°$ 간격으로 4점의 편차가 0.03 mm 이하로 한다.

(5) 그라우팅(grouting)

① 심출 조정 볼트용 플레이트를 제거한다.

② 테이퍼 라이너를 용접하여 사상한다(그라우팅 투입).

③ 기초 표면은 그라우트를 유입하기 전에 적어도 2~3일 동안 충분히 물을 흡수시켜 유입 직전에 수분을 제거한다.

④ 논 슈링크 시멘트를 사용하여 그라우팅을 행하고 양생 기간을 2일 정도 잡는다.

⑤ 주의 사항

㉮ 심출 볼트는 크랭크 케이스와 나사 볼트를 위해 부착시켜 둔다.

㉯ 모르타르는 기초 볼트 구멍에 공동이 생기지 않도록 철봉으로 잘 다져 놓는다.

㉰ 모르타르 유입 작업 시 쉬지 않고 신속하게 작업을 계속한다.

㉱ 기초 주변에 형틀을 사용하여 기초와 몸체의 기초와의 공간이 남지 않도록 충분히 모르타르를 충진시킨다(완전한 그라우팅은 진동을 감소시킨다).

3-5 실린더의 설치

① 실린더 상부와 플랜지면에 수평 게이지를 놓고 수평을 유지하게 한다.

② 실린더의 수평을 유지시키면서 실린더 지지대(cylinder support)를 테이퍼 라이너로 조정하여 부착한다.

③ 주의 사항

㉮ 실린더 지지대는 취부 시에 실린더 수평이 흔들리지 않도록 한다.

㉯ 실린더와 크랭크 케이스의 중심과의 관계는 평행하게 약간 내려온 느낌이 들게 하는 것이 좋다.

3-6 피스톤 앤드 간극의 측정

① 피스톤 로드(piston rod)를 크로스 헤드(cross head)에 돌려 넣은 다음에 손으로 회전시켜 좌우 상하 시점의 간극(clearance)을 연선을 삽입하여 측정한다.

② 간극 치수는 1.5~3.0 mm의 범위로 하부 간극보다 상부 간극을 크게 한다.

3-7 배관 공사의 배관

① 실린더의 부착은 배관 등에 의해 하중 또는 모멘트가 실린더에 가해지면 심출 수치가 크게 틀려지므로 주의를 요한다.

② 기체의 흐름에 변동이 많이 생기게 하는 복잡한 곡선 배관 레이아웃은 피한다(진동의 원인이 된다).

③ 배관의 플랜지면과 플랜지면 사이에 간격이 생겼을 때는 배관의 재가공을 실시한다.

3-8 배관

(1) 일반

① 관내의 용접 가스 및 녹 등의 이물을 완전히 청소하고 부착을 한다.

② 압축기와 탱크 간의 배관경은 제작사의 지정 구경을 사용한다.

③ 배관 길이는 가능하면 짧게 되도록 부속 기기의 위치를 결정한다.

④ 배관 도중의 하부에는 반드시 드레인 밸브를 부착한다.

⑤ 플랜지면과의 거리를 일치한다. 무리하게 접촉시키면 진동의 원인이 된다.

⑥ 압축기의 분해, 조립에 지장이 없는 위치에서 배관을 한다.

⑦ 주의 사항 : 일상 분해 부품과 정기적인 수리 시 부품 분해에 지장은 없는지 확인한다(배관을 빼낼 수 있도록 플랜지 유니언의 배관 부속을 사용한다).

⑧ 배관의 진동을 방지하기 위해 적절한 배관의 지지 스팬을 결정하고 지지대를 부착

한다.

⑨ 배관 지지대는 분해 조립에 지장이 없는 위치에 부착한다.

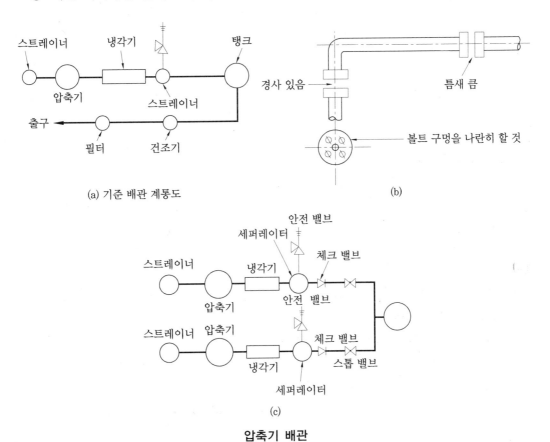

(a) 기준 배관 계통도

(c)

압축기 배관

(2) 흡입 배관

① 섹션 스트레이너(section strainer)가 옥외에 부착되는 경우는 빗물의 비산으로 물방울이 흡입하지 않도록 빗물 커버를 부착한다.

② 배관의 길이는 공진 길이를 피해서(공진 길이의 범위를 벗어나서) 배관한다.

(3) 토출 배관

① 열팽창의 도피 드레인의 흐름이 용이하도록 경사를 둔다.

② 곡선부는 가능하면 반경 밴드를 사용한다.

③ 배관 중에 스톱 밸브를 부착할 경우는 압축기와 스톱 밸브 사이에 안전 밸브를 부착한다.

④ 2대 이상의 압축기를 1개의 토출관으로 배관할 경우 체크 밸브와 스톱 밸브를 설치한다.

공진관의 길이(공기의 경우)

압축기 회전수	공진관의 길이					
	LS(m)		LA(m)		LB(m)	
400 rpm	8.3~15.3	26.2~48.6	4.4~8.3	14.8~27.5	9.8~18.2	20.3~3737
450 rpm	7.3~13.5	23.3~43.1	3.9~7.1	12.9~24.0	9.0~16.6	18.6~34.5
500 rpm	6.5~12.1	20.1~38.8	3.4~6.3	11.7~21.7	7.6~14.1	16.1~29.6
550 rpm	5.8~10.7	18.9~34.9	3.0~5.5	10.4~19.3	6.7~11.4	14.2~26.2
600 rpm	5.3~9.8	17.4~32.2	2.7~5.0	9.6~17.8	5.6~10.4	13.0~24.1
650 rpm	4.9~9.1	16.1~39.9	2.5~4.6	9.0~16.6	5.6~10.4	12.0~22.1
700 rpm	4.4~8.1	14.6~27.1	2.0~4.1	8.1~15.0	5.0~9.2	10.6~19.7

㈜ 이 표는 복동일 때의 수치임. 단동일 경우는 상기 수치의 2배로 할 것

⑤ 드라이, 필터 등의 부속 기기는 압축기와 탱크 사이에는 설치하지 않는다.
⑥ 배관 길이는 맥동을 방지하기 위해 공진 길이를 피한다.

(4) 냉각수 배관

① 냉각수는 수질이 좋은 청수를 사용한다. 냉각면에 스케일이 부착되면 냉각 효과가 저하하여 온도 상승의 원인이 된다.
② 냉각수 라이닝에는 수량 조절 밸브, 드레인 공기 트랩을 부착한다.
③ 수량의 조절은 각 급수 개소에 부착된 조절면에 의해 행하며 압축기의 급수량을 점검 조절 밸브의 열림 정도를 결정한다.
④ 정지 중에는 동절기의 동결 파괴를 피하기 위해 완전히 배수되도록 배관한다.

(5) 공기 트랩의 배관

① 배관은 다음 그림과 같이 설치한다.
② 트랩 스크린의 정기 점검 시에 분해할 수 있도록 유니언 또는 플랜지를 설치하여 사용한다.

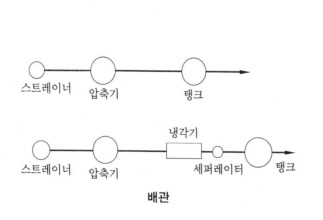

배관

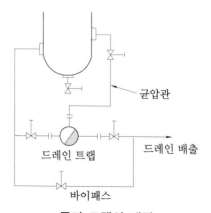

공기 트랩의 배관

③ 트랩의 작동 확인 및 고장 시의 드레인 빼기로서 바이패스 배관을 설치하여 수동 밸브를 부착한다.

④ 균압관의 취부 구멍은 드레인의 취부 구멍보다 높은 위치로 한다.

4. 조립 조정

4-1 **피스톤 로드의 분해 조립**

(1) 분해의 순서

① 실린더 내의 냉각수를 완전히 빼내고 실린더 헤드 커버를 빼낸다.

② 크로스 헤드에 붙어 있는 로크 다월(dowel)을 빼낸다.

③ 피스톤 로드의 더블 너트를 느슨하게 풀어 육각 너트를 회전시켜 크로스 헤드로부터 빼낸다.

④ 더블 너트를 빼내고 로드 나사부에 조립 치구를 장치해서 분해한다.

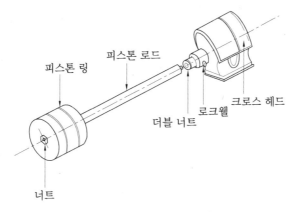

피스톤 링 　피스톤 로드 　크로스 헤드　로크웰　더블 너트　너트

피스톤 로드 분해 조립

(2) 조립의 순서

① 조립 시에는 오일 웨이퍼 링을 빼낸 후 실시한다.

② 피스톤 로드 나사부에는 반드시 조립 치구를 사용해서 로드 패킹이 손상되지 않도록 서서히 조립한다.

③ 피스톤 앤드 간극은 로드와 크로스 헤드의 펀치 마크(punch mark)의 거리가 크랭크 케이스 커버(crank case cover)에 표시한 기준 길이(L)가 되도록 더블 너트로 조정한다.

④ 로크웰을 빼낸 상태에서 더블 너트를 충분히 조인다.

⑤ 로크웰은 반드시 부착한다. 잊으면 큰 사고의 원인이 된다.

⑥ 앤드 간극은 4 mm의 연선을 사용해서 확인한다.

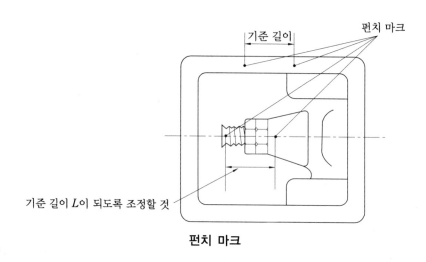

펀치 마크

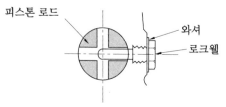

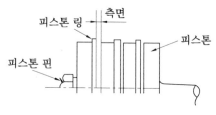

피스톤

4-2 피스톤

① 피스톤 링과 링 홈의 측면 틈새는 링이 가볍게 회전할 정도로 한다. 측면의 간격
   이 크면 이상음의 원인이 된다.

② 피스톤 체결 너트는 완전히 조여 분할 핀을 넣는다. 한 번 사용한 분할 핀은 재사
   용하지 않는다. 불완전하게 조이면 이상음이 나는 원인이 되어 큰 사고를 발생한다.

4-3 밸브의 분해 조립

(1) 체크를 사용하든지 아니면 간단한 지지구를 사용해서 밸브가 돌지 않도록 장치한
    후 분해한다.

(2) 밸브를 조립하기 전에 다음의 사항을 확인한다.

① 플레이트와 가이드의 간격이 꼭 조이지 않는가?

② 스프링의 내외주가 스프링 홈 벽과 잘 맞는가?

③ 스프링을 전부 압축시켜 홈 내에 완전히 들어가는가?

(3) 밸브 볼트의 와셔는 분해할 때마다 교환한다.

(4) 밸브 볼트의 너트는 과도하게 조이면 볼트가 절단되는 현상이 발생한다.

(5) 밸브의 조립 후에는 플레이트 상하로 자연스럽게 움직이는가 반드시 막대기로 수 개소 작동을 확인한다.

(6) 밸브 플레이트의 리프트는 규정값에 들어 있는가를 틈새로 확인한다.

① 리프트가 한계치 이상의 경우는 ⑧면을 절단하여 H 치수를 조정한다.

② 시트면의 수리 가공에 의해 t 치수가 작게 되는 경우 최소 두께는 표준값 2 mm까지 한다. 흡입변의 t 치수가 변했을 때에는 반드시 무부하(unload) 푸셔(pusher)로 보정한다.

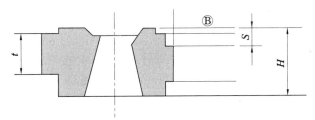

t : 2 mm 이하가 되면 교체한다.

리프트 보수 가공면

(7) 조립 순서

① 실린더 밸브 홈의 시트 패킹의 오물은 청소한다. 밸브 시트 패킹은 반드시 조립해서 넣는다.

② 밸브 컴플리트(complete)를 실린더 밸브 홀에 부착한다. 흡입 밸브, 토출 밸브의 위치에 주의한다.

③ 시트 패킹을 물고 있지 않는지, 밸브를 좌우로 회전시켜 밸브 홈에 들어 있음을 확인한다.

④ 밸브 푸시 볼트는 같은 토크(torque)로 잠근다. 과도하게 잠그면 밸브 시트 홀더 (valve seat holder)의 파손의 원인이 된다. 분해 조립 초기에는 3~4시간 후에 다시 24시간 후에 압축기를 정지시킨 후 잠근다. 밸브 홀더 볼트의 영구 고정을 방지하기 위해 나사부에 2회 몰리브덴의 분말 등의 소착 방지제를 도포한다.

(8) 밸브 조립 불량에 의한 고장

① 밸브 홀더 볼트의 체결 불량 시

② 밸브 조립 순서의 불량

③ 밸브 홀더 볼트의 조립이 불량한 때

(9) 밸브의 취급 불량에 의한 고장

① 리프트의 과대

② 볼트의 조임 불량

③ 시트의 조립 불량

④ 스프링과 스프링 홈의 부적당

4-4　크로스 헤드 조립

① 크로스 헤드의 양단 구배 부분은 깨끗이 청소해서 조립한다.

② 크로스 헤드 핀 켈(pin kel), 핀 볼트의 분할 핀, 핀 커버 볼트의 스프링 와셔는 잊지 말고 삽입한다.

③ 급유 홀은 깨끗한 공기로 불어 청소한다.

④ 핀 볼트의 양단에 사용되고 있는 동판 와셔는 기름의 누설을 방지하는 패킹의 역할을 한다(지정된 와셔를 사용할 것).

⑤ 크로스 헤드와 크랭크 케이스 가이드와의 틈새는 0.17~0.254 mm가 적당하다.

4-5　베어링의 조정

① 각 베어링의 표준 간격은 정기 점검, 수리 기준 지침에 의한다.

② 간격은 0.3~0.5 mm 정도의 연선(鉛線)을 끼워 행한다.

③ 베어링의 최대 허용 온도는 75℃이다.

④ 크로스 헤드 핀 메탈

　㈎ 간격은 크로스 헤드 핀 메탈을 빼내 직경을 측정편 마모도로 점검한다.

　㈏ 메탈을 교환할 때는 간격 접촉을 점검 조정한다.

　㈐ 메탈 외경의 조임에 의해서 간격 접촉이 다르므로 주의한다.

⑤ 크랭크 핀 메탈(crank pin metal)

　㈎ 로드 볼트는 충분히 조여서 접촉면을 내고 지정된 간격이 되도록 심(shim)에 의해 조정해야 한다.

　㈏ 베어링은 지정된 것을 사용해야 한다.

　㈐ 주유 홈 및 주유 구멍에 주의하여 조립한다.

　㈑ 베어링 뒷면은 충분히 세척해서 이물이 혼입되지 않도록 주의한다.

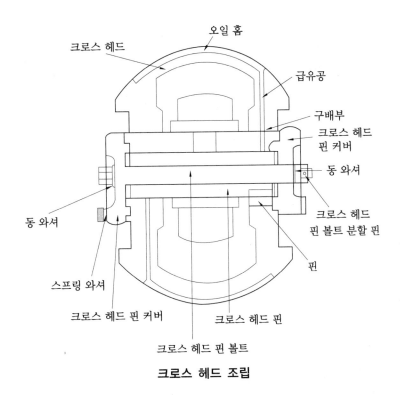

크로스 헤드 조립

⑥ 메인 메탈(main metal)

⑦ 캡 볼트를 충분히 조여서 접촉면을 낸다. 그 후 지정된 간격이 되도록 심의 조정을 택한다.

㉯ 심은 지정된 것을 사용한다.

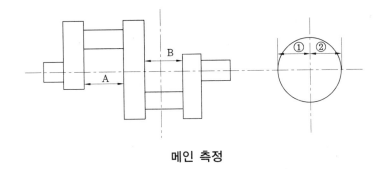

메인 측정

㉰ 베어링 배면은 충분히 청소해서 이물질이 들어가지 않도록 주의한다.

㉱ 메탈(metal) 조정 후 동심도 확인 및 크랭크 암(crank arm)과의 처짐을 측정하고 확인한다.

㉲ 크랭크 축 처짐의 측정은 A, B를 측정하고 180° 회전시켜 ①, ②의 차가 0.03 mm 이하 범위 내임을 확인한다.

⑦ 베어링의 사고와 원인

현 상	원 인
이상 온도의 상승	미터 간격 조정 불량 측면 간격 트러스트 간격의 조정 불량
눌어붙음	앤드 플레이트의 조정 불량 접촉면 불량
이상음의 발생	이물질의 혼입(크랭크 케이스의 청소) 오일 냉각 부족 윤활유 종류의 부적합 윤활유의 부족(오일 구멍의 막힘 기름의 누설) 기름의 노화 오염(기름 교체)

4-6 흡입 무부하의 조립 조정

(1) 무부하 푸셔(unloader pusher) 조립 조정

① 무부하 몸체(unloader body)를 부착하기 전에 푸셔를 흡입 밸브 조립품에 끼워맞춰 상하로 움직여 플레이트의 작동을 확인한다.

② 푸셔를 완전히 눌렀을 때 가이드와 플레이트 간격 그림의 A는 0.1~0.3 mm로 한다.

③ A의 조정은 A 또는 B면을 절삭 가공해서 행한다.

④ 무부하 몸체를 부착시켜 푸셔의 작동을 확인한다.

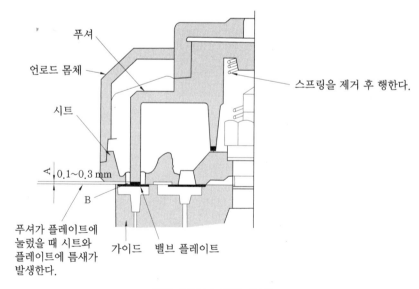

석션 언로드 조립 조정

⑤ 무부하 몸체를 부착시켰을 때 푸셔가 플레이트를 눌러 플레이트가 열린 상태가 되어 있지 않은가 확인한다.

(2) 다이어프램의 조립 조정

무부하의 길이 조정 : 다이어프램 No 아이디어 및 푸셔를 누르고 있지 않는가?

① 다이어프램 스프링을 빼내고 스템 선단을 푸셔에 접촉시켰을 때 다이어프램 홀더의 상면 B가 다이어프램 상자(下)의 상면과의 관계 치수가 설명도와 같이 되도록 스템의 길이를 조정한다.

② 조정 후 다이어프램 홀더를 손으로 누르고 작동을 확인한다. 스템 조절 너트는 이완되지 않도록 완전히 조인다.

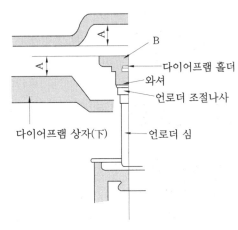

다이어프램 홀더
와셔
언로더 조절나사
다이어프램 상자(下)
언로더 심

다이어프램 조립 조정

(3) 무부하 조립 불량에 의한 고장

① 스템의 조정이 너무 길다.
② 스템의 조정이 너무 짧다.
③ 조립 상태에서 푸셔가 플레이트를 누르고 있다.
④ 무부하 시 푸셔를 너무 누른다.
⑤ 푸셔의 눌림이 부족하다.

5. 기타 부속 장치

5-1 무부하 장치

무부하 장치는 압축기에 흡입 밸브의 개방형 무부하를 설치하여 사용 공기량의 변화에 따라서 용량 조정을 행하고 항상 일정한 압력을 유지하고 있다.

(1) 무부하 배관

① 흡입 무부하용 조작 공기는 별도의 조작 공기를 사용한다. 당해 기계와 탱크 압력 공기를 도입하여 사용해서는 안 된다.
② 흡입 무부하 조작 압력은 0.5∼0.7 MPa로 한다.

③ 조작 압력의 전자 밸브 입구 필터는 정기적으로 청소한다.

④ 응축수가 혼입될 염려가 있을 때는 응축수 탱크를 설치한다.

(2) 무부하 작동 불량원인

① 다이어프램이 파손되어 있는 경우

② 무부하 조작 압력이 낮은 경우

③ 전자 밸브에 드레인 먼지(drain dust)가 혼입되어 밸브의 작동 불량 및 공기가 누설되는 경우

5-2 윤활 장치

(1) 크랭크 케이스 관계

① 윤활유의 선택

㈎ SAE # 20~30 상당품

㈏ 적당한 점도를 가지고 있을 것

㈐ 장기간의 사용에 견디고 특히 내산성일 것

㈑ 물과 분리가 용이하고 거품이 잘 일어나지 않을 것

㈒ 녹을 방지할 수 있는 성분이 우수할 것

② 주유 압력의 조정

㈎ 적당한 압력은 0.2~0.4 MPa로 릴리프 밸브에서 조정한다.

㈏ 최저 송유 압력이 0.1 MPa 이하로 되면 원인을 조사하여야 한다.

(2) 실린더 관계

① 윤활의 선택

㈎ SAE # 20~30 상당품

㈏ 가스 종류 압력에 따라 적당한 윤활유를 선정할 것

㈐ 적절한 점도를 가지고 있을 것

㈑ 탄화가 잘 안 될 것

㈒ 금속면에 잘 접촉되고 유막 강도가 높을 것

② 주유량

㈎ 주유량의 정도는 운전 직후 밸브가 약간 기름에 절어 있을 정도의 적량으로 하고 너무 마른다거나 다량으로 부하 주유 등의 실린더 하부에 남아 있는 것은 부적당하다.

㈏ 설치 초기는 약 1개월 정도는 본 표준의 2~3배 정도 주유해서 서서히 감소시킨다.

㈐ 주유량의 대체적 기준

150~220 kW   0.8~1.5 L / 10 hr

300~450 kW   15~25 L / 10 hr

(3) 부속품의 취급

① 안전 밸브의 취급

㈎ 토출 압력의 조정

㈏ 토출 정지 압력의 조정

㈐ 배출량의 조정

㈑ 주의할 사항

㉮ 안전 밸브는 부착 전에 스너버(snubber) 탱크 및 배관 중의 오물을 충분히 청소하고 밸브 자리면에 오물이 혼입되지 않았는지 주의한다.

㉯ 규정의 작동 압력으로 조정되어 있는가를 확인한다.

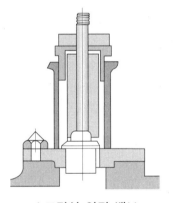 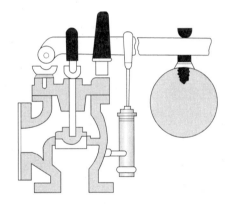

스프링식 안전 밸브   **중추식 안전 밸브**

② 오일 필터의 취급

㈎ 오토 간극 필터(auto clearance filter)는 윤활유가 필터 플레이트의 외부로부터 내부로 통과할 때 필터 플레이트의 간격보다 큰 이물은 외주에 남게 되어 여과된다.

㈏ 수동으로 핸들을 돌리면 여과면에 부착되어 있는 이물이 제거된다.

㈐ 노치(notch)식 필터는 윤활유가 엘리먼트(element)의 2통을 통과하는 병렬 사용의 구조이다.

㈑ 핸들의 조작에 의해 3방 콕을 교체하여 정상 운전 및 눈금이 막혔을 때 블로우 오프(blow off) 소재 개방 청소를 실시한다.

㈒ 운전 초기는 공기 빼기 마개를 이완시켜 공기를 배출한다.

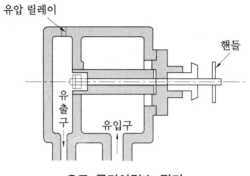

오토 클리어런스 필터

6. 압축기의 보전

압축기 고장 및 해결책

고장 현상	원 인	해결 방법
압축기 전동기의 계전기가 작동한다.	전압의 이상 상승이나 이상 하강 또는 전압의 불평형	냉동기의 배선 상황을 조사한 후 조치한다.
	전자 접촉기 불량에 의한 단상 운전	전자 접촉기를 고치거나 교환한다.
	압축기용 전동기의 불량	전동기 교체
저압축의 압력이 낮다.	냉매액 출구 밸브가 충분히 열려 있지 않다.	밸브를 연다.
	냉매관이 막혀 있다.	배관을 조사하여 장애물을 조사한다.
	팽창 밸브가 막혀 있다.	팽창 밸브를 온수로 덥혀 냉매가 통과, 수분에 의한 막힘이므로 드라이어를 부착하여 수분을 제거한다.
	냉매량이 부족하다.	가스 누설을 점검하여 조치한다.
	냉동 사이클 내의 윤활유가 많다.	온윤활유를 추출한다.
	냉수의 유량이 적다.	유량을 증가시키거나 온도를 조사한다.
	수냉각기에 스케일이 부착되어 있다.	수냉각기를 청소한다.
	팽창 밸브의 개도가 작다.	흡입 가스의 과열도가 5~10℃로 되도록 팽창 밸브의 개도를 조정한다.
	스트레이너가 막혀 있다.	청소한다.

저압축의 압력이 높다.	팽창 밸브가 지나치게 열려 있다.	흡입 가스의 과열도가 5~10℃로 되도록 팽창 밸브의 개도를 조정한다.
	냉수의 온도가 높거나 수량이 많다.	냉수량을 줄여 운전한다. 필요하면 열부하의 상황을 검토하여 조치한다.
고압축의 압력이 낮다.	응축기의 냉각수량이 많다.	수량을 줄인다.
	수온이 낮다.	수온을 높게 한다.
	냉매량이 부족하다.	가스 누설을 체크한다.
고압축의 압력이 높다.	응축기 내의 공기 또는 불응축 가스가 혼입되어 있다.	공기 또는 불응축 가스를 방출한다.
	응축기용 냉각수의 온도가 높고 수량이 작다.	냉각수량을 증가시키거나 쿨링 타워의 능력을 조사하여 바꾼다.
	통풍이 불량하다.	공기 통풍을 여유 있게 한다.
	응축기의 냉각관에 스케일이 부착되어 있다.	스케일을 제거한다.
	냉매량이 많다.	냉매를 추출한다.
	응축기 냉매 가스 흡입 밸브가 열려 있지 않다.	밸브를 연다.
윤활유의 상태가 좋지 않다.	냉매가 액상태로 유면계 내측에 들어 있다.	전원이 투입되지 않을 경우에는 전원을 투입한다. 팽창 밸브 개도를 조정한다. 시동 시에 유면 내측에서 오일 포밍이 일어나면 압축기 정지 시에 오일 히터가 동작하지 않으면 오일 히터를 교환한다.
	윤활유가 부족하다.	윤활유를 보충한다.
	베어링이 마모되었다.	간격을 조사하여 조절한다.
	오일 스트레이너가 막혀 있다.	오일 스트레이너를 청소하거나 교체한다.
각 부위에서 이상음이 발생한다.	설치 및 조립이 불량하다.	방진 고무 등의 설치를 확인하고 각부 볼트 등의 풀림을 체크한다.
	솔레노이드 밸브에서 전자음이 발생한다.	솔레노이드 밸브를 교환한다.
용량 제어 기구가 동작하지 않는다.	온도 조절기의 고장	온도 조절기를 교환한다.
	솔레노이드의 코일 단선	솔레노이드 밸브를 교환한다.
	모세관이 막혀 있다.	모세관을 청소한다.

변속기와 감속기

1. 변속기

1-1 변속기의 정의

　자동차 등의 원동기에서 종동축의 회전 속도 및 회전력을 바꿔 주는 장치가 변속기(speed changer gear)이며 변속 기어 장치(transmission)가 대표적이다.

　변속기에는 자동차에서 사용되는 기어식 수동, 자동 변속기와 선반에서 사용되는 기어식 변속 기어 장치 외에 마찰 바퀴식 무단 변속기, 체인식 무단 변속기, 벨트식 무단 변속기 등이 있다.

1-2 마찰 바퀴식 무단 변속기의 구조와 정비

(1) 마찰 바퀴식 무단 변속기의 종류와 특징

　① 가변 변속기 : 바이에르 변속기라고도 한다. 그림과 같이 몇 장의 원추판(圓錐板)과 거기에 대응하는 플랜지 디스크(원추 달림)가 있고 플랜지 디스크는 페이스캠과 스프링으로 눌러져 원추판을 변속 핸들에 의해 그 속으로 밀어 넣어 접촉 부분의 반경을 무단계로 바꾸어 변속시키는 것이다. 이 원추판은 원추 방향으로 3~8조 배치되어 있고 대단히 많은 접촉점을 갖고 있으며 케이싱 내에서 유욕 윤활되어 적정한 정도의 윤활유를 씀으로써 유막 윤활의 상태로 운전된다.

　② 디스크 무단 변속 : 그림과 같이 유성 운동을 하는 원추판을 반경 방향으로 이동시켜 접시형 스프링을 가진 한 쌍의 태양 플랜지와 접촉시켜 유성 원추판의 공전을 종동축으로 빼내는 구조이다. 접촉량이 적으므로 소형이고 0.4~3.7 kW 정도의 것이 보통이다.

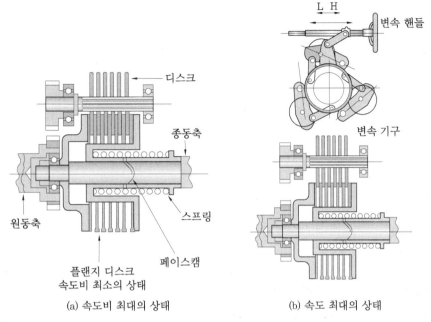

가변 변속기

(a) 속도비 최대의 상태

(b) 속도 최대의 상태

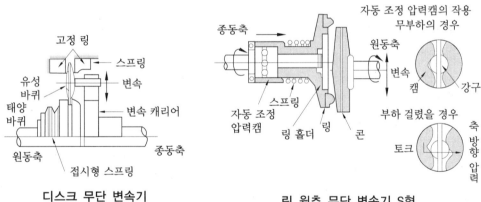

디스크 무단 변속기

링 원추 무단 변속기 S형

③ 링 원추 무단 변속기 S형 : 그림과 같이 원추판과 외주림을 가진 링을 스프링 및 자동 조압캠에 의해 누르고 원추판을 종동축에 대해 화살표 방향으로 이동시킴으로써 변속한다. 원추판 종동축은 전동기 축과 일체로 만들고 케이싱에 편심시켜 설치하며 전동기 케이싱을 일정한 범위 내의 각도로 돌려 변속시킨다. 이것도 3.7 kW 정도로 소형이고 웜 기어 감속기와 일체화한 극히 저속 영역에서 쓰이는 것도 있다.

④ 링 원추 무단 변속기 RC형 : 그림 (a)와 같이 동일 테이퍼를 가진 원추 축을 번갈아 설치하고 그 원주에 링을 접촉시켜 화살표 방향으로 이동시킴으로써 증감속을 하는 무단 변속기이다. 원추 베어링이나 접촉면의 친근성 또는 소량의 마찰 손실에 대해서는 (b)와 같이 링이 이동하거나 탄성 변형을 해서 부하에 따라 자동적으로 접촉

압력이 조정되는 기능을 갖고 있다. 그러나 조립 시기부터 슬립하는 상태는 (c)와 같이 원추를 서로 밀어 넣어 초기 접촉 압력을 조정하는 기구가 반드시 부착되어 있으므로 변속기 취급 설명서를 이해하고 정확한 조작을 하여야 한다.

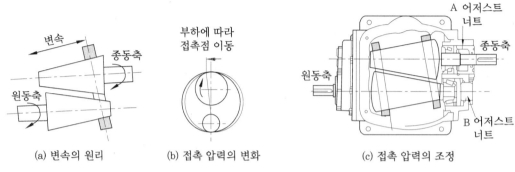

(a) 변속의 원리   (b) 접촉 압력의 변화   (c) 접촉 압력의 조정

링 원추 무단 변속기 RC형

⑤ 링 원추 무단 변속기 유성 원추형

㈎ 그림 (a), (b)와 같이 원동축에 태양콘을 비치하고 종동축에는 원주에 4개의 유성콘을 부착하며 그 외주에 링이 접촉되어 유성콘의 표면을 링이 축 방향으로 이동함으로써 유성콘 홀더의 공전이 종동축에 무단계 변속으로서 나온다.

㈏ (a)는 유성콘의 부분이 하나이고 태양콘을 전동기 직렬로 해서 100~450 rpm의 중속에 이용된다.

㈐ (b)는 이 부분이 더블로 되어 있고 링도 회전해서 태양콘과의 회전수의 합성에 의해 원동축 전동기를 직렬로 하여 300~350 rpm 정도의 정반대 양회전을 내는 특성을 갖고 있다.

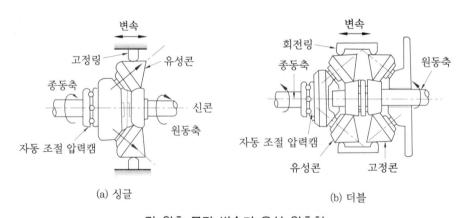

(a) 싱글   (b) 더블

링 원추 무단 변속기 유성 원추형

㈑ 이 변속기의 접촉 압력 조절은 그림에 나타낸 자동 조정 압력캠에 의해 행해진다. 즉 부하의 증가에 의해 유성 홀더가 태양콘 측으로 이동하고 그와 함께 콘은

콘 핀의 중심선을 따라 화살표 방향으로 이동해서 링의 접촉 압력이 증대하도록
작용한다.

⑥ 컵 무단 변속기

   ㈎ 그림과 같이 원동축과 종동축에 드라이브 콘을 비치하고 그 바깥 가장자리에 강
      구(드라이브 볼)를 접촉시켰다.

   ㈏ 이 강구는 경사축에 의해 경사각을 변화시키면 원·종동축의 드라이브 콘에 접
      촉하는 접촉 반경이 변화되어 무단계 변속을 하게 된다.

   ㈐ 강구는 외환에 의해 바깥 측으로 이동이 제한되고 드라이브콘에는 자동 조정캠
      이 설치돼 있으므로 부하 조건에 따라 강구 측으로 밀려서 적정한 접촉압이 발생
      된다.

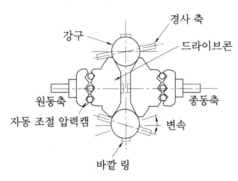

컵 무단 변속기

⑦ 하이나우 H 드라이브 무단 변속기 : 그림과 같이 서로 향하고 있는 콘이 원동축과 종
   동축에 1조씩 설치되고 그 사이에 링을 설치한 구조로 되어 있다.

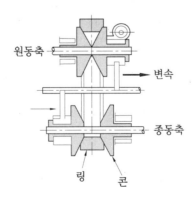

하이나우 H 드라이브의 구조

(2) 마찰 바퀴식 무단 변속기의 정비

① 변속 조작상의 주의 : 무단 변속기의 변속 조작, 즉 변속 핸들을 움직이는 것은 보통
   회전 중이라야 한다. 기어 감속기에서 기어를 이동시켜 맞물리게 하는 것은 정지

중이어야만 한다는 것과 정반대인 것이다. 마찰 바퀴식은 정지 중에는 금속 접촉이 되어 있어 무리하게 변속 조작을 하면 접촉부가 손상되기 때문이다.

② 분해 전용 공구의 사용 : 변속기는 마찰력을 발생시키므로 어느 정도 강력한 스프링을 넣은 것이 있다. 그러므로 부주의하게 분해하면 부품이 튀어나와 조립이 어렵게 된다. 분해 전에 취급 설명서 등을 잘 확인하고 스프링 부분은 분해 전용 공구를 사용하는 것을 원칙으로 하되, 전용 공구가 없으면 신중하게 안전사고가 나지 않도록, 또한 무리한 힘을 가하지 않도록 조심해서 분해 및 조립을 해야 한다.

③ 변속 눈금의 조정 : 변속 기어는 반드시 변속의 눈금이 명시되어 있다. 특히 분해 정비 등을 시행할 경우에는 취급 설명서나 변속 기능을 확인하여 실제의 변속과 눈금의 지시를 완전히 일치시켜야 한다. 그 이유는 제작할 때에 회전수의 눈금을 기준으로 제작 작업을 하기 때문이다. 또 정·역회전이 가능한 변속기에서는 실제의 회전의 0 위치와 0 눈금을 일치시켜야 한다. 또한 최고·최저 회전의 제한과 눈금의 지시와의 일치성도 확인해야 한다.

④ 적정한 윤활 : 마찰식 무단 변속기는 적정한 윤활이 필요하다. 지정 윤활유를 쓰는 것이 최적이지만 기존에 사용하고 있는 윤활유와 반드시 일치되지 않을 경우가 있다. 그 경우에는 양쪽을 비교해서 성능이 일치되는 것을 사용한다. 또 다른 기계의 변속기 운전 조건을 검토하여 최적 윤활유를 선택하는 것도 필요하다. 그러기 위해서 윤활유의 열화 상태를 주기적으로 검사하고 기름 누유, 과열, 이물 혼입, 수분의 혼입 방지, 정기적인 교체 등을 해야 한다.

⑤ 축이음의 정비 : 이 변속기는 구조 기능상 베어링 부분에 반드시 추력이 발생하고 있기 때문에 운동부나 부하 측의 커플링은 스러스트를 흡수할 수 있는 형식, 즉 일반적으로는 휨, 이음을 이용하여야 한다. 또 변속기에 커플링을 끼워맞출 경우 강한 힘으로 타격을 가하면 내부의 미세한 조립 상태에 이상이 생길 수 있으므로 가열 등에 의한 열박음을 한다.

⑥ 마찰 접촉면의 정비 : 어느 정도 조립 조정이나 윤활이 완벽하다고 해도 변속기는 장시간의 사용에 따라 접촉면의 마모나 면이 거칠어짐을 방지할 수 없다. 특히 자주 쓰이고 있는 범위의 접촉 부분이 집중적으로 손상된다. 접촉면은 열처리로 경화시켜 연삭이 되어 있으나 대표적인 마모나 다소의 면 거칠어짐 등은 선반 또는 원통 연삭기에 설치하여 연마재로 가볍게 다듬질하는 것이 좋다. 그러나 표면 경화층의 박리 현상이나 깊은 홈 모양의 마모, 회전 방향으로 난 깊은 상처, 균열, 결손 등은 교체하는 것이 좋다.

⑦ 기동 정지의 상태 주의 : 급격한 기동이나 운전할 때에, 정지를 할 경우에 이 변속기에서는 특히 주의하지 않으면 안 된다. 즉 기계의 관성 모멘트와 변속기 용량이나 브레이크 힘은 설계 단계에서 충분히 검토되는 것이지만 설계상의 착오, 브레이크 부하, 힘의 변동 등은 우발 고장의 원인이 된다.

1-3 체인식 무단 변속기의 구조와 정비

(1) 체인식의 구조와 특징

이 변속기는 보통 PIV 라고도 하며 그림과 같이 얕은 홈이 있는 베벨 기어에 특수한 체인의 연결로 동력을 전달하는 것이다. 한 쌍의 베벨 기어는 한쪽의 산의 면에 대해 다른 쪽의 골면이 마주보고 이 사이에 체인이 물린다. 이 특수한 체인은 강제 링크와 핀으로 되어 있고 1피치의 링크는 가로 방향으로 자유로이 움직일 수 있는 얇은 강판제의 접동판에 겹쳐 끼워져 있으므로 베벨 기어와 맞물릴 때 그 습동판은 자연히 이동해서 양면의 베벨 기어에 튼튼히 물리게 되어 있다.

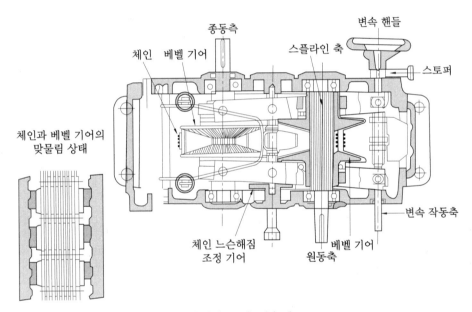

체인식 무단 변속기

변속은 원동측 베벨 기어와 종동측 베벨 기어를 연동시켜 축 방향으로 이동시키고 체인의 맞물리기 유효 반경을 바꿈으로써 행해진다. 이 변속기는 구조상 미끄럼이 없으나 부하의 증가에 의한 체인 장력의 여유 변화, 각 부의 탄성 변동 등에 의해 유효 맞물림 경이 변하거나 습동판이 약간씩 어긋나서 맞물리기 때문에 역 간의 미끄러짐이 발생될 수 있다. 또 이것은 원동측 회전수가 비교적 낮아 전동기와 원동축의 사이에 따른 감속 장치를 부착, 사용하는 것이 보통이다.

(2) 체인식 무단 변속기의 취급

이 변속기도 마찰 바퀴식과 마찬가지로 변속 조작은 회전 중에 한다.

　　변속용의 작동축은 수동식 전동이나 유공식(油空式), 실린더에 의한 레버식 등으로 원격 조작도 되지만 본체의 회전과 인터로크를 해야 한다. 또 부하 측의 정지 브레이크를 듣게 하는 방법에 따라서는 마찰식과 마찬가지로 문제의 원인이 되며, 특히 체인 플레이트의 마모가 심하고 마모분이 윤활유 속에 혼입되며 그것이 또 베어링이나 습동 부분의 마모를 촉진시키므로 적정 브레이크 힘의 유지에 주의가 필요하다.

　　또한 체인을 거는 정도는 미끄럼이나 마모의 촉진, 효율 및 체인 수명에 큰 영향을 미친다. 보통의 사용 상태에서 거의 1000~1500시간마다 위의 뚜껑을 열어 그림과 같이 체인을 손으로 당겨 느슨해진 양을 측정하여 지정 조건으로 유지한다.

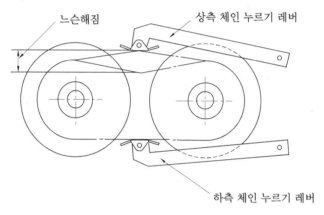

체인의 장력 방법

1-4　벨트식 무단 변속기의 특징과 정비

(1) 벨트식의 종류와 특징

　　벨트식의 변속기는 기본적으로 표준 V 벨트와 전용의 광폭 V 벨트를 쓰는 것으로 분류된다. 표준 V 벨트를 쓰는 것에는 그림과 같은 중간 바퀴 방식이 많고 가변 피치 시브라고 하며, 그림의 화살표 방향으로 이동시켜 무단 변속하는 것이고, 광폭 전용 벨트를 쓰는 것은 그림에 나타낸 체인식과 거의 같은 구조의 것이나 그림의 (a), (b)와 같은 것이 있다. 이 중에서 가변 피치 풀리를 1개 쓸 때에는 축간 거리를 증감해야 한다. 일반적으로 벨트식은 기계식, 무단 변속기보다 변속 범위와 정도가 낮고 가격이 싸므로 경기계용에 사용한다.

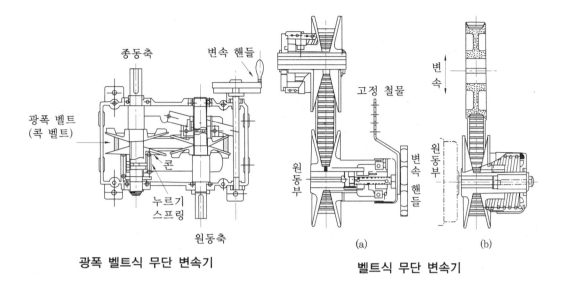

광폭 벨트식 무단 변속기   **벨트식 무단 변속기**

(2) 벨트식 무단 변속기의 정비

벨트식 무단 변속기는 고무 벨트를 스프링으로 누르거나 혹은 풀리와의 접촉 위치를 강제적으로 이동시키기 때문에 벨트에 무리가 걸리기 쉽고 수명은 표준 벨트를 표준적인 방법으로 사용을 했을 때의 $\frac{1}{2} \sim \frac{1}{3}$ 정도이다. 또 가변 피치 풀리도 체인식과 같이 유욕(油浴)식이 아니므로 피치의 가변 기구 습동부는 고무의 마모분 등으로 오염되어 윤활 불량을 일으키기 쉬우며 6개월 내지 1년 이내에는 분해 정비하지 않으면 접동부의 녹슬기, 작동 불량 등을 자주 일으킨다. 또한 특히 광폭 벨트는 특수하므로 예비품 관리를 잘 해두어야 한다.

1-5   변속기의 점검

(1) 기어 변속기의 점검 및 판단 기준

점검 항목	점검 방법과 판단 기준
윤활량을 체크한다.	청소하면서 윤활유가 레벨의 상하한선 내에 있는지 점검한다.
이상음 및 진동이 없는지 체크한다.	운전 시 변속기에 손을 대어 진동이 없는지 점검한다. 청음기를 사용하여 이상음이 발생하고 있는지를 진단한다.
이상 발열을 일으키고 있지 않은지 체크한다.	2시간 이상의 연속 운전 후, 검온기나 서모 라벨을 이용하여 이상 발열이 없는지 진단한다.
원동축과 종동축의 덜컹댐 마모를 체크한다.	변속기의 상부 커버를 벗기고, 원동축과 종동축을 손으로 움직여서 덜컹댐이 없는지 점검한다.

(2) 벨트식 변속기의 점검 방법 및 판단 기준

점검 항목	점검 방법과 판단 기준
벨트의 장력을 체크한다.	풀리와 풀리 사이의 중간 위치에서 벨트를 손으로 눌러 팽팽함이 적정한지 점검한다.
벨트의 열화, 손상을 체크한다.	벨트를 손으로 만져보고 열화, 손상이 없는지 점검한다.
풀리의 마모를 체크한다.	풀리를 육안 및 촉수로 이상 마모가 없는지 점검한다.
이상음 및 진동을 체크한다.	• 운전할 때에 손으로 만져 보고 진동이 발생되고 있지 않은지 점검한다. • 청음기를 이용하여 이상음이 발생되지 않는지 진단한다.

(3) 체인식 변속기의 점검 판단 기준

점검 항목	점검 방법과 판단 기준
급유 상태를 체크한다.	변속기의 상판을 벗겨내고, 체인과 베벨 기어의 급유 상태를 체크한다.
체인의 느슨함을 체크한다.	체인을 손으로 눌러, 적정한 느슨함이 있는지 점검한다.
베벨 기어 및 체인 습동판의 마모를 체크한다.	• 베벨 기어 및 체인의 습동판이 이상 마모를 일으키지 않는지 육안, 촉수 점검한다. • 운전 시 손으로 만져 진동이 없는지 점검한다.
이상음 및 진동을 체크한다.	청음기를 이용하여 이상음이 발생되지 않는지 진단한다.

(4) 변속기의 고장 원인과 대책

고 장	원 인	대 책
열이 발생할 때	과부하 운전	부하를 낮추거나 용량이 큰 변속기 교환
	윤활유가 너무 많거나 적을 때	유면계의 H 부분에 맞출 것
	윤활유가 오염되어 있을 때	윤활유 교환
	베어링 마모 및 체인 마모 시	베어링 교환 및 체인 교환
열이 발생할 때	부정확한 설치	정확하게 교정 설치
	주위 온도가 높을 때	변속기 위치 선정 검토
소음이 발생할 때	체인이 늘어지거나 마모 시	체인 교환 및 조절
	텐션 슈 및 스프링 파손	검사하여 교환
	입력 회전수가 빠를 때	회전수를 낮출 것
	베어링이 손상되었거나 윤활유 부족	교환
	과부하 및 충격 하중이 클 때	용량이 큰 변속기로 교환
	부정확한 설치	정확하게 교정 설치

누유	오일 실이 손상되었을 때	교환
	윤활유량이 너무 많을 때	유면계 H 부분에 맞출 것
	배유구 및 볼트 조인 상태 불량	검사하여 조여 줄 것
	공기통 구멍이 막혔을 때	공기통 세척
진동	벨트 및 커플링 조립 상태 불량	검사하여 적절히 조정
	비정상적인 체인 마모	교환
회전이 부정확	체인이 마모되었을 때	체인 교환
	체인이 늘어졌을 때	체인 조절
	베벨 디스크가 마모되었을 때	디스크 교환
	전달 장치 부적합한 설치	벨트, 커플링, 키 점검
입력은 회전되나 출력이 되지 않을 때	원·종동축 혹은 종동축 파손	검사하여 교환
	체인이 절단되었을 때	교환
	체인이 완전히 늘어졌을 때	체인 조절
	베벨 디스크가 마모되었을 때	디스크 교환
변속이 잘 안 될 때	컨트롤 스크루의 파손	교환
	체인이 늘어지거나 마모 시	교환 및 조절
	내부 부품 파손	체크하여 교환

2. 기어 감속기

2-1 기어 감속기의 분류

① 평행 축형 감속기 : 스퍼 기어, 헬리컬 기어, 더블 헬리컬 기어
② 교쇄 축형 감속기 : 직선 베벨 기어, 스파이럴 베벨 기어
③ 이물림 축형 감속기 : 웜 기어, 하이포이드 기어

2-2 기어 감속기의 정비

(1) 기어 정비

① 스파이럴 베벨 기어, 웜 기어의 이 간섭면에 대한 보전
  ㈎ 스파이럴 베벨 기어를 조립하고 적색 페인트로 체크한 닿는 면에 부하를 걸고

운전할 때는 이의 휨, 베어링의 탄성 왜곡 등에 의해 약간 닿는 면이 이동하므로 미리 이동량을 알아 둔다.

(나) 그림과 같이 닿는 중심을 이 폭의 내측으로 약 10 % 정도 어긋나게 해둔다. 이 것은 기어를 조립할 때, 이 내기할 때의 기준면인 배 원추면(背圓錐面)을 일치시 켜 조립 치수를 조정하는 것이다. 이것은 감속기에 정확한 조립의 거리 치수를 기어에 각인하거나 또는 조립도에 명시되어 있다.

(다) 웜 기어 감속기의 경우는 웜 휠의 이 간섭면을 그림과 같이 약간 중심을 어긋나 게 해 둔다. 이것은 웜이 회전해서 웜 기어에 미끄러져 들어갈 때 윤활유가 쐐기 모양으로 들어가기 쉽게 하는 것이며, 조립을 위해서는 웜 기어에 적색 페인트를 칠해서 점검창이 있는 것은 확인하고, 없을 경우에는 한 번 더 웜기어를 분해해 서 웜 휠의 닿는 정도를 확인한다. 정확하지 못할 경우에는 웜 휠의 베어링 누르 개에 심을 물려서 웜 휠을 적당한 위치까지 이동시킨다. 이와 같이 웜 기어 감속 기를 정확히 조립하면 긴 수명을 갖게 할 수 있다.

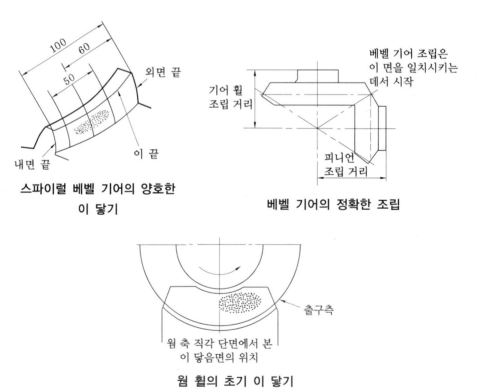

스파이럴 베벨 기어의 양호한
이 닿기

베벨 기어의 정확한 조립

웜 휠의 초기 이 닿기

② 기타 보전

(가) 기어 보전에 대해서 감속기에 조립된 것을 유지하기 위해서 정확한 윤활을 유지 (적정 유종, 유량, 유압, 유온, 성상의 파악과 유지)해야 하며, 이를 위해 윤활유 의 샘플을 빼내어 분석하고, 그 결과에 따라 적정 윤활유를 주입하고 정비한다.

(내) 이면의 마모 상태를 파악한다(초기 마모에서 정상 마모로 무리 없이 이행하고 그 상태가 파악되어 있어야 한다).

(대) 축과 기어의 끼워맞춤이 느슨해져 있는지를 확인한다. 축 끼워맞춤의 불량은 프레팅 코로존이 축을 파단시키게 된다.

(라) 베어링의 이상 유무를 확인하고 수리 및 교체를 한다.

(마) 커플링의 중심내기는 정확히 하였는지 확인한 후 조정한다. 중심내기 불량은 감속기의 진동이나 베어링의 조기 마모의 원인이 된다.

(바) 이상의 조기 발견(감각적으로 느끼는 훈련이 필요하다)

(2) 유성 기어 감속기의 구조와 정비

① 사이클로이드 감속기의 구조

(가) 이 감속기는 이 수의 차가 1개인 내접식 유성 기어 감속기라고 할 수 있다.

(나) 감속기의 원리는 그림 (a)와 같이 고정된 기어에 내접한 기어는 이 수가 1개 적은 유성 기어가 있고, 그 중심부에 크랭크를 화살표 방향으로 1회전시키면 유성 기어는 고정 기어와 맞물리면서 이 한 개의 각도만큼 화살표 방향으로 고정한다.

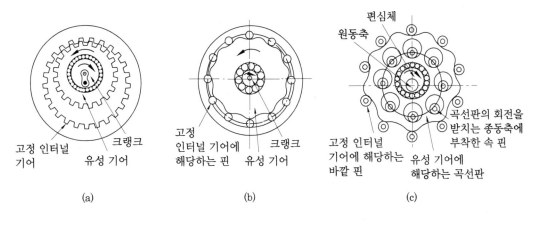

(a) (b) (c)

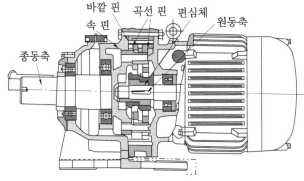

(d) 전동기 직결형의 단면

사이클로이드 감속기의 원리

㈐ 이 경우 인벌류트 치형에서 이 끝 간섭이 크므로 (b)와 같이 사이클로이드 치형을 우선으로 하고 안쪽 기어의 이는 핀으로 바꾸었다.

㈑ 크랭크 축을 회전시키면 유성 기어는 이 수분(齒數分)의 1로 감속된다.

㈒ 최종적으로 (c)와 같은 형태로 되어 유성 기어의 회전을 내측 핀에 의해 종동축으로 나오도록 되어 있다. 전동기 직결형의 조립 단면도는 (d)에 표시하였다.

㈓ 이 수는 최소 11개부터 최대 87개까지의 것이 있고 1단식에서는 그것이 원동축과 종동축의 감속비가 된다.

㈔ 무단 변속기와 조합해서 극히 저속 영역의 무단 변속으로 하거나, 이 기구를 더 2~6단으로 조합하면 $\frac{1}{121}$로부터 수백 억분의 1까지 대단히 큰 감속비가 얻어지는 특징을 갖고 있다.

② 유성 기어 감속기의 보전 : 이 감속기도 대부분이 미끄럼 마찰이며 윤활은 정비에서 가장 중요한 것이다. 1kW 이하의 소형에는 그리스를 사용하고 그 이상의 것은 유욕(油慾) 윤활 방법이 쓰인다. 윤활, 설치, 중심내기, 분해, 조립 등 보전의 기본이 되는 점을 잘 익혀 두면 충분히 보수할 수 있다. 단지 입형(立形)의 기름 윤활은 내부의 종동축에 캠을 부착하고 기름 펌프를 작동시켜 순환되는 구조가 되며, 일단 기름 파이프를 외부로 유도하여 상부로부터 토출시키게끔 하고 있으며 유도관 도중에 오일 시그널(기름이 통과하고 있으면 내부의 볼이 회전하는 함)이 설치되어 있으므로 일상 점검하고, 또 케이싱과 종동축의 실은 기름 누설에 의한 사고에 특히 주의한다.

2-3 기어 모터의 결선

전원은 전선이 너무 길면 전압이 감소하고 조정에 문제가 생기기도 하므로 주의하여야 한다. 단, 전압 감소는 2 % 이내로 하여야 한다.

3상 모터의 전원 연결에서 임의의 2선을 변경 연결하면 회전 방향이 바뀌게 된다. 단상 모터의 전원을 연결할 때는 명판(name plate)을 확인하여야 하며, 전원 연결이 틀렸을 때는 모터가 훼손되므로 유의하여야 한다.

2-4 감속기의 점검

(1) 감속기 운전 전 확인 사항

① 제시된 품목(전달 동력, 감속비, 회전수, 회전 방향, 하중, 진동, 충격)들이 주문 사양(설치 조건)과 비교하여 일치하는지를 검토한다.

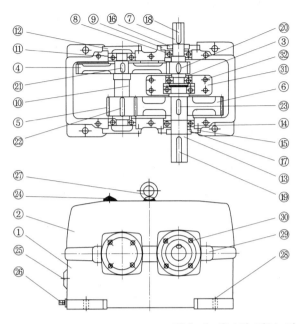

① ② : 상 · 하 케이스
③ ④ ⑤ ⑥ : 기어
⑦ : 원동축
⑧ ⑪ ⑭ : 베어링
⑨ ⑫ ⑮ : 베어링 커버
⑩ : 중간축
⑬ : 종동축
⑯ ⑰ : 오일 실
⑱ ⑲ ⑳ ㉑ ㉒ ㉓ : 키
㉔ : 주유구(공기 빼기)
㉕ : 오일 레버
㉖ : 폐유 밸브
㉗ : 아이 볼트
㉘ ㉙ ㉚ : 볼트
㉛ : 베어링 부착대
㉜ : 베어링 부착 볼트

감속기 내부의 각부 명칭

② 감속기는 온도 상승을 억제하기 위하여 감속기 내부의 면적을 넓게 한다.

③ 감속기의 운반은 항상 케이스 상부에 붙어 있는 고리나 아이 볼트를 사용하여야 하며, 절대로 축에 로프를 걸어 운반해서는 안 된다.

④ 기계 기초는 다른 기계와 같이 견고한 공통 베드상이어야 하며, 감속기의 하중 및 전달 하중으로부터의 변형을 방지하기 위하여 충분히 강한 bed plate에 설치되어야 한다.

⑤ 감속기는 되도록 평평하게 설치하여야 하며 속도 변환일 경우에는 3 미만으로 하여야 한다.

⑥ 기초 볼트는 같은 힘으로 단단히 체결을 요한다.

⑦ 원동기와 종동기의 연결은 플렉시블 커플링, 기어 커플링 등을 사용할 경우 편심이 생길 때에는 치차의 소음, 진동, 베어링의 수명 단축 및 발열 등으로 인해 감속기의 수명에 막대한 지장을 초래하므로 항상 수평을 유지하는 것이 중요하며 커플링, 스프로킷 등을 원동축이나 종동축에 조립할 때 지나친 타입으로 충격이 감속기에 전달되지 않도록 주의한다. 어려울 때는 열박음을 한다.

⑧ 감속기와 종동 기계와의 연결 방법에 있어서 스프로킷, 기어, 벨트, 풀리 등을 축에 연결할 때 오버 헝 로드(over hung load : OHL)가 작용하게 된다.

⑨ 하중이 크면 축이나 베어링에 무리한 힘이 작용하여 수명이 현저하게 단축된다. 그러므로 축에 연결할 때 감속기 본체에 되도록 가깝게 하고 직경은 되도록 크게 하여야 한다.

⑩ 원동축과 종동축에 설치되는 기계는 두 축의 편심도가 0.03 이내가 되도록 하여야 한다.

⑪ 종동축에서 스프로킷, V 벨트 등으로 연결할 경우는 체인 길이에 비교하여 2 % 정도의 느슨함이 있어야 하고, 기어로 연결할 경우에는 백래시를 정확히 두어야 하며, 운전 하중이 감속기의 아래 부분으로 작용하도록 설계하여야 진동 등으로 인한 수명 저하를 방지할 수가 있다.

⑫ 특히 V 벨트 스프로킷 등으로 연결할 경우에는 밀어내기 볼트 등을 설치하면 좋고, 체인의 간격 조정이 용이하며 감속기 설치 작업 시에 편리하다.

⑬ 벨트, 체인 등의 인장 축이 이완 축보다 아래에 위치하도록 설치하면 효율을 높일 수 있으며 벗겨지는 것을 방지할 수 있다.

⑭ 감속기 내부에 이물질이나 녹 등이 남아 있는지 확인 파손된 부분은 없는지 확인한다.

⑮ 케이스에 부착된 유면창 혹은 공기 빼기를 통하여 윤활 상태가 양호한지를 확인한다.

⑯ 모든 부속품은 제 위치에서 역할을 할 수 있는지 여부를 확인한다.

⑰ 손으로 원동축을 돌려 보면서 내부 기어의 자유 회전을 검사하여 큰 힘이 작용한다면 내부 치·접합 상태 등 축이나 베어링에 이상이 있는 것으로 판단, 분해하여 점검한다.

⑱ 작동 조건 및 주변 조건

(개) 주위 온도 : -20~40℃

(내) 습도 : 100 이하

(대) 환경 : 부식성 및 폭발성 가스, 수증기, 먼지 없는 곳 및 환기 잘 되는 곳

(래) 설치 장소 : 가급적 내부

(2) 윤활

① 윤활유의 교환 시간 : 운전 개시 후 가동 300시간 정도일 때는 반드시 새 윤활유로 갈아 주어야 하며, 그 후 1000시간 또는 6개월의 빠른 쪽을 선택하여 교체하여 준다.

② 감속기 내 윤활유의 작용

(개) 치차의 서로 맞물림 회전에서 마찰을 방지하고 열을 흡수

(내) 유막을 형성하기 때문에 베어링이나 기어 이면을 보호

(대) 녹 방지 역할

③ 감속기 윤활유의 온도 : 윤활유는 주위 온도 및 통풍 상태가 보통이면 최고 40℃ 정도 상승하여도 염려가 없다.

④ 윤활유의 교환 방법과 취급

(개) 윤활유의 오염은 대체로 기어나 베어링의 마모로 생기는 작은 금속 입자에 의하

여 이루어진다.

㈏ 윤활유를 주입할 때는 항상 주입하기 전에 케이스 내부를 깨끗이 한 다음(휘발
성 석유로 세척), 세목 금망에 걸러서 주입한다.

㈐ 감속기 사용 중에 정기적으로 윤활유를 샘플 채취하여 분석하는 것도 윤활유의
오염에 의해서 발생되는 기어나 베어링의 수명에 중요한 역할을 한다.

⑤ 윤활량 : 감속기에 부착되어 있는 오일 게이지의 중앙 눈금까지 위치하도록 주입하
고 운전할 때 기어, 베어링, 케이스 내면에 부착되어 유면이 낮아지므로 유의한다.

⑥ 점검 및 정비 관리

㈎ 일일 점검

㉮ 기어와 베어링의 소음 상태

㉯ 축과 케이스의 진동 상태

㉰ 누유 상태

㉱ 오일량 및 윤활 상태(오일 펌프의 작동 상태)

㉲ 온도 상승 상태

㈏ 주간 점검

㉮ 공기통이 막혀 있지 않나 확인

㉯ 케이스 본체 청결 유지

㈐ 월간 점검

㉮ 오일의 오염 상태

㉯ 치면의 손상 유무

㈑ 반기 점검

㉮ 오일을 교환하고 케이스 세척

㉯ 치면의 손상 유무

㈒ 연간 점검

㉮ 치차의 마모 상태

㉯ 베어링의 손상 유무

㉰ 오일을 교환하고 케이스 세척

㉱ 기초면을 점검하고 기초 볼트의 체결 상태

(3) 감속기 운전 시 주의 사항

① 감속기를 구동축 또는 피동축에 커플링 등으로 연결할 때에는 양축 간의 중심선이
일치하도록 설치되어야만 기어, 베어링, 축 등의 수명을 길게 할 수 있다.

② 시운전하기 전 반드시 회전 방향 및 감속비를 확인하여야 한다. 기종에 따라 설치
하는 방법이 구분되는 경우가 있으며, 취부에 따라 에어 벤트 플러그 위치를 반드
시 확인하여야 한다.

③ 치차의 윤활 장치는 자연 윤활 방식과 강제 윤활 방식으로서 자연 윤활 방식은 기어에서 튀겨 올리는 비산 급유법으로 윤활하고, 베어링은 완전 윤활이 가능하도록 오일 홈을 설치한다.

(4) 감속기 운전 중 손상의 징후

① 소음 : 감속기의 소음이란 마찰에 의한 음의 크기와 질(좋고 나쁨)로 분류하여 음의 크기는 데시벨(dB)로 측정이 가능하나 음의 판단은 사람의 귀로도 가능하다. 따라서 치차의 정도가 높을수록 소음이 낮지만, 소음이 필요 이상 높을 때 다음 사항을 점검하도록 한다.

    ㈎ 치면에 상처(찍힘)가 나 있지 않은지 불량 상태 확인

    ㈏ 피치원의 흔들림 상태 확인

    ㈐ 맞물림 치차의 치면 접촉은 양호한지 상태 확인

    ㈑ 적당한 양의 백래시로 조립되어 있는지 유무 확인

    ㈒ 윤활 상태의 확인(특히 점도)

    ㈓ 원동축 속도 과다

② 진동

    ㈎ 커플링이 연결될 경우 정렬 상태가 맞지 않을 경우

    ㈏ 감속기에 스프로킷 휠을 부착할 경우 스프로킷 또는 체인이 마모되었거나, 체인이 필요 이상 긴 경우

    ㈐ 감속기 브래킷이 약한 경우

    ㈑ 이 접촉면의 불량

    ㈒ 기어 백래시가 작을 경우

    ㈓ 베어링의 손상

    ㈔ 오일의 부족

③ 베어링의 온도, 케이스 온도

    ㈎ 일반적으로 베어링이 온도는 작동하기 시작하면 온도가 상승하여 어느 시간이 경과하면 이보다 약간 낮은 온도로서 정상 상태에 이르게 된다.

    ㈏ 이 온도가 적정 온도 이상으로 상승하면 다음과 같은 원인이 있으며, 이에 조속한 대책을 강구할 필요가 있다.

        ㉮ 윤활제의 부족 또는 과다

        ㉯ 베어링의 조립 불량

        ㉰ 베어링 틈의 과소에 의한 내부 하중의 과대

        ㉱ 밀봉 장치(오일 시일)의 마찰 과다

        ㉲ 맞춤면의 크리프 확인

        ㉳ 베어링의 예압 상태 확인

ⓐ 원동축 속도 과다

ⓐ 잘못된 오일 선정

④ 오일의 누설

㈎ 에어 벤트 플러그의 막힘

㈏ 오일 레벨이 상당히 높을 경우

㈐ 실의 경화, 개스킷 경화, 오일 실의 찢어짐 등으로 인한 밀봉 상태가 잘못된 경우

(5) 감속기 주요 이상 현상 및 대책

고 장	원 인		대 책
케이스가 과열일 때	과부하 운전		부하를 조절하거나 큰 용량으로 교체
	유량의 과다 및 과소		오일 레벨 점검
	오일의 불량 및 노화		새 오일로 교환
	에어 플러그의 구멍 막힘		공기 구멍 청소
	전동기 및 피동기의 연결 잘못		평행도 및 센터링 작업
소음이 심할 때	규칙적 소음	접촉면 불량	교체
		베어링 손상	베어링 교체
	높은 금속음	오일의 부족	오일 보충
		기어의 백래시 적음	교체
	불규칙 소음	이물질의 침입	이물 제거 오일 교환
		베어링 손상	베어링 교체
진동이 클 때	이의 마멸		웜 및 웜 기어 교체
	이물질의 침입		이물 제거, 오일 교환
	베어링 손상		베어링 교체
	볼트 체결의 미흡		볼트 조립
	오일 실의 손상		오일 실 교체
	패킹 파손		패킹 교체
	케이스 볼트 구멍이 뚫렸을 때		교체
	드레인 플러그 조임 미흡		플러그 조임
이의 마모가 심할 때	과부하 운전		부하를 조절하거나 큰 용량으로 교체
	오일의 불량 또는 노화		새 오일 교환
	유량의 부족		오일 보충
	이물의 침입으로 인한 이면의 손상		이면의 연마 또는 교체
	운전 온도가 높음		통풍용이
	기동 시·중, 충격 하중		용량 교체

5 전동기의 정비

1. 전동기의 종류와 용도

전동기는 전기 에너지를 기계적 에너지로 변환하는 장치로 회전 운동을 만드는 장치
이다. 전동기의 종류는 용량에 따라서 매우 작은 것부터 수천 kW 이상이 되는 대용량
의 것도 있고, 사용 용도에 따라서도 동력용으로 사용하는 것, 제어용으로 사용하는 스
텝 모터 혹은 서보 모터와 같은 모터 등 그 종류는 매우 다양하다. 간단하게 그 종류를
대별하면 아래 표와 같다.

전동기의 종류와 용도

분류		특 징	용 도
유도 전동기	농형	• 노출 충전부가 없기 때문에 나쁜 환경에서도 사용 가능하다. • 구조가 간단하고 견고하다.	• 일반 정속 운전용 • 일반 산업 기계용
	권선형	2차 권선 저항을 바꿈으로써 회전수를 바꿀 수 있다.	크레인, 펌프, 블로어, 공작 기계 등
동기 전동기		• 전원 주파수와 동기하여 일정 속도로 회전한다. • 역률 효율이 좋다.	전동 발전기, 터보 압축기 등
직류 전동기		정밀한 가변 속도 제어가 가능하다.	압연기, 하역 기계 등

2. 3상 유도 전동기

2-1 3상 유도 전동기의 구조

3상 유도 전동기는 회전자의 구조에 따라 농형과 권선형으로 구분하며, 그 구조는 회
전하는 부분의 회전자와 정지하고 있는 부분의 고정자로 되어 있다.
농형의 회전자는 얇은 강판을 적층한 철심의 각 구멍에 구리막대가 삽입되고 구리막대의 양쪽을 단락환으로 단락되어 있다. 코일은 도체에 절연을 실시한 것을 사용한다. 절연 재료로는 에나멜, 유리, 마이카 등을 사용하며 코일과 철심 사이에도 절연 종이를 이용하여 완전하게 절연이 이루어지도록 만들어져 있다. 그림은 3상 유도 전동기의 구조이다.

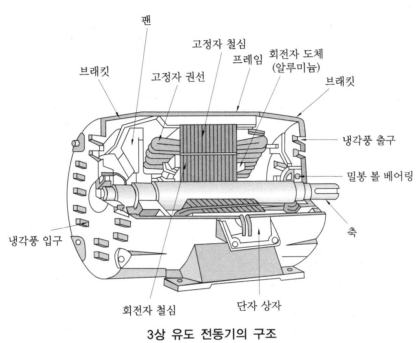

3상 유도 전동기의 구조

2-2 3상 유도 전동기의 운전

(1) 기본 구성

그림은 3상 유도 전동기의 전전압 기동 운전 회로이다. 전동기가 정지되어 있으면 MC의 b접점을 통하여 정지등 GL이 점등되어 있다. 푸시 버튼 스위치 PB_1을 누르면 전자 접촉기 MC가 작동하여 모터가 회전하고 정지등 GL은 소등, 운전등 RL은 점등된다. 전자 접촉기 MC의 작동은 자기 유지되어 PB_1에서 손을 떼어도 전동기는 계속 회전한다. 전동기의 회전을 정지시키기 위하여 푸시 버튼 스위치 PB_0를 눌러야 한다. 전동기 회전의 주회로에 연결된 Th는 전동기의 과부하 시 열을 받아 동작하는 열동형 과전류 계전기이다. 즉, 전동기의 회전에 과부하가 걸리면 전동기는 열을 발생하게 되고 이를 열동형 과전류 계전기가 감지하여 전자 접촉기 MC로 흐르는 전류를 차단하여 전동기를 정지시키는 것이다.

전자 접촉기와 열동형 과전류 개폐기가 조합된 것이 전자 개폐기이다. 그림은 전자 개폐기의 구성으로 과부하 보호 장치를 가진 주회로 개폐용 스위치이다. 열동형 과전류

계전기에는 시험을 위한 트립 점검막대가 있어 이를 눌러 트립 발생을 확인할 수 있고, 다시 원상태로 복귀시키기 위한 복귀 단추가 있다. 또한 조정 노브를 이용하여 동작 전류값을 조정할 수 있도록 만들어져 있다.

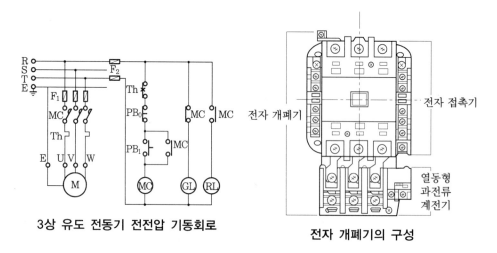

3상 유도 전동기 전전압 기동회로

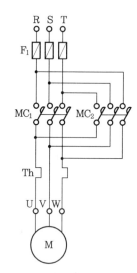

전자 개폐기의 구성

(2) 3상 유도 전동기의 정역회로

전동기의 회전 방향을 바꾸는 것을 정역 제어라 하며, 산업용 설비에서 필수적인 제어이다. 3상 유도 전동기에는 그림과 같이 3상의 선 중에서 2상을 서로 바꾸어서 연결하면 가능하다. 일반적으로 전동기에서는 U, V, W로 표시되어 있고 회로에서는 R, S, T로 표시되어 있는데 이들 중 두 선의 연결을 바꾸는 것이다. 다음 그림에서는 두 선의 연결을 바꾸기 위하여 두 개의 전자 접촉기 MC_1과 MC_2를 사용한 주회로이다. 즉 푸시 버튼 스위치 등의 조건을 이용하여 MC_1과 MC_2의 어느 전자 접촉기를 동작시킬 것인가가 전동기의 회전 방향을 결정하게 되는 것이다.

3상 유도 전동기의 정역회로

(3) 3상 유도 전동기의 기동회로

3상 유도 전동기가 기동될 때 기동 전류가 정격 전류의 5~6배로 증가하게 된다. 그림과 같은 전전압 기동회로는 기동 전류가 증가되어도 크게 문제가 없는 3.75 kW 이하의 소형 유도 전동기에 적용할 수 있는 방법이다.

일반적으로 많이 사용되는 것은 전동기의 Y−△ 기동회로이다. 이 방법은 기동 시에 고정자 권선을 Y결선으로 접속하여 기동하고, 속도가 상승하면 △결선으로 전환하여 운전하는 방법이다. Y결선의 접속은 R→U, S→V, T→W 그리고 X, Y, Z가 서로 접속하는 결선이며 △결선은 R→U−Y, S→V−Z, T→W−X로 접속되는 방법이다.

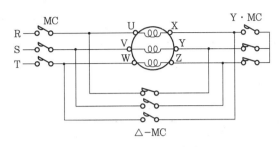

Y-△ 기동회로 결선

2-3 3상 유도 전동기의 점검

전동기의 점검에는 전동기의 운전 중에 실시하는 일상 점검과 일시 정지할 때에 실시되는 점검, 장시간 정지할 때 실시하는 정밀 점검으로 구분한다. 전동기를 점검할 때 중요한 것은 점검을 통하여 얻어진 데이터는 전동기별로 계속 수집하여 경향 관리가 될 수 있어야 하고, 예지 진단 자료로 사용될 수 있어야 한다는 것이다. 전동기의 운전 중

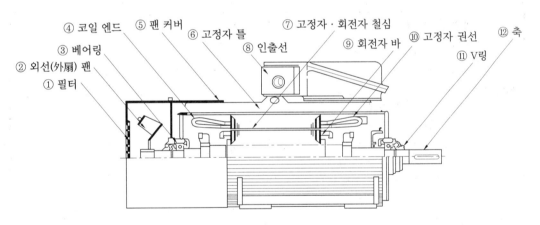

부 위		열화 현상 모드
③	기능 저하, 마모	윤활 불량, 작동 불량, 특성 저하, 접촉 불량, 마모, 훼손, 왜곡, 균열
① ④	오손	오손, 막힘
⑤	부식	부식, 침식, 누설
③ ⑥	이상 진동	이상음, 이상 진동, 풀림, 부적합
⑧ ⑩	절연 열화	절연 열화, 단락, 지락
② ⑨ ⑫	변형 파단	변형, 왜곡, 균열
⑦ ⑪	용손	용손, 고착, 소손

3상 유도 전동기의 주요 점검 부위

에 점검하여야 할 것은 각 상 전류의 밸런스, 전원 전압, 베어링 진동 데이터의 채취와 해석이며 정지할 때에는 절연 저항 측정, 설치 상태, 벨트, 체인, 커플링의 이상 유무, 윤활유의 양, 변색, 이물 혼입 유무이다.

3상 유도 전동기의 점검

구분	점검 내용	점검 방법	생각되는 원인
전체	도장의 벗겨짐, 오손이 없을 것	육안	주위 환경(먼지, 습도, 유해 가스 등)
	먼지의 적재·부착이 없을 것	육안	
	명판 기재 사항을 바르게 읽을 수 있을 것	육안	
	이음, 소음, 이상한 냄새가 없을 것	귀, 코, 소음계	이물 침입, 베어링 불량, 언밸런스, 기초 볼트 헐거움, 권선 소손
	진동이 크지 않을 것	진동계, 손에 닿는 감촉	
	과열되어 있지 않을 것	온도계, 서모 라벨	과부하
베어링	베어링 온도는 높지 않을 것	손에 닿는 감촉, 온도계	그리스 부족, 베어링 불량
	베어링이 이상한 진동을 일으키고 있지 않을 것	귀, 청음기, 베어링 진단기	벨트 장력 과대
	스러스트를 받고 있지 않을 것	육안, 스러스트 게이지	기계쪽의 결함
	• 기름 누설이 없을 것 • 베어링유는 더러움이나 변질이 없을 것 • 오일링은 원활하게 돌고 있을 것 • 급유구의 뚜껑에 손상이 없을 것 • 유면계의 손상, 눈금에 더러움이 없을 것 • 유면은 규정 위치에 있을 것	육안	
외부 전선	• 손상이 없을 것 • 올바르게 고정되어 있을 것 • 접속부에 과열 상태가 없을 것 • 접지선에 손상이나 벗겨짐이 없을 것	육안	
권선의 절연	절연 저항값이 규정 이상일 것	메거	오손, 흡습, 열화
부하 상황	부하 전류가 보통과 별로 변화가 없을 것	전류계	부하 이상
	부하 전류에 헌팅이 없을 것		회전자 도체 절손

3. 전동기의 일상 점검 기준

전동기의 주류는 유도 전동기이지만, 산업 기계에서는 비교적 간단히 속도 제어가 된다는 점에서 유도 전동기에 소용돌이(過流) 이음을 붙인 것(VS모터, AS모터라고도 함)이 많이 쓰인다. 다음 그림은 그 상세도를 단면도로 나타낸 것이다.

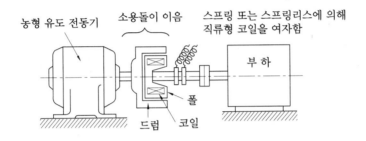

소용돌이 이음 달림 전동기의 원리도

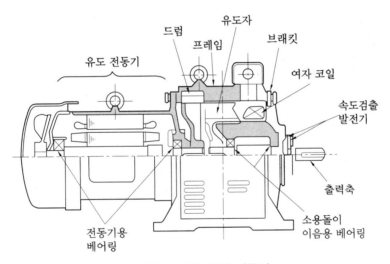

소용돌이 이음 달림 전동기

3-1 점검을 위한 기본 사항

유도 전동기는 구조가 간단하고 품질, 성능은 안정되어 있으므로 선택, 전원, 회로, 설치 등에 어려움이 없다면 그렇게 간단히 고장은 일어나지 않는다. 그러므로 신설 후 혹은 수리, 조립 후 2~3개월은 세밀한 점검이 필요하며, 그 후의 안정 기간은 2~5년으로 이 기간은 우발적 고장을 방지하기 위한 기준이다.

전동기의 베어링 그리스는 일반적으로 리튬비누 성분이 있으며 약 1만 시간의 수명을 갖고 있다. 따라서 1일 8시간 운전으로 약 4년간(연 300일 가동)은 문제없다. 예컨대 24시간 연속으로 1년간 운전해도 급유의 필요는 없다. 오히려 이 전동기에 의해 구동되고 있는 기계쪽이 보통 1만 시간 이내에 정비를 해야 하며, 그때 필요하다면 전동기도 분해 정비를 한다. 소용돌이 이음에 슬립링이나 관련 부속품이 있으면 이 시기에 같이 교환 정비한다. 고온, 고습, 부식성 분위기, 먼지, 진동, 소음 등 특별한 문제가 있으면 개개의 조건에 따라 점검 항목을 추가한다.

3-2 소용돌이 이음 달림 전동기의 점검 기준

표와 같이 소용돌이 이음 달림 전동기의 일상 점검 기준의 한 예 외에 전원 전압의 변동, 배선 및 터미널의 풀림 등을 점검한다. 소용돌이 이음의 제어 장치(현재는 SCR 제어가 많다)의 개개의 기기에 대해서는 신뢰성도 높아 점검의 필요는 없다.

소용돌이 이음 달림 전동기의 일상 점검 기준(예)

소용돌이 이음 달림 전동기 점검기준				설치 장소			
				제작소			
부위	점검 개소	점검 항목	점검 방법	판정 기준	처치법	점검 주기 운전	점검 주기 보전
전동기 본체	냉각 통풍 창 (수량식에서는 냉각수 파이프)	흡배기 (통수)	흡배기 창에 손을 대 본다(출구관을 잡고 온도를 본다. 단수 검출기를 본다).	항상 일정한 흡배기 상태일 것(약 25℃ 이하로 통수되어 있을 것)	분해 점검	기	Ⓜ
	본체	이음 진동 발열	베어링부, 프레임 부에 손을 대 본다.	불연속 음, 금속음이 없을 것. 25μ 이하 실온 +30℃ 이하	분해 수리	운	Ⓜ
속도 검출 발전기	구동 V 풀리	마모	건들거림 여부를 손으로 흔들어 본다.	소음, 느슨함이 없을 것	조정, 수리		Ⓜ
		회전 상태	회전 불량, 진동은 없는가를 육안검사	회전 불량, 진동이 없을 것	조정, 수리		Ⓜ
	구동 V 벨트	신장	슬립이 없는가? 눈으로 확인	원활한 회전을 확인	교체, 수리		Ⓜ
		손상	마모, 균열, 등 손상을 확인	손상이 없을 것	교체		Ⓜ
	도입 선	외관	손상 열화 여부 확인	손상 열화가 없을 것	교체		Ⓜ
	출력 단자	느슨함	조여 준다.				Ⓜ
속도 제어부	제어반	온도	서모 테이프로 확인	55℃에서 변색	교체 수리		Ⓜ
	회전체	작동 상태	속도 설정 볼륨을 돌려 회전계의 변화를 확인	회전계의 지침이 상하 움직임이 원활할 것	조정 수리		Ⓜ
		영점	지침의 영점 확인	영점이 일치되어 있을 것	조정		Ⓜ

㊟ 1. 운전 부분의 점검 주기는 1회로 하고 기: 기동 시, 운: 운전 중에 한다.				
2. 수리 부분은 M : 1회/월, ○ : 운전 중, □ : 정지 시 또는 정지시키고 한다.				
유지 담당자	개정 연월		개정 사항 및 이유	책임자 인
기평				
집필자		제정 연월일		책임자

3-3 **성능 검사 기준의 작성**

(1) 성능 검사 기준이란?

일상의 점검은 원터치 체크라고도 한다. 즉 이것은 주로 인간이 지니는 오감(시각, 청각, 촉감, 미각, 후각)과 부속의 기계류에 의해 이상 유무를 확인한다. 그러나 원활한 운전을 유지하기 위해서는 연 1~2회의 성능 검사를 받을 필요가 있으며 기계의 성능 유지, 고장 방지를 위해 기본이 되는 것을 측정, 기록하여 그 수치의 변화를 비교함으로써 성능의 양부와 열화의 경향을 알고 정기 분해 수리가 필요한지 아닌지 판별하며 또 그 시기를 예지, 예측한다. 따라서 점검 기준과 성능 검사 기준은 각각 목적으로 하는 점에 따라 서로 관련이 있고 이것을 표준화(계획) 및 실행하여 그 결과를 검토(점검)해서 적절한 처치(수리)를 하면 예방 보전의 제1단계가 진행된다.

(2) 검사 항목을 세우는 방법

점검 기준은 베어링 부분의 성능과 절연의 저하가 문제가 된다. 즉 베어링의 조립, 윤활, 부하 상황 및 절연 등이 해당된다.

① 윤활유 문제 : 소형 유도 전동기 및 소용돌이 이음은 베어링을 조립과 동시에 그리스로 봉입(封入)한다. 충진은 그리스 니플이 부착되어 있을 경우는 그림과 같이 회전 중에 그리스 건으로 천천히 넣으면서 배출구로부터 그리스가 삐져나오는 것을 확인하는 방법을 취한다. 또 전동기 날개축 베어링의 그리스 충진에 대해서는 그림의 방법으로 한다.

② 부하 상황 : 전동기 용량보다 부하가 과대하게 걸려 있으면 모든 것에 대해 고장의 원인이 되며, 전동기 전체에 발열하거나, 베어링도 과열하며 기동, 정지의 횟수가 많을 경우 기동 전류에 의한 발열이 발생한다. 더욱 종동축과 기계의 접속 방법이 벨트식이라면 걸기 정도에 따라 베어링에 과대한 부하가 작용하며, 커플링식일 경우에는 중심내기의 양부에 따라 베어링에 무리한 힘이 작용한다.

③ 절연의 열화 : 전기기기의 도체(導體) 부분은 전기적 저항을 갖고 있다. 따라서 통전과 동시에 그것들은 발열을 일으켜 각종 고장의 원인이 된다. 코일도 마찬가지로 발열하여 절연 성능의 저하를 일으켜 습기 진동과 겹쳐 레어 쇼트 코일 내부에서 단락(斷絡)를 일으키거나 소손, 발화로 진행될 때가 있다.

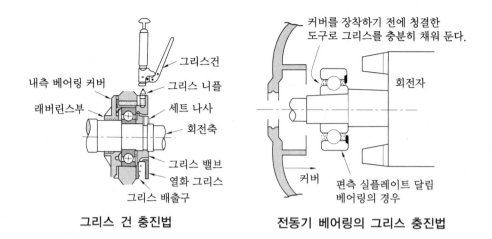

그리스 건 충진법   전동기 베어링의 그리스 충진법

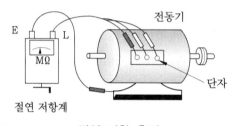

절연 저항 측정

(3) 검사 기준치 설정

성능 검사 기준은 점검 기준과는 달리 그 결과가 객관적인 수치로 나타날 수 있도록 해야 한다.

① 규격(정격) : 신품 상태

② 사용 한계 : 정비 부문으로서 현장 실무자가 운전 부문에 자신을 갖고 보증할 수 있는 것

③ 수치 한계 : 장비 부문이 자신이 수리할 경우는 물론, 수리 부문이나 수리 업자에게 일을 시킬 경우 주문서로서 한계를 나타내는 것

이상의 한계치는 우선 안정성에 기본을 두고 경제적으로 가능한 한도에 따라 정해진다.

3-4 수리 시방서의 작성

성능 검사의 결과가 사용 한계에 도달했거나 그 시기가 예상될 경우 혹은 고장이 일어났을 경우에는 당연히 수리해야 한다. 조직적으로 혹은 기능상의 이유 등으로 이것을 수리 부문이나 외부에 의뢰할 경우에는 우선 적정한 수리 금액의 결정에 대해 책임을 져야 한다.

정비 부문에서는 수리 시방서를 작성하여 수리를 필요로 하는 개소, 양부, 지급품의 유무, 수리 기간, 참고 사항 등을 일람표화해서 시공 부문을 명확히 하여 공사를 원활, 신속히 진행시킬 수 있도록 한다.

3-5 전동기의 고장 원인과 대책

(1) 전동기의 고장과 대책

농형(籠形) 3상 유도 전동기의 고장 원인과 대책

현 상	원 인	처치 대책
과열	3상 중 1상의 퓨즈가 용단돼서 단상이 되어 과전류가 흐름	드물게는 마그넷, 스위치의 접점 접촉 불량이 있으나 보통 1상의 퓨즈용단의 대다수는 노화 접촉부의 느슨해짐 등에 의한 경우가 많으며 퓨즈용단 개소를 점검해서 정확히 부착한다.
	과부하 운전	모터 용량에 대한 과부하 및 구동계 이상에 의한 과부하, 브레이크의 작동 타이밍의 잘못 등의 원인을 제거한다.
	빈번한 가동, 정지	특히 직입 기동에서는 기동 시에 정격의 수배 전류가 흘러 과열된다. 운전 조작 시의 필요성을 조사 빈번한 기동, 정지를 억제할 수 있는지 없는지 기동 방법의 개선을 검토한다.
	냉각 불충분	설치 장소의 기온 통풍, 다른 열원에서의 영향, 통풍창의 먼지, 이물에 의한 막힘 등을 점검해서 제거한다.
	베어링부에서의 발열	① 상기의 과열에 의한 윤활유 열화, 유출 등에서 오는 윤활 불량 ② 윤활제의 부적합, 과부족에 의한 윤활 불량 ③ 베어링 조립 불량에 의한 것 ④ 체인, 벨트 등의 지나친 팽팽함 ⑤ 커플링의 중심내기 불량이나 적정 틈새가 없어 스러스트 발생 등을 점검 및 배제한다.
소손 (코일부)	과열 진행에 의한 것	과열의 항과 동일하다.
	절연 계통의 선택 잘못	사용 조건과 발열 상황과 배치된 절연 계통을 선택한다.
	코일 내부의 레어 쇼트	장기간에 걸친 진동이나 발열로 절연물의 열화, 먼지, 이물, 수분 등에 의한 열화를 방지하기 위해 정기적인 검사, 절연의 회복을 한다.
이음, 진동	베어링의 손상	베어링부의 과열과 동일하다.
	커플링, 풀리 등의 마모, 느슨해짐, 중심이 불량해짐	원인을 제수정한다.
	라우터와 스테이터의 접촉	베어링 손상을 회복한다.
	냉각 팬 날개 바퀴의 느슨해짐	분해 및 수리한다.

	조립 볼트나 대좌 부착 볼트의 느슨해짐. 탈락	더 조인다.
	공진	드물게는 전동기의 고유 진동과 대좌가 공진하여 이상 진동이 될 경우가 있으며 이것은 대좌, 기초의 보강, 개조에 의해 방지되지만 어렵다.
이취	코일 절연물의 과열 소손	과열, 소손의 항과 동일하다.
기동 불능	퓨즈 용단, 서머 릴레이, 노퓨즈 브레이크 등의 작동	퓨즈는 정격 전류가 일정 시간 이상 흘렀을 때 용단되는 것이며 주로 회로의 보호에 쓰인다. 또 서머 릴레이, 노퓨즈 브레이커는 정격 전류에 의한 저항열이 축적되어 일정 온도 이상이 되면 작동하여 주로 기기의 보호에 쓰인다. 작동 원인을 잘 확인한다.
	단선	코일 그 자체의 단선, 리드선, 배선 등의 단선을 점검한다.
	기계적 과부하	스위치를 넣어보면 커플링, 체인, 벨트, 기어 등의 백래시만 움직이고 그 뒤 소리를 낼 경우에는 구동계에 고장이 있으므로 점검해서 배제한다. 브레이크와의 인터로크가 개방되어 있지 않을 경우가 있으므로 회로를 점검해 본다.
	전기기기 종류의 고장	누름 버튼 스위치, 마그넷 스위치, 타이머 기타 제어 계기기류의 작동 불량 등이 있으므로 점검해서 처치한다.
	운전 조작 잘못	운전 조작 순서가 틀린 경우는 다음과 같다. • 전원 스위치를 잊고 안 넣는다. • 안전 장치가 작동하고 있다. • 윤활 펌프가 작동하지 않거나 소정의 압력, 양 위치에 도달하지 않았다.
고르지 못한 회전	전원 전압의 변동	전선 및 간선 용량 부족에 의해 피크 시 전압 강하를 일으킬 때가 있다. 전압 측정과 동일 간선의 가동 상황을 점검해서 필요하다면 근본적인 해결을 도모하는 것이 좋다.
	기계적 과부하	기동 불능이 되지 않더라도 부분적인 부하 변동이 있을 경우는 다음과 같다. • 회전체의 언밸런스 • 브레이크의 끌기 • 전동기 자체의 베어링 손상 등을 점검해서 처치한다.
절연 불량	코일 절연물의 열화	먼지 수분 부식성 가스, 윤활유 등의 부착, 진동 등에 의한 열화가 있고 근본적인 원인의 배제가 필요하다.
	리드 선, 배선 및 접속부의 손상	자연 열화, 진동, 과열이나 접촉 등에 의해 손상을 일으킬 경우가 있으므로 이것들로부터 충분히 보호한다.

(2) 수리 조정

① 분해 순서 : 소용돌이 이음은 전자적인 슬립에 의해 변속하기 때문에 발열이 크고 소형에서는 자기 통풍에 의해 열이 방산되지만 15 kW 정도 이상부터는 이음 부분을 수랭식으로 하고 있다. 보통 이음 부분에서부터 분해를 시작하게 되지만 분해 순서, 내부의 구조 등을 충분히 확인한 다음 시작한다. 속도 검출 발전기 내장형의 조립과 조립할 때의 빼내기 방법은 아래 그림과 같다.

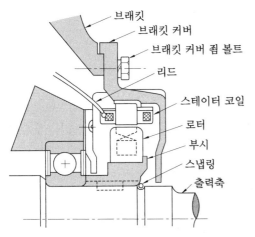

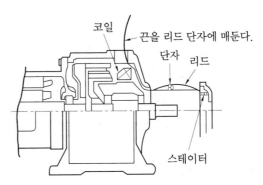

내장형 속도 검출 발전기의 상세도

속도 검출 발전기 리드선의 끌어넣기 방법의 예

② 베이스형의 중심내기 : 코먼 프레임형의 조립 조정은 편해졌다고 했으나 아직 구형의 코먼 베이스형도 남아 있다. 유도 전동기의 회전자는 양측 2개의 베어링으로 지지되어 있다. 그러면 소용돌이 이음에서는 한쪽의 베어링이 전동기 로터 속에 있고, 또 한쪽이 베어링 대에 지지되어 있다. 여기서 조립 상태를 조사하기 위해 종동축을 손으로 돌려 본다. 그때 전동기 회전자가 같이 돌면 안 된다. 종동축과 회전자는 1개의 베어링 마찰로 연결되어 있으나 회전자는 2개의 베어링 마찰력이 작용하고 있어서, 1개의 마찰력이 2개의 마찰력보다 크므로 같이 돌고 있는 것이다. 따라서 베어링이 뒤틀린 상태로 조립되었다고 판단할 수 있다. 또한 중심내기의 가늠이지만 로터와 여자 코일부의 틈새가 균일한지 아닌지를 조사한다. 그림의 A, B, C, D 네 점이 입구에서 깊이까지 균등한 틈새라면 축은 일직선상이 되고 베어링은 최저의 마찰 저항이 될 것이다. 베이스도 종동축과 회전자의 중심내기에 영향을 미친다. 베이스는 콘크리트 기초에 설치하거나 기계에 부착되어야 하며, 또 왜곡이나 잘못도 생기므로 반드시 정반(定盤)과 같이 평면이라고 할 수 없다. 그러므로 코먼 베이스와 전동기 사이 혹은 베어링 지지대의 사이에 얇은 심을 넣어 조정해야 한다.

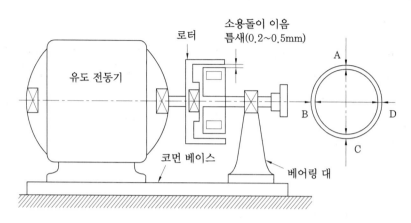

코먼 베이스 중심내기

③ 과부하 : 소용돌이 이음 달림 전동기는 전동기와 이음 부분이 베어링으로 접촉되어 있는 것과 완전히 분리되어 있는 것으로 나눈다. 운전상의 특징으로는 유도 전동기 종동축을 0에서 소정의 최고 회전수까지 볼륨의 손잡이 하나로 무단계 변속시킬 수 있다. 그러나 기계의 교체나 점검 중 회전이 있을 수 있고, 이에 대한 원인은 다음 과 같다.

㈎ 베어링 접촉형에서는 중심내기 불량, 윤활 불량 등으로 소손을 일으킬 때 발생 할 수 있다.

㈏ 비접촉형에서는 로터와 여자 코일의 틈새가 작으므로(0.2~0.3 mm 정도) 이물 질이 꽉 차 서로 돌 때가 있다.

㈐ 여자 볼륨을 0으로 되돌리지 않고 여자 회로의 스위치를 넣었을 경우 당연히 회 전을 시작한다. 이 경우 사고의 위험이 있다.

  제어계의 고장에 의한 과부하 거의 모두는 기계적 원인에 의한 것이며, 유도 전동기가 회전하여 이음부가 정지 상태에 있을 때는 상대적인 회전비가 최대이 므로 정확한 취급 조작을 하여야 한다.

(3) 절연 측정

소용돌이 이음 제어계에 반도체(SCR)가 쓰이고 있는 경우가 많으나, 500 MV로 과전 류가 되면 대다수의 반도체는 파괴되므로 절연 측정은 하지 못하게 된다. 전기기기, 회 로의 안정성 유지, 고장 방지의 조치에 대해서는 규정되어 있으며 전자는 공작물의 종 류에 따라 절연 저항치의 한도가 부여되어 있다.

연 | 습 | 문 | 제

1. 송풍기 가동 후 베어링의 온도가 급상승하는 경우 점검 사항이 아닌 것은?

㉮ 윤활유의 적정 여부

㉯ 미끄럼 베어링은 오일링의 회전이 정상인지 여부

㉰ 댐퍼 및 베인 컨트롤 장치의 개폐 조작이 원활한지 여부

㉱ 관통부에 펠트(felt)가 쓰이는 경우, 축에 강하게 접촉되어 있는지 여부

2. 시로코 통풍기의 베인 방향으로 옳은 것은?

㉮ 전향 베인 ㉯ 경향 베인 ㉰ 후향 베인 ㉱ 수직 베인

3. 송풍기의 냉각 방법에 의한 분류가 아닌 것은?

㉮ 공기 냉각형 ㉯ 재킷 냉각형

㉰ 풍로 흡입형 ㉱ 중간 냉각 다단형

4. 대형 송풍기의 V 벨트가 마모 손상되었을 때의 대책은?

㉮ 전체 세트로 교체한다. ㉯ 손상된 벨트를 교체한다.

㉰ 손상된 벨트만 제거한다. ㉱ 손상된 벨트를 수리한다.

5. 다음 변속기 중에서 PIV라고도 하며 한 쌍의 베벨 기어 내 강제 링크 체인을 연결하여 유효 반경을 바꿈으로써 회전수를 조절하는 무단 변속기는?

㉮ 디스크형 무단 변속기 ㉯ 링크형 무단 변속기

㉰ 체인형 무단 변속기 ㉱ 벨트형 무단 변속기

6. 고온 가스를 송출하는 송풍기에서 미스 얼라인먼트 시 우선 고려할 것은?

㉮ 열 팽창 ㉯ 케이싱 균열

㉰ 가스 누출 ㉱ 강도 저하

정답 **1.** ㉰ 항은 운전 정지 후 점검 사항이다.

2. ㉮ 시로코 통풍기의 베인 방향은 전향이다.

3. ㉰ 풍로 흡입형은 흡입 방법에 의한 분류이다.

4. ㉮ V 벨트가 마모 손상되면 전체 세트로 교체한다.

5. ㉰ 체인형은 무단 변속기 중에서 고 토크 전달이 가능하다.

6. ㉮ 고온 가스를 취급하는 송풍기 중심내기는 열팽창에 주의, 열팽창을 특히 우선적으로 고려해야 한다.

7. 두 축이 평행하지 않고 교차하지도 않으며 감속비가 매우 커 감속기의 기어로 사용되는 것은?

㉮ 스크루 기어(screw gear) ㉯ 웜과 웜 기어(worm and worm gear)
㉰ 베벨 기어(beval gear) ㉱ 헬리컬 기어(helical gear)

8. 전동기 베어링 부분에서 발열이 발생할 때 주요 원인이 아닌 것은?

㉮ 베어링의 조립 불량 ㉯ 벨트의 장력 과대
㉰ 커플링 중심내기 불량 ㉱ 전동기 입력 전압의 변동

9. 전동기의 진동 원인 중 직접 원인에 해당되지 않는 것은?

㉮ 베어링의 손상 ㉯ 커플링, 풀리 등의 마모
㉰ 냉각 팬, 날개 바퀴의 느슨해짐 ㉱ 과부하 운전

10. 통풍기를 작동 방식에 의하여 분류하시오.

11. 송풍기를 흡입 방법에 의해 분류하시오.

12. 송풍기 덕트의 접속과 보온에 대하여 설명하시오.

정답 **7.** ㉯ 웜 감속기는 엇물림 축형 감속기이다.

8. ㉱ 입력 전압 변동은 회전 불균일 발생의 원인이다.

9. ㉱

10. ① 원심식 : 외형실 내에서 임펠러가 회전하여 기체에 원심력이 주어진다.
② 왕복식 : 기통 내의 기체를 피스톤으로 압축한다(고압용 압축비 2 이상).
③ 회전식 : 일정 체적 내에 흡입한 기체를 회전 기구에 의해서 압송한다(원심식에 비해 압력은 높으나 풍량이 적다).
④ 프로펠러식 : 고속 회전에 적합하다.

11. ① 실내 대기 흡입형
② 흡입관 취부형
③ 풍로 흡입형

12. ① 댐퍼 붙음의 송풍기에서는 덕트를 붙이기 전에 댐퍼의 조작 기구나 베인의 개폐가 원활한가 확인한다. 덕트 접속은 그의 하중이 송풍기에 걸리지 않도록 배치해야 한다. 송풍기에 큰 하중이 걸리면 케이싱이 변형하는 수도 있어서 그 결과 설치 치수에 변동이 생긴다든지, 풍량 제어 장치의 조작이 곤란할 경우 등은 케이싱 임펠러가 접촉하여 사고의 원인이 된다.
② 케이싱 보온을 행하는 경우 맨홀이나 점검창의 개폐 조작을 확인하고 댐퍼는 보온하지 말아야 한다. 댐퍼와 케이싱의 플랜지 사이로부터 가스가 누설 가능성이 있을 때에는 내측으로부터 액체 패킹 등으로 틈새를 메우든 혹은 내부로부터 실 용액을 행한다.

13. 송풍기의 운전 중 점검 사항에 대하여 설명하시오.

14. 압축기 중 터보형 압축기의 종류를 열거하시오.

15. 압축기 밸브 취급 중 정기 점검 기간은 몇 시간마다 해야 하는가?

16. 변속기의 윤활법에 대하여 설명하시오.

17. 기어 감속기를 분류하시오.

18. 3상 유도 전동기의 점검을 구분하시오.

19. 전동기가 기계적 과부하에 의해 고르지 못한 회전을 하고 있다. 그 원인과 조치 방법을 설명하시오.

정답 **13.** ① 베어링의 온도 : 주위의 공기 온도보다 40℃ 이상 높으면 안 된다고 규정되어 있지만 운전 온도가 70℃ 이하이면 큰 지장은 없다.
② 베어링 진동 및 윤활유 적정 여부를 점검한다.

14.
터보형 ┬ 축류식 ── 축류 압축
　　　└ 원심식 ┬ 레이디얼 압축기
　　　　　　　└ 터보 압축기

15. 정기 점검 기간 : 1000시간마다 실시

16. 마찰식 무단 변속기는 적정한 윤활이 필요하다. 지정 윤활유를 쓰는 것이 최적이지만 기존에 사용하고 있는 윤활유와 반드시 일치되지 않을 경우가 있다. 그 경우에는 양쪽을 비교해서 성능이 일치되는 것을 사용 한다. 또 다른 기계의 변속기 운전 조건을 검토하여 최적 윤활유를 선택하는 것도 필요하다. 그러기 위해서 윤활유의 열화 상태를 주기적으로 검사하고 기름 누유, 과열, 이물 혼입, 수분의 혼입 방지, 정기적인 교체 등을 해야 한다.

17. ① 평행 축형 감속기 : 스퍼 기어, 헬리컬 기어, 더블 헬리컬 기어
② 교쇄 축형 감속기 : 직선 베벨 기어, 스파이럴 베벨 기어
③ 이물림 축형 감속기 : 웜 기어, 하이포이드 기어

18. 전동기의 운전 중에 실시하는 일상 점검과 일시 정지할 때에 실시되는 점검, 장시간 정지할 때 실시하는 정밀 점검으로 구분한다.

19. 원인 : 기동 불능이 되지 않더라도 부분적인 부하 변동이 있을 경우
조치방법 : ① 회전체의 언밸런스
② 브레이크의 끌기
③ 전동기 자체의 베어링 손상 등을 점검

제5편

펌프 보전

펌프 정비

1. 펌프의 종류

펌프(pump)는 액체에 압력 에너지를 가해 주는 기계로, 공정 내에서 낮은 곳에 있는 액체를 높은 곳으로 이송할 때나 압력이 낮은 곳의 액체를 압력이 높은 곳으로 이송하고자 할 때, 액체의 흐름 속도(flow rate)를 증가시키고자 할 때에 사용하는 기계이다.

1-1 원리 구조상에 의한 분류

펌프는 임펠러(impeller)의 회전력을 이용하여 유체에 에너지를 주는 비용적식 펌프와 기어나 피스톤의 왕복 운동에 의해 기계 내의 용적을 변화시켜 유체에 에너지를 주는 용적식 펌프로 구분한다.

① 비용적식 펌프 : 임펠러의 회전에 의한 반작용에 의하여 유체에 운동 에너지를 주고 이를 압력 에너지로 변환시키는 것으로 토출되는 유체의 흐름 방향에 따라 원심형과 축류형 및 혼류형이 있는 프로펠러형으로 구분된다.

② 용적식 펌프 : 왕복식과 회전식으로 구분되며 왕복식은 원통형 실린더 안에 피스톤 또는 플런저를 왕복 운동시키고 이에 따라 개폐하는 흡입 밸브와 토출 밸브의 조작에 의해 피스톤의 이동 용적만큼의 유체를 토출하는 것이다. 회전식은 회전하는 밀폐 공간에 유체를 가두어 저압에서 고압으로 압송하는 것으로 점도가 높은 오일이나 기타 특수 액체용으로 사용되며 소형이 많다.

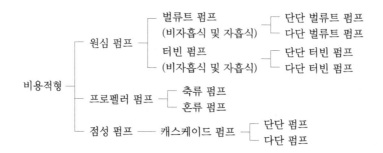

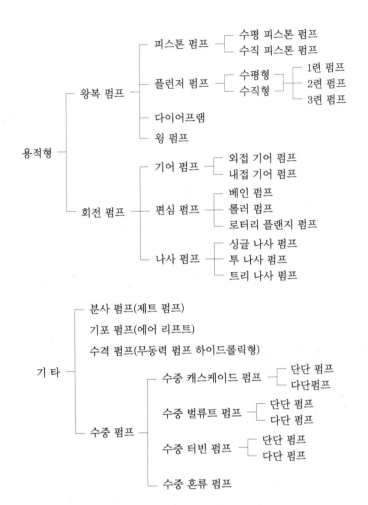

1-2 펌프를 작동하는 동력으로 분류

① 무동력 펌프

수격 펌프 ——— 다이나 펌프

② 수동 펌프

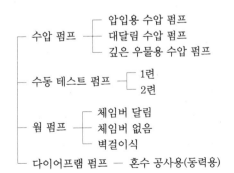

③ 모터 펌프

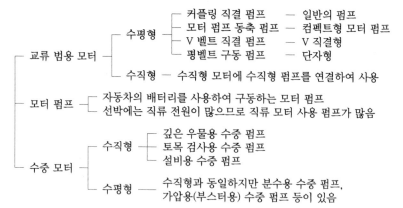

④ 엔진 펌프 : 가솔린, 등유, 경유, 디젤 엔진 등에 의해 펌프로 구동하거나 자동차, 선박의 엔진을 이용한다. 방법은 커플링 직결, 클러치 직결, V 벨트식 직결, 평벨트 구동이 있다.

⑤ 워싱턴 펌프 : 증기 압력을 이용하여 작동시키는 방식의 피스톤 펌프 현재는 극소수 분야에서 사용되고 있다.

1-3 사용되는 재질에 따른 분류

① 주철제 펌프 : 일반 범용 펌프는 대부분 이에 속하나 일부 임펠러 샤프트 메탈 등에 다른 재질을 사용한 것도 있다.

② 전 주철제 펌프 : 특별히 접액부에 쇠 이외의 것을 사용하여서는 안 되는 액인 경우 구별하고 있다.

③ 요부 청동제 펌프, 요부 스테인리스 펌프 : 펌프의 특별히 중요한 부분에 예를 들면 임펠러 베어링 기어 샤프트에 포금 또는 스테인리스를 사용한다.

④ 접액부 청동제 펌프, 접액부 스테인리스 펌프 : 액이 접촉되는 곳 전부를 포금 또는 스테인리스로 한 펌프이다.

⑤ 전 청동제 펌프, 전 스테인리스 펌프 : 펌프 본체 전부를 포금 또는 스테인리스로 제작한 펌프이다.

⑥ 경질 염비제 펌프 : 경질 염화비닐 또는 동일한 수지로 만든 펌프이며, 내식성이 우수하나 일반적으로 온도에 약하고 외력에 약한 결점이 있다.

⑦ 주강제 펌프 : 대단히 고압용에 사용된다. 이에 준하여 덕타일 주철제도 사용한다.

⑧ 고규소 주철제 : 규소를 많이 함유한 내식성 있는 특수 주철제 펌프이다.

⑨ 고무 라이닝 펌프 : 내식 또는 내마모를 위해 접액부에 고무 라이닝한 펌프이다.

⑩ 경연 펌프 : 경연 또는 경연 라이닝한 펌프이다.

⑪ 자기제 펌프 : 도자기로 접액부를 만든 펌프이다.

⑫ 티탄 히스텔로이 탄탈 펌프 : 특수 금속제 펌프이다.

⑬ 테플론 플라스틱 펌프

1-4 취급액에 의한 분류

① 청수용 펌프 : 얕은 우물용, 깊은 우물용

② 오수용 펌프(오물용) : 수세식 정화조

③ 온수용, 냉수용 펌프 : 난방용 온수 순환 펌프

④ 특수액용 펌프

⑤ 오일 펌프

⑥ 유압 펌프

1-5 실에 의한 분류

① 글랜드(gland) 방식 펌프

② 메커니컬 실(mechanical seal) 방식 펌프

③ 오일 실(oil seal) 방식 펌프

2 펌프의 구조

1. 원심 펌프

펌프의 기본 성능을 표시하는 방법에는 펌프가 유체를 밀어 올릴 수 있는 높이를 나타내는 양정과, 단위 시간에 송출할 수 있는 유체의 부피를 나타내는 유량이 있다.

1-1 원심 펌프의 구조와 특징

원심 펌프(Centrifugal Pump)는 흡입관, 펌프 케이싱, 안내 깃, 와류실, 축, 패킹 상자, 베어링, 토출관으로 구성되어 있다.

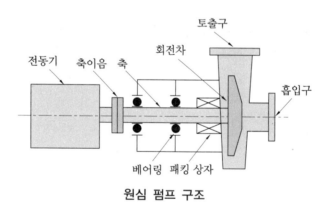

원심 펌프 구조

(1) 케이싱

벌류트(volute) 케이싱(casing)과 볼(bowl) 케이싱으로 크게 분류하고 안내 깃의 유무, 분할 구조 등에 따라 여러 가지의 종류가 있다. 케이싱은 임펠러에 의해 유체에 가해진 속도 에너지를 압력 에너지로 변환되도록 하고, 유체의 통로를 형성해 주는 역할을 하는 일종의 압력 용기이다. 이 케이싱은 펌프 성능에 영향을 미치지 않도록 저항 손실이 작도록 설계한다. 벌류트 펌프에서 고양정일 경우 케이싱의 보강과 레이디얼 스러스트를 감소시키기 위해 2중 벌류트 형식을 사용하기도 한다. 또 볼 케이싱은 축류, 혼류 펌프에 적용한다.

(a) 볼 케이싱   (b) 싱글 벌류트 케이싱   (c) 더블 벌류트 케이싱

케이싱

(2) 안내 깃

안내 깃(guide vane)의 역할은 임펠러로부터 송출되는 유체를 와류실로 유도하며 유체 속도 에너지를 마찰 저항 등 불필요한 에너지 소모 없이 압력 에너지로 전환되게 하는 것이다. 이것은 펌프 케이싱에 고정되어 있으며, 케이싱과 함께 주조되는 경우와 별도로 끼워 넣는 두 가지가 있다.

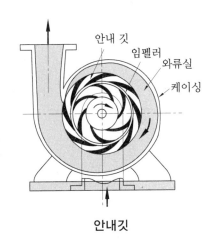

안내깃

(3) 임펠러(회전차)

일정 속도로 회전하는 전동기에 의해 구동축이 회전을 하고 임펠러(impeller)는 이 구동축에서 전달하는 동력을 유체에 전달하게 된다. 즉 흡입된 액체를 빠른 속도로 회전시켜 속도 및 압력 에너지를 주는 것으로 펌프에서 가장 중요한 것이다. 펌프 성능, 효율, 흡상 능력 등은 임펠러에 의해 결정된다고 볼 수 있다. 마찰이 없는 이상적 흐름일 경우 원심 펌프의 효율은 100 %가 된다. 그러나 실제 펌프에서는 마찰 등의 손실로 인하여 효율이 저하된다.

(4) 밀봉 장치

펌프의 밀봉 장치는 축봉 장치라고도 하며 축이 케이싱을 관통하는 부문 속에 축 주위에 원통형의 스터핑 박스(stuffing box) 또는 실 박스(seal box)를 설치하고, 내부에 실 요소를 넣어 케이싱 내의 유체가 외부로 누설되거나 케이싱 내로 공기 등의 이물질이 유입되는 것을 방지하는 장치이다. 글랜드 패킹 방식(gland packing type)과 메커니컬 실 방식(mechanical seal type)이 있다. 축봉 장치로서는 보통 패킹 상자가 일반적으로 사용되나 특수 액체를 취급하거나 특수 펌프는 메커니컬 실을 사용한다.

① 글랜드 패킹 : 물 펌프 등 어느 정도 누설이 허용되는 곳에서 사용
② 메커니컬 실 : 하이드로카본 등 누설을 최대한 억제해야 하는 곳에서 사용

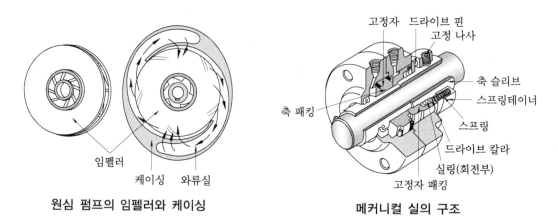

| 원심 펌프의 임펠러와 케이싱 | 메커니컬 실의 구조 |

메커니컬 실과 글랜드 패킹의 장·단점

구 분	구 조	누설량	수 명	축 마모	적용도	동력 손실	인력 손실
메커니컬 실	복잡하고 정밀을 요함	거의 없음	김	마모가 없음	고온, 고압, 인화성 등 다양	적음	적음
글랜드 패킹	간단하고 취급이 용이	약간 누설	짧음	마모가 큼	저온, 저압, 위험이 없는 곳	많음	많음

(5) 회전부 임펠러와 고정부 케이싱 사이에는 작은 틈새를 형성하여 임펠러 출구 측의 고압수가 입구의 저압 측에 새는 것을 줄인다. 이 작은 틈새 부분은 마찰되기 쉬우므로 교체하기 편리하도록 웨어링을 만든다. 웨어링은 고정되어 있는 케이싱 웨어링과, 축과 같이 회전하는 임펠러 웨어링이 있다. 웨어링 사이에서 펌핑되고 있는 약간의 유출액은 웨어링이 마찰에 의해 손상되지 않도록 냉각 및 윤활 작용을 한다. 펌프 속의 유체가 기화하거나 건조한 상태로 운전되면 웨어링이 윤활되지 못해 손상됨을 유의한다.

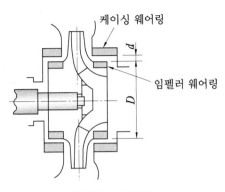

웨어링의 단면도

| 이중 평면 웨어링 | L형 이중 웨어링 | 싱글 래버린스 웨어링 |

(6) 베어링

베어링은 힘과 자중을 지지하면서 마찰을 줄여 동력을 전달하는 기계 요소이다. 펌프에서는 회전체-임펠러, 축 등의 자중 및 스러스트 하중 등을 지지하기 위하여 구름 베어링 또는 미끄럼 베어링을 사용한다.

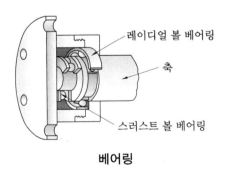

베어링

(7) 축

축은 구동 장치-전동기 또는 스팀 터빈에 연결되어 임펠러에 회전 동력을 전달해야 하므로 강도뿐만 아니라, 진동상의 안전도 고려하여 치수를 결정한다. 축 슬리브(shaft sleeve)는 축이 패킹과 직접 맞닿으면 마찰에 의해 손상되기 쉬워 축을 보호하기 위해 설치하는 것으로, 값싸고 쉽게 교환할 수 있도록 되어 있다.

$$d = 125 \times \sqrt[3]{\frac{P}{N}}$$

d : 축의 직경(mm), P : 축동력(Hp), N : 회전수(rpm)

(8) 커플링

커플링(coupling)은 동력을 원동축에서 종동축으로 전달하는 요소이다. 즉 구동 장치 또는 변속 장치에서 펌프 측에 동력을 전달하는 것으로, 양축 사이에 약간의 오차를 허용하고 진동과 충격을 줄여 주는 플렉시블형(flexible type)과 단순히 일직선상에 양 축을 연결시켜 주는 강체형(rigid type)이 있다.

(a) 디스크형   (b) 그리드형   (c) 기어형   (d) 체인형

커플링

(9) 스러스트 경감 장치

스러스트란 축 방향으로 작용하는 힘으로 펌프 운전 중 케이싱 내 토출 측 압력은 흡입 측 압력보다 크기 때문에 그림처럼 좌우 측의 힘의 불균형으로 추력이 발생한다. 그크기는 kgf/cm² 로 표시하며, 축추력은 원심 펌프에서만 발생한다. 축추력은 베어링에서만 받을 수 있도록 하는 것이 가장 효율적이나 고가의 베어링을 사용해야 하며 펌프의 체적도 커지기 때문에 추력을 경감시키는 방법을 사용해야 한다.

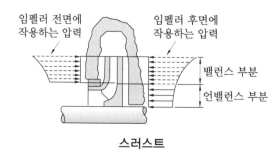

임펠러 전면에 작용하는 압력   임펠러 후면에 작용하는 압력

밸런스 부분

언밸런스 부분

스러스트

① 밸런스 홀 : 칼라 속으로 누출된 토출 측의 액체는 임펠러 속의 밸런스 홀(balance hole)을 통하여 흡입 측으로 다시 흘러감으로써 임펠러 좌우 측의 압력이 균형을 이룬다.

② 후면 깃 : 후면 측판(shroud)과 케이싱 사이에 작은 날개-후면-깃을 달면 축추력
이 감소되고 아울러 모래 등의 고형물이 임펠러 뒤쪽 중심부로 침입하는 것을 막아
주므로 오수 펌프 등에 채용한다.

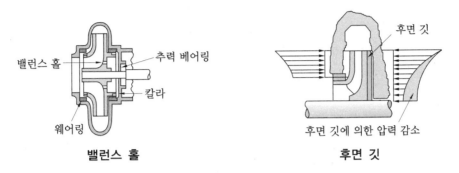

밸런스 홀   **후면 깃**

③ 밸런스 드럼 : 좌측에 작용하는 압력은 토출 측의 압력이고, 밸런스 드럼의 우측에 있
는 공간은 흡입 측과 연결되어 있어 흡입 측의 압력과 같게 된다. 밸런스 드럼 좌우 측
의 압력 차로 우측으로 작용하는 힘이 생성되어 임펠러의 추력과 평형을 이루게 된다.

④ 밸런스 파이프 : 스러스트 하중은 임펠러의 후면 압력이 흡입 측보다 높아져 발생되
는 것이므로, 그림과 같이 파이프를 흡입 측에 접촉시키면 압력이 강하되어 스러스
트를 줄일 수 있다.

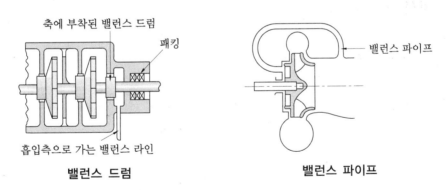

밸런스 드럼   **밸런스 파이프**

⑤ 셀프 밸런스 : 셀프 밸런스(self balance)는 임펠러를 대칭으로 배열하여 각각의 축
추력을 상쇄시키는 것으로 양흡입 펌프가 여기에 속한다.

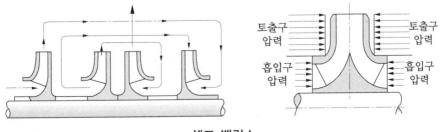

셀프 밸런스

⑥ 밸런스 디스크 : 밸런스 디스크(balance disc)는 축에 고정되어 축과 함께 회전하고, 밸런스 디스크 헤드(balance disc head)는 케이싱에 고정되어 있으며 이들 사이에 작은 틈새가 있다. 디스크에 압력이 걸리면 디스크는 축 방향 추력과는 반대 방향으로 밀어 밸런스 디스크 헤드와의 틈이 더 벌어지게 된다. 그러므로 더 많은 토출부 액체가 밸런싱 체임버(balancing chamber)로 들어간 후 흡입 측으로 되돌아가게 되고 압력 강하가 생겨 추력이 감소된다.

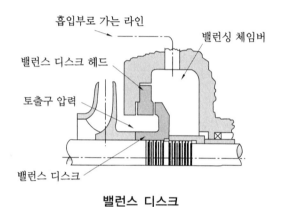

밸런스 디스크

1-2 원심 펌프의 원리

(1) 원심 펌프의 원리

다수의 굽은 깃을 가진 임펠러를 유체로 가득 차 있는 케이싱 내에서 회전시켜 원심 작용에 의하여 임펠러의 중심부가 저압으로 되어 연결된 파이프(suction pipe)를 통하여 유체가 흡입된다.

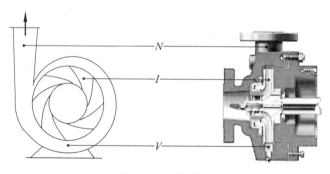

원심 펌프의 원리

이 유체가 임펠러의 깃과 깃 사이를 반경 방향의 바깥쪽으로 흐르는 동안 유체에 압력 헤드의 상승을 일으키며, 또한 속도(운동) 에너지도 공급되나 유체가 와류실(volute casing) V, 토출 노즐(discharge nozzle) N을 통과하면서 회전차 안에서 주어진 속도 에너지의 대부분이 압력 에너지로 변환된다.

(2) 원심 펌프의 특징

① 전동기와 직결하여 고속 회전 운전이 가능하다.
② 유량, 양정이 넓은 범위에서 사용이 가능하다
③ 다른 펌프에 비해 경량이고 설치 면적이 작다.
④ 맥동이 없이 연속 송수가 가능하다.
⑤ 구조가 간단하고 취급이 쉽다.

1-3 디퓨저 펌프와 벌류트 펌프

(1) 디퓨저 펌프(diffuser pump)

일명 터빈 펌프(turbine pump)라고 하며, 안내 날개가 있는 펌프이다.

(2) 벌류트 펌프(volute pump)

일명 와류형이라고도 하며, 안내 날개가 없는 펌프이다.

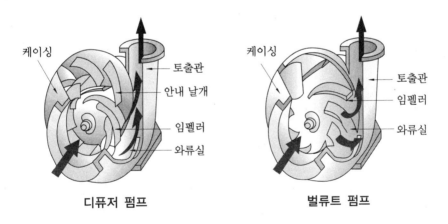

디퓨저 펌프   벌류트 펌프

1-4 편흡입 펌프와 양흡입 펌프

(1) 편흡입 펌프(single suction pump)

임펠러의 한쪽으로만 액체가 흡입되는 펌프

(2) 양흡입 펌프(double suction pump)

흡입 노즐이 임펠러 양쪽으로 설치되고 임펠러, 축 등을 맞대게 해서 양쪽으로 액체가 흡입되는 펌프로 축추력을 제거하는 방식이며, 대용량을 필요로 하거나 가용 NPSH가 적을 경우 사용된다.

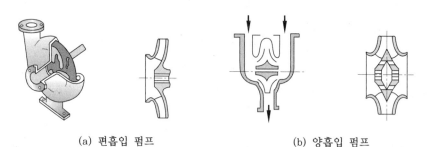

(a) 편흡입 펌프   (b) 양흡입 펌프

편흡입 펌프와 양흡입 펌프

1-5 수평형 펌프와 수직형 펌프

(1) 수평형 펌프(horizontal pump)

펌프의 축이 수평인 펌프로, 수직형보다 많이 사용된다.

(2) 수직형 펌프(vertical pump)

펌프의 축이 수직인 펌프로, 설치 장소가 좁거나 흡입 양정이 높은 경우에 사용된다.

1-6 일체형 펌프와 분할형 펌프

(1) 일체형 펌프

와류실부를 한 몸체로 만들고 그 한쪽을 커버형으로 만들어 임펠러를 넣는 형식으로 비교적 소형의 편흡입형 펌프 및 압축 펌프에 많이 사용된다. 압축 펌프에서는 대형 구조로 와류실을 설치 그대로 회전부를 빼낼 수 있도록 한다.

(2) 수평 분할형(horizontal split type) 펌프

축심을 포함한 수평면에서 케이싱을 상하 분할하는 형식으로 양흡입형 펌프에 많이 사용되며, 흡입 토출구를 하부 케이싱에 만들어 흡입 토출관을 분해하지 않고 상부 케이싱을 분해하므로 회전부를 분해할 수 있는 장점이 있다.

(3) 수직 분할형(vertical split type) 펌프

축심을 포함한 수직면에서 케이싱을 상하 분할하는 형식이다.

(4) 배럴형(barrel type) 펌프

고온 고압의 액체를 취급하는 발전소 등의 펌프에서 열팽창 및 압력에 의한 인장으로부터 펌프를 보호하기 위하여 펌프 케이싱 밖에 만들어 두는 또 하나의 케이싱이며 배럴 형식이다.

1-7 단단 펌프

① 임펠러의 수에 따라 단단 또는 다단이라 한다. 임펠러 수를 다수로 하는 다단 펌프는 최종 토출 수두를 증가시키기 위한 것이며 빨아 올리는 능력, 즉 흡상 능력은 증가되지 않는다.

② 임펠러가 물 속에서 외부의 동력에 의해 회전할 때 임펠러 속의 물은 외부에 흘러 임펠러를 나와 와류실 내에 모여서 토출구로 간다. 임펠러와 와류실 사이에 안내 깃을 두고 임펠러를 나온 물의 운동 에너지 일부를 압력으로 바꾸어 와류실에 모으는 형식의 펌프를 디퓨저 펌프라 하며, 케이싱 일부의 흡입구는 흡입구에서 임펠러 입구까지 물을 흡입하는 작용을 한다.

③ 임펠러를 지탱하고 원동기에서의 동력을 임펠러에 전달하기 위해 축이 필요하며 이 축을 지지하기 위해 베어링이 사용된다. 또 축이 케이싱을 관통하는 부분에는 축봉 장치를 두고 내부의 물이 외부로 많이 새거나, 공기가 외부에서 케이싱 내부에 흡입되는 것을 막는 역할을 한다.

④ 임펠러의 양쪽에 작용하는 수압이 아래 왼쪽 그림과 같이 입구부 좌우 부분에서 균형이 잡히지 않아 좌측에서 향하는 두 축추력이 작용하기 때문에 이것을 지탱할 만큼의 추력 베어링을 만드나, 이것을 줄이기 위해 아래 오른쪽 그림과 같이 흡입측 반대에 밸런스 실을 만들어 임펠러 밸런스 홀(hole)을 뚫고 흡입측과 압력을 같게 하여 축추력을 줄일 수가 있다. 이때 밸런스 실의 압력축에서 새는 양을 줄이기 위해 흡입 축과 같이 웨어링을 만들어야 하며, 이 형식을 밸런스형이라 한다.

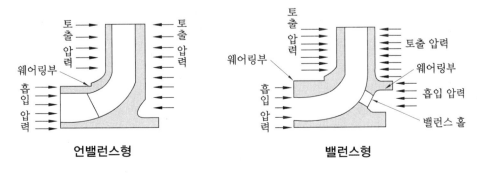

언밸런스형   밸런스형

1-8 다단 펌프

① 임펠러 다단 펌프로 양정이 부족할 때 임펠러에서 나온 액체를 다음 단의 임펠러 입구로 이송하고 다시 임펠러로 에너지를 주면 양정이 높아지며, 여기에 단수를 겹칠수록 높은 양정을 만드는 펌프를 다단 펌프라 한다.

② 다단 펌프도 안내 날개 유무에 따라 터빈형과 벌류트형으로 구별된다.

③ 다단 펌프의 축봉 장치로 사용되는 것은 단단 펌프와 같으나, 고온의 물을 취급하고 고압 고속 회전의 경우에는 플로팅 링이 사용된다. 다단 펌프에서는 축추력도 크게 되므로 밸런스 판(disk) 또는 밸런스 드럼(drum)이 사용되거나 혹은 같은 단수의 임펠러를 반대 방향으로 해서 배열한다. 최종단의 토출압을 디스크 또는 드럼의 한쪽은 길고 반대쪽은 흡입 압력까지 내림으로써 균등한 압력으로 맞춘다. 밸런스 판인 경우 판과 시트 사이 틈에 의해 밸런스 실의 압력이 변화하므로 펌프 운전 중 축추력이 평형되는 위치에서 이 틈이 자동적으로 유지하도록 되므로 추력 베어링은 쓰지 않는다. 밸런스 드럼의 경우에는 불균형이 되므로 남은 추력을 받기 위해 추력 베어링을 사용하며, 이것들의 추력 평행 장치는 토출 측의 축봉 장치에 걸리는 압력을 감소하는 효과도 있다.

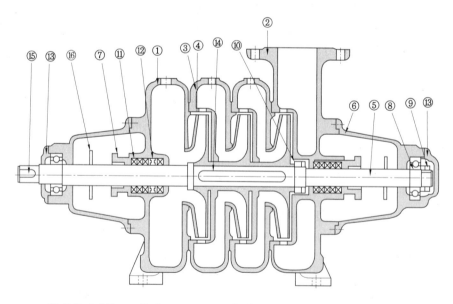

① 흡입 케이싱	⑤ 축	⑨ 베어링 너트	⑬ 베어링 커버
② 토출 케이싱	⑥ 브래킷	⑩ 임펠러 너트	⑭ 키
③ 스테이지 케이싱	⑦ 글랜드 패킹	⑪ 패킹	⑮ 키
④ 임펠러	⑧ 베어링	⑫ 랜턴링	⑯ 플링거

다단 펌프

2. 프로펠러 펌프

프로펠러의 형태와 그 작용에 따라 혼류형(mixed flow type)과 축류형(axial flow type)으로 나누어진다. 수면 위를 고속으로 운전되는 보트는 스크루를 고속 회전시켜 물을 뒤쪽으로 밀고 그 반작용으로 추진력을 얻어 움직여진다. 만약 보트를 고정시키고 프로펠러를 회전시키면 물이 앞에서 뒤로 이송되게 된다. 이 프로펠러의 작용을 펌프에 이용한 것이 프로펠러 펌프(propeller pump)의 기본 원리이다. 이 펌프는 대용량으로 비교적 양적이 낮은 곳에서 많이 이용되고 있다.

2-1 혼류 펌프

(1) 원리

볼류트 펌프와 축류 펌프의 중간 형태이다. 볼류트 펌프는 액체가 축에 대해 평행한 방향으로 들어와 직각 방향으로 나가지만, 혼류 펌프(횡축 펌프)는 액체가 축과 평행한 방향으로 들어와 축에 대해 비스듬하게 나간다. 이것은 원심력과 양력이 동시에 작용하게 된다.

(2) 특징

흡입 케이싱은 보통 90° 곡관으로 되어 있고 하부에서 흡입한 액체는 이 곡관을 지나서 임펠러에 끌어들인 후 임펠러를 나와 방향 속도 성분이 주어진 물은 안내 깃에 들어가 여기서 방향 성분을 잃고 압력을 높이게 된다.

(3) 베어링

임펠러를 지지하는 축은 한쪽에서는 흡입 케이싱의 바깥쪽에 만들어진 바깥 베어링으로 지지되고, 다른 쪽은 안내 날개쪽 보스 내에 만들어진 수중 베어링에 의해 지지된다. 바깥 베어링은 추력 베어링 및 레이디얼 베어링으로 되고, 수중 베어링으로서는 그리스 윤활의 미끄럼 베어링이 사용된다.

(4) 케이싱

흡입 토출 케이싱은 수평 분할형이 사용되며, 상부 케이싱을 분해하면 회전부가 분해되도록 되어 있다. 축류, 사류형 펌프의 케이싱은 소위 관의 일부를 형성하며 펌프 크기는 원심 펌프에 비해 작게 된다.

(5) 임펠러

임펠러의 형태는 주로 덮게(shroud)가 없는 개방형이 사용된다. 이것에 비해 사류 펌프의 경우, 필요에 따라 개방형과 닫힌형이 구별되어 사용되고 사류 펌프의 경우 밸런스형과 언밸런스형의 임펠러도 사용된다.

(6) 축봉 장치

펌프의 내부 압력이 낮기 때문에 목면 패킹을 사용한 패킹 상자가 사용된다.

(7) 가변 날개

날개의 부착 각도를 조정하여 토출량을 제어하는 데 목적을 둔다.

(8) 양력

항공기의 날개가 기체를 부상시키는 힘을 내는 것과 같은 것으로 그림과 같이 힘 P 가 작용하면 날개의 힘 P의 흐름 방향의 힘 A와, 이것에 직각 방향의 분력 B로 나누어져 그 합력이 C로 된다. 이 날개를 위로 올리는 힘 C를 양력이라 한다.

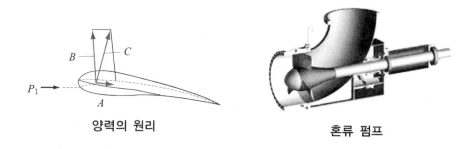

양력의 원리   혼류 펌프

2-2 축류형 펌프

(1) 원리

축류형 펌프(압축 펌프)는 프로펠러의 양력으로 액체의 흐름을 임펠러(프로펠러)에 대해 축 방향으로 평행하게 흡입, 토출되는 펌프이다. 대구경·대용량(1 ton/min 이상)이며, 비교적 양정이 낮은 1~5 m 정도의 것이 많이 사용된다.

(2) 특징

임펠러 및 안내 날개부 케이싱으로 된 펌프(볼 부분)를 바닥에 늘어트려 임펠러는 항상 흡수면 밑에 있도록 하고, 기동할 때에 만수(priming) 조작을 하지 않도록 한 것이 특징이다.

(3) 종류

① 일상식 : 토출 케이싱 위에 전동기를 직접 조립한 방식이며, 펌프 구조 및 토목 구조가 간단하고 중소형 펌프에 많이 사용된다.

② 반이상식 : 펌프 구조가 일상식과 같으며 토목 구조가 일상식과 다른 것이며 이상식보다 간단하다.

③ 이상식 : 대구경 펌프 및 흡수위가 높고 원동기를 흡수위 이상으로 설치할 때에 사용된다.

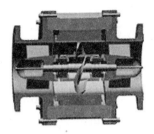

축류 펌프

3. 왕복 펌프

실린더 안을 피스톤 또는 플런저가 왕복 운동을 하는 과정에서 토출 밸브와 흡입 밸브가 교대로 개폐하여 유체를 펌핑하는 펌프가 왕복 펌프이다. 이것은 송수할 때 맥동이 발생되어 송수량을 평균화하기 위해 복동 펌프, 차동 펌프 또는 단동 펌프를 다수 조합하는 구조로 되어 있다.

왕복 펌프

3-1 특징

① 양정이 크고 유량이 적은 고압, 저속 펌프에 적합하다.

② 기계적 효율은 소형은 40~50 %, 대형은 70~90 % 정도이나 배출 압력이 커지면 마찰 및 누설이 커져 효율이 다소 감소한다.

③ 토출 압력은 회전수의 변화에 따른 변화가 적다.

④ 1스트로크(1왕복)의 토출량에 따라 결정되어 일정량의 유체를 송출할 수 있다.

⑤ 이 펌프는 2개 이상의 밸브가 설치되어 있어 밸브의 개폐에 따라 펌핑 작용을 하므로 밸브의 고장은 치명적일 수 있다.

3-2 종류

(1) 피스톤 펌프

피스톤 펌프(piston pump)는 피스톤을 하사점으로 이동시켜 입구의 체크 밸브를 열어 실린더에 액체를 흡입하였다가 피스톤이 상사점 행정에서 흡입 체크 밸브는 닫고 배출 체크 밸브는 열어 토출하는 펌프이다. 대체로 복동식으로 최대 배출 압력은 약 5 MPa이다.

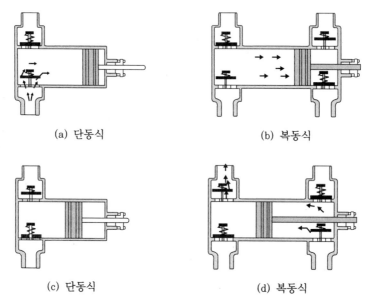

(a) 단동식   (b) 복동식

(c) 단동식   (d) 복동식

단동식과 복동식의 피스톤 펌프

(2) 플런저 펌프

고압의 배출 압력이 필요한 경우에 사용되는 플런저 펌프(plunger pump)는 지름이 작고 벽이 두터운 실린더 안에 꼭 맞는 대형 피스톤과 같은 모양의 왕복 플런저가 들어 있다. 이 펌프는 보통 단동식으로 전기 구동식이고 압력은 150 MPa 이상으로 배출할 수 있다.

(3) 다이어프램 펌프

다이어프램 펌프(diaphragm pump)에서의 왕복 요소는 유연성이 금속, 플라스틱 또는 고무로 된 격막이다. 수송 액체에 대하여 노출되는 충전물이나 밀봉물이 없으므로 독성 또는 부식성 액체, 진흙이나 모래가 섞여 있는 물 등을 취급하는 데 좋다. 10 MPa 이상의 압력으로 송출할 수 있다.

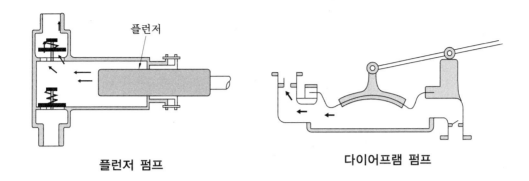

플런저 펌프   다이어프램 펌프

3-3 구조

(1) 공기실

피스톤 또는 플런저가 송출관 속의 유량이 일정하게 되도록 실린더의 바로 뒤에 공기실을 설치한다.

(2) 펌프 밸브

① 왕복 펌프의 밸브 구비 조건

㈎ 누설이 확실히 없을 것

㈏ 밸브가 열려 있을 때 유동 저항이 될 수 있는 대로 적을 것

㈐ 왕복 펌프의 작동에 대해 신속히 추종해야 할 것

㈑ 내구성을 가질 것

② 밸브의 종류

㈎ 원판 밸브(disk valve) : 간단한 구조

㈏ 링 밸브(ring valve) : 밸브의 리프트가 크지 않으며 송출량이 큰 펌프에 사용된다.

㈐ 볼 밸브(ball valve) : 점성이 큰 액체나 고형물을 포함하는 액체에 적당하다.

㈑ 버터플라이 밸브(butterfly valve) : 밸브 아래쪽에 안대가 설치된다.

㈒ 윙 밸브(wing valve) : 밸브 아래쪽에 안대가 설치된다.

㉮ 단동 플런저 펌프

㉯ 보통 플런저 펌프

㉰ 3연 플런저 펌프

㉱ 저어니(jarney) 플런저 펌프

㉲ 엘쇼우 플런저 펌프

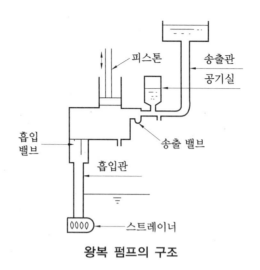

왕복 펌프의 구조

3-4 왕복 펌프의 효율 및 송출량

$$V = \frac{\pi}{4} D^2 L = AL, \quad Q_t = \frac{Vn}{60} = \frac{ALn}{60}, \quad Q = Q_t - Q_l$$

왕복 펌프에서의 체적 효율 : $\eta_v = \dfrac{Q}{Q_t} = \dfrac{Q_t - Q_l}{Q_t} = 1 - \dfrac{Q_l}{Q_t}$

송출량 : $Q = \eta_v \cdot Q_t = \eta_v \dfrac{Vn}{60} = \eta_v \dfrac{ALn}{60}$

여기서 L : 행정 D : 실린더 내경 A : 피스톤 단면적
$\quad\quad\quad V$: 이론 체적 n : 매 분당 피스톤의 왕복 수 Q : 실제 토출 유량
$\quad\quad\quad Q_l$: 누설 유량 Q_t : 매 초당 이론적 송출 체적

3-5 왕복 펌프와 원심력 펌프의 비교

구 분	왕복 펌프	원심력 펌프
원리	플런저 또는 피스톤이 왕복 운동에 따라 발생되는 용적 변화가 주입량이 된다.	임펠러가 고속 회전하여 얻어진 원심력을 이용해 펌핑한다.
액의 흐름	표준형은 맥동이 있다.	연속 흐름이다.
펌프의 회전수 또는 스트로크 수	통상 10~120 rpm 정도이다.	모터 회전수는 1500~3600 rpm 정도이다.
수동 유량 제어	다이얼에 의해 스트로크 길이를 조정한다.	펌프 자체에 제어 기능이 없고, 토출 측 밸브의 개폐에 의해 조정한다.

자동 유량 제어	서보 유닛에 의해 스트로크 길이 조정, 인버터(가변속 모터)에 의해 회전수를 조정한다.	가변속 모터에 의해 유량 컨트롤을 하는 것이 있다.
토출량	0~20 L/min이 많다(최대 40 L/min).	20 L/min 이상이 많다.
주요 용도	약액의 정량 주입, 고압 주입 및 비례 제어 주입 등의 목적에 사용된다.	액체의 이송과 순환에 사용된다.
주요 특징	정량성이 높고 토출 측의 압력 변동에 따른 토출량 변동이 적다.	대용량 이송에 적합하고 토출 측의 압력 변동에 따른 토출량 변동이 크다.
토출 측 배관 내에서 밸브의 닫힘 등에 의한 이상 고압이 발생하였을 때	흡입 측 개수 내의 체크 밸브, 펌프 헤드 내부 및 토출 측 배관 내의 압력은 파열할 때까지 상승한다(릴리프 밸브가 필요).	액체가 임펠러와 펌프 케이싱과의 클리어런스에서 역류하여 펌프는 보호된다(수격 현상에 의한 파손은 별개 사항).

4. 회전 펌프

원심 펌프의 외형과 비슷한 회전 펌프는 용적식 펌프로 펌프 본체 속에 임펠러가 있어 케이싱과 약간의 틈새를 두고 회전하여 액체를 토출 측으로 송출하는 펌프이다. 원리는 왕복 펌프와 같지만 체크 밸브가 없고, 연속 회전하므로 토출액의 맥동이 적다. 배출 압력은 20 MPa 이상이다.

회전 펌프는 다음과 같은 사용상 주의 사항이 있다.

① 점도가 큰 액체일수록 회전수가 적어져 소요 동력이 커지므로 액의 점도에 따른 회전수와 소요 동력의 선정을 적절히 해야 한다.

② 흡입관의 구경을 토출관보다 크게 하고 굽힘을 작게, 거리를 짧게 하여 점도가 큰 액체의 흡입측 저항을 가능한 한 작게 한다.

③ 윤활유의 유무에 따른 베어링의 형식을 결정한다.

④ 점도가 너무 적은 액체의 경우에는 회전 펌프보다 원심 펌프를 사용한다.

⑤ 고압일 경우 반드시 안전 밸브를 사용한다.

4-1 기어 펌프

(1) 원리

기어 펌프는 2개의 같은 모양, 같은 크기의 기어를 원통 속에 서로 맞물리게 하여 한쪽 기어에 동력을 주어 운전하면 이와 케이싱 사이에 유체를 가두어 흡입 측에서 토출 측으로 내보내는 펌프로 내접 기어와 외접 기어 펌프, 두 가지 형식이 있다.

내접 기어 펌프

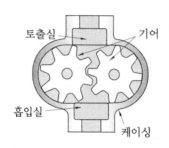

외접 기어 펌프

(2) 특징

① 유압 펌프로 사용할 수 있으나 효율이 낮고 소음과 진동이 심하며 기름 속에 기포
  가 발생한다는 결점이 있다.

② 기어 펌프는 30~250 cSt 정도의 고점성액을 수송할 수 있어 오일의 수송 및 가압
  용으로 적합하다.

③ 보통 송출량 2~5 m³/h, 모듈 3~5를 사용하며 회전수 1200~900 rpm의 윤활유
  펌프에 많이 이용되고 있으며 점성이 큰 액체에서는 회전수를 적게 한다.

(3) 기어 펌프의 비교

기어 펌프의 특징

내용	내접 기어 펌프	외접 기어 펌프
장점	• 구조가 간단하다. • 흡입력이 좋다(NPSHr 값이 매우 작다). • 다양한 점도의 유체 사용이 가능하다. • 흡입구와 토출구의 위치 변경이 용이하다. • 유지 보수가 용이하다.	• 구조가 간단하다. • 고속, 역회전이 가능하다. • 흡입구와 토출구의 위치 변경이 용이하다. • 유지 보수가 용이하다.
단점	• 저속 운전이다. • 비교적 중압에 사용한다. • 공회전을 할 수 없다.	• 고점도를 사용할 때에 성능이 저하된다. • 공회전을 할 수 없다.

(4) 외접 기어 펌프의 종류

압력 불평행형		대부분의 기어 펌프로 기어나 베어링에 압력 하중 분포가 불평형력이 작용하여 속도에 제한을 주고, 베어링에 걸리는 불평형의 국부 하중이 작용하게 되어 펌프의 수명이 짧다.
압력 평형형		기어의 상대측 압력을 평형시킬 목적으로 케이싱에 평형홈을 두어 압력을 평형시켜 기어를 지지하는 베어링의 국부 하중을 줄여 준다.
3기어 외접형		3개의 기어가 돌면서 흡입과 토출을 각각 두 곳에서 한다.

(5) 폐입 현상

흡입된 오일은 하우징 벽을 따라 토출구에 운반되어 압출된다. 이때 두 개의 기어가 서로 맞물리면서 폐입 부분의 입구 쪽 부분 압력보다 출구 쪽 압력이 더 높아 입구 쪽으로 다시 되돌아가려는 현상이 나타나는데, 이를 폐입 현상이라 하며 이 현상은 펌프 토출량의 감소 원인이 된다.

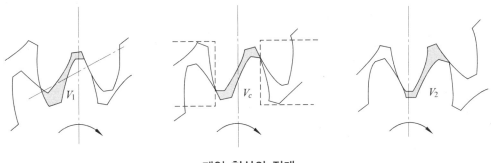

폐입 현상의 전개

4-2 베인 펌프

(1) 원리

① 원통형의 케이싱 내에 편심된 회전체가 회전하고 그 회전체에 홈이 있어서 홈 속에 판 모양의 베인이 삽입되어 자유로이 출입하게 되어 있다.

② 축에 대하여 직각으로 자유로이 움직일 수 있는 베인은 캠 링 안벽을 따라 방사상 또는 회전 방향으로 경사시켜 회전하면 원심력에 의하여 바깥쪽으로 튀어나가 케이싱 내면을 누르며 회전한다.

③ 회전체가 시계 방향으로 돌 때에 회전체와 케이싱으로 형성되는 오른쪽 반의 공간에서는 회전체의 회전에 따라 용적이 증가하고 왼쪽 반에서는 반대로 감소한다.

④ 좌우의 양실에 누에 모양의 구멍을 만들어 흡입관과 송출관에 통해 놓은 회전체를 회전하면 기름은 흡입관에서 연속적으로 흡입되고 송출관으로 송출된다.

⑤ 주로 기름을 취급하는 데 사용하며 대유량의 기름의 수송에 적당하나 소형에서는 간극을 적게 하여 10 MPa 정도의 것도 사용된다.

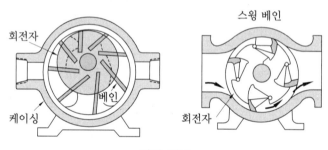

베인 펌프

(2) 베인 펌프의 장·단점

장 점	단 점
• 기어, 피스톤 펌프에 비해 토출 맥동이 적다.	• 고점도 유체의 사용이 불가능하다.
• 베인의 선단이 마모되어도 체적 효율의 변화가 없다.	• 저·중압이다.
• LPG, 솔벤트(solvent) 등 저점도유 사용에 적합하다.	• 구조가 복잡하다.
• 공회전이 가능하다.	• 고온 유체 사용이 불가능하다.

4-3 나사 펌프

(1) 원리

한 개의 나사(screw) 축(원동축)에 다른 나사 축(종동축)을 1개 또는 2개를 물리게 하여 케이싱 속에 봉하고 이러한 한 조의 나사 축을 서로 반대 방향으로 회전시키므로 한 쪽의 나사 홈 속의 액체를 다른 쪽의 나사산으로 밀어나가게 하여 송출시킨다.

(2) 종류

① 퀸 바이 펌프(quin by pump) : 서로 물리는 2개의 나사가 방향을 좌우로 다르게 하는 2개 나사를 동일하게 만든 형식

② INO형 펌프 : 누설 통로를 이론적으로 완전히 없이 한 형식

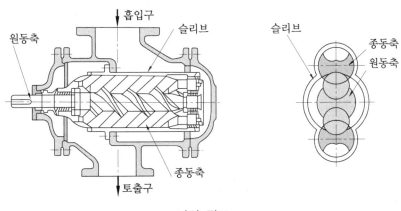

나사 펌프

(3) 나사 펌프의 장·단점

장 점	단 점
• 고속, 고압이다. • 소음이 적다. • 용량이 크고 효율이 좋다.	• 분말 등 고체 사용이 불가능하다. • 공회전이 불가능하다. • 저점도에서는 비효율적이다.

4-4 로브 펌프

(1) 원리

케이싱 내 로브의 회전에 의해 흡입 측 공동으로 유체가 유입된 후 로브(lobe)에 의해 토출 측으로 송출시킨다. 이외에 트로코이드 펌프(trochoid pump)가 있다.

(2) 로브 펌프의 장·단점

장 점	단 점
• 분말 등 고체 사용이 가능하다. • 점도에 의한 구애를 받지 않는다. • 공회전이 가능하다.	• 저속에 구조가 복잡하다. • 가격이 비싸고 실에 문제가 있다.

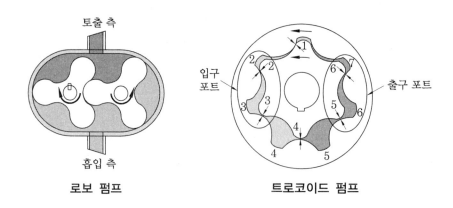

로보 펌프   트로코이드 펌프

5. 특수 펌프

5-1 마찰 펌프

(1) 원리

여러 형상의 매끈한 회전체 또는 주변 홈이 있는 원판상 회전체를 케이싱 속에서 회전시켜 이것에 접촉하는 액체를 유체 마찰에 의해 압력 에너지를 주어 송출하는 펌프이다.

(2) 특징

① 구조가 간단하고 제작이 쉬우며 소형에 적당하고 유량이 적은 편이다.

② 다음 그림에서 시계방향 회전에 따라 회전체 홈 속 유동이 원심력에 의하여 유체가 속도 에너지를 받아 회전 유동하며 와류를 형성, 난류 마찰에 의해 회전체와 케이싱 사이 액체는 회전체의 표면이 매끈할 때보다 더욱 강하게 잡아당긴다.

③ 구조상 접촉 부분이 없으므로 운전 보수가 쉬우며 소형에 이용되고 효율이 낮은 편이다.

마찰 펌프의 원리

5-2 분류 펌프

(1) 원리

노즐에서 높은 압력의 유체를 혼합실 속으로 분출시켜 혼합실로 보내진 다른 유체인 송출 유체를 동반하여 확대관으로 나간 혼합체는 압력이 증가되어 목적하는 곳에 수송되는 장치로 한 것이다.

(2) 특징

① 손실이 크고 기계 효율이 낮으며 구조가 간단하고 운동 부분이 없기에 고장이 적고 부식성 액체나 가스를 취급하는 데 편리하며 또 다른 종류의 유체를 혼합하는 데 사용된다.

② 오른쪽 그림은 물 분사 펌프로 고압의 물 A_1이 분출 구멍 단면적의 노즐을 거쳐서 높은 속도로 분출, 처음에는 노즐 둘레의 공기를 동반하여 수송하므로 노즐 부근이 낮은 압력이 되어 물을 아래의 관으로부터 흡입할 수 있다. 고속의 물과 흡상된 물은 충돌, 혼합되어 나가고 단면적 A_2의 목까지는 혼합체의 속도가 증가하므로 물의 흡상 작용을 크게 한다.

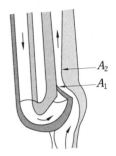

물 분사 펌프의 원리

5-3 기포 펌프

기포 펌프는 공기관에 의하여 압축 공기를 양수관 속에 송입하면 양수관 속은 물보다 가벼운 공기와 물의 혼합체가 되므로 관 외부의 물에 의한 압력을 받아 물이 높은 곳으로 수송되는 것이다.

5-4 수격 펌프

그림의 수격 펌프의 원리는 비교적 저낙차의 물을 긴 관으로 이끌어 그 관성 작용을 이용, 일부분의 물을 원래의 높이보다 높은 곳으로 수송하는 양수기이다.

낙차 H_1의 물은 수관 2, 3을 거쳐 방출 밸브인 4로 유출된다. 그러나 수관을 지나는 물의 속도가 증대하면 방출 밸브는 압상되어 자동적으로 닫히고, 그 속의 수압은 급하게 상승한다. 즉, 수격 작용에 의하여 물은 밸브 5를 압상하고 공기실 6, 양수관 7을 거쳐 낙차 H_2인 곳까지 양수하게 된다.

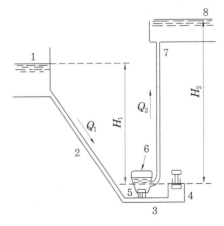

수격 펌프 원리

3 펌프의 각종 현상

1. 펌프의 특성

1-1 에너지 보존의 법칙

유체는 높은 곳에서 낮은 곳으로, 압력은 높은 곳에서 낮은 곳으로 이동한다. 그러나 낮은 곳에서 높은 곳으로 이동하려면 역으로 에너지의 변화, 즉 에너지를 공급해야 한다. 에너지 보존의 법칙에 따라 유체가 갖고 있는 에너지는 위치 에너지(potential energy), 운동 에너지(kinetic energy), 압력 에너지(pressure energy)로 구분한다.

$$h_1 + \frac{v_1^2}{2g} + \frac{p_1}{\gamma} = h_2 + \frac{v_2^2}{2g} + \frac{p_1}{\gamma}$$

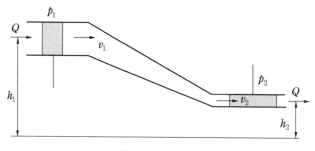

베르누이의 법칙

1-2 전양정

(1) 양정(head)

펌프가 물을 끌어올려 위로 보낼 수 있는 수직 높이(m)

(2) 전양정(全揚程 : total head)

실 양정에 손실수두를 모두 합한 총 수두

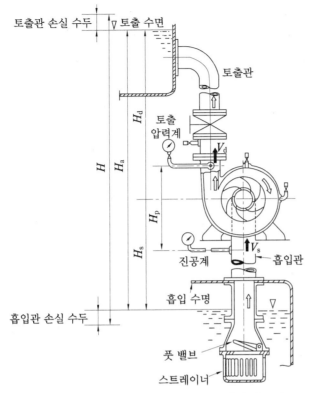

실양정(H_a)=흡입 실양정(H_s)+토출 실양정(H_d)

전양정(H)=흡입 실양정(H_s)+토출 실양정(H_d)+손실 수두의 합($\triangle h$)

전양정

(3) 압력 수두(pressure head)

흡입, 토출 수면에 작용하는 압력과 유체의 밀도와의 관계를 환산한 높이

$$H_p = \frac{P_d - P_s}{\rho g}$$

여기서 P_d : 토출 수면에 작용하는 압력, P_a : 흡입 수면에 작용하는 압력

ρ : 밀도, g : 중력가속도

(4) 실 토출 수두(actual delivery head)

펌프 중심에서 토출 수면까지의 높이

(5) 실 흡입 수두(actual suction head)

펌프 중심에서 흡입 수면까지의 높이

(6) 속도 수두(velocity head)

흡입과 토출관의 직경 차이에서 생기는 것으로, 관의 직경이 같을 경우 $0(V_a = V_d$이므로)이며 실제로 직경의 차이가 있어도 무시할 만큼 그 값이 작음

$$H_v = \frac{V_d^2 - V_a^2}{2g}$$

여기서 V_d : 토출 관 속의 유속, V_a : 흡입 관 속의 유속

(7) 마찰 손실 수두(friction head)

펌프 배관 내에서 발생하는 마찰 손실(관과 유체, 유체와 유체 또는 곡관)

1-3 물 펌프의 이론적 흡입 높이

흡입 수면에 대기압($1.013 \times 10^5 [\text{N/m}^2]$)이 미치고 있고, 펌프의 흡입부가 완전 진공이라면 그 압력차에 상당하는 수두가 펌프의 이론적 흡입 높이가 된다. 따라서 대기압을 Pa, 물의 밀도를 ρ, 흡입 높이를 H라 하면,

$$H = \frac{Pa - 0}{\rho g} = \frac{(1.013 \times 10^5) - 0}{1000 \times 9.81} = 10.33 \text{ m}$$

즉, 이론적으로는 10.33 m 깊이의 물을 빨아올릴 수 있으나, 실제적으로는 완전 진공이 불가능할 뿐 아니라, 관내 마찰 손실 등이 발생되어 흡입 높이가 낮아지게 된다.

1-4 상사의 법칙

(1) 펌프 용량을 증대시키거나 임펠러를 가공(trimming)할 때에 표준 곡선(standard curve)에 나와 있지 않은 펌프 회전수 또는 임펠러 직경에 대한 성능 예측이 필요하다. 이 경우 상사의 법칙(affinity law)을 적용하면 펌프 회전수나 임펠러 직경 변화에 따라 펌프 성능이 어떻게 변화하는지 알 수 있다. 에너지 절감을 위해 펌프의 용량을 낮추고자 할 때에는 펌프의 회전수를 낮추거나 임펠러 직경을 줄여 준다.

(2) 유량에 대한 상사의 법칙

$$\frac{Q_1}{Q_2} = \frac{D_1^3 \cdot N_1}{D_2^3 \cdot N_2}$$

(3) 수두에 대한 상사 법칙

$$\frac{H_1}{H_2} = \frac{D_1^2 \cdot N_1^2}{D_2^2 \cdot N_2^2}$$

(4) 축 동력에 대한 상사 법칙

$$\frac{L_{s1}}{L_{s2}} = \frac{\rho_1 D_1^5 \cdot N_1^3}{\rho_2 D_2^5 \cdot N_2^3}$$

여기에서 Q : 유량, D : 임펠러 직경, N : 펌프의 회전수, H : 전양정,

$L_s \text{L}$: 축동력(Hp), ρ : 유체의 비중

(5) 임펠러 직경만 변경할 때

같은 펌프 회전수에서 서로 다른 임펠러 직경에 대한 성능 비교

① 펌프의 유량은 임펠러 직경 비의 3제곱에 비례

$$\frac{Q_1}{Q_2} = \left(\frac{D_1}{D_2}\right)^3$$

② 펌프의 전양정은 임펠러 직경 비의 제곱에 비례

$$\frac{H_1}{H_2} = \left(\frac{D_1}{D_2}\right)^2$$

③ 펌프의 축동력은 임펠러 직경 비의 5제곱에 비례

$$\frac{L_1}{L_2} = \left(\frac{D_1}{D_2}\right)^5$$

(6) 펌프 회전수만 변경할 때

이 법칙은 같은 펌프 임펠러 직경에서 서로 다른 펌프 회전수에 대한 성능을 비교

① 펌프의 유량은 임펠러 회전수의 비에 비례

$$\frac{Q_1}{Q_2} = \frac{N_1}{N_2}$$

② 펌프의 전양정은 임펠러 회전수 비의 제곱에 비례

$$\frac{H_1}{H_2} = \left(\frac{N_1}{N_2}\right)^2$$

③ 펌프의 축동력은 임펠러 회전수 비의 3제곱에 비례

$$\frac{L_1}{L_2} = \left(\frac{N_1}{N_2}\right)^3$$

1-5   펌프의 비속도

(1) 비속도(N_s : specific speed)

한 개의 회전차를 형상과 운전 상태를 상사하게 유지하면서 그 크기를 변경시키면 단위 유량에서 단위 수두(양정)를 발생시킬 때 그 회전차에 주어져야 할 회전수를 원래 회전차의 비속도 또는 비교 회전도라 한다. 비속도는 원심 펌프 임펠러의 형상과 펌프의 특성 및 최적의 회전수를 결정하는 데 이용되는 값이다.

$$비속도 \ N_s = \frac{Q^{\frac{1}{2}}}{H^{\frac{3}{4}}} N$$

단, Q : 단위시간에 끌어 올리는 물의 체적, 즉 토출량(m^3/min),
H : 물을 올리는 높이, 즉 전양정(m), N : 회전수(rpm)

양흡입형 펌프인 경우 임펠러 한쪽만 생각하는 것이므로 Q는 토출량의 $\frac{1}{2}$을 계산하며 다단 펌프의 경우 양정 H는 1단 당의 양정을 잡는다.

(2) 비속도의 특성

어떤 펌프의 비속도는 터보 펌프의 모양이 설정되면, 양정이 높고 토출량이 적은 펌프는 비속도가 낮아지고, 토출량이 크고 양정이 낮은 펌프는 비속도가 높아진다.

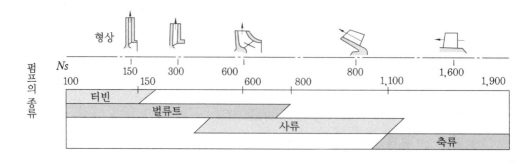

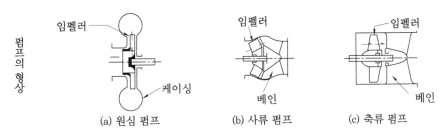

임펠러 모양과 비속도의 관계

(3) 비속도와 펌프 형식

비속도와 각종 펌프 특성과의 관계

펌프 명칭	고양정 원심 펌프		중양정 원심 펌프	저양정 원심 펌프	사류 펌프	축류 펌프	축류 펌프
	터 빈	터빈 벌류트	벌류트	양흡입 벌류트			
임펠러 형식							
Ns의 범위	80~120	120~250	250~450	450~750	700~1000	800~1200	1200~2200
Ns가 잘 사용되는 값	100	150	350	550	800	1100	1500
흐름에 의한 분류	반경류형	반경류형	혼류형	혼류형	사류형	사류형	축류형
전양정(m)	30	20	12	10	8	5	3
유량 (m³/min)	8 이하	10 이하	10~100	10~300	8~200	8~400	8 이상

2. 펌프 이론

2-1 **펌프의 동력과 효율**

(1) 수동력

펌프에 의해서 펌프를 지나는 액체에 준 동력

$$Lw = \frac{\gamma QH}{75} \text{(Hp)}$$

단, Lw : 수동력(Hp), H : 양정(m), Q : 송출유량(m³/sec),
　　γ : 액체의 비중량(kg/m³)

(2) 효율

$$\eta = \frac{Lw}{L}$$

단, L : 축동력으로 원동기에 의해서 펌프를 운전하는 데 필요한 동력,
　　η : 펌프의 전 효율

$$\eta_h = \frac{H}{H_{th}} = \frac{H_{th} - H_l}{H_{th}} = \frac{\text{실제양정}}{\text{이론양정}}$$

$$\eta_m = \frac{L - L_m}{L} = \frac{\text{축동력} - \text{기계손실}}{\text{축동력}}$$

$$\eta_V = \frac{Q}{Q + q} = \frac{\text{압송유량}}{\text{압송유량} + \text{누설량}}$$

펌프의 전 효율 $\eta = \eta_h = \eta_m = \eta_v$

단, η_h : 수력 효율, η_m : 기계 효율, η_v : 체적 효율

(3) 출력

$$L\alpha = kL$$

단, $L\alpha$: 원동기의 출력, L : 축 동력, k : 경험계수

모터 펌프의 경험 계수값

전동방법	k
직결 전동	1.10~1.2
평 벨트 전동	1.25~1.35
V 벨트 전동	1.15~1.25
평 기어 전동	1.20~1.25
베벨 기어 전동	1.15~1.25

2-2 캐비테이션

(1) 캐비테이션의 형상과 특징

① 캐비테이션의 정의 : 물은 1기압하에서 100℃가 되면 끓으나 압력이 낮아지면 물의 비등점은 100℃보다 낮아지고, 압력을 더욱 낮추면 상온에서도 끓는 현상이 일어 난다. 이것은 압력이 그때 물의 온도에 해당하는 포화 증기압 이하로 내려가 물이 증발하여 기포가 생기기 때문이다. 펌프의 내부에서도 흡입 양정이 높거나 흐름 속 도가 국부적으로 빠른 부분에서 압력 저하로 유체가 증발하는 현상이 발생하게 되 며, 원심 펌프 내부에 있어서는 다음 그림처럼 임펠러 입구의 압력이 가장 낮은데, 그 이유는 임펠러 눈(eye)으로 유입된 유체는 속도가 증가하게 되고, 이 증가된 속 도는 임펠러 날개에서 압력 감소로 나타나기 때문이다. 만일 감소한 압력이 유체의 포화 증기압보다 낮을 경우에는 임펠러 입구에서 유체의 일부가 증발해서 기포가 발생하게 된다. 이때 생긴 기포는 임펠러 안의 흐름을 따라 펌프 고압부인 토출구 로 이동하여 압력 상승과 함께 순간적으로 기포가 파괴되면서 급격하게 유체로 돌 아온다. 이 현상을 캐비테이션(cavitation, 空洞現像)이라 한다.

② 영향 : 캐비테이션이 발생하면 소음과 진동이 수반되며 펌프의 성능이 저하되고 더욱 압력이 저하되면 양수가 불가능해 진다. 더욱 이러한 현상이 심하면 운전이 어렵게 된다. 또 이러한 현상이 오래 지속되면 발생부 근처에 여러 개의 흠집이 생 겨 재료를 손상시킨다. 이것을 점 침식이라 하며, 이는 캐비테이션에 따라 생긴 여 러 기포가 터질 때의 충격이 반복적으로 발생한다.

(2) 캐비테이션 발생 방지 대책

① 캐비테이션의 방지 근본책은 유효 $NPSH$(net positive suction head : 유효 흡입 수두)를 필요 $NPSH$보다 크게 하는 데 있으며 필요 $NPSH$를 감소하는 방법으로 임펠러 입구에 인듀서(inducer)라고 하는 예압용의 임펠러를 장치하여 이곳으로 들 어가는 물을 가압해서 흡입 성능을 향상시키는 경우가 있다.

② 펌프 설치 높이를 최대로 낮추어 흡입 양정을 짧게 한다.

③ 펌프의 회전 속도를 작게 한다.

④ 단흡입이면 양흡입으로 고친다.

⑤ 펌프 흡입 측 밸브로 유량 조절을 하지 않는다.

⑥ 흡입부에 설치하는 스트레이너의 통수 면적을 크게 하고 수시로 청소한다.

⑦ 부득이한 경우에는 캐비테이션에 강한 재질을 사용한다.

⑧ 흡입판은 짧게 하는 것이 좋으나 부득이 길게 할 경우에는 흡입관을 크게 하여 손실을 감소시키고 밸브, 엘보 등 피팅류 숫자를 줄여 흡입관의 수두를 줄인다.

⑨ 펌프의 전양정에 과대한 역류를 만들면 사용 상태에서는 시방 양정보다 낮은 과대 토출량의 점에서 운전하게 되어 캐비테이션 현상 하에서 운전하게 되므로 전양정의 결정에 있어서는 캐비테이션을 고려하여 적합하게 만들어야 한다.

⑩ 이미 캐비테이션이 생긴 펌프에 대해서는 소량의 공기를 흡입 축에 넣어 소음과 진동을 적게 한다.

(3) 인듀서

펌프 임펠러 입구에 인듀서를 설치하면 압력 강하가 줄어들어 펌프의 필요 흡입 수두($NPSHre$) 수치가 낮아지므로 캐비테이션 발생을 방지할 수 있다.

2-3 서징

(1) 원심 펌프의 토출량

① 양정 곡선에서 토출량 증가에 따른 양정 감소를 갖는 것을 하강 특성이라 하고 한 번 증가한 후 감소하는 것을 산형 특성이라 한다. 하강 특성 펌프는 항상 안정된 운전이 되는 데 비하여 산형 특성의 펌프는 사용 조건에 따라 흐름과 같은 상태로 흡입·토출구에 장치한 진공계 및 압력계의 지침이 흔들려 토출량이 변화한다. 펌프 운전 중에 토출 측 관로의 하류에서 밸브를 천천히 닫으면서 유량을 감소시켜 가면 갑자기 압력계가 흔들리면서 토출량이 어떤 범위 내에서 주기적인 변동이 생기며 흡입·토출 배관에서 주기적인 소음, 진동을 동반하는데, 이러한 현상을 서징(surging)이라 한다.

② 횡축에 토출량, 종축에 실양정과 관로 손실 양정을 나타낸 곡선을 저항 곡선이라 하며 흡입·토출 측의 조건이 관로에 따라 정해지므로 이것과 펌프의 특성을 나타내는 곡선과 교점이 펌프의 운전점이 된다.

③ 저항·양정 곡선에서 저항 곡선 A와 같이 양정 곡선과 만나는 경우 양정 곡선의 우측 상황에서 만나도 서징은 발생되지 않으며, 저항 곡선 B와 같은 현상으로 양정 곡선과 교차하면 교점 S에서는 저항 곡선의 경사보다 양정 곡선의 경사가 커지게 되므로 서징이 발생할 가능성이 있다.

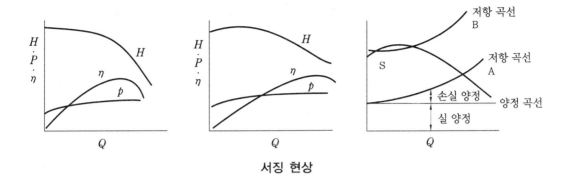

서징 현상

(2) 관로계에서 서징의 발생 조건

① 펌프의 양정 곡선이 우측 상황의 경사인 경우

② 배관 중에 수조가 있거나 이상이 있는 경우

③ 토출량을 조절하는 밸브 위치가 후방에 있는 경우

2-4 수격 현상

(1) 특징

① 관로에서 유속의 급격한 변화에 의해 관내 압력이 상승 또는 하강하는 현상

② 펌프의 송수관에서 정전에 의해 펌프의 동력이 급히 차단될 때, 펌프의 급 가동 밸브의 급개폐 시 생긴다.

③ 수격 현상(water hammer)에 따른 압력 상승 또는 압력 강하의 크기는 유속의 상태(펌프의 정지 또는 기동의 방법), 밸브의 닫힘 또는 열기에 필요한 시기, 관로 상태, 유속 펌프의 특성에 따라 변화한다.

(2) 현상

펌프에서 동력 급차단 시 생기는 세 가지 형태

① 토출 측에 밸브가 없는 경우

② 토출 측에 체크 밸브가 있을 경우

③ 토출 측에 밸브를 제어할 경우

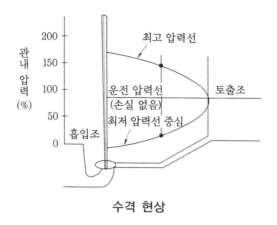

수격 현상

① 토출측에 밸브가 없는 경우

(가) 제1단계(正輕正流 : 펌프 운전) : 펌프는 동력 공급이 중단되어도 펌프 회전부의 관성에 따라 계속 회전을 하려고 하나, 보유 에너지는 물을 보내는 데 필요 에너지로 시간에 따라 소비되어 펌프 토출 양정이 급격히 떨어져 발생 압력이 토출 측의 관로 압력과 일치된 순간 펌프는 정방향으로 회전물을 보내지 못해 흐름이 정지된다.

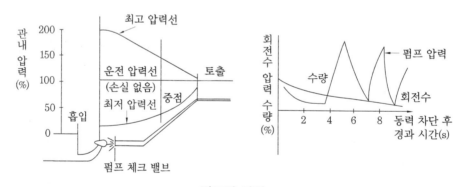

펌프의 압력

(나) 제2단계(正輕正流 : brake 운전) : 일단 정지한 물은 다음 순간 역류로 변화 펌프의 관로 측의 압력은 상승을 시작 1단계에서 강하된 압력파가 반사해서 반대로 상승압으로서 펌프 관로 측의 압력은 상승을 계속한다. 펌프는 역류하는 물의 제동 작용에 의해 더욱 회전을 감소하여 나중에는 회전이 정지하게 된다.

(다) 제3단계(正輕正流 : 수차 운전) : 다음 순간 펌프는 역류하는 물에 의해 수차로 되어 역전을 시작하고 차차 가속되어 나중에는 무부하 수치로서 일정한 무구속 속도의 상태에 달한다. 이 과정에서 역류량, 회전수는 일시적으로 증가하는데, 최종 상태에서는 역류량이 정규 유량의 60~80 %, 역회전수는 정규 회전수의 110~130 %로 된다.

② 토출 측에 체크 밸브가 있을 경우

  (개) 체크 밸브가 있으면 제2단계에서 물이 역류의 시작과 동시에 닫히므로 역류는 생기지 않는다. 펌프는 물속에서 회전을 계속하나 차차 에너지를 잃고 나중에는 정지한다.

  (내) 체크 밸브가 폐쇄한 다음 순간 관로의 압력 상승이 생긴다. 물 흐름이 멈춘 그 순간 체크 밸브가 닫히면 수격 현상은 생기지 않는 것으로 생각되나, 체크 밸브가 닫히기까지 1단계에서 생긴 압력 강하에 토출조에서 반사된 동일량의 압력 상승이 되어 체크 밸브에 되돌아오므로 정상 상태에서 강하한 만큼 압력이 상승한다.

  (다) 실제 체크 밸브는 역류가 시작한 후 닫히므로 그 역류를 급격히 차단하기 위한 압력 상승이 더욱 여분에 가해져 체크 밸브 상태가 나빠서 역류가 상당히 큰 후 갑자기 물에 유도되어 닫히면 압력 상승은 상당히 커진다.

  (라) 체크 밸브가 닫힌 후는 상승된 압력이 일정한 주기로 상승, 하강을 반복하면서 차차 감소한다.

③ 토출 측의 밸브를 제어했을 경우

  (개) 토출측에 밸브(체크 밸브 포함)를 갖고 있을 때 이것을 인위적으로 제어하면 과도 현상은 변화한다.

  (내) 수격 현상 제어의 목표는 될수록 짧은 시간 내에 최소의 압력 변화로 가능한 작은 역류·역전으로 물 흐름을 차단하는 데 있다.

  (다) 제1단계 압력 저하는 관로와 펌프에 의해 자동적으로 정해지므로 밸브 제어 목적은 주로 제2단계 이후의 역류를 심하게 증가시키지 않고 천천히 멈추는 데 있다.

  (라) 관로가 짧고 약간 급경사 시에 주 밸브의 유압 조작은 제2단계 조작으로 니들 밸브를 써서 제1단계를 빨리 하고 제2단계를 천천히 폐쇄함으로써 압력 상승도, 역전도 대단히 작다는 것을 알 수 있다.

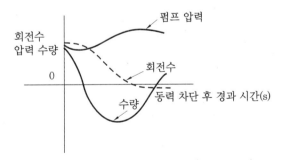

펌프의 압력과 회전수

(3) 수격 현상의 경감 방법

① 수격 현상의 피해

  (개) 수격 현상 상승압에 따라 펌프 밸브, 관로 등 여러 기기 파손

  (내) 압력 강하로 관로가 압궤하거나 수주 분리가 생겨 재결합 시에 발생하는 격심한

충격파에 의해 관로가 파손

㈐ 진동, 소음의 원인

㈑ 주기적인 압력 변동 때문에 자동 제어계 등의 난조를 발생

㈒ 펌프 및 원동기에 역전 과속에 따른 사고 발생

② 수격 현상의 방지책

㈎ 부하(수주 분리) 발생의 방지책

㉮ 플라이 휠(fly wheel) 장치로 회전 속도가 갑자기 감속되는 것을 방지하여 제 1단계 급격한 압력 강하를 완화시킨다.

㉯ 관로에서 펌프 급정지 후에 압력이 강하하는 장소에 서지 탱크를 설치, 물을 관로에서 보급해 주는 방법이며 펌프 출구에서 발생한 압력파는 서지 탱크 자유 표면에서 반사 펌프의 워터 해머로 펌프에서 서지 탱크까지 생각하면 된다.

㉰ 한 방향 서지 탱크(one way surge tank)는 서지 탱크와 관로의 연결부 배관에 체크 밸브를 만들어 관로가 탱크 수면보다 낮아졌을 때 관로에 물을 보급할 수 있으나 이와 반대로는 물이 흐를 수 없다. 물이 넘칠 우려가 없으므로 탱크의 높이를 낮게 할 수 있고 서지 탱크에 비해 경제적으로 제작할 수 있다. 근래에는 공기조(air chamber) 또는 이를 조합하여 사용하는 경우가 많다.

㉱ 공기 밸브는 관로의 부하 발생점을 만들어 부하 시 관로에 공기를 넣는 것이며 공기 밸브 설치점 이후의 송수 관로의 물이 유출할 경우 사용한다.

㉲ 펌프 토출구 부근에 공기조를 만들어 제1단계에서 펌프 토출량의 증감에 따른 압력 강하가 경감되도록 공기조에서 물 또는 공기를 보낸다.

㉳ 관로의 지름을 크게 해서 관내 유속을 감속하면 관로 내 수주의 관성력이 작아지므로 압력 강하가 작아진다.

㉴ 관로 중에서 수평에 가까워지는 배관은 수주 분리가 일어나기 쉬우므로 펌프 부근에 관로 모양을 변경시킨다.

㈏ 압력 상승의 방지책

㉮ 밸브 제어 : 밸브의 폐쇄 속도를 2단 또는 3단으로 나누어 최초의 스트로크의 대부분을 펌프의 역전 역류량을 적게 하기 위해 약간 빨리 닫고 나머지 닫는 부분은 천천히 닫아 전폐 시의 압력 상승을 경감하게 되는 것이다.

㉯ 안전 밸브 : 상승압을 직접 도피시키는 것으로 사용된다.

㉰ 체크 밸브 : 보통 체크 밸브에서는 역류 시에 폐쇄 지연이 생겨 역류가 커진 후 밸브가 급히 닫히면 압력 상승이 크게 된다. 이를 방지하기 위해 스프링이나 중량에 의해 역류가 생기는 직전에 물 흐름을 견디면서 강제적으로 닫히려는 밸브가 있다. 소구경(40 mm 이하)에서는 스프링식 급폐 체크 밸브, 대구경(500 mm 이상)에서는 중량 체크 밸브(weight check valve)가 사용된다. 이 종류의 밸브는 폐쇄 지연에 따른 압력 상승을 방지할 뿐 관로에 생기는 본래의 워터 해

머를 방지할 수 없으나 관로가 짧고 실제 양정이 큰 것에는 대단히 유효하다.

(4) 기동 시의 수격 현상

① 펌프의 기동 전 송수관 내 물이 없고 기동한 펌프에서 물 흐름에 따라 관내 공기를 밀어내어 송수관 내를 물로 채우는 경우 송수관의 말단 혹은 송수관의 일부가 파손될 수 있다.

② 절반 정도 열린 밸브를 공기가 통과할 때와 물이 통과할 때 밸브의 저항이 틀림으로 발생, 유체의 저항은 유체 밀도에 비례하나 표준 상태 동기 밀도에 대해서 물의 밀도가 약 800배이기에 송수관 내 공기주가 밀려 나와 수주의 앞 끝이 밸브에 도달한 순간 밸브의 저항은 800배가 되므로 이것에 해당하는 교축 현상이 나타나 유속이 급상하여 워터 해머가 생기게 된다.

③ 압력 상승의 최댓값은 송수관의 저항, 즉 말단 밸브의 저항 및 펌프 특성에 의하여 알 수 있으며 말단 밸브 혹은 펌프에서 떨어진 위치에 있는 밸브를 반개(半開)로 하고 또한 송수관 내를 비운 채로 기동하는 것은 바람직하지 못하며 펌프의 토출 밸브를 조절 송출관 내 낮은 유속으로 충만한 후 정규 운전 상태로 들어가야 한다.

(5) 기동 정지 시 흡수조의 수위 변동

수원 및 흡수조로 되어 있는 계열의 경우 펌프를 가동하면 흡수조 내의 수면은 일단 정상 운전 수위에 도달하도록 변동한 후에 정상 운전 상태에 도달할 수가 있다. 이와 같은 경우 흡입관 끝단이 노출하는 일이 있어서는 안 되며, 또 펌프 급정지 시는 반대로 흡수조 수위가 일단 정지 수위를 넘어서 상승하고 그 변동을 반복하여 여지 상태에 도달한다. 이 경우도 흡수조가 넘치는 일이 없도록 한다.

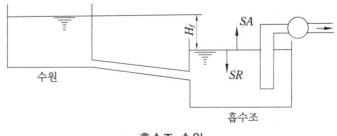

흡수조 수위

2-5 진동

어떤 시간 간격을 두고 계속 반복되는 운동을 진동(vibration or oscillation)이라고 하며, 진자의 흔들림과 인장력을 받고 있는 현의 운동 등이 진동의 전형적인 예이다.

(1) 용어

① 피크값(편진폭) : 진동량의 절댓값(정 측에서도 부 측에서도 좋다)의 최댓값이다.

② 피크 – 피크(양진폭, 전진폭) : 정 측의 최댓값에서 부 측의 최댓값까지의 값이다. 정현파의 경우는 피크값의 2배이다.

③ 실효값(root mean square, rms값) : 진동의 에너지를 표현하는 것에 적합한 값이다. 정현파의 경우는 피크값의 $\dfrac{1}{\sqrt{2}}$ 배이다.

④ 평균값(ave값) : 진동량을 평균한 값이다. 정현파의 경우 피크값의 $\dfrac{2}{\pi}$ 배이다.

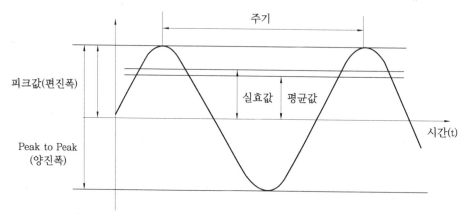

진동 파형의 예(정현파 신호)

⑤ 사이클(cycle) : 물체가 평균 위치에서 운동을 시작하여 극대점(peak)까지 도달한 후 방향을 바꾸어 평균을 경유하여 반대쪽 극대점에 도달했다가 다시 방향을 바꾸어 처음 지점으로 돌아오는 물체의 운동

⑥ 진동수(frequency) : 단위 시간당 사이클의 수(단위 : Hz)

⑦ 진동 주기 : 진동이 1사이클에 걸린 총시간

(2) 측정 방향

어떤 펌프를 사용한 경우라도 수평, 수직, 축 방향의 3방향을 측정하여야 한다. 펌프 특성상 3방향 측정이 어려울 경우라도 반드시 3방향을 측정하여야 하지만 불가능할 경우는 수평 방향과 축 방향을 측정한다.

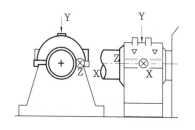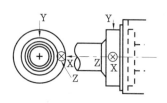

진동 센서 위치

(3) 이상 발생 주파수

① 언밸런스(unbalance)

㈎ 언밸런스는 진동의 가장 일반적인 원인으로 모든 기계에 약간씩 존재한다.

㈏ 회전주파수 if 성분의 탁월주파수가 나타난다.

㈐ 언밸런스는 언밸런스양과 회전수가 증가할수록 진동 레벨이 높게 나타난다.

㈑ 이 결함의 특징은 높은 진동의 하모닉 신호로 나타나지만 만약 1f의 하모니 신호보다 높으면 언밸런스가 아니다.

㈒ 또한 언밸런스에 의한 진동은 수평 수직 방향에 최대의 진폭이 발생한다. 그러나 길게 돌출된 로터의 경우에는 축 방향에 큰 진폭이 발생하는 경우도 있다.

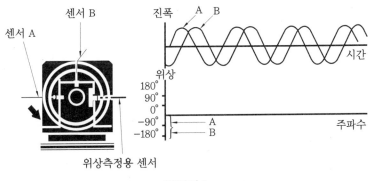

언밸런스

② 축 오정렬(misalignment)

㈎ 축 오정렬은 커플링 등에서 서로의 회전 중심선(축심)이 어긋난 상태로서 일반적으로는 정비한 후에 발생하는 경우가 많다.

㈏ 이때의 진동은 항상 회전주파수의 2f(3f)의 특성으로 나타나며 높은 축 진동이 발생한다.

㈐ 어긋난 축이 볼 베어링에 의하여 지지된 경우 특성주파수가 뚜렷이 나타나며, 축 오정렬의 주요 발생 원인은 다음과 같다.

㉮ 휨 축이거나 베어링의 설치가 잘못되었을 경우

㉯ 축 중심이 기계의 중심선에서 어긋났을 경우이다.

㈑ 따라서 축 정렬 측정은 축 방향에 센서를 설치하여 측정되므로 축 진동의 위상각은 180°가 된다.

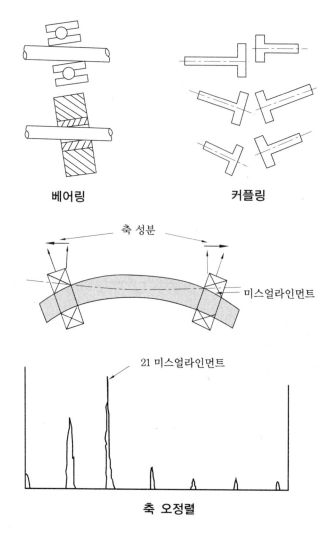

베어링   커플링

축 성분

미스얼라인먼트

21 미스얼라인먼트

축 오정렬

③ 기계적 풀림(looseness)

  ㉮ 기계적 풀림은 부적절한 마운드나 베어링 케이스에서 주로 발생된다. 그 결과 많은 수의 하모닉 진동 스펙트럼이 나타나며 그 특성은 언밸런스와 같이 회전 결합이므로 진동이 안정되지 않고 충격적인 피크 파형을 볼 수 있다.

  ㉯ 회전 기계에서는 기계적 풀림의 존재에 따라 축 떨림이 생기고 1회전 중의 특정 방향으로 크게 변하므로 축의 회전주파수 f와 그 고주파 성분 $(2f, 3f\cdots)$또는 분수 주파수 성분$(\frac{1}{2}f, \frac{1}{3}f\cdots)$이 나타난다.

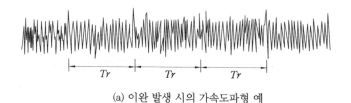

(a) 이완 발생 시의 가속도파형 예

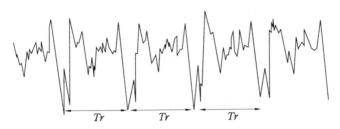

(b) 이완 발생 시의 속도 파형 예 $\quad$ Tr : 출회전 주기

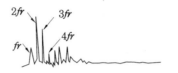

(c) 속도 파형의 주파수 스펙트럼

기계적 풀림

④ 편심

(개) 편심에 의한 진동은 로터의 기하학적 중심과 실체의 회전 중심이 일치하지 않을 경우 발생한다. 진동 특성은 언밸런스와 같고 중심의 한쪽이 다른 쪽보다 무거워 진다.

(내) 베어링의 편심고정

㉮ 베어링의 편심이 있을 경우 축 또는 로터의 언밸런스가 된 것 같이 진동이 발생한다.

㉯ 로터의 언밸런스가 된 것 같이 진동이 발생하며 로터의 언밸런스를 수정함에 따라 진동을 감소시킬 수 있다. 즉 베어링의 편심을 로터의 언밸런스로 수정하는 것이다.

㉰ 실제 밸런스 작업 시 중요한 것은 베어링과 축의 상호 관계 위치를 일정하게 해 두어야 하며, 그렇지 않으면 베어링의 편심에 언밸런스가 합해지는 상태가 더욱 악화된다.

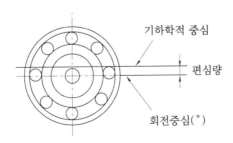

베어링 편심

(다) 아마추어(amateur)의 편심점검

㉮ 아마추어에 편심이 있는 경우 아마추어 자체의 기계적 밸런스는 잡혀 있어도 모터 극(motor pole)과 편심이 되어 아마추어 사이에 유도자력이 변화하므로 아마추어와 고정자(stator) 사이에 회전수와 같은 주파수로 진동이 발생한다.

㉯ 모터의 부하가 증가하면 자력도 증가하여 진동 또한 증가한다. 이를 점검하기 위해서는 모터에 부하를 준 상태에서 주파수 분석기의 필터를 없애고 진동을 측정한다. 측정 시 전원을 끄고 그 진폭이 어떻게 변화하는가를 관찰하여 즉시 소멸하면 전기적인 원인과 아마추어의 편심이고, 서서히 감소하면 언밸런스이다.

㉰ 이 두 원인의 차이는 뚜렷하므로 여기서 중요한 것은 필터를 제거하고 측정하는 것이다.

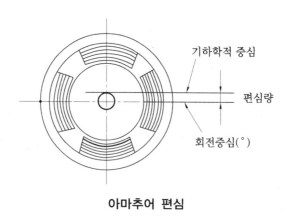

아마추어 편심

⑤ 슬리브 베어링(sleeve bearing)

(가) 진동 원인

㉮ 축과 틈새의 과대(마모 등)

㉯ 기계적 헐거움

㉰ 윤활유 관계의 문제

㉱ 기타

(나) 틈새 과대에 의한 진동과 검출 : 틈새가 큰 미끄럼 베어링은 기계적 헐거움이 원인이 되어 작은 양의 언밸런스, 미스얼라인먼트, 기타 진동의 원인이 된다. 이 경우 베어링 메탈은 실질적인 원인이 아니고 틈새가 정상적인 경우와 비교하여 보다 많은 진동의 발생을 허용하게 된다. 마모된 메탈은 수평과 수직 방향의 진동을 비교하여 검출하는 경우가 있다.

(다) 오일 휠(oil whirl)

㉮ 오일 휠은 강제 윤활을 하고 있는 메탈에는 반드시 있는 트러블로서 비교적 고속 운전하는 기계에 발생한다. 오일 휠에 의한 진동은 $\frac{1}{2}f$보다 약간 적은 5~8 % 주파수로 검지된다.

㉯ 축은 보통 조금 떠 있으며 회전수, 로터의 무게 및 윤활유의 점도, 압력에 의해 좌우된다.

㉰ 메탈의 중심에 대하여 편심된 상태로 회전하고 있는 축은 오일을 쐐기와 같이 끌어넣어 그 결과로 가압된 축의 하중을 받아 유막이 된다. 이때 외부에서의 충격 하중 등이 일시적인 현상으로 균형 상태가 무너지면 축의 이동 방향으로 빈 공간(space)에 남아있던 오일이 즉시 보내져 유막의 하중 압력이 증가한다.

㉱ 유막으로 인하여 발달된 힘에 의한 축은 메탈에 따라 빙글빙글 돌아가는 결과가 되어 회전 중 감소되어지는 힘이 작용하지 않는 한 돌아가는 것이 계속된다. 이와 같은 현상을 오일 휠(oil whirl)이라 한다.

㉲ 오일 휠 현상의 대책으로는 윤활유의 점도, 압력, 가능하면 회전수, 로터의 중량을 변화시켜 보는 것이다.

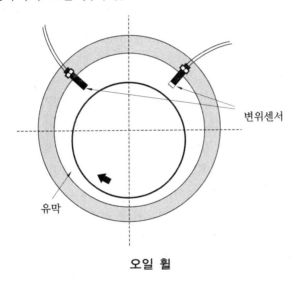

오일 휠

⑥ 공진(resonance)

㉮ 공진 현상이란 고유 진동수와 강제 진동수가 일치할 경우 진폭이 크게 발생하는 현상이다.

㉯ 기계나 부품에 충격을 가하면 공진 상태가 존재하는데 공진 상태를 제거하는 방법에는 다음 3가지 방법이 있다.

㉮ 우발력의 주파수를 기계의 고유 진동수와 다르게 한다(회전수 변경).

㉯ 기계의 강성과 질량을 바꾸고 고유 진동수를 변화시킨다(보강 등).

㉰ 우발력을 없앤다(실제로는 밸런싱과 센터링으로는 충분치 않은 경우가 있다. 고유 진동수와 우발력의 주파수는 되도록 멀리한다).

(4) 수압 맥동에 따른 진동

① 특징 : 펌프의 임펠러 출구에서의 압력은 날개깃의 외형과 내부에 따라 다르기 때

문에 압력의 고저가 주기적으로 안내 날개 입구 혹은 소용돌이 실의 단 붙이 부분을 통과할 때마다 토출 측 압력 변동이 전달되어 펌프 케이싱 혹은 송수관 진동이 되어 나타난다.

② 진동식

$$f_1 = \frac{ZN}{60}$$

여기서, f_1 : 수압 맥동에 따른 진동수(Hz), Z : 임펠러 베인 수,
   N : 펌프의 회전수(rpm)이고 f_1의 진동수가 송수관이나 펌프 케이싱의 고유 진동수와 공동으로 진동하면 공진을 발생하게 한다.

③ 방지책 : 수압 맥동에 따른 진동은 고압의 대형 펌프에서 심각한 상태가 되므로, 펌프로부터 나온 수압 맥동의 진폭은 그 구성부를 개조함으로써 경감할 수 있으며, 송수관이 공진할 경우 그 지지 장소, 방법, 관의 보강 등을 변경하여 진동을 방지한다.

(5) 와류에 따른 진동

① 특징 : 물속에 물체가 있을 때 그 뒤에 소용돌이가 생기며 이 소용돌이는 물체의 양측에서 카르만 와류라는 교대로, 주기적으로 진동이 발생될 수 있으며 흐름과 직각인 방향에 교대로 힘이 미친다. 카르만 와류에 따라 발생하는 진동은 유로가 갑자기 확대된 곳이나 날개, 가이드 날개에서 흐름이 벽면에서 이탈, 이 부분에 소용돌이가 생겨 나타나는 경우도 있다.

② 방지책 : 진동에 따른 공진을 피하도록 관의 지지 방법을 바꾸든가, 유속을 변경하여야 하며 유로의 갑작스런 확대를 피하도록 한다.

(6) 회전부의 불균형에 따른 진동

① 특징 : 회전부의 불균형에 따라 펌프의 회전차가 진동한다. 회전부의 마모 부식 형상과 원동기 직결 상태의 불량으로 발생한다.

② 방지책 : 장시간 사용으로 인하여 회전부에 마모나 부식이 생겨 불균형이 생겼을 때에는 즉시 조정하여야 한다. 그리고 원동기의 직결 불량인 경우 센터링(centering)으로 바로 수정을 한다.

(7) 펌프 구성 요소의 진동

① 특징 : 펌프의 구성 요소인 펌프 축의 고유 진동수와 회전수 혹은 수압 맥동의 진동수와 공진하는 경우 축 이외 베어링 부분의 진동수와 압축 펌프 등에서는 펌프 전체의 공진에 따라 진동이 발생한다.

② 방지책 : 진동을 피하기 위해 축 계통의 고유 진동수를 계산하여 공진 현상을 피하

며 그 밖의 구성 요소와 고유 진동수 계산은 복잡하므로 공진 부분은 강성을 크게 하거나 방진 고무를 사용하여 진동을 방지시킨다.

(8) 고체 마찰에 따른 축의 진동

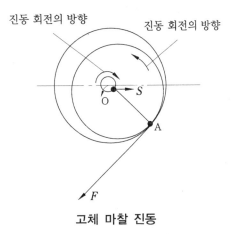

고체 마찰 진동

① 특징 : 그림에서 회전축이 어떤 원인에서 구부러져 틈이 큰 안내부나 기름이 적은 베어링 등에서 안내부와 접촉한다고 하면 이 접점 A에서의 마찰력 F는 축의 회전을 멈추려는 방향에 작용하고 이것으로 축은 베어링 중심 "0"의 주위로 진동하게 된다. 이 진동 가속도는 위험 속도에 가깝다, 펌프 내부에는 웨어링이나 부시 등의 습동부가 고체 마찰을 형성하며 진동을 수반한다.

② 방지책 : 고체 마찰 방지를 위한 윤활 계통을 개선한다.

(9) 유막에 따른 진동

① 특징 : 오일로 윤활되는 베어링 유막은 그 점성 때문에 축에 밀착한 층은 축과 일체로 회전하고 베어링 축에 밀착한 층은 고정되어 평균적으로 축의 $\frac{1}{2}$의 회전수로 돌고 있다고 생각된다. 이 유막의 회전수가 축의 위험 속도 이상이 되고 유막 방향이 베어링 중심에 대해 축의 회전 방향을 향하고 있을 때, 이 유압이 축에 대해서 공진으로 작용하고 축의 진동을 유지할 때가 있다. 이 진동은 항상 축의 회전 속도가 위험 속도의 두 배 이상이 되었을 때 발생한다.

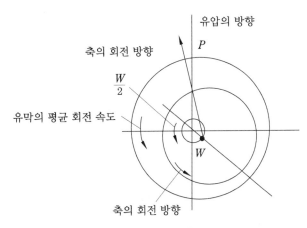

유막에 따른 진동

② 방지책 : 베어링의 오일 홈 혹은 유통 홈을 바꾸거나 베어링의 폭을 좁게 하여 베어링 하중을 크게 하는 등이 효과적이나 근본적으로는 축의 회전수를 위험 속도의 두 배 이상으로 하지 않아야 한다.

(10) 진폭의 허용치

여러 기전력에 따른 펌프의 진동은 펌프가 구조적으로 약한 부분에 나타나며 이 진폭은 보통 횡축 펌프에서는 외부 베어링, 입형(立形) 펌프에서는 전동기의 꼭지부에서 생긴다. 횡축 펌프의 외부 베어링에서 추정되는 개략 허용 진폭값은 표와 같다.

횡축 펌프의 개략 허용 진폭값

회전수(rpm)	진 폭	회전수(rpm)	진 폭
300까지	71 이하	1000~2000	40 이하
300~600	65 이하	2000~3000	29 이하
600~1000	58 이하	3000~4000	25 이하
1000~1500	49 이하	4000 이상	25 이하

펌프의 재료와 방식법

1. 펌프 재료

1-1 펌프 주요부의 수명

벌류트 펌프의 재료 구성에 대한 개략 부품과 평균 수명 시간

부품 \ 종류	보통 재질 A-4	스테인리스 토륨 A-8	전 청동 C-1	전 스테인리스 D-4
케이싱(casing)	GC20	AC25	BrC3	SSC13
임펠러(impeller)	BC3	SSC13	BrC3	SSC13
웨어링(wearing)	BC2	SSC24	BrC_2	SSC24
축(shaft)	SM45C	STS403	STS403	STS403
슬리브(sleeve)	STS403	SSC24	SSC24	SSC24
펌프 가격비(%)	100	약 130	약 220	약 260
케이싱 수명 시간비(%)	100	약 100	약 300 이상	약 1200 이상
임펠러 수명 시간(%)	100	약 600 이상	약 100	약 600 이상

1-2 일반용 펌프의 재료

구분	No.	빈도	케이싱	임펠러	용 도	특 징
A	1	○	GC	GC	담수, 상수	펌프 중량의 반을 차지하는 케이싱이 주철인 경우로 일반 펌프로서 저가
	2		GC	DC	담수, 상수	
	3	○	GC	SC	담수, 상수	
	4	○	GC	BC	해수	
	5	○	GC	PBC	해수	
	6	○	GC	ABC	상수, 하수, 해수	
	7	○	GC	SCC2	담수, 상수, 해수	
	8	○	GC	SSC12 or SSC13	상수, 해수	
	9		GC	SSC12 or SSC13	증류수, 해수	

B	1	○	SC	SC	담수, 해수	케이싱이 주강으로 고양정 펌프나 케이싱의 내마모, 내식을 어느 정도 향상시킬 경우
	2		SC	ABC	담수, 상수, 해수	
	3	○	SC	SSC2	담수, 상수, 해수	
	4		SC	SSCB or SSC14	하수, 해수	
	5		SC	SSC14 or SSC15	해수	
C	1	○	BC	BC	증류수, 해수	내식을 위주로 하는 해수용이며 고가
	2		BC	PBC	해수	
	3		ABC	ABC	해수	
D	1		SSC2	SSC2	하수, 해수	
	2		SSC2	SSCB or SSC14	하수, 해수	
	3		SSC2	SSCB or SSC14	해수	
	4	○	SSC13 or SSC14	SSCB or SSC14	해수	
	5		SSC13 or SSC14	SSCB or SSC14	해수	
	6		SSC13 or SSC14	SSCB or SSC14	해수	
E	1	○	SSC13 or SSC14	SC	담수, 상수	케이싱이 강판 용접 구조로 초대형 펌프에서 주강보다 염가
	2	○	SSC13 or SSC14	SSC2	담수, 상수	

🖈 펌프 주축 재료 : 담수용으로 탄소강 SM45C가 일반적이며 내식성을 요하는 데는 12Cr 스테인리스강 (SUS 50B), 18-8 스테인리스강(SUS 278) 등이 사용된다.

1-3 펌프의 부식과 그 방지책

(1) 부식 작용

① 금속의 부식은 금속이 환경 속에서 물질과 불필요한 화학적 또는 전기 화학적 반응을 일으켜 표면에서 변질하여 모양이 흐트러지거나 산화 현상으로 소모하는 것을 말한다.

② 유체 속에 불순물의 금속이 있을 때 두 종류의 금속 간의 전기를 구성해서 저전위의 금속 표면이 이온화되어 흘러나와 부식한다. 활성이 큰 금속일수록 전위가 낮고, 활성이 작은 금속일수록 전위가 높다.

③ 내부식성 재료는 전극 전위가 높고 전기 활성이 작으며 이온화가 작다.

  (가) 활성이 작고 이온화 경향이 작은 순서

    $Mg \rightarrow Al \rightarrow Zn \rightarrow Cr \rightarrow Fe \rightarrow Ni \rightarrow Sn \rightarrow Cu \rightarrow Ag \rightarrow Au$

  (나) 금속의 고유 전위 순서

    백금(+0.33 V), 금(+0.18), 스테인리스(-0.04), 청동(-0.14), 황동(-0.15), 동(-0.17), 니켈(-0.27), 강, 주철(-0.5), 두랄루민(-0.61), 알루미늄(-0.78), 아연(-0.07)

(2) 부식 작용 요소

① 액의 종류 성분 농도 pH값

14·····················7·····················3

← 알칼리 → 중성 ← 산 →

② 온도가 높을수록 부식되기 쉬우며 또 pH값이 낮다.

③ 유체 내의 산소량이 많을수록 부식되기 쉽다.

④ 유속이 빠르고 금속 표면이 거칠수록 부식되기 쉽다.

⑤ 접액부 재료의 짝지움과 표면적비 및 거리

⑥ 금속 표면의 돌기부, 캐비테이션 발생 부위, 충격 흐름을 받는 부위는 부식되기 쉽다.

⑦ 재료가 응력을 받고 있는 부분은 부식이 생기기 쉽다.

(3) 방식 방법

① 내식성 재료를 주철, 청동, 합금강으로 한다.

② 임펠러 중량은 펌프의 중량에서 보면 작으므로 이것을 스테인리스강과 같이 고급 재료로 해도 전체 가격이 비교적 적으나, 중량이 큰 케이싱을 고급 재질로 한다는 것은 가격의 영향이 크므로 케이싱 내면에 고무 또는 합성수지 같은 내식성 물질로 코팅 라이닝을 한다.

(4) 전기 방식법

외부로부터 피방식체에 방식 전류를 흘려보내 그 금속의 이온화를 억제하여 방식시키는 방법이다. 외부 전원 방식과 전류 양극 방식으로 크게 나눌 수 있다.

① 전류 양극 방식 : 방식 부분에 아연 마그네슘 등을 장치하면 양극이 되어 점차 소모 용해되고 피방식체(펌프)는 음극이 되어 보호되고 양극이 될 금속은 순도 99.99 %로 요구되며 확실하게 전기적 접촉을 유지토록 장치한다.

② 외부 전원 방식 : 피방식체(펌프 본체)를 직류 전원의 음극에, 이 펌프에 장치한 전극(자성 산화철, 규소 주철 전극 등)을 양극에 연결하여 외부로부터 항시 방식 전류를 흘려보내어 펌프 본체를 방식시키는 방법이다. 전기 화학적 부식 원리를 이용, 역전류를 외부에서 통제시켜 부식을 억제하는 방식 등이 있다.

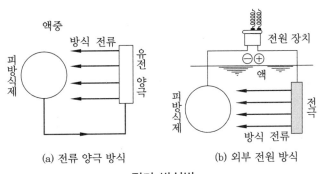

(a) 전류 양극 방식　　　(b) 외부 전원 방식

전기 방식법

5 펌프의 선정과 설치

1. 펌프의 선정

(1) 펌프를 선정할 때 고려할 점

항 목	내 용
토출량 (discharge rate)	• 단위시간 동안의 유체 배출량으로 필요 유량의 10~20 %의 여유로 선정
전양정 (total lift, total head)	• 높은 곳에 양수할 때, 펌프가 물에 가하는 데에 필요한 전체의 수두(水頭) • 흡입면에서 배출 수면까지의 수두(실양정)에 관 내의 마찰 손실과 그 외의 손실에 상당하는 수두를 더한 것
비속도(N_s)	• 어떤 펌프와 기하학적으로 닮은 다른 하나의 펌프를 생각할 때 이 펌프를 전양정 $H=1\,\mathrm{m}$, 토출량 $Q=1\,\mathrm{m}^3/\mathrm{min}$으로 운전할 때의 회전 속도 • 펌프의 형식·구조·성능을 일정한 표준으로 고쳐 비교 검사하는 경우에 사용되는 것으로 펌프의 크기에 관계없이 임펠러를 설정하기 위해 비속도를 계산 • 비속도에 따른 적용 펌프에서 얻을 수 있는 효율이 다르므로, 가끔씩 높은 효율을 얻을 수 있는 규격으로 설계하는 것이 좋음
회전수(rpm)	• 회전수는 전동기의 극 수와 함께 결정되며, 회전수가 결정되면 펌프의 특성이 결정 • 토출량과 양정이 같아도 회전수가 다르면 비속도도 달라지며 회전수가 높을수록 비속도도 높아진다.
효율 (efficiency)	• 펌프의 축동력(펌프 입력)에 대한 수동력(펌프 출력)의 비율 또는 펌프의 출력과 입력의 비 • 내부 손실은 수량이 적을수록 효율이 나빠지고, 수량이 많을수록 효율이 좋아진다.
소요 동력 (power requirement)	• 축동력을 계산하여 운전되는 설계 및 최소 전양정 이내에서 최대량을 산출
설치 위치	• 캐비테이션이 발생하지 않는 높이에 설치 • 운전 여건에 따라 최소 전양정으로 가동하여야 할 경우가 있을 때의 유량은 120 %이상이 되어도 캐비테이션이 발생하지 않도록 바닥 높이를 선정
조합 운전	• 조합 운전 여부도 고려

(2) 펌프 선정 방법

펌프를 선정할 때는 크기, 형식, 가격을 고려한다. 물론 펌프를 선정할 때에는 많은 변수가 있으나 기본적인 5가지 과정이 적용된다.
  ① layout 스케치
  ② 용량 결정
  ③ 전양정 검토
  ④ 유체 특성 파악
  ⑤ 등급 및 형별 선택

(3) 유체 특성

이송할 유체의 화학적 성질(pH, 용존 산소 농도, 과거 경험적 데이터 등), 이송 온도와 15.6℃에서의 절대 점도, 유체의 비중, 정상 운전 상태에서 이송 온도에서 측정한 유체의 증기압, 독성, 폭발성, 결정화 경향, 가스의 존재 여부, 폴리머화 경향 등의 특성을 파악해야 하며 유체 내에 3 % 이상 고형 물질이 있는 슬러리(slurry)의 경우 고무 또는 경합금 라이닝과 같은 특별한 펌프 설계가 필요하다.

(4) 펌프 기종 선택

펌프를 선정할 때에는 양정(head), 유량, 유체의 특성, 비용 등을 고려하고 양정과 용량을 근거로 펌프 선정 도표를 활용하여 선택한다.

(5) 펌프 냉각

일반적으로 펌핑 온도가 150℃ 이상일 경우에는 스터핑 박스에 냉각수를 공급하며 이 온도에 따라 냉각수 배관도를 결정한다.

(6) 안전 밸브 설정 압력

안전밸브는 설비 내부에 설정 압력 이상의 압력이 발생되면 설비의 손상을 방지하기 위해 설정 압력 이상의 압력을 자동으로 배출하는 밸브이다. 원심 펌프는 최대 압력이 차단 압력(shut-off pressure) 이상 올라가지 않기 때문에 안전 밸브는 필요하지 않다.

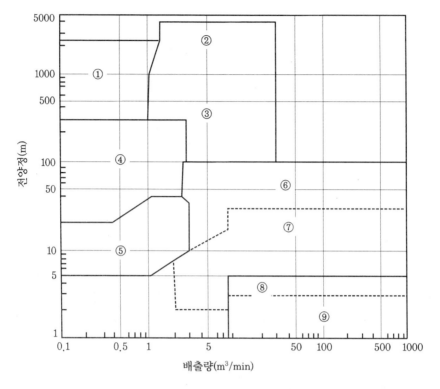

① 고압 소형 한쪽 흡입 다단 원심 펌프　② 배럴형 다단 원심 펌프
③ 다단 원심 펌프　④ 소형 한쪽 흡입 다단 원심 펌프
⑤ 소형 한쪽 흡입 원심 펌프　⑥ 양쪽 흡입 원심 펌프
⑦ 경사류 펌프　⑧ 수직축 축류 펌프
⑨ 수평축 축류 펌프

원심 펌프의 선정 차트

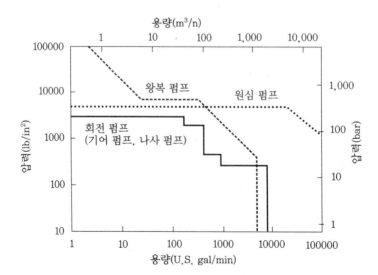

회전 펌프와 왕복 펌프의 선정 차트

2. 펌프 축 방향의 비교

구분	횡　축	입　축	사　축
장점	• 주요 부분이 수면 상에 있으므로 부식이 적다. • 주요 부분의 보수 점검이 편리하다. • 분해 조립이 쉽고 특히 수평 분할 케이싱의 펌프에서는 원동기를 움직이지 않아도 된다. • 횡 축 원동기와 간단히 직결된다.	• 설치 면적이 작다. • 임펠러가 수중에 있고 캐비테이션 염려가 적다. • 기동이 간단하며 자동 운전에 적합하다. • 원동기 위치를 임의로 높게 할 수 있으며 홍수의 염려가 없다. • 횡 축 펌프로는 송출이 불가능한 깊은 곳까지 양수한다. • 방수 보호가 쉬우며 옥외 설치에 적합하다. • 초대형 케이싱은 콘크리트로 시공되므로 설비가 절약된다.	• 주요 부분의 보수 점검 분해 조립에 적합하며 특징은 횡 축에 준한다. • 캐비테이션에 대한 안전성, 기동의 용이성 전동기의 홍수에서의 보호라는 점은 입축에 준한다. • 펌프 부분, 배관 부분의 굴곡 수나 정도를 작게 할 수 있으므로 양수 효율이 좋고 가동 시간이 길다.
단점	• 설치 면적이 크다. • 흡입 양정에 제한이 있고 흡입 양정을 높게 잡으면 캐비테이션의 위험이 있다. • 기동 시 흡수 조작이 필요하여 조작이 복잡하다. • 홍수 정도의 높은 곳에서 전동기의 보호를 고려할 필요가 있다. • 큰 구경의 펌프에는 적합하지 않다.	• 주요 부분이 수중에 있으므로 부식되기 쉽다. • 주요 부분의 점검이 곤란하다. • 분해 수리가 약간 곤란, 원동기나 감속 장치를 없애야 할 때가 많다. • 원동기가 입측이며 특수형으로 된다. • 횡 축의 원동기(가령 디젤 엔진)를 사용할 때 벨트 걸기 또는 베벨 기어로 할 때 전달 동력에 제한이 있다. • 가격은 일반적으로 비싸다.	• 비교적 저양정의 축류 펌프 사류 펌프에 한정된다. • 설치 면적은 횡형과 입형의 중간 정도이다. • 분해 점검을 위해 흡입 측에 게이트 또는 밸브를 설치할 때가 많다. • 설치 작업에 기술이 필요하다. • 전동기가 특수형이 된다. • 횡 측의 원동기를 사용하면 전동 장치가 필요하다.

3. 펌프용 밸브

3-1 펌프 흡입 밸브

정지 중 펌프의 분해 점검용이며 펌프 운전 중은 필요하지 않으므로 차단성이 좋고 전개 손실 수두가 적은 수동 슬루스 밸브가 적합하다.

펌프 흡입 밸브

밸브 명칭	차단용	유량 교축 제한용	역류 방지용
슬루스 밸브(sluice valve)	○		
글러브 밸브(glove valve)	○	○	
앵글 밸브(angle valve)	○	○	
니들 밸브(needle valve)	○	○	
나비형 밸브(butterfly valve)	△	○	
코크 밸브(coke valve)	○		
로터리 밸브(rotary valve)	○	○	
체크 밸브(check valve)			○
반전 밸브(reflex valve)			○
플랩 밸브(flap valve)			○

3-2 토출 펌프 밸브

밸브로서 펌프 토출량을 조절하지 않는 경우		밸브로서 펌프 토출량을 조절하는 경우	
펌 프	밸 브	펌 프	밸 브
사이펀 배관의 저양정	나비형 밸브	저양정	나비형 밸브
소형 원심 펌프	슬루스 밸브	중형, 대형 원심 (75 m 이하)	나비형 밸브
중형, 대형 펌프 (양정 50 m 이하)	나비형, 슬루스	중형, 대형 원심 (50 m 이상)	로터리
대형 원심(50~120 m)	슬루스, 로터리	중형, 대형 고양정	로터리, 니들
대형 원심(75 m 이상)	로터리		

3-3 역류 방지 밸브

전양정 100 m 이상의 고양정 또는 소구경의 펌프에 역류 방지 밸브가 사용된다.

역류 방지 밸브

펌 프	밸 브
토출관이 짧은 저양정 펌프(전양정 약 10 m 이하)	플랩 밸브(토출관 단에 설치)
소형 원심 펌프	체크 밸브, 풋 밸브
중형, 대형 원심 펌프(전양정 100 m 이하)	체크 밸브 또는 전개(全開)식 체크 밸브

4. 펌프 설치

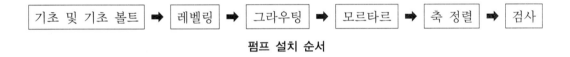

기초 및 기초 볼트 ➡ 레벨링 ➡ 그라우팅 ➡ 모르타르 ➡ 축 정렬 ➡ 검사

펌프 설치 순서

4-1 용어 설명

① 축 정렬(Alignment) : 모터와 펌프 사이의 커플링 등 2대 이상의 회전기계를 연결할 때 또는 한 축에 다수의 베어링이 조립되어 있을 때 운전 중에 상호 회전 중심선이 일치하도록 기기를 배열하는 것

② 그라우팅(grouting) : 회전 기계의 수명을 극대화하기 위해 기초 플레이트와 콘크리트 사이의 틈새를 보충시키는 것

③ 포틀랜드 시멘트(portland cement) : 그 경화체(硬化體)가 영국의 포틀랜드섬에서 생산되는 돌과 비슷하기 때문에 이 같은 이름을 붙였다. 주성분은 석회·실리카·알루미나·산화철(酸化鐵) 등이다. 일반적으로 시멘트라고 하면 이것을 말하며, 생산량의 대부분을 차지하고 있다. 재료 배합에 따른 성질로 보통 포틀랜드 시멘트, 중용열 포틀랜드 시멘트, 조강(早强) 포틀랜드 시멘트 등과 같이 분류된다.

④ 모르타르(Mortar) : 시멘트의 미세한 분말과 모래를 1 : 1 또는 1 : 3정도의 중량비 그리고 물로 반죽한 것이다.

4-2 라이너만을 설치하는 작업

(1) 준비

① 펌프 배치 장소를 계획한다.

② 설치 소요 면적을 결정한 후 바닥에 그린다.

(2) 치핑(chipping) 작업

① 기초의 표면에는 10~15 mm 깊이로 치핑을 해야 하며, 수분이나 콘크리트 조각 등 다른 이물질이 없어야 한다.

② 치핑을 할 때 가능하면 요철(凹凸)을 크게 한다.

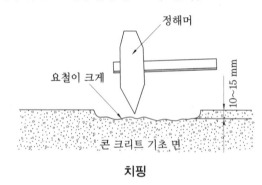

치핑

(3) 재료 혼합 작업

① 중량비는 시멘트 : 모래 : 비수축제＝1 : 1 : 1의 비율로 하고 물과 시멘트의 비는 35 % 로 한다.

② 혼합된 비수축체는 빨리 팽창되므로 30~60분 내에 작업을 완료한다.

(4) 레벨링 패드 작업

① 혼합 작업과 성형 작업은 가능한 빨리 한다.

② 패드의 높이를 10~15 mm 정도 높게 설치하고 자동 레벨로 측정한다.

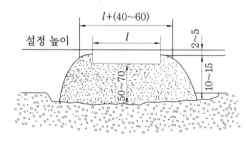

패드

(5) 라이너를 설치한다.

① 패드 위에 라이너를 올려 놓고 라이너 윗면을 동해머로 가볍게 두드린다.

② 수준기를 사용하여 높이 및 수평도를 측정한다.

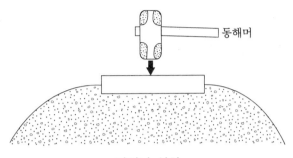

라이너 설치

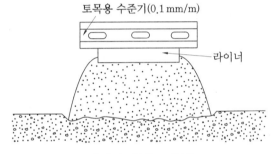

라이너 수평도 측정

(6) 패드를 건조시킨다.

① 패드의 높이와 수평이 조정되면 모르타르를 사용하여 외관을 마무리한다.

② 패드 전체에 빠른 건조가 되지 않도록 물을 조금씩 뿌려주며, 24~48시간 동안 건조시킨다.

③ 패드 위에 라이너를 올려놓고 라이너 윗면을 동해머로 가볍게 두드린다.

④ 수준기를 사용하여 높이 및 수평도를 측정한다.

4-3 기초 볼트와 같이 라이너를 설치하는 작업

(1) 준비

① 펌프 배치 장소를 계획한다.

② 설치 소요 면적을 결정한 후 바닥에 그린다.

(2) 기초 작업

① 콘크리트 기초 자리를 파내고, 기초 바닥에 200 mm 정도 돌과 자갈을 채워 놓는다.
② 시멘트 : 모래 : 자갈을 1 : 2 : 5의 비율로 물과 함께 배합하여 기초를 만들고 약 1주일 양생 기간을 준다.

(3) 설치 작업

① 기초 볼트를 설치할 장소의 거푸집을 제거한다.
② 기초 볼트의 묻힌 상태가 도면과 일치하는지 조사한다.
③ 기초 볼트를 수직으로 설치, 고정되도록 한다.
④ 펌프를 콘크리트 기초 위에 설치한다.
⑤ 수평 블록을 밑에 설치한 다음 펌프의 구멍에 기초 볼트를 끼우고 너트를 체결한다.
⑥ 수평 중심내기는 기초 면과 펌프 베드 사이에 8~15 mm 두께의 구배 라이너 (liner)를 넣고 수평을 맞추며 기초 볼트 구멍에 모르타르를 충진시켜 경화시킨다.
⑦ 펌프를 정확한 위치에 설치한 후 수평을 검사하고 논 슈링크(non-shrink) 모르타르로 시멘트 : 모래＝1 : 3, 물과 시멘트의 비를 35 %가 되도록 그라우팅하여 고정시킨다.
⑧ 모르타르를 기초 속에 붓고 다진 후 7일 이상 양생한다.
⑨ 기초 볼트 구멍은 그라우팅 2시간 전 수분이 있도록 적셔야 하고 그라우팅을 할 때에는 물을 제거해야 한다.

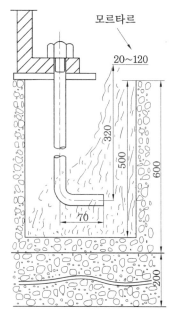

기초 볼트 설치

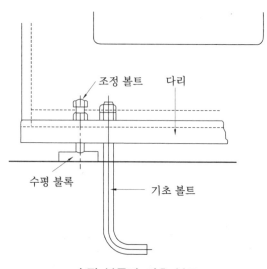

수평 블록과 기초 볼트

(4) 수평 작업

① 기초 볼트에 조립되어 있는 너트를 약간씩 푼다.

② 조정 볼트를 수평 블록에 닿도록 조인다.

③ 수평 기준면에 수준기를 설치한다.

④ 수준기 기포관의 지침을 보면서 0.04 mm/m의 수평이 되도록 반복하여 수평 작업을 한다. 이때 펌프가 지면에 밀착되도록 한다.

⑤ 로크 너트로 체결하고 시운전한 후 4주 후에 다시 수준기로 수평도를 확인하여 조정한다.

4-4 펌프 취급

① 도장이 안된 기계 가공 면은 필요하면 방청을 한다.

② 펌프의 흡입 및 출구부는 방청을 하고 임시로 커버로 밀봉해야 한다. 커버는 배관 연결 전까지는 개봉하지 않는다.

③ 기초 판의 바닥은 물 또는 세척제로 모래, 기름 등을 깨끗이 청소한다.

④ 펌프를 점검한 후 이상 개소가 없으면 야적장에 임시 보관하거나 설치장소로 운반한다.

4-5 펌프 설치

① 펌프는 바닥면에서 200~600 mm 정도의 높이로 설치한다.

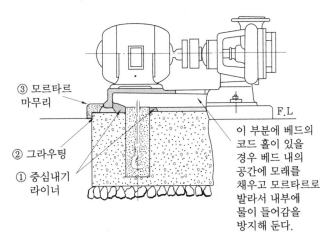

원심 펌프의 설치법

② 수평이 규정 내에 있지 않으면 접속 배관의 수직과 수평이 불량해져 누수 등 이상 현상의 원인이 된다.

③ 펌프를 기초 위에 얹을 때는 크레인 등의 장비를 이용하여 설치한다.

④ 기초 볼트와 기초 등에 손상이 가지 않도록 설치한다.

⑤ 펌프를 기초 볼트 구멍 또는 라이너 위에 설치할 때에 기초 구멍과 라이너 등을 깨끗하게 청소해야 한다.

⑥ 기초 볼트는 로크 너트로 확실하게 펌프를 고정시켜야 한다.

⑦ 기초 볼트의 모르타르가 굳었으면 볼트를 죄고 한 번 더 수평 중심내기와 커플링 중심내기를 한 후 기초와 베드의 틈새에 모르타르를 충분히 충진시켜 그라우팅한다.

4-6 수평 작업

① 수평(leveling) 측정기구는 직선자(straight edge), 수준기(level gauge : 감도 0.02 mm/m), 스패너 등을 사용한다.

② 전후좌우 대각 방향으로 보면서 '높이↓, 높이 ↑' 등으로 표시한다.

③ 수평 작업이 끝나면 로트 너트를 확실하게 체결한다.

레벨링

4-7 그라우팅

① 일반적으로 논 슈링크(non-shrink) 시멘트를 사용한다.

② 시멘트 모르타르가 골고루 채워졌는지 검사하고, 기공 부분이 있으면 시멘트 모르타르나 에폭시로 채워야 한다.

③ 시멘트가 경화될 때 수분이 부족하거나 얼면 크랙이 생기므로 이를 검사한다.

④ 펌프의 베어링 하우징에 사용될 고무제 밀봉, 오일이 충만되어 있는지 검사한다.

4-8 축 정렬

① 축 정렬이란 모터와 커플링, 커플링과 펌프의 축 정렬을 말한다.
② 축 정렬 방법은 제3편 기계요소 보전 중 제2장 축계 기계요소 보전에 있는 내용을
참고한다.

4-9 시운전 검사

① 부속 배관 및 기타 보조 기기들이 완전히 조립되었는지를 검사한다.
② 펌프 축을 회전 방향으로 가볍게 손으로 돌려 원활한가를 검사한다. 회전이 고르
지 못하거나 걸리거나 하면 수정해야 한다. 베어링이 기름 윤활인 것은 오일게이지
로 적정유면을 체크하고 오일 캡을 떼 내고 오일 링의 회전을 확인한다.
③ 마중물(priming)을 넣지만 우선 공기빼기 코크를 열고 마중물을 깔대기로 주수한
다. 흡입관 케이싱의 용적을 예상해서 적당량을 넣고 공기빼기 코크에서 넘치면 풋
밸브는 완전히 닫혀있다고 봐야 한다. 풋(foot) 밸브에 누설이 있다면 개폐 레버를
잡아당겨 다시 한 번 마중물을 넣는다. 마중물이 빠지면 밸브를 떼 내고 점검한다.
④ 벌류트 펌프의 경우는 반드시 토출 밸브를 닫아두어야 한다. 한편 터빈 펌프, 축
류 펌프, 왕복 동 펌프는 전개(全開)로 해둔다.
⑤ 연속 운전에 들어간 다음 펌프의 진동, 발열, 흡입 압력, 토출 압력, 토출량, 모터
전류를 체크해서 시운전 기록으로서 남겨둔다.

4-10 배관

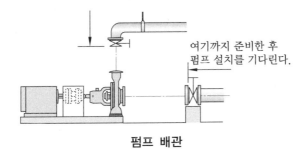

여기까지 준비한 후
펌프 설치를 기다린다.

펌프 배관

(1) 흡입관

① 흡입관에서 편류나 와류가 발생하지 못하도록 한다.

② 관의 길이는 짧고 곡관의 수는 적게 한다.

③ 배관은 공기가 발생하지 않도록 펌프를 향해 $\frac{1}{50}$ 올림 구배를 한다.

④ 관내 압력은 보통 대기압 이하로 공기 누설이 없는 관이음으로 한다.

⑤ 흡입관 끝에 스트레이너 또는 풋 밸브를 사용한다.

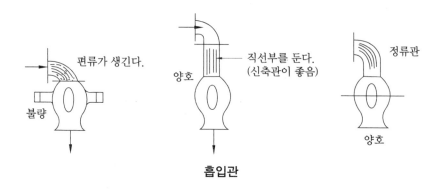

흡입관

(2) 공기관

양정이 10 m 이상일 때 관 끝에 역류 방지 밸브를 장치하면 정전 시 슬루스 밸브(sluice valve)를 닫지 않고 펌프가 정지했을 경우 송수관 윗부분에 진공부가 발생하게 된다. 그러나 그림과 같이 공기관을 설치하면 이 부분으로 공기가 유입 압력 강하를 방지한다.

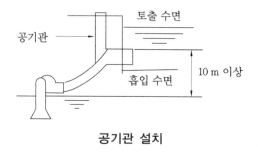

공기관 설치

(3) 신축 이음(flexible joint)

① 온도 변화에 따른 관 신축 방지

② 지중 매설관 등 지반의 부등 침하에 대한 관 보호

③ 설치나 제작 때에 생기는 오차에 대한 관 보호

④ 펌프 밸브 흑은 관 자체 설치 후 분해 불가능

⑤ 펌프 설치 바닥면을 방진 지지 구조로 할 때 배관을 타고 가는 진동을 흡수

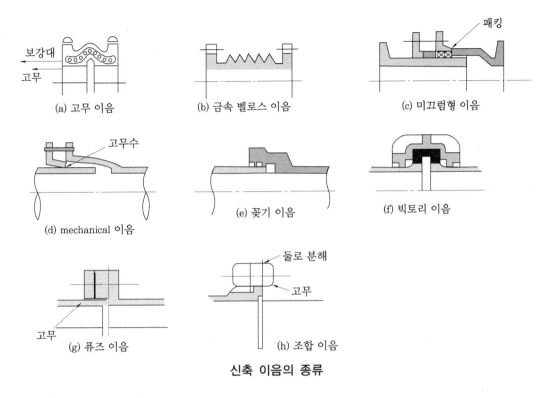

(a) 고무 이음   (b) 금속 벨로스 이음   (c) 미끄럼형 이음

(d) mechanical 이음   (e) 꽂기 이음   (f) 빅토리 이음

(g) 퓨즈 이음   (h) 조합 이음

신축 이음의 종류

(4) 흡수 탱크와 토출 탱크

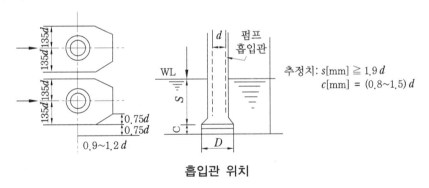

추정치: $s[\text{mm}] \geqq 1.9\,d$
$c[\text{mm}] = (0.8 \sim 1.5)\,d$

흡입관 위치

① 도수로는 흡수 탱크를 향해서 흐름의 방향이 급전환이나 심한 유속의 변화가 없도록 한다.

② 흡입관 하류 측에 해당하는 벽과 흡입관과의 거리를 필요 이상으로 크게 하지 않는다.

③ 위 그림에서 흡입관 끝에는 마우스를 달고 벨 마우스 하단의 최저 흡수면에서의 깊이(S)를 충분히 잡는다.

④ 한 개의 흡수 탱크 내에 다수의 흡입관을 설치할 때 어떤 흡입관의 뒤 흐름이 다른 흡입관에 유입되는 배관은 지양하고 흡입관이 서로 간섭하지 않도록 한다.

⑤ 토출관에서의 주의점은 토출관 내의 유속이 에너지 손실로 변화하므로 유속을 낮추기 위해 확대관을 설치하면 관 끝 방향이 수평이며 토출 탱크 옆 밑면에 충격을 주지 않도록 한다.

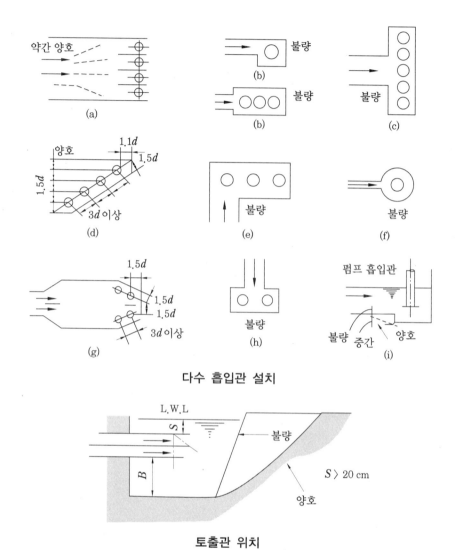

다수 흡입관 설치

토출관 위치

(5) 배관 시공 작업할 때의 주의사항

① 펌프의 수평관은 $\frac{1}{50} \sim \frac{1}{100}$ 상향 기울기로 배관한다.

② 펌프와 배관을 접속시킬 때 플랜지나 니플부에서 틈새가 많아지므로 체결할 때 펌프 쪽으로 배관이 오도록 하지 않는다. 또 반대로 배관이 펌프에 걸쳐지거나 매달려 있는 모양이 되면 펌프에 무리가 생겨 중심이 잘못되거나 진동의 원인이 되며 때에 따라서는 펌프 케이싱이 파손되기도 한다.

③ 펌프가 큰 배관 중량을 받거나 배관의 온도 변화에 의한 팽창 수축 등이 펌프에 영향을 미치지 않도록 배관 지지(support)를 충분히 고려하여야 한다.

④ 편심 리듀셔 설치 시 아래에서 흡입할 때는 윗면은 수평, 위에서 흡입할 때에는 아랫면이 수평이 되도록 설치한다.

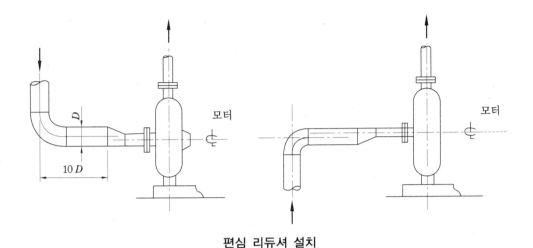

편심 리듀셔 설치

⑤ 펌프의 흡입관은 가급적 길이를 짧게 배관하고, 굽힘 개소를 가급적 적게 하며, 토출관보다 1~2단계 굵은 관을 사용하여 유체의 마찰 저항을 감소시킨다.

⑥ 흡입 노즐 입구의 최소 직관 길이는 편흡입인 경우 2~3 D, 양흡입인 경우에는 7~10 D가 되도록 한다.

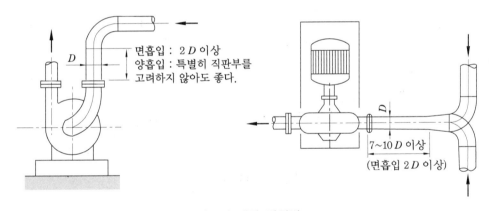

펌프의 배관 작업법

⑦ 배관 분야에서 일어나는 고장의 $\frac{2}{3}$은 흡입 측의 설계, 시공 불량에 원인에 있다. 그림에서와 같이 관 속에 공기가 체류하는 것과 흐름이 고르지 못한 것이 문제가 된다.

⑧ 에어 포켓이 발생되지 않도록 펌프를 향하여 적당한 올림 기울기로 배관한다.

⑨ 토출관의 게이트 밸브 높이는 바닥 면에서 1200~1500 mm를 표준으로 하고 밸브 및 관의 하중과 진동이나 밀림에 의한 응력이 펌프에 직접 발생되지 않도록 관을 지지 및 고정한다.

⑩ 토출관은 펌프 토출구로부터 최소 1 m이상 위로 올려 유체 저항을 감소시켜 수평 관에 접속한다.

⑪ 토출 양정이 18 m 이상일 경우에는 펌프 토출구와 토출 밸브 사이에 체크 밸브를 설치한다.

⑫ 토출 배관이 직립으로 연결되어 있을 때에는 체크 밸브의 토출 쪽에 드레인 밸브를 설치한다.

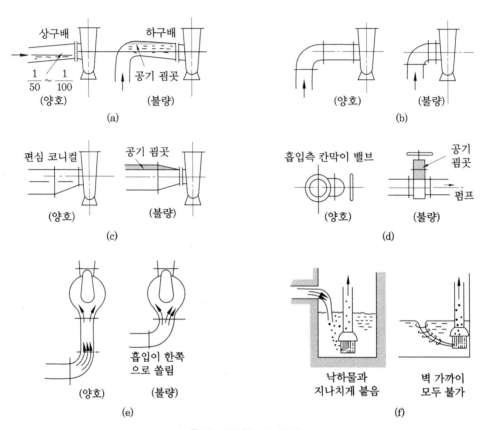

흡입 시공할 때 주의

6 펌프의 운전

1. 특성 곡선과 운전

펌프 운전은 효율이 최고가 되는 점, 즉 유량 부근에서 운전하는 것이 바람직하지만 용도에 따라 소유량 또는 대유량에서 운전하려고 할 때는 그 특성에 따라 사용하여야 한다.

1-1 부분 유량에서의 운전

펌프를 정격 유량 이하의 부분 유량으로 운전 시 문제점은 다음과 같다.
① 차단점 부근의 과열 현상
② 임펠러에 작용하는 반경 방향 및 추력의 증가
③ 특성 곡선의 변곡점 부근에서 생기는 소음 및 진동

펌프 내부에 발생하는 손실의 대부분이 열이 되며 양수와 함께 운반되어 차단점 부근의 운전에서는 펌프 내에 생기는 손실이 증가하는 한편, 물과 함께 운반되는 열량이 감소하기 때문에 펌프의 온도는 급속히 상승한다.

$$\triangle t = \frac{(1-\eta)H}{427\eta}$$

여기서, $\triangle t$: 온도 상승(℃), H : 운전 점에서의 전양정(m)
η : 운전 점에서의 펌프 효율

양정이 높은 펌프는 차단점 부근의 유량으로 수온이 올라가 캐비테이션을 발생하거나 웨어링부 혹은 밸런스 디스크, 드럼 등의 작은 틈을 통해서 저압 측의 센 고온수가 기화하는 장애가 발생하며, 온도 상승의 허용치 이상으로 되지 않도록 과소 토출량이 되었을 때에 일부 물을 외부에 도피시키는 방식을 택할 수도 있다.

나선형 케이싱 펌프에서 부분 유량 운전 시 나선실 내에 압력이 임펠러 둘레 방향으로 하여 임펠러에 반경 방향으로 작용하는 압력 균형이 잡히지 않게 되고, 반경 방향에 추력이 발생하게 되어 원심 펌프를 부분 유량으로 장기간 사용하면 축이 파괴되는 경우도 있다.

1-2 과대 유량에서의 운전

효율 최고점에서의 토출량보다 큰 유량으로서 펌프 운전 시 문제가 되는 것은 비속도 (Ns)가 낮은 원심 펌프에서의 축동력의 증가 및 캐비테이션 성능의 저하이며, 저 Ns 의 원심 펌프에서는 축동력 곡선이 대유량의 범위까지 오른쪽으로 상승한 특성을 나타내며 증가하기 때문에 과대 유량에서 운전할 필요가 있을 때 적정 원동기를 사용하여야 하며, 그렇지 못할 경우 토출 밸브로 조절 유량을 줄이고 과부하가 되지 않도록 한다.

과대 유량에 있어서는 필요 유효 흡입 수두($NPSH$)가 효율 최고점에서의 값이 크게 증가하므로 토출 시 유효 $NPSH$가 필요 $NPSH$보다 크게 되도록 하여야 하며, 이것이 불가능할 때는 토출 밸브로서 유량을 캐비테이션이 생기지 않는 점까지 줄여야 한다.

토출 밸브 개도 조정은 자동 제어인 경우 물량, 수압, 수위, 부하 전류 등을 검출하고 동작 신호에 따라 조절장치인 개입 밸브가 자동 조작, 전동의 경우 전동기 정역 회전에 따라 조작된다.

2. 펌프의 부착계기

(1) 압력 스위치

① 종류

    (개) 압력의 전달 방식에 의한 종류는 고무의 다이어프램을 사용하고 캠(cam)에 의한 것은 금속의 주름 관(bellows : 얇은 금속의 신축 자유로운 것)을 사용하고 내식성을 지니게 하기 위해 직접 액이 닿지 않도록 격막식을 사용한다.

    (내) 접점 방식에 의한 종류는 보통 구리 또는 은 접점의 것으로 수은을 유리관 속에 넣은 수은 접점식이 있다.

    (대) ON 방식에 의한 종류는 스프링을 이용한 것(일반 접점 사용), 경사를 이용한 것(수은 접점 사용)이 있다.

② 사용상 주의점

    (개) 될 수 있는 한 탱크의 상부로부터 압력 전달관을 낸다.

    (내) 탱크 내의 공기량에 주의하여 물 또는 액으로 압력 스위치를 동작시키지 않도록 한다.

    (대) 동절기에는 전달관의 동결 방지 장치를 한다.

    (래) 탱크 폭발 방지를 위한 안전 밸브로 모터 보호 전용 퓨즈, 노퓨즈 브레이커, 3E 릴레이를 설치한다.

(2) 플로트 스위치

고가(高架) 탱크, 물 탱크 등에 자동 운전을 위하여 사용하는 스위치이며 플로트의 부력을 이용해 동작시키는 스위치로, 배수일 때는 급수일 때보다 접점 작동이 반대로 되나 동일 기구로 사용할 수 있도록 되어 있다.

(3) 액면 제어 스위치

접점봉 또는 케이블에 부착된 접점에 의해 상하 액면을 감지하여 ON-OFF 하도록 된 자동 제어 스위치이다.

① 접점봉 제어 스위치 : 장, 중, 단 3개의 스테인리스 가는 봉을 케이블 탱크 속에 매달고 사용하는 것이며 주로 탱크 등에 사용한다.

② 케이블에 특수 접점 부착 제어 스위치는 깊은 수조, 수중 모터 펌프의 자동 운전 및 공전 방지에 사용한다.

(4) 마그네틱 스위치

마그넷 회로를 다른 자동 회로(압력 스위치, 액면 제어 스위치 등)에 접속시키고 스프링의 힘으로 일제히 떼는 것이며 3상 모터의 단상 운전을(3개 중 2개가 통하고 1개가 떨어진 경우에도 전류는 흐르지만 모터에 토크가 일어나지 않고 고정이 되어 큰 전류가 흘러 발열이 커져 모터의 코일을 태운다) 방지한다.

온도 릴레이는 팽창 계수가 크게 다른 금속 박편을 두 장 겹치고 이것을 전류에 의한 발열재와 조합시키면 이상 발열의 경우 바깥쪽으로 굽어 접점이 떨어져 모터의 과전류 로부터 보호한다.

(5) 노퓨즈 브레이커

마그넷 스위치에 내장된 온도 검출기 릴레이와 같은 원리이며 과전류 방지용으로 바이메탈 측에 히터가 있어 정상 상태에서는 바이메탈이 히터 측으로 굽어 있으므로 고정 접점과 동접점은 압(押)스프링 힘으로 밀착하여 제어 회로에 전류가 흐른다. 바이메탈이 과전류로 인해 히터가 가열되면 바이메탈은 반대 방향으로 굽어져 보스를 눌러 동접점과 고정 접점이 떨어지고 제어 회로에 전류가 흐르지 않게 되어 끊어진다. 그러므로 바이메탈이 동작하면 온도가 내려가지 않는 한 바이메탈이 복귀되지 않으며 자연 냉각 자동 복귀식과 수동 리셋 보통 조작 방식으로 구분한다.

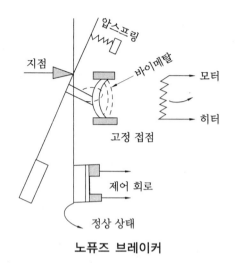

노퓨즈 브레이커

(6) 3E 릴레이(과부하 단상 운전, 역상의 보호), 2E 릴레이(과부하 단상 운전의 보호)

3개 혹은 2개의 보호를 동시 수행하는 보호 릴레이로 모터의 소손을 방지한다. 원판형은 전류에 의해 원판이 회전하여 릴레이를 개폐시키는 것으로 진동에는 약하기 때문에 운반할 때 주의를 요한다. 트랜지스터형은 모터에의 철선을 관통 구멍을 통하여 전류의 이상을 트랜지스터가 감지(感知)하여 릴레이를 작동시키는 방식이다.

(7) 압력계, 진공계, 연성계(burden 압력계)

부르동관 압력계로는,
① 압력계 : 정(+)압을 측정하는 것
② 진공계 : 부(-)압을 측정하는 것
③ 연성계 : 정, 부(+, -)압을 측정하는 것
으로 구분하며, 종류로는 보통형(일반적으로 사용되는 형), 밀폐형(사용되는 장소의 주위 조건에 따라 내부 보호를 위해 밀폐한 것), 보안형(부르동관의 파손으로 인한 위험을 방지하기 위하여 보호 장치를 한 것)이 있다.

3. 펌프 운전 순서

운전 전 점검 ➡ 마중물 작업 ➡ 펌프 기동 ➡ 펌프 정지

(1) 운전전 점검

① 무부하 점검
㈎ 펌프 흡입 게이트 밸브가 닫혀 있어야 한다.
㈏ 펌프 및 모터 간의 축 정렬 확인
㈐ 펌프 및 모터 축 손으로 회전 점검
㈑ 토출 밸브 닫혀 있는지 점검
㈒ 모터를 ON 하여 회전 방향 확인
㈓ 윤활 상태 확인

② 부하 점검
㈎ 펌프 흡입 게이트 밸브가 열려 있어야 한다.
㈏ 펌프 및 모터의 축수 온도를 점검
㈐ 윤활 상태 확인
㈑ 수위 점검
㈒ 토출 밸브 열림 확인

(2) 마중물(priming) 작업

펌프 속 및 펌프의 흡입 배관 속에 물이 없으면 펌프가 회전을 시작해도 양수가 되지 않는 경우가 많다. 이것을 방지하기 위하여 미리 펌프 속이나 흡입 배관 속에 물을 주입함과 동시에 내부의 공기를 배출하는 조작을 말한다. 프라이밍의 방법은 펌프 케이싱의 상부에 있는 공기빼기 콕을 열고 프라이밍 물(마중물)을 깔때기로부터 펌프 속으로 주입한다. 대형 펌프에서는 공기빼기 콕에 자흡입 펌프를 연결하고 펌프 내의 공기를 흡출하여 풋 밸브로부터 물을 흡상함으로써 펌프 케이싱 속까지 물을 충만시킨다

(3) 펌프 기동

① 펌프 모터를 ON 한다.
② 토출 밸브를 닫은 상태에서 흡입 밸브를 약 $\frac{1}{8}$ 회전(spoke)시켜 물을 채운다.
③ 공기빼기 콕을 열어 공기를 제거한 후 콕을 잠근다.
④ priming 펌프 등을 이용하여 마중물 작업을 한다.
⑤ 흡입 밸브와 토출 밸브를 서서히 열면서 토출 압력계가 정격 토출 압력이 되도록 한다.

(4) 펌프 정지

① 수위 확인
② 토출, 흡입 밸브 잠금
③ 모터 및 펌프 온도 확인
④ 윤활유 잔유량 확인
⑤ 드레인 배관 확인

4. 펌프 운전상 주의 사항

(1) 소음

펌프가 정상음인 경우에는 펌프의 각부에 문제가 없다고 일단 생각할 수 있으며, 각 펌프의 고유 정상음을 인지할 수 있기 위해서는 가는 막대의 한쪽을 귀에 다른 한쪽을 펌프 본체의 각부에 접촉시켜 내부의 정상음을 확인하는 것이 중요하며 캐비테이션 임펠러에 이물이 막혀 공기를 흡입하였을 경우 임펠러의 맞닿음, 메탈 베어링 불량 등의 소음으로 구별될 수 있다.

(2) 동력 관계

① 과부하인 경우
   ㈎ 압력 관계는 계획보다 실 압력이 크거나 파이프가 너무 가늘거나 밸브의 열림 등
   ㈏ 양수량의 과대 현상은 계획보다 양수량이 초과할 때
   ㈐ 기계적 손실로는 글랜드 패킹의 과잉 체결
   ㈑ 펌프 선정의 잘못
② 부부하인 경우
   ㈎ 펌프가 완전하게 작동 안 되는 경우는 임펠러 막힘, 실 불량 등
   ㈏ 캐비테이션 흡수 파이프가 가늘거나 흡수 측에 밸브가 있거나 막힘
   ㈐ 공전 액체가 있음
   ㈑ 풋 밸브의 고장
   ㈒ 역회전 등

(3) 베어링 온도, 모터의 과열

정상 베어링 주위 온도는 40℃ 이하이며 이상 고온 현상이 생기는 경우는 순환유의

불완전, 순환 계통의 불량, 유압의 부족, 급유 부족, 베어링 메탈과 축의 중심이 엇갈림, 직결(直結)의 무리 등이며 모터에 무리한 힘이 가해지면 과열되며 모터의 소손 현상이 일어나므로 보호 장치를 부착하여야 한다.

(4) 압력, 진공, 전류계 판독

① 압력계가 높은 경우
  ㈎ 밸브를 너무 막을 때
  ㈏ 파이프의 막힘
  ㈐ 압력 스위치의 고장
  ㈑ 안전 밸브의 불량
  ㈒ 실 양정이 설계 양정보다 클 때
  ㈓ 펌프 선정이 잘못되었을 때
② 압력계가 낮은 경우
  ㈎ 회전수의 저하, 전압, 사이클의 저하
  ㈏ 임펠러의 막힘
  ㈐ 흡수 측의 막힘
  ㈑ 공전(空轉) 실 양정이 설계 양정보다 작음
  ㈒ 펌프 선정의 잘못
③ 지침이 흔들리며 불안정한 경우
  ㈎ 캐비테이션의 발생
  ㈏ 흡수 측으로부터 공기 흡입
④ 진공계가 높은 경우
  ㈎ 수위 저하 이상 갈수, 우물의 간섭
  ㈏ 흡수 측의 막힘 또는 손실의 증가, 푸트의 고장, 흡수관에 이물 또는 오래된 스케일의 저항이 큼
  ㈐ 점도 액의 점도 변화, 추울 때의 기름 등
⑤ 진공계가 낮은 경우
  ㈎ 수위 상승, 증수
  ㈏ 임펠러, 마우스 링의 마모
  ㈐ 기어의 마모
  ㈑ 실 불량
  ㈒ 패킹의 파열 흡수(吸水), 파이프의 분공(雰孔) 등에 의한 공기 흡수 등
⑥ 전류계의 이상
  ㈎ 과대 전류일 때 : 전압 저하, 단상 운전, 압력 스위치 불량, 사이클 저하, 양수량 증대, 양정 증대, 펌프 내에 이상 발생

⒩ 과소 전류일 때 : 전압 상승, 사이클 상승, 양수량 감소, 양정 감소, 누수 및 공전, 공기 흡입 등

(5) 시운전할 때 주의 사항

㈎ 절대 공운전하지 말고 흡수를 확인한다.

㈏ 회전 방향을 확인한다.

㈐ 밸브 개폐에 주의(원심 펌프는 운전 후 천천히 연다), 점성이 크거나, 피스톤 펌프는 전개(全開) 상태에서 운전하고 서서히 막아간다.

㈑ 압력, 진공, 전류계의 판독 회전수, 전압 사이클, 정격 전류를 확인한다.

㈒ 소리. 진동, 베어링 온도에 주의한다.

(6) 안전 밸브

피스톤 펌프, 기어 펌프, 플런저 펌프 등의 펌프를 사용하는 경우 압력 탱크 사용 여부는 별개로 하고 반드시 안전 밸브를 사용하며, 만약 형식상으로 부착할 경우 안전 밸브 작용의 불능으로 큰 사고의 우려가 있으므로 필요 이상의 모터를 사용하지 말아야 하며, 단독의 퓨즈, 노퓨즈 브레이커, 온도 검출기 릴레이 또는 2E, 3E 릴레이 등을 부착 과전류가 흐르면 전원이 차단되는 안전 장치를 하여야 한다.

펌프의 보수 관리

1. 베어링

(1) 베어링의 사용 관리

① 베어링 하우징 외부면에서 측정되는 베어링 온도는 정상 운전 상태에서 주위 온도
보다 20~30℃를 초과해서는 안 된다.

② 베어링 하우징에 드라이버 끝을 접촉하고 귀에 댔을 때 거친 소리나 두들기는 소
리가 나면 베어링에 이물질이 있음을 의미하며, 휘파람 소리는 윤활유의 부족을 의
미한다.

③ 오일 윤활 베어링의 경우 오일 레벨은 매일 체크하여 제대로 보충시켜야 한다.

(2) 베어링의 과열 현상 및 원인

① 조립 설치 불량 : 축심과 축 중심이 일치하지 않을 때 펌프를 운전하면 계획값 이상
의 부하가 생겨 발열량이 증가한다. 이것을 방지하기 위해 축심을 일치시키고 고온
의 액체를 취급하는 펌프나 원동기로 증기 터빈을 쓸 경우, 열팽창으로 직결 상태
가 운전 시에 변화할 경우, 운전 상태의 온도로 축심이 일치하도록 직결을 수정 커
플링 같은 가소성이 큰 축이음을 사용하면 된다.

② 신축성 이음의 사용 : 일반적으로 고무링을 쓴 신축성 이음의 중심내기 요령은 앞
페이지 그림(제3편 2장 2-3 참고)과 같이 한다. 수준기를 (a)와 같이 각 축의 수평
을 확인한 다음 직선자는 (b)와 같이 틈새의 간격을 원주상 상하좌우에서 4곳을 측
정하여 그 값이 0.05 mm 이내가 되도록 한다. 편심량의 간격은 원주상 상하좌우의
4곳을 측정하고 모든 점에서 이것들의 값이 0.05 mm 이하가 되도록 수정 커플링
한쪽을 그대로 고정하고 다른 쪽을 각각 $\frac{1}{4}$ 회전, $\frac{1}{2}$ 회전해서 0.05mm 이하의 차
가 되도록 한다.

③ 윤활유 또는 그리스 양의 부족 : 베어링 상자 내의 윤활유 부족때문에 마찰면의 기름
공급이 부족하여 유막이 떨어져 발열할 때가 있다. 유면계의 레벨 지시에 따라 적
절한 기름양을 확보하여야 한다. 구름 베어링에서 그리스 윤활의 것은 베어링 박스
내에 그리스양이 많으면 그리스 교반 때문에 발열이 생기며 구름 베어링이 들어 있

는 방의 용량에 대해 $\frac{1}{3} \sim \frac{1}{2}$이 적정량이며 이보다 많을 때에는 줄여야 한다.

④ 윤활유 질의 부적합 : 축의 속도에 대해서 기름의 점도가 부적당하면 막이 끊기거나 교반 손실이 되어 발열되므로 사용 조건에 따른 윤활유를 사용한다.

적합한 윤활유

회전수(rpm)	적 유	규 격(JIS)
50~100	디젤 엔진오일 SAE 30 디젤 엔진오일 SAE 40	K 2216 3종 3호 K 2216 3종 4호
100~500	디젤 엔진오일 SAE 20 200 첨가 터빈유	K 2216 3종 2호 K 2213 첨가 터빈유 4호
500~1500	140 첨가 터빈유	K 2213 첨가 터빈유 2호
1500~1800	90 첨가 터빈유	K 2213 첨가 터빈유 1호

⑤ 베어링 장치 불량 : 구름 베어링을 사용할 때 축 또는 베어링 박스와의 간섭이 너무 크면 궤도면에 변형이 생겨 발열이 발생하므로 적절한 기울기와 복합 박스와 구름 베어링을 사용할 때 내·외륜의 축 방향 조이기 여분값을 적당히 유지하지 않으면 발열이 생긴다.

⑥ 기타 원인 : 추력 평형 장치의 고장에 따른 이상 추력의 발생, 베어링 내의 불순물 침입을 막기 위한 패킹부의 맞춤이 불량하면 펌프 내에 공기 침입이 발생함과 동시에 패킹 상자가 발열한다. 이를 방지하기 위해 글랜드부의 조임을 가감하거나 공급 물량을 조절한다.

2. 축의 밀봉 장치

• 스터핑 박스

패킹 사이에 위치한 랜턴링은 케이싱 내로 공기가 유입되는 것을 막기 위해 송출실로부터 내부 통로나 외부관을 이용하여 봉수를 공급시켜 준다. 총 양정에 50 m를 초과하면 공급관에 슬루스 밸브를 달아서 봉수량을 조절한다.

스터핑 박스 내 위치한 축 부분은 축 보호 슬리브로 축을 보호하며 교환 가능 오염 물질을 취급할 경우에는 외부로부터 깨끗한 봉수를 랜턴링에 공급, 이 경우 송출실로부터 봉수 공급은 플러그로 막아 준다. 봉수 압력은 흡입 압력보다 15~20 kPa 정도 높게 한다.

원심 펌프 습동부의 마모 현상

품 명	교환 시기	마모 현상
임펠러 및 라이너 링	C값이 원래보다 3배 이상 되었을 때	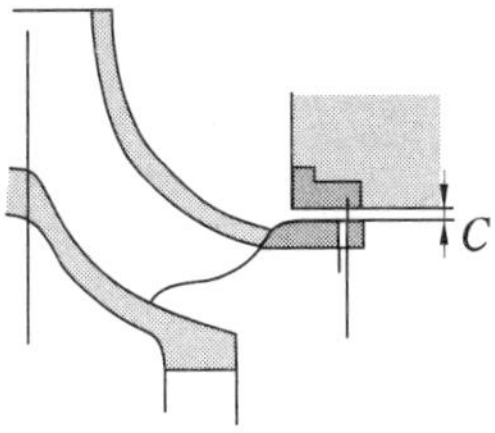 교환으로서 실현되는 동력 절약이나 물량 증가에 따른 이익이 분해 교체의 경비보다도 충분히 커야 하며, 교환 시기가 되어도 실용상 지장이 없는 한 사용해도 된다.
슬리브	슬리브면의 마모량 $(0.025\sim0.03)B$	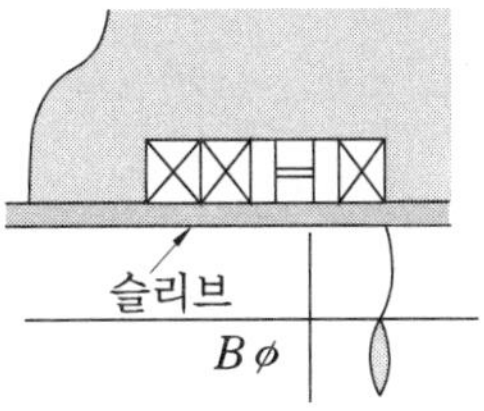 패킹이 닿는 장소에 패어진 마모 부분이 있고 한쪽에서의 마모가 규정 치수 이상일 때는 교환한다.
구름 베어링	운전 시간 49,000 hrs (연속 운전일 때 약 4년 6개월)	이상음, 진동, 이상 발열이 있을 때는 운전 시간과 관계없이 조사하고 이상이 인정되었을 때는 교환한다.
축과 베어링 메탈	C값이 원래보다 1.5배 이상 되었을 때	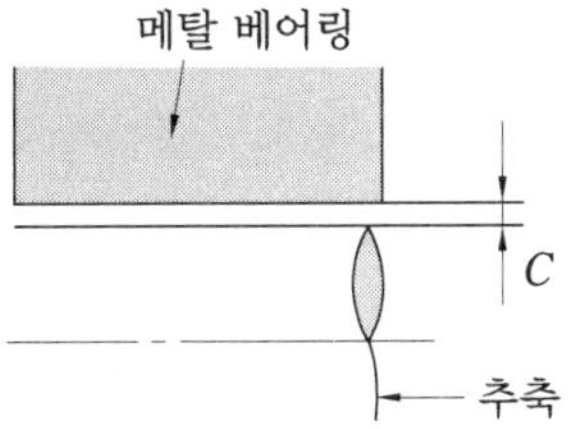 특히 진동이 없고 실용상 문제가 없으면 교환 시기 이상의 마모가 되어도 사용 가능하다.

3. 펌프 시험 및 검사

(1) 시험 및 검사의 종류

① 기계적 운전 시험 : $NPSH$ Test는 일반적으로 $NPSHav-NPSHre < 0.3$일 경우에 실시한다.

② 수압력 시험

㈎ MAWP×1.5 이상의 압력으로 최소 30분간 실시하여 누출이 없어야 한다.

㈏ 메커니컬 실과 글랜드 패킹은 제외

㈐ 스테인티스 강 재질에는 수압 시험용 물속에 염소 성분이 50 ppm을 초과해서는 안 된다.

③ 유닛 테스트

④ 소음 측정
⑤ 입회 시험(witness test)
⑥ 펌프 특성 곡선

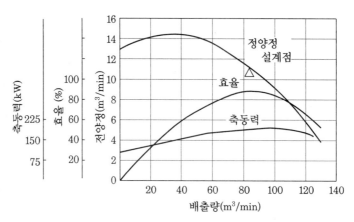

펌프의 특성 곡선

(2) 펌프 분해 검사 간격

① 매일 점검 항목 : 베어링 온도, 흡입 토출 압력, 습기(누수량), 윤활유 온도 압력, 토출 유량계, 패킹 상자에서의 누수, 냉각수의 출입구 온도 압력, 원동기의 압력, 오일링의 움직임

② 분기 점검 항목 : 펌프와 원동기의 연결 상태, 글랜드 패킹, 윤활유면과 변질의 유무, 배관 지지 상태

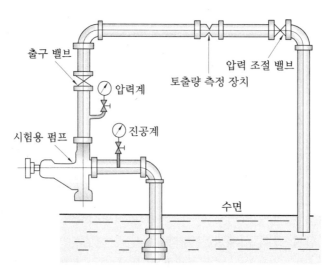

펌프 시험 장치

③ 1년마다 점검 항목 : 전분해(over-haul), 마모 간극 측정, 계기류의 점검

(3) 펌프 분해 검사 항목

① 틈새와 공차 : 분해할 경우에는 언제든지 케이싱 링 사이의 틈새를 필히 점검하고, 임펠러 웨어링과 케이싱 링 사이의 틈새가 커지면 케이싱 링을 교환한다.

② 축 보호 슬리브 : 축 보호 슬리브를 조립하기 전에 마모되는 면의 상태를 검사하고 마모되거나 거칠어져 있으면 신품으로 교체한다.

③ O링 : 원칙적으로 분해 조립할 때 새로운 O링을 사용해야 하며 축 보호 슬리브를 조립한 후 축 너트를 조일 때 비뚤어지지 않도록 축 보호 슬리브 홈에 O링을 꼭 맞게 조립한다. O링은 다른 기구를 사용하지 않고 반드시 손으로 끼운다.

④ 축 너트 : 축 너트를 체결하기 전에 축 나사부에 로크 타이트(lock tight)를 몇 방울 떨어뜨린다.

⑤ 스터핑 box : 상부 케이싱을 조립하기 전에 패킹 누르개와 렌더링을 정확히 조립한다.

⑥ 베어링 : 베어링 외륜에 편중 압력이나 망치로 큰 타격을 가해서는 안 된다.

⑦ V링은 재조립 시에 항상 교체해 주고 반드시 손으로 축에 끼워 준다.

⑧ 임펠러 : 회전부를 케이싱에 올려놓고 베어링 하우징을 볼트로 체결한 후, 축 너트를 조절하면서 회전차를 케이싱 내 중앙에 배치되도록 조정하며 임펠러와 케이싱 벽 사이의 간격은 양쪽이 같아야 한다. 양쪽 간격이 같지 않으면 회전부의 축추력이 증가하고 베어링에 과대한 부하가 걸려서 베어링에 손상을 주어 수명이 감소하게 된다.

⑨ 플랜지 결합면 : 케이싱 플랜지 결합면은 액체 패킹으로 밀봉 작용을 하며 재조립 전에 결합면을 깨끗이 청소한 후 새로운 액체 패킹을 사용한다.

⑩ 로크 타이트(lock tight) 이용법

(가) 로크 타이트는 액체 결합체로서 강력한 모세관 작용에 의해서 아주 좁은 통로까지 스며들어 충격과 진동에 견디게 하며 결합면의 침식을 방지하는 작용을 한다.

(나) 로크 타이트의 응고 시간은 24시간을 초과하지 않으며 2~4시간 후에는 이미 40 % 정도의 응고가 형성된다. 접착 부분을 120℃ 정도 가열시키게 되면 약 15분 후에 완전히 접촉된다.

(다) 로크 타이트 접착된 부분은 일반 공구로 분리시킬 수 있으며 분리되지 않을 경우 그 부분을 250℃ 정도 가열하여 곧 분리시킨다. 다시 그 부분을 냉각시키면 다시 접착 효과가 형성된다.

(라) 로크 타이트를 사용했던 부분들은 로크 타이트 몇 방울 떨어뜨리고 재조립하고 그전에 사용했던 응고된 로크 타이트를 떼어낼 필요는 없지만 접착면을 건조시키고 그리스를 깨끗이 닦아 내야 한다.

4. 펌프 이상과 원인

펌프의 이상 현상에 대한 일반적인 분석 내용을 열거하고 그 이상 개소를 발견 제거하기 위해서는 다음 표의 번호에 따라 점검하므로 쉽게 발견할 수 있다.

펌프의 이상과 원인

이상 현상	원 인
시동 후 송출 불가	1, 2, 3, 4, 5, 6, 7, 8, 9, 10, 11, 14, 16, 17, 22, 23, 24, 34, 39
시동 후 송출 정지	2, 3, 4, 5, 6, 7, 8, 9, 10, 11, 12, 13, 22, 23, 24, 34, 39
펌프 과열이나 송출 정지	1, 3, 9, 10, 11, 21, 22, 27, 29, 30, 31, 33, 34, 40, 41
유량 과소	2, 3, 4, 5, 6, 7, 8, 9, 10, 11, 14, 16, 17, 21, 22, 23, 24, 25, 26, 34
유량 과대	15, 18, 20, 34
너무 낮은 압력	4, 14, 16, 18, 20, 22, 23, 24, 25, 26, 34
눈에 뜨일 만한 축봉 누설	27, 28, 29, 30, 33, 34, 35, 36, 38, 39, 41
너무 짧은 수명	12, 13, 27, 28, 29, 30, 33, 34, 35, 36, 37, 38, 39, 41
과잉 동력 흡수	12, 13, 15, 16, 18, 19, 20, 23, 25, 27, 28, 31, 34, 35, 37, 38, 44
진동과 소음 발생	2, 3, 4, 5, 6, 7, 8, 9, 10, 11, 15, 17, 18, 21, 23, 24, 27, 28, 29, 30, 31, 32, 33, 34, 40, 41, 42, 45, 46,
베어링의 파열과 수명의 단축	27, 28, 29, 30, 31, 32, 33, 38, 40, 41, 42, 43, 44, 45, 46

1. 펌프 내 공기를 빼지 않았을 때
2. 펌프 및 흡입관의 만수 불완전 시
3. 흡입 양정이 너무 클 때
4. 여분의 공기 또는 가스량 과대 시
5. 흡입관에 공기 주머니가 있을 경우
6. 흡입관 도중에서 갑작스러운 공기 침입
7. 스터핑 박스로 공기 침입
8. 흡입관 끝이 충분히 액체에 잠겨 있지 않을 경우
9. 흡입 밸브 폐쇄나 부분적인 개방
10. 흡입관의 필터나 스트레이너에 이물질 침입
11. 풋 밸브가 너무 작을 때

12. 축봉에 대한 불충분한 냉각수 공급

13. 렌더링과 밀봉관의 위치가 부정확한 경우

14. 회전 속도가 너무 늦을 경우

15. 회전 속도가 너무 빠를 경우

16. 회전 방향이 틀릴 때

17. 설치 총 양정이 정격 총 양정보다 높을 때

18. 설치 총 양정이 정격 총 양정보다 낮을 때

19. 사양서에 명시된 유체 밀도와 다를 때

20. 사양서에 명시된 유체 점성과 다를 때

21. 펌프가 너무 적은 유량에서 운전할 때(송출 축 밸브 과대 잠금)

22. 병렬 운전이 부적합할 경우의 병렬 운전 실시

23. 회전차 내에 이물질이 걸렸을 때

24. 회전차가 손상되었을 때

25. 케이싱 링과 임펠러 링이 너무 닳았을 때

26. 내부 케이싱 개스킷 손상으로 인한 송출실로부터 흡입실로의 내부 누설

27. 축심 불일치

28. 주축이 덜그럭거릴 경우

29. 주축의 밸런스가 잘 안 잡혔을 때

30. 베어링이 닳았거나 축심의 불일치로 축이 정상 회전을 벗어날 경우

31. 회전차가 케이싱 부분에 접촉이 있을 경우

32. 견고하지 않은 기초

33. 설치하는 동안 펌프가 뒤틀려 있을 경우

34. 시방서에 명시된 운전 조건이나 시공 업체가 다를 경우

35. 스터핑 박스에 패킹이 잘못 끼워졌을 경우

36. 봉수 내 이물질에 의해 축 보호 슬리브가 부식할 경우

37. 패킹 누르기에 과도한 압력에 의한 패킹의 불충분한 윤활

38. 패킹과 주축간의 과도한 틈새

39. 메커니컬 실이 손상되어 있는 경우

40. 과도한 축추력

41. 베어링이 닳았을 경우

42. 설치할 때 베어링이나 그리스 오일에 이물질이 침투된 경우

43. 과도한 그리스 주입으로 인한 베어링 온도 과열

44. 불충분한 베어링 윤활

45. 베어링 내의 먼지 침입

46. 베어링 하우징 내 습기로 인한 녹 발생

5. 원심 펌프의 정비 작업

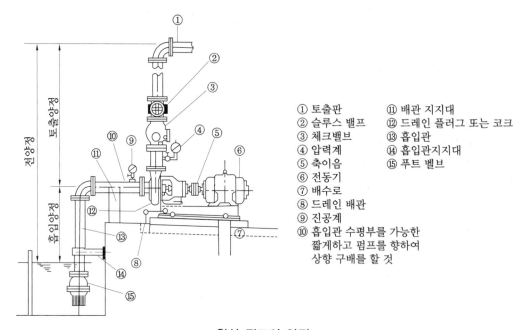

① 토출관	⑪ 배관 지지대
② 슬루스 밸브	⑫ 드레인 플러그 또는 코크
③ 체크밸브	⑬ 흡입관
④ 압력계	⑭ 흡입관지지대
⑤ 축이음	⑮ 푸트 밸브
⑥ 전동기	
⑦ 배수로	
⑧ 드레인 배관	
⑨ 진공계	
⑩ 흡입관 수평부를 가능한 짧게하고 펌프를 향하여 상향 구배를 할 것	

원심 펌프의 양정

(1) 작업 준비를 한다.

① 분해 · 조립용 공구와 측정기를 준비한다.

② 다단형 원심 펌프를 준비한다.

(2) 분해한다.

① 전동기와 연결된 커플링을 분해하고, 베이스 플레이트의 고정 볼트를 풀어서 펌프를 분리한다.

② 도면을 보고 순서에 따라 분해하고 분해 순서에 따라 부품을 정렬한다.

③ 흡입 커버를 떼 낸다. 케이싱과의 접합면에 시트 패킹이 들어가 있을 경우가 있으나 밀착되어 있으므로 눌러 빼기 나사구멍을 이용해서 패킹의 두께를 체크해 둔다.

④ 베어링 커버의 볼트를 풀어서 분리하고 베어링 너트를 분해한다.

⑤ 브래킷과 토출 케이싱을 연결한 육각 볼트를 풀고서 브래킷을 분리한다. 이때 베어링이 같이 분리되도록 하고 반드시 축 방향으로 힘을 가하여 축과 베어링이 상하지 않도록 유의한다.

⑥ 타이볼트(tie bolt) 4개를 분해한다.

⑦ 패킹 글랜드는 볼트를 풀어서 분리하고 패킹을 뽑아낸다.

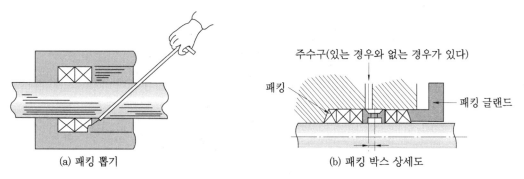

(a) 패킹 뽑기   (b) 패킹 박스 상세도

글랜드 패킹

⑧ 토출 케이싱을 연질 해머로 천천히 타격하여 다른 케이싱과 분리한다.

⑨ 임펠러 너트를 분해한다. 이 너트는 원주형이고 스패너를 걸기위해 두 면이 깎아져 있으며 대다수는 판재의 굽힘 와셔에 의해 풀림 방지가 돼 있다. 와셔를 일으켜서 떼어내지만 나사는 임펠러의 회전 방향에 대해 마음대로 조였다고 보아도 거의 틀림없다. 그러므로 푸는 방향을 약간 시험해보고 틀림이 없으면 그대로 푼다.

⑩ 임펠러의 축은 페더 키로 고정되어 보통은 녹이 나서 고착돼 있다. 너트의 접합면에 빼내기 나사구멍이 있으므로 빼내기 지그를 만들어 뺀다. 나사구멍이 없을 경우 무리하게 쇠 지렛대 등으로 후비면 임펠러를 손상시키므로 일단 중지하고 축의 반대 측 즉 커플링, 베어링 누르개를 분해하여 그리고 임펠러를 케이싱에 맡겨두고 축단에 나무 조각을 대고 가볍게 두드려 상태를 보면서 빼내면 된다.

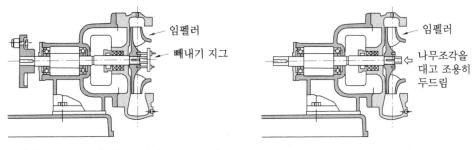

빼내기 지그로 축과 임펠러 바퀴 분해   **빼내기 나사 구멍이었을 경우**

⑪ 반대쪽의 베어링 커버, 브래킷, 패킹 글랜드, 패킹, 흡입 케이싱을 같은 방법으로 분해한다.

⑫ 고무 해머로 축을 모터 연결 방향으로 천천히 가격하여 스테이지 케이싱으로부터 축을 완전히 빼낸다.

⑬ 각 단을 고무 해머로 가볍게 타격하여 분리한다. 이 때 연결부의 고무 개스킷이

손상되지 않도록 주의한다.

⑭ 각 케이싱으로부터 임펠러를 분리한다.

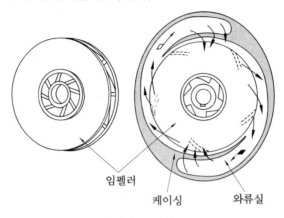

임펠러와 케이싱

⑮ 축으로부터 키를 분리한다(키 빼기용 웨지 사용).

⑯ 브래킷에서 베어링을 분리한다.

(3) 세척하고 검사한다.

① 케이싱, 임펠러, 브래킷을 와이어 브러시로 깨끗이 털어내고 에어건으로 깨끗이
청소한다.

② 베어링 및 축은 세척액으로 닦아낸다.

③ 축의 휨 상태를 측정한다. 축의 휨 정도는 0.1 mm이내이어야 하며 키 홈의 찌그
러짐, 파손 등이 없어야 한다.

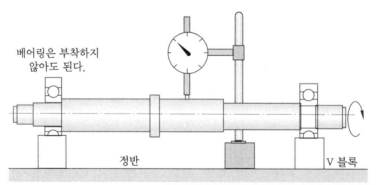

펌프 축의 휨 검사

④ 임펠러, 케이싱의 녹, 부식에 의한 손상, 막힘 여부를 육안 검사한다.

⑤ 웨어링부의 마모상태를 점검하고 축에 임펠러를 조립하여 동균형 검사를 한다.

⑥ 패킹의 상태를 점검하고 이상이 있으면 교환한다.

⑦ 베어링의 상태를 점검한다.

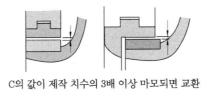

C의 값이 제작 치수의 3배 이상 마모되면 교환

웨어링의 마모한계

5-2 조립

① 분해의 역순으로 조립하되 너무 무리한 힘을 가하지 말고 부품의 누락에 유의한다.
② 각 케이싱을 조립할 때는 이음부의 개스킷을 점검하고 이상이 있으면 교환한다.
③ 임펠러는 각 케이싱에 정확히 맞도록 조립하고 웨어링부의 간극을 정확히 맞추어 조립한다. 축 방향으로 힘을 가하여 축과 베어링이 상하지 않도록 유의한다.
④ 패킹을 조립하고 너무 무리하게 가압하여 축이 회전 중 과대한 압력을 받지 않도록 한다.

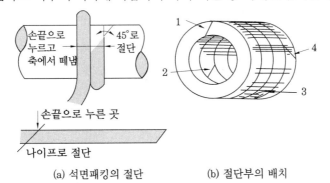

(a) 석면패킹의 절단   (b) 절단부의 배치

(c) 패킹의 삽입 게이지

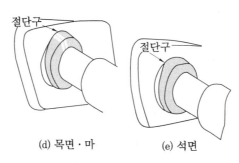

(d) 목면·마   (e) 석면

글랜드 패킹의 조립 방법

⑤ 조립이 끝나면 축을 회전시켜 임펠러와 케이싱의 접촉에서 생기는 이음이 생기는
가 점검한다.

⑥ 축을 스패너로 돌려서 회전이 가능해야 하며 회전 불가능 및 원활하지 못할 때는
패킹부를 조정하며 축이 회전할 수 있도록 재조립한다.

⑦ 펌프와 모터를 연결할 때는 커플링을 편심도는 0.03 mm, 틈새는 3~5 mm 이내가
되도록 축심을 조정(centering)한다.

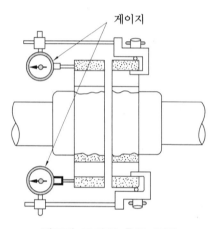

펌프와 모터의 축심 조정

5-3 성능 검사

① 펌프를 시험 장치에 조립한다.

② 전원을 연결하고 만수가 되도록 한 후에 펌프를 가동시켜 다음 사항을 점검한다.

　(개) 전류를 측정하여 과부하 여부를 점검한다.

　(내) 압력계, 진공계의 값을 읽고 토출량을 측정하여 총양정을 구한다.

　(대) 운전 중 이음, 진동, 발열 상태를 측정한다(모터, 베어링부, 패킹 박스, 케이싱
　부).

5-4 정비 작업

(1) 분해 점검의 체크 포인트

분해한 부품은 경유 등으로 청소하고, 육안 및 지그를 사용해서 검사를 하여 기록한
다. 허용값 외의 것이 있으면, 수리 혹은 부품 교환을 한다.

① 샤프트

  ㈎ 마모·부식 등의 검사

  ㈏ 베어링부를 지점으로 하여 날개 부착부 및 가용성 축이음부의 진동은 $\dfrac{5}{100}$ mm 이하로 한다.

② 샤프트 슬리브

  ㈎ 표면의 마모, 파손의 체크

  ㈏ 샤프트와 슬리브 끼워맞춤부의 치수 검사

③ 베어링

  ㈎ 내외륜, 볼, 리테이너 등의 손상 검사

  ㈏ 외륜을 손으로 회전시켜 걸리는 소리음 확인

④ 베어링 박스

  ㈎ 베어링 끼워 맞춤부의 치수 검사

  ㈏ 부식 여부 검사

⑤ 임펠러 : 마모, 부식, 파손 검사

⑥ 케이싱 : 마모, 부식, 파손 검사(특히 회전 유액부)

⑦ 임펠러 웨어링과 케이스 웨어링

  ㈎ 클리어런스 검사

  ㈏ 마모, 부식, 파손, 헐거움 검사

⑧ 기계 밀봉

  ㈎ 접합면의 마모(줄 자국), 균열, 파손 검사

  ㈏ 스프링의 절손, 탄성 검사

  ㈐ O 링, V 링의 변형, 탄성 및 축회전부, 접동부면의 마모, 피로 검사

⑨ 가요성 축이음

  ㈎ 축과의 끼워 맞춤부의 치수 검사

  ㈏ 커플링 볼트 접속 구멍의 마모, 변형 검사

(2) 조립의 체크 포인트

분해 점검의 결과, 불량한 곳이 있으면 수리 또는 부품 교환을 해서 조립 순서에 따라서 조립한다.

① 임펠러와 케이스 웨어링과의 클리어런스 : 보통 임펠러 웨어링의 지름 100 mm의 경우, 클리어런스는 지름이 0.3~0.4 mm가 표준이다. 클리어런스가 넓으면 성능 저하를 초래하므로 주의가 필요하다.

임펠러 웨어링과 케이싱 웨어링의 클리어런스

웨어링 지름 D (mm)	최대 클리어런스(지름으로) (mm)
50 이하	0.35
50 초과 63 이하	0.38
63 초과 80 이하	0.40
80 초과 100 이하	0.42
100 초과 125 이하	0.45
125 초과 160 이하	0.50
160 초과 200 이하	0.56
200 초과 250 이하	0.63
250 초과 315 이하	0.71

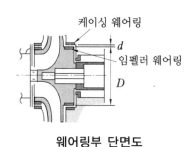

웨어링부 단면도

② 베어링의 조건 : 고속 회전 또는 대형 펌프의 경우, 베어링은 히터 가열 또는 유중 (油中) 가열 후 축에 조립한다. 온도는 80 ℃ 전후에서 조립하며 베어링이 가볍게 회전하는지 손으로 확인한다.

③ 글랜드 패킹의 짜넣기

㈎ 축 슬리브를 손상시키지 않도록 충분히 주의해서 한다.

㈏ 절삭 자리가 있는 것은 90°씩 물려서 넣는다.

㈐ 패킹에 적당한 윤활유를 도포해서 삽입한다.

㈑ 절삭 자리를 맞춘 부분을 처음에 깊이 넣고, 다음에 반대쪽을 케이스에 따라서 밀어 넣는다.

㈒ 밀어 넣을 때는 1링씩 균등하게 넣고, 반드시 단단한 나무 등의 지그를 사용해서 한다.

5-5 일상 운전상의 주의

(1) 윤활

그리스 윤활 볼 베어링의 펌프는 발열, 이음, 진동이 없는 한 오버 홀에 급유가 필요 없다. 또 그것을 목표로 그리스의 양과 종류를 선택해야 한다. 기름 윤활 펌프에서는 처음에 기름이 오손되기 쉬우므로 유면계로 체크해서 오손이 있으면 바꾼다.

(2) 압력계와 그 점검

토출 압력계, 흡입 압력계(진공계)의 코크는 평소에 열어주고 순회 점검 시 닫아 보고 열어서 펌프가 정상적으로 운전되고 있는지 아닌지를 확인한다.

(3) 풋 밸브의 스트레이너의 점검

압력계의 지침이 심하게 흔들리거나 토출량이 급속히 감소되거나 펌프의 이상한 진동이 일어날 경우는 풋 밸브의 스트레이너에 천이나 종잇조각이 붙어 있을 경우가 있으므로 검사한다.

(4) 베어링 온도

연속적으로 펌프가 운전되면 베어링 온도는 올라간다. 이것이 손으로 쥐고 있을 정도(60℃ 이하)라면 문제는 없으나 실온에서 40℃ 이상이 될 경우에는 이상이 있으니 점검, 검사하고 조정한다.

(5) 패킹부의 온도와 누설

패킹의 지나친 죔 때문에 스터핑 박스가 발열되고 있지 않은가를 조사해 본다. 이 부분도 거의 60℃ 이하로 패킹 부분에서 소량의 물이 누설될 정도가 적당하다. 이 누설된 것은 부근의 배수구로 유도하도록 하고 펌프의 주변은 깨끗하게 해 둔다.

(6) 베어링부의 보온

옥외에 설치된 펌프는 베어링 부출 유리솜으로 감고 양철판으로 씌우는 보온 공사를 하고, 온도 변화에 의한 내부의 결로(結露)를 방지하며 그리스나 윤활유가 빨리 못쓰게 되지 않도록 한다.

(7) 운전 정지 시의 주의

운전을 정지할 때는 토출 밸브를 닫은 다음 전동기를 정지시키는 것이 원칙이지만 자동 운전이나 정전 시에는 그 조치를 할 수 없다. 그 때문에 흡입관의 풋 밸브 토출계에 부착하는 체크 밸브는 항상 성능이 좋아야 한다. 그것들은 또 수격 현상과도 관계가 있으므로 적정하고 안정된 것을 사용한다.

(8) 운전 휴지 시의 조치

장기간 운전을 멈출 경우는 스터핑 박스 안의 방청을 위해 글랜드 패킹은 빼내고 새로운 것에 그리스를 칠해 교체해 둔다. 또 베어링 축 이음의 방청 처치 펌프 내의 물 빼기 등이 필요하다. 또 동절기에서는 동결 방지를 위해 펌프 본체, 밸브, 배관류를 보온하지 않으면 안 된다.

5-6 일반적인 고장과 대책

일반적인 고장과 대책은 표를 참고로 하여 원인을 판단하고 그 원인에 따라 대책을 수립하는 것이 바람직하다. 원인 중 ◎표를 한 것은 펌프의 설치 계획, 설치 단계에서의 잘못이라 볼 수 있다.

현 상	원 인	대 책
기동하지 않음	○ 원동기가 고장이다.	• 전동기, 엔진 등을 수리
물이 안 나옴	○ 마중물을 하지 않음 ○ 제수 밸브 닫힘 ◎ 양정이 지나치게 높다. ○ 회전 방향 반대 ○ 임펠러가 메여 있다. ◎ 흡입 양정이 높다. ○ 스트레이너, 흡입관 막힘 ○ 회전수 저하	• 한 번 더 마중물을 한다. • 밸브 조사 • 압력계, 진공계로 확인 • 화살표 조사 • 내부를 본다. • 진공계로 잰다. • 내부를 본다. • 회전계로 잰다.
규정 수량, 규정 양정이 안 나옴	○ 공기가 흡입 됨 ○ 회전수가 저하되어 있다. ◎ 토출 양정이 높다. ◎ 흡입 양정이 높다. ○ 풋 밸브 흡입관이 물에 잠긴다. ○ 임펠러가 메여 있다.	• 흡입관, 패킹 박스 조사 • 회전계로 잰다. • 압력계로 조사 • 진공계로 조사 • 흡입관을 늘린다. • 내부를 본다.
	○ 회전 방향 반대 ○ 웨어링이 마모되어 있다. ◎ 액체 온도가 높든가 휘발성 액체이다.	• 화살표 조사 • 분배 수리한다. • 계획 재검토
	○ 토출 밸브가 조금 열려 있다.	• 밸브를 적당한 수준까지 열어 토출량을 늘린다.
	◎ 토출배관이 길고 배관 직경이 작을 경우	• 양정 계산을 다시 해보고 배관을 더 큰 구경으로 교체
	◎ 소요 유량 예측이 잘못되었을 경우	• 유량이 더 큰 펌프로 교체 • 한 대를 더 설치하여 병렬 운전을 고려
	○ 펌프 내부의 심한 마모(회전차, 케이싱 링)	• 회전차 상태를 확인해 보고 파손 및 마모 상태가 심한 경우 교체하고, 유체에 슬러리 함유량이 많고 마모량이 심한 경우 회전차의 재질 변경을 고려한다.

처음에 물이 나오나 곧 안 나온다.	○ 마중물이 충분치 못하다. ○ 흡입 측에서 공기를 뺀다. ◎ 배관 불량으로 흡입관 내에 에어 포켓이 생긴다. ○ 봉수 계통이 메여 있다. ◎ 흡입 양정이 지나치게 높다.	• 마중물을 충분히 한다. • 흡입측 조사 • 배관 상태 조사 • 수리 계통을 조사 • 진공계로 조사
과부하	◎ 과속 회전 ○ 양정 낮다. ○ 토출량 많다. ◎ 액 비중이 크다. ○ 동체 부분이 휜다. ○ 회전 부분이 닿는다. ○ 축이 휜다. ○ 글랜드 패킹을 지나치게 조인다. ○ 볼 베어링 손상 ○ 기름 윤활 시	• 회전계로 조사 • 토출 칸막이 밸브 죔 • 토출 칸막이 밸브 죔 • 계획 재검토 • 배관 상태를 본다. • 분해 수리한다. • 분해 수리한다. • 글랜드 패킹을 느슨하게 한다. • 볼 베어링 교환 • 윤활유출 보급

펌프가 소음, 진동한다.	○ 임펠러 일부가 메여 있다.
	○ 축이 굽었다.
	◎ 설치 불량
	
	○ 볼 베어링 손상
	◎ 캐비테이션 발생
	○ 회전차와 케이싱이 닿을 때
	
	○ 임펠러 파손
		• 내부 점검
		• 분해 수리
		• 설치 상태 조사
		  – 베드 내부에 콘크리트 보강, 외부 진동 원인을 제거
		  – 필요시 방진 고무나 신축관 사용을 고려
		• 볼 베어링 교환
		• 전문가에 상담
		• 펌프 모터 체결 볼트 및 기초 볼트를 잘 조여 준다. 회전차, 케이싱 링, 주축, 베어링 상태를 확인
		• 임펠러 교체

진동이 매우 심하다.	○ 펌프 모터 축 정렬이 안 맞을 때 ○ 흡입 조건 불량 ○ 베어링 파손 ○ 회전부 파손(밸런스가 안 된 경우) ○ 체결 볼트가 느슨할 때	• 재정렬을 한다. • 흡입 수면 확인(공기 유입 여부) • 흡입 측 배관 상태 확인 • 베어링 교체 • 임펠러 및 케이싱 링의 접촉 여부 확인 • 임펠러 파손 여부 확인 및 필요할 경우 교체 • 축의 휨 상태 발생 여부 확인 • 배관 하중이 펌프에 전달되지 않게 한다. • 배관의 진동이 펌프에 미치지 않게 한다. • 체결 볼트를 다시 조인다.

펌프에서 누수가 많다.	○ 축봉부로 누수 과다(패킹의 경우 소량의 물이 누수됨은 공기 유입을 방지하므로 정상적임) ○ 케이싱 접합부 누수	• 패킹 상태를 확인 후 필요시 교체 • 패킹 글랜드 볼트를 조금 더 조인다. • 메커니컬 실의 경우 파손 여부와 고무링 상태 확인 • 개스킷 상태를 확인하고 재조립할 때에는 신품 개스킷으로 교체
베어링 발열	○ 정렬이 안 맞을 때	• 정렬을 확인하고 가동시켜 본다.
	○ 그리스 과다 주입	• 베어링을 세척하고, 그리스 $\frac{1}{3}$ ~ $\frac{1}{2}$ 정도 주입 • 베어링 온도는 최대 75℃ 혹은 주위 온도 +40℃까지는 정상이므로 주기적인 측정을 한다.
	○ 오일 윤활의 경우 부족할 때	• 누유 확인 • 오일은 하단 축 중심까지의 양 • 규정된 윤활유를 사용 • 정기적으로 윤활유를 교체
	○ 베어링 파손 이상음 발생	• 그리스와 베어링 상태를 확인 후 교체
	○ 베어링 소손 현상이 빈번할 때	• 축심의 일치 여부 확인 • 규정된 윤활유 사용 • 유체의 온도가 베어링에 전달되는지 확인 및 냉각 커버 부착
유체의 온도가 매우 높다.	○ 열이 베어링에 전달되면 베어링의 수명이 단축된다.	• 냉각 커버 부착을 고려 • 냉각수 유량을 더 늘인다.
	◎ 물의 온도가 높아 포화 증기압으로 인해 펌핑할 때 흡상이 잘 안 되고 증기만 빨려 나온다.	• 펌프 설치 위치를 더 낮게 해 보고, 흡입 배관 손실을 최대한 작게 한다. • 가압 조건이 될 수 있게 배관을 바꾸어 본다.

5-7 보전

(1) 캐비테이션의 수리

캐비테이션을 일으킨 임펠러는 납땜, 용접 등으로 수리할 수도 있으나 회전 밸런스가 나빠지므로 제작 회사의 부품을 구입해서 교환한다.

(2) 에어링(air ring) 마모와 수리

에어링 마모의 원인은 물에 혼합되어 있는 모래나 이물질, 베어링 마모에 의한 임펠러의 진동 회전이나 축의 굽힘이 원인이 되며 오래 쓴 것은 임펠러와의 틈새가 2~3 mm나 되는 경우도 있다. 원인에 대해서는 급히 제거해야 되지만 마모가 일어난 후에는 임펠러의 부분도 선반으로 최소 한도로 깎아서 수정하고 웨어링은 임펠러에 현물 맞춤을 해서 새로이 만들어 바꾼다.

(3) 축의 글랜드 패킹부의 마모와 수리

축의 글랜드 패킹 접촉부도 쉽게 마모되는 부분이다. 청수(淸水)용 펌프라도 부식 때문에 3~5년 후에는 마모가 진행되므로 교체한다. 축을 대작(代作)할 때의 요점은 아래 그림의 ※표에 나타난 치수를 확실히 확보해 둔다. 축 흔들림 허용 범위는 그림과 같이 베어링 부착 위치를 기준으로 하여 날개 바퀴 부착부에서 0.05 mm 이내를 목표로 한다.

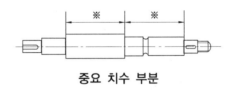

중요 치수 부분

(4) 베어링 마모와 수리

펌프의 구조 단면도를 봐도 알 수 있는 바와 같이 임펠러 부분은 베어링부보다 길게 돌출되어 있으며, 베어링이 마모되면 그 마모량의 거의 3배는 진동 회전을 할 가능성이 있어서 웨어링 마모를 촉진하게 된다. 또 글랜드 패킹 마모도 심해지므로 조속히 베어링을 바꾸는 것이 좋다.

6. 터빈 펌프의 분해와 조립

6-1 펌프 성능과 취급상 특징

터빈 펌프는 양정 곡선의 도중에 최고점을 갖는 경향이 있다. 이 최고점을 마감 양정이라고 하며 토출 밸브를 꽉 죄고 운전했을 때 또는 토출 구출 최고점 부근에 설치했을 때의 상태이다. 그 경우 동력 부하와 펌프 효율은 50~60 % 정도이고 토출량은 50 % 이하이다. 토출량을 순차적으로 증가함과 동시에 동력 부하는 급증되고 정격 토출량 100 %를 넘어도 여전히 동력은 증가된다. 이때 전동기 출력에는 어느 정도 여유를 두지 않으면 사용 조건에 따라서 과부하로 인한 전동기의 발열, 소손 등이 발생된다. 원심 펌프에서는 마감 양정이 정격보다 어느 정도 높은 곳에 있으나 축 동력은 양정의 변화나 토출량의 증감에 따라 큰 영향을 받지 않는 특성을 갖고 있다.

6-2 분해 조립 정비 순서

① 분해하기 전에 취급 설명서를 보고 단면도를 확인한다.
② 분해 전에 펌프 커플링을 손으로 돌려 축 방향으로 이동시켜 유격량을 확인해 둔다. 즉 축의 모터 측은 밸런스 디스크가 접촉된 곳이 한도이며, 또 그 반대측에는 임펠러의 뒷면과 케이싱이 접촉된 곳이 한도가 된다. 그 한도 중에서 정확한 위치는 임펠러 출구와 안내 날개 입구의 중심이 일치된 곳이다.
③ 분해는 밸런스 디스크 측으로부터 베어링 캡, 너트, 하우징, 스터핑 박스와 같이 순차적으로 분해를 진행한다.
④ 그림과 같이 밸런스 디스크의 뒷면이 보이며 빼내기 나사 구멍이 있으므로 축 슬리브통을 떼어 낸 다음 조심스럽게 빼내기 지그를 걸고 빼낸다. 이 구조에서는 밸런스 시트도 뗄 수 있게 되어 있으나 구조에 따라서는 시트가 케이싱에 나사로 고정되어 그대로는 분리할 수 없는 것도 있다. 수리가 필요할 때에는 나중에 분리한다.

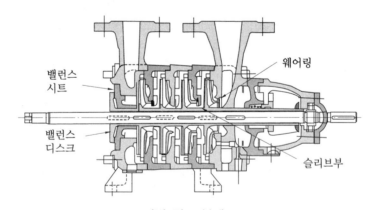

터빈 펌프 분해도

⑤ 밸런스 디스크와 시트의 접촉면은 반드시 마모되어 있다. 이것은 펌프를 가동했을 초기의 토출 압력이 정규 상태에 도달하기까지는 임펠러의 축 방향 힘이 크고 금속 접촉이 당분간 계속된다. 토출 압력이 정규까지 올라가면 틈새 흐름에 의해 금속은 해소된다.
⑥ 임펠러의 뒷면 틈새 측정법은 안내 날개와 임펠러의 출구 중심을 일치시킨 뒤 임펠러 뒷면 틈새를 측정한다.

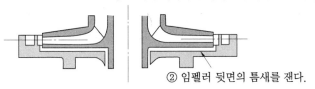

① 안내 날개와 임펠러의 출구 중심을 일치시킨다.

② 임펠러 뒷면의 틈새를 잰다.

임펠러 뒷면 틈새 측정법

⑦ 밸런스 디스크까지 임시 조립을 해서 디스크 접촉면의 마모량을 계산해도 되고, 그대로 분해를 진행해도 좋으나 분해할 때는 반드시 부품에 번호표를 달아둔다. 다단 펌프는 꼭 같은 부품을 써서 단 수를 증가했으나 동일 부품이라도 치수 공차의 누적에 따라서 조립 순서가 변하므로 예기치 않았던 부분이 접촉 마모될 가능성이 있다.

⑧ 터빈 펌프에서는 안내 날개가 있기 때문에 임펠러의 원주 방향으로 소용돌이 정도의 불평형은 일어나지 않는다. 따라서 보통 축 진동이나 회전 밸런스가 좋지 않는 한 접촉 마모는 아니고 액 중에 함유된 이물질에 의한 것으로 봐도 되며 그 원인 형태가 무엇이든 마모가 생겼다면 수리 교체한다.

⑨ 축 흔들림이나 회전 밸런스가 좋지 않아 베어링이 마모되면 그림과 같이 축에 슬리브 날개, 바퀴 등을 임시 조립한 후 V 블록 위에 올려놓고 손으로 돌리면 확인된다. 축 흔들림의 허용치는 임시 조립 상태에서 베어링부에 주어진 틈새값의 거의 $\frac{1}{2}$ 이내, 즉 최대 흔들림이 0.1 mm 이내로 흔들린다고 해도 0.2 mm를 넘어서는 안 된다.

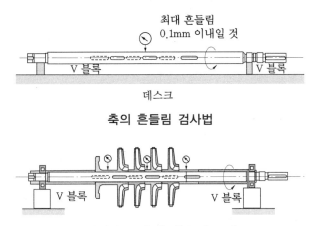

최대 흔들림
0.1mm 이내일 것

V 블록   V 블록

데스크

축의 흔들림 검사법

V 블록   V 블록

임펠러 조립 후 흔들림 조사

⑩ 축 흔들림이 어느 부분에서 최대인가는 다이얼 게이지를 각부에 대고 측정하면 알 수 있다. 그리고 축 너트를 약간 풀어 단면에 틈새를 만들고 틈새 게이지로 측정하면 어느 부분이 잘못되었는가를 알 수 있다. 그림에서 직경 50 mm, 길이 1,000 mm 의 축에 두께 5 mm의 슬리브를 부착하고 중심부에 2 mm의 최대 흔들림이 발생되

면 그 슬리브의 단면의 오차는 한쪽 면이 0.12 mm에 해당된다.

⑪ 축 흔들림의 수정은 잘못된 단면 부분을 선반에 걸어 중심내기를 하여 서로 접촉되는 단면을 0.5 mm씩 선반으로 깎은 후 그 부분에 1 mm 두께의 심을 넣고 조립하면 된다.

⑫ 축 흔들림은 없으나 접촉 마모가 있으면 회전 밸런스의 불량 요인이다. 회전 밸런스의 불량은 축 슬리브 등에는 없는 것으로 봐도 되며, 대상이 되는 것은 임펠러의 밸런스로 보는 것이 타당하다.

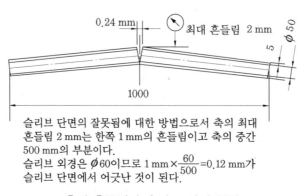

슬리브 단면의 잘못됨에 대한 방법으로서 축의 최대 흔들림 2 mm는 한쪽 1 mm의 흔들림이고 축의 중간 500 mm의 부분이다.
슬리브 외경은 ϕ60이므로 $1\,\text{mm} \times \dfrac{60}{500} = 0.12\,\text{mm}$가 슬리브 단면에서 어긋난 것이 된다.

축의 흔들림과 슬리브 단면 불량

7. 왕복 펌프의 취급과 정비

7-1 **아마존 패킹의 교체**

플런저 펌프에서는 필요없으나 수용(水用) 피스톤에는 아마존 패킹이나 가죽, 고무 등의 패킹이 쓰인다. 아마존 패킹의 접촉부는 다음 그림 실린더의 내경과 피스톤 링, 홈 직경, 홈 폭을 측정해서 패킹 사이즈를 결정하여야 하지만 이 패킹은 인치이고(6.4 mm에서 1.6 mm를 뛰고 25.4 mm까지) 단면은 정방형으로 한다. 패킹 폭은 (b)의 요령으로 피스톤 홈버로 쉽게 밀어 넣을 수 있을 정도가 적당하다. 또 높이는(실린더 내경-피스톤 홈 직경)$\times \dfrac{1}{2}$에 대해 0.5 mm, -0 정도를 가늠으로 한다.

홈 폭에 대하여 패킹 폭이 헐겁거나 혹은 지나치게 강할 때는 (b)와 같이 패킹을 쪼갠 것을 맞추어 적당한 크기로 하여 밀어 넣는다. 높이가 부족할 경우에는 (c)와 같이 동판을 테이프 모양으로 절단한 것을 깔고 부족분을 보충한다. 단 (c), (d)의 양쪽을 부당하게 작은 패킹으로 임시로 사용해서는 안 된다. 그러므로 폭과 높이 어느 한쪽에만 이 같은 방법을 쓸 수 있다.

(a) 접면부

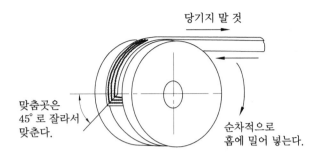

맞춤곳은 45°로 잘라서 맞춘다.

당기지 말 것

순차적으로 홈에 밀어 넣는다.

(b) 피스톤 홈으로의 부착

지나치게 깊은 홈에는 황동판을 밑에 감아 높게 할 수도 있다.

(c) 지나치게 깊은 홈의 경우

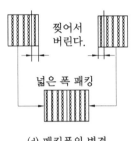

찢어서 버린다.

넓은 폭 패킹

(d) 패킹폭의 변경

아마존 패킹의 장착

7-2 피스톤 링의 교체

증기용 및 내연 기관용 피스톤 링은 그 일부를 절단하여 만든다. 이것은 시간의 경과와 함께 고온 상태와 마모에 의해 탄력을 상실하고 맞춤부의 틈새가 증대되어 누설 방지 기능이 저하되므로 교체하여야 한다. 피스톤의 링 홈 측면도 마모되지만, 단이 난 마모나 큰 늘어짐이 없으면 그다지 염려하지 않아도 된다. 피스톤 링 부의 누설은 맞춤부의 틈새가 결정적인 요인이 된다.

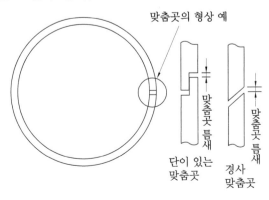

맞춤곳의 형상 예

맞춤곳 틈새

맞춤곳 틈새

단이 있는 맞춤곳

경사 맞춤곳

피스톤 링과 맞춤곳의 형상

7-3 흡입 토출 밸브의 정비

① 밸브 자리의 형상과 특징 밸브 자리의 대표적인 것으로 아래 왼쪽 그림 (a)의 평면자리 형과 (b)의 원추 자리형이 있고 기타 특수한 것으로 구면 자리형이 있다. 평면 밸브 자리에 비하여 원추 밸브 자리가 유체 저항이 20~30 %는 적다. 또 구면 자리는 걸리는 곳이 적다.

② 밸브의 작동과 리프트의 조정 밸브는 자중 또는 스프링으로 자동적으로 닫게 되어 있는 곳이 많으며 흡입 측은 저항을 적게 하기 위해 약한 스프링을, 토출 측은 작동의 늦어짐을 적게 하기 위해 경한 스프링을 쓰든가 또는 자중을 크게 한다. 또 흡입 측의 밸브 자리 구멍을 토출 측보다 크게 하거나 밸브의 리프트를 크게 취하게끔 한 것도 있다. 일반적으로 흡입 밸브 리프트는 유로의 직경의 30~40 %, 토출 밸브 리프트는 20~30 % 정도로 조정하면 된다. 이것은 밸브가 열렸을 때 유로의 면적이 다른 유로보다 좁으면 유체 저항이 증대되고, 넓게 하면 저항이 적은 대신 밸브 폐쇄의 늦음이 생겨 어느 정도 펌프 효율을 저하시키는 원인이 된다.

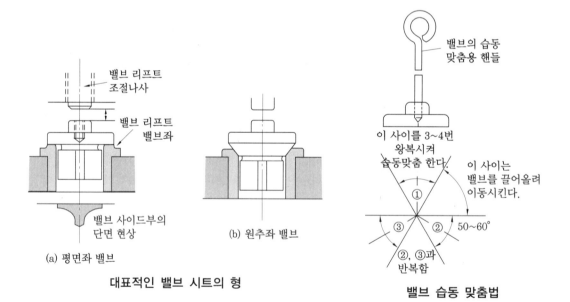

대표적인 밸브 시트의 형

밸브 습동 맞춤법

③ 닿는 면의 습동 맞춤 : 밸브의 수정은 우선 닿는 면을 선반으로 깎아 고치고 다음에 미세한 카아버런덤(# 150~200)으로 습동 맞춤한다. 이 요령은 위 오른쪽 그림과 같은 습동 맞춤용의 핸들을 부착하고 가볍게 눌러 50~60°의 범위로 반복해서 몇 번 돌린다. 이와 같은 순서를 2~3번 반복한 후 닿는 면을 정확히 선삭(旋削)한다.

연 | 습 | 문 | 제

1. 송풍기를 설치한 곳의 기초 지반이 연약할 때 가장 큰 영향을 미치는 고장 발생의 현상은?
- ㉮ 진동 발생이 크다.
- ㉯ 베어링 과열
- ㉰ 시동 시 과부하 발생
- ㉱ 풍량과 풍압이 작아진다.

2. 다음 중 송풍기의 흡입 방법에 의한 분류가 아닌 것은?
- ㉮ 실내 대기 흡입형
- ㉯ 흡입관 취부형
- ㉰ 풍로 흡입형
- ㉱ 편흡입형

3. 펌프 임펠러와 와류실 사이에 안내 깃을 두고 임펠러를 나온 물이 운동 에너지를 압력으로 변환시키는 펌프는?
- ㉮ 기어 펌프
- ㉯ 편심 펌프
- ㉰ 프로펠러 펌프
- ㉱ 원심 펌프

4. 펌프 흡입관의 배관 방법으로 적절하지 못한 것은?
- ㉮ 흡입관의 위치는 흡수조의 측변에 붙인다.
- ㉯ 흡입관은 직선적으로 짧게 설치한다.
- ㉰ 이경관을 설치할 때는 편심 이경관을 사용한다.
- ㉱ 흡입관은 펌프를 향하여 오름 경사로 설치한다.

5. *NPSH*(net positive suction head)란?
- ㉮ 전흡입 양정
- ㉯ 전토출 양정
- ㉰ 유효 흡입 헤드
- ㉱ 유효 토출 헤드

정답 **1.** ㉮ 기초 지반이 연약하면 진동이 발생한다.

2. ㉱ 편흡입형은 임펠러 흡입구에 의한 분류이다.

3. ㉱ 원심 펌프는 임펠러가 물속에서 외부 동력에 의해 회전할 때 임펠러 속의 물은 외부에 흘러 임펠러를 나와 와류실 내에 모여서 토출구로 간다. 임펠러와 와류실 사이에 안내 깃을 두고 임펠러를 나온 물의 운동 에너지 일부를 압력으로 바꾸어 와류실에 모으는 형식을 디퓨져 펌프라 하며, 케이싱 일부의 흡입구는 흡입구에서 임펠러 입구까지 물을 흡입하는 작용을 한다.

4. ㉮ 흡입관 끝에 스트레이너 또는 풋 밸브를 사용한다.

5. ㉰ 캐비테이션(cavitation)의 방지 근본책은 유효 NPSH를 필요 NPSH보다 크게 하는 데 있으며, 필요 NPSH를 감소하는 방법으로 임펠러 앞에 인듀서라고 하는 예압용의 임펠러를 장치하여 이곳으로 들어가는 물을 가압해서 흡입 성능을 향상시키는 경우가 있다.

6. 안지름이 750 mm인 원형관에 양정이 50 m, 유량 m³/min의 물을 수송하려 한다. 여기에 필요한 펌프의 수동력(Lw)은 약 얼마인가?

㉮ 325 PS   ㉯ 555 PS   ㉰ 750 PS   ㉱ 800 PS

7. 펌프 수격 현상의 특징으로 잘못된 것은?

㉮ 관로에서 유속의 급격한 변화에 의한 압력이 상승, 하강하는 현상이다.
㉯ 펌프의 동력이 급속히 차단될 때 나타난다.
㉰ 밸브를 급속히 닫을 때 발생한다.
㉱ 관로에 기포가 발생되어 압력의 변화가 발생되는 현상이다.

8. 다음에서 캐비테이션 방지 조건으로 잘못된 것은?

㉮ $NPSHav = NPSHre \times 1.3$로 맞춘다.
㉯ 흡입 실양정을 작게 한다.
㉰ 편흡입 펌프를 양흡입 펌프로 바꾼다.
㉱ 회전수를 낮춘다.

9. 왕복 펌프의 종류가 아닌 것은?

㉮ 기어 펌프   ㉯ 피스톤 펌프
㉰ 플런저 펌프   ㉱ 다이어프램 펌프

10. 소형 원심 펌프에서 전양정 몇 m 이상일 때 체크 밸브를 설치하는가?

㉮ 10 m   ㉯ 20 m   ㉰ 50 m   ㉱ 100 m

11. 원심 펌프에서 임펠러의 양쪽에 작용하는 수압이 같지 않아 발생하는 추력을 줄여 주기 위한 방법으로 적당한 것은?

㉮ 흡입 양정을 적게 한다.   ㉯ 임펠러의 직경을 증가시킨다.
㉰ 임펠러의 직경을 감소시킨다.   ㉱ 임펠러에 밸런스 홀을 뚫는다.

정답   **6.** ㉯ $Lw = \dfrac{YQH}{75 \times 60} = \dfrac{1000 \times 50 \times 50}{4500} = 555$

7. ㉱ 관로에 기포가 발생되어 진동, 소음이 발생되는 현상은 공동 현상이다.

8. ㉮ $NPSHav = NPSHre \times 1.3$이 되면 캐비테이션이 발생한다.

9. ㉮ 기어 펌프는 회전 펌프이다. 왕복 펌프의 종류로는 피스톤 펌프, 플런저 펌프, 다이어프램 펌프, 윙 펌프가 있다.

10. ㉱ 전양정 100 m 이상일 때 소형 원심 펌프는 체크 밸브, 풋 밸브를 설치한다.

11. ㉱ 흡입 측 반대에 밸런스 실을 만들어 임펠러 밸런스 홀(hole)을 뚫고 흡입 측과 압력을 같게 하면 축 추력을 줄일 수가 있다.

12. 펌프가 운전이 되고 있으나 물이 처음에는 나오다가 곧 나오지 않고 있을 때 원인 또는 그 대책으로 옳지 못한 것은?

　㉮ 흡입 양정이 지나치게 높다.
　㉯ 배관 불량으로 흡입관 내에 에어 포켓이 생겼다.
　㉰ 웨어링이 마모되었다.
　㉱ 마중물이 충분하지 못하다.

13. 펌프 운전 시 소음 발생 원인이 아닌 것은?
　㉮ 캐비테이션 발생　　　　　　　㉯ 흡입측에 공기 유입
　㉰ 글랜드 패킹의 누수　　　　　　㉱ 베어링 불량

14. 펌프의 비속도란 무엇인가?

15. 원심 펌프에서 웨어링(wear ring)을 설치하는 이유는?

16. 펌프 임펠러와 와류실 사이에 안내 깃을 두고 임펠러를 나온 물이 운동 에너지를 압력으로 변환시키는 펌프는?

정답 12. ㉰ 웨어링이 마모되면 규정 수량, 규정 양정이 나오지 못한다.

13. ㉰ 소음 발생의 원인은 캐비테이션 발생, 라인에 공기 흡입, 메탈 베어링 불량 등이 있다. 글랜드 패킹의 누수는 물이 새는 원인이다.

14. 비속도(N_S : specific speed) : 원심 펌프 임펠러의 현상과 펌프의 특성 및 최적의 회전수를 결정하는 데 이용되는 값으로 터보 펌프의 모양이 설정되면 양정이 높고 토출량이 적은 펌프는 낮아지고, 토출량이 크고 양정이 낮은 펌프는 높아진다.

$$N_S = \frac{N\sqrt{Q}}{H^{\frac{3}{4}}}$$

15. 회전부 임펠러와 고정부 케이싱 사이에는 작은 틈새를 형성하여 임펠러 출구 측의 고압수가 입구의 저압 측에 새는 것을 줄인다. 이 작은 틈새 부분은 마찰되기 쉬우므로 교체하기 편리하도록 웨어링을 만든다.

16. 원심 펌프 : 다수의 굽은 깃(vane)을 가진 임펠러를 유체로 가득 차 있는 케이싱 내에서 회전시켜 원심 작용에 의하여 임펠러의 중심부가 저압으로 되어 연결된 파이프(suction pipe)를 통하여 유체가 흡입된다. 이 유체가 임펠러의 깃과 깃 사이를 반경 방향의 바깥쪽으로 흐르는 동안 유체에 압력 헤드의 상승을 일으키며, 또한 속도(운동) 에너지도 공급되나 유체가 와류실(volute casing) V, 토출 노즐(discharge nozzle) N을 통과하면서 회전차 안에서 주어진 속도 에너지의 대부분이 압력 에너지로 변환된다.

17. 주변 홈이 있는 원판상 회전체를 케이싱 속에서 회전시켜 이것에 접촉하는 액체를 유체 마찰에 의해 압력 에너지를 주어 송출하는 펌프는?

18. 피스톤 펌프의 흡입 쪽에 일단 흡입 유체는 역류하지 않도록 하기 위한 밸브로 적당한 것은?

19. 펌프를 운전할 때 정상적인 베어링의 적정 온도는?

20. 펌프의 내부에서 흡입 양정이 길거나 유속이 빠른 부분에서는 압력이 낮아지고, 유체가 증발하여 압력이 포화 수증기압 이하로 낮아지면서 기포가 발생하며, 소음과 진동이 발생하고, 펌프의 운전 불능 상태가 되기도 하는 현상은?

21. 캐비테이션이란 무엇인지 설명하시오.

22. 펌프의 서징(surging) 현상에 대하며 설명하시오.

23. 펌프의 고체 마찰에 따른 진동 방지책을 설명하시오.

정답 17. 마찰 펌프 : 여러 형상의 매끈한 회전체 또는 주변 홈이 있는 원판상 회전체를 케이싱 속에서 회전시키고 이것에 접촉하는 액체를 유체 마찰에 의해 압력 에너지를 주어 송출하는 펌프

18. 체크 밸브

19. 정상 베어링 주위 온도는 40℃ 이하이다.

20. 수격 현상

21. 펌프의 설치 위치를 되도록 낮게 하고 흡입 양정을 작게 해야 하며, 외적 조건으로 캐비테이션을 피할 수 없는 경우에 임펠러 재질은 캐비테이션 침식에 강한 고급 재질을 택한다.

22. 양정 곡선에서 토출량 증가에 따른 양정 감소를 갖는 것을 하강 특성이라 하고 한번 증가한 후 감소하는 것을 산형 특성이라 한다. 하강 특성 펌프는 항상 안정된 운전이 되는 데 비하여, 산형 특성의 펌프는 사용 조건에 따라 흐름과 같은 상태로 흡입・토출구에 장치한 진공계 및 압력계의 지침이 흔들려 토출량이 변화한다. 펌프 운전 중에 토출 측 관로의 하류에서 밸브를 천천히 닫으면서 유량을 감소시켜 가면 갑자기 압력계가 흔들리면서 토출량이 어떤 범위 내에서 주기적인 변동이 생기며 흡입, 토출 배관에서 주기적인 소음, 진동을 동반하는 현상을 서징이라 한다.

23. 고체 마찰 방지를 위한 윤활 계통을 개선한다.

24. 펌프의 분해 검사 간격 및 항목에 대하여 설명하시오.

25. 원심 펌프에서 전양정이 20 m, 유량이 35 L/s, 전동기 효율이 84 %일 때 수동력과 축동력은? (단, 유체는 20℃ 벤젠으로 밀도가 897 kgf/m³이다.)

26. 4극 3상 유도 전동기로 펌프를 운전할 때 미끄럼률이 4 %라면 펌프의 회전수는 얼마인가? (단, 전원 주파수는 60 Hz이다.)

정답 **24.** ① 매일 점검 항목 : 베어링 온도, 흡입 토출 압력, 습기(누수량), 윤활유 온도 압력, 토출 유량계, 패킹 상자에서의 누수, 냉각수의 출입구 온도 압력, 원동기의 압력, 오일링의 움직임

② 분기 점검 항목 : 펌프와 원동기의 연결 상태, 글랜드 패킹, 윤활유 면과 변질의 유무, 배관 지지 상태

③ 1년마다 점검 항목 : 전 분해(over-Haul), 마모 간극(clearance) 측정, 계기류의 점검

25. 수동력은 $Lw = \rho g H Q = \dfrac{879\,kgf}{m^3} \times \dfrac{9.81\,m}{S^2} \times 20\,m \times \dfrac{35\,\iota \times m^3}{S \times 1000\,\iota} = 6030\,w = 6.03\,kW$

축동력은 $L_s = \dfrac{Lw}{\eta} = \dfrac{6.03}{0.84} = 7.18\,kW$

26. $N = \dfrac{120f}{P}\left(1 - \dfrac{s}{100}\right) = \dfrac{120 \times 60}{4}\left(1 - \dfrac{S}{100}\right) = 1.728\,rpm$

제6편

기계의 분해 조립

제1장 분해 조립

1 분해 조립

1. 분해 조립 시 주의 사항

1-1 분해 작업 시 주의 사항

기계 분해의 목적은 부품 교체, 점검, 보수, 급유 등을 통한 완전한 기계로서의 기능 복원이다.

① 기계 구조를 충분히 검토하고 이해한 후 분해 순서를 정확히 지킬 것

② 무리한 힘을 가하거나 맞지 않는 공구를 사용하여 부품을 손상하거나 파손하는 일이 없도록 할 것

③ 이상 상황이 있는 부분은 관계 위치에 기록할 것

　㉮ 분해 중 이상은 없는가 점검할 것

　㉯ 이상을 확인하면 관계 위치 상태, 정도, 재질 기타 등을 명확히 기록할 것

　㉰ 표면이 손상되지 않도록 주의할 것

　㉱ 특히 부착물 등을 파악하고 확인할 것

　㉲ 마킹(marking)은 필히 할 것

④ 사상 또는 습동부에 분해 부품의 흠집 방지

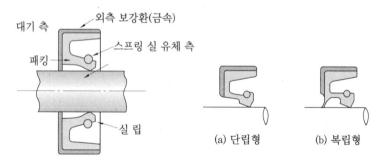

오일 실의 조립 상태

⑤ 분해 부품의 보관 철저

(가) 특히 작은 부품이 분실되지 않도록 상자나 통에 보관할 것

(나) 계기 종류는 조심하여 취급할 것

(다) 부품은 순서대로 안전하게 정돈할 것

(라) 파이프류는 양단에 깨끗한 걸레나 비닐 등으로 막아 둘 것

(마) 큰 중량물이나 큰 기계는 부속품의 재분해를 고려하여 재작업 위치의 변경을 하지 않도록 주의할 것

(바) 중량 및 긴 물건은 굽힘을 고려하여 고임목을 사용할 것

⑥ 불안전한 줄 걸이는 하지 말 것

(가) 하물의 중량 중심에 와이어 로프를 몇 번 반복해서 감아올릴 것

(나) 아이 볼트 및 섀클은 확실하게 죌 것

⑦ 분해 부품의 분실에 주의할 것

⑧ 접합부의 틈, 마모 정도를 점검할 것

(가) 마모 부식 상황을 검사 측정하여 기록할 것

(나) 키 고정부의 클리어런스 측정

(다) 불량 원인 및 개소를 점검할 것

⑨ 부자연한 물질이 내부에 존재하는지를 체크할 것

(가) 분해 시 케이싱 혹은 박스 내에 탈락 부품의 여부를 확인할 것

(나) 윤활유조 내에 이물의 혼입이나 필터의 이물 부착 여부를 확인할 것

(다) 균열의 유무 등 체크, 미심쩍은 개소는 필히 칼라 체크 등을 실시할 것

1-2 조립 작업 시의 주의 사항

조립 작업은 연속으로 장기 가동을 하는 전제 하에 하는 것으로 완전한 정비를 수행하여 이상이 없는 상태라고 보증되지 않으면 안 된다. 즉 시간에 쫓겨 나쁜 상태를 알면서도 눈을 피한다든지, 또 완전이라는 자신의 확인도 없이 끝마치는 무책임한 방법은 절대로 해서는 안 된다.

① 무리한 조립은 하지 말 것 : 각 부품은 정상인가 또는 도면과 같이 조합되어 있는가를 충분히 검토 확인하고, 재고 부품이 있으면 그 방법을 비교하여 본 후 의심스러운 곳은 체크할 것

② 마킹은 틀리지 않게 정확히 할 것

③ 청소를 깨끗이 한 후 조립할 것 : 베어링부는 윤이 나도록 문질러 닦고 녹 발생이 없도록 하며, 정밀 기계일 때는 특히 장갑 등을 끼지 않고 맨손으로 작업할 것

④ 접합면에 이물이 들어가지 않도록 할 것, 습동부 등은 걸레로 잘 닦고 맨손으로

훑어볼 것

⑤ 라이너의 틈새 조정은 정확하게 하고 조립할 때에 내부의 부품이 빠졌나 확인하고 메탈 등 회전 방지 로크(lock)는 철저히 확인하고 스러스트 링 또는 칼라 등이 분실되지 않도록 할 것. 또 패킹류 및 라이너는 정규 부품인가 확인할 것

⑥ 회전 로크 장치는 완전하게 할 것

⑦ 불량품을 사용하지 말 것

⑧ 적정 체결력(조임)에 주의하고, 볼트와 너트를 조일 때는 균일하게 조일 것

⑨ 불확실 부품은 반드시 측정 및 검사를 실시할 것

⑩ 박스 내부와 케이싱에 스패너, 줄, 볼트, 너트 및 라이너 등의 공구를 떨어뜨린 상태로 조립하는 사례가 없도록 할 것

⑪ 배관 내에 이물질을 넣은 채로 조립하거나 걸레나 비닐로 봉한 상태로 조립하지 말고 그리스에 모래, 스케일 등이 혼입되지 않도록 할 것

1-3 조립 완료 시 점검 사항

① 부속품 부착품은 완전하게 결합되어 있는가?

② 잔류 부품은 없는가?

③ 급유 상태는 양호한가?

④ 조립 부분을 기중기 등으로 가볍게 작동했을 때 이상이 없는가?

2. 가열끼움

2-1 일반적인 지식

(1) 가열끼움의 정의

① 가열끼움(fitting) : 기계 부품을 끼워 조립하는 방법을 말한다. 가열끼움의 종류로는 열박음, 냉각 박음 등이 있다.

② 가열법 : 가열 시에는 골고루 서서히 가열하며 200~250℃ 이하로 가열한다.

   ⑺ 가스 버너나 가스 토치로 가열하는 법

   ⑻ 열박음 로(爐)에서 가열하는 법

   ⑼ 수증기로 가열

   ⑽ 기름으로 가열

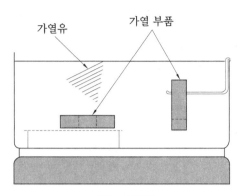

기름 가열법

㈔ 전기로로 가열

㈕ 고주파 유도 가열

가스 토치로 가열하는 법

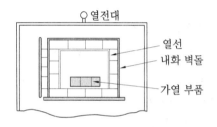

전기로에서의 가열

고주파 유도 가열기

(2) 치수 공차 및 끼워맞춤

① 공차 : 어떤 형체의 최대 허용 한계와 최소 허용 한계와의 차이를 공차라 한다.

② 치수 공차 : 기준 치수와 최대 허용차와의 차이를 위 치수 허용차, 또 기준 치수와 최소 허용차와의 차이를 아래 치수 허용차라 한다.

③ 끼워맞춤 : 두 개의 기계 부품이 서로 끼워맞추기 전의 치수 차에 의하여 틈새와 죔새를 갖고 서로 접합하는 관계를 말한다.

⑺ 헐거운 끼워맞춤(running fit) : 축과 구멍 사이에 항상 틈새가 있는 끼워맞춤

⑻ 중간 끼워맞춤(sliding fit) : 축과 구멍 사이에 틈새와 죔새가 있는 끼워맞춤

⑼ 억지 끼워맞춤(tight fit) : 축과 구멍 사이에 항상 죔새가 있는 끼워맞춤

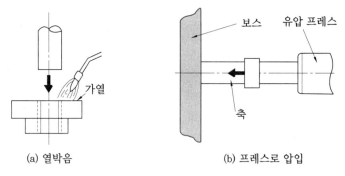

(a) 열박음   (b) 프레스로 압입

억지 끼워맞춤

(3) 재료의 열팽창

① 대부분의 금속은 가열하면 부피가 늘어난다. 1℃ 온도의 변화에 팽창하는 길이와의 비율을 선팽창 계수(α)라 한다.

② 온도와 체적과의 비를 체적 팽창 계수라 하고, 체적 팽창 계수는 선팽창 계수의 3배로 한다.

③ 0℃에서 길이를 L_o, $t[℃]$에서의 길이를 L_t라 하면 선팽창 계수는 $\alpha = \dfrac{L_t - L_o}{L_o}$ 가 된다.

④ 가열끼움에서 가열 온도 t는 $t = \dfrac{\Delta D}{\alpha \times D}$ (D : 축 지름[mm], ΔD : 축 직경의 죔새 변화량, α : 선팽창 계수)

⑤ 가열끼움은 죔새를 이용하여 축과 보스를 고정하는 방식이므로 열응력을 고려하여 적당한 죔새를 유지시켜 줘야 한다.

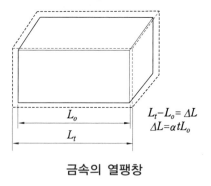

$L_t - L_o = \Delta L$
$\Delta L = \alpha t L_o$

금속의 열팽창

| 예제 |

가열끼움할 베어링의 내경이 100 mm이고, 100℃까지 가열했다면 팽창량은 얼마인가? (단, 베어링의 열팽창 계수는 12.5×10^{-6}이다.)

해설 $\Delta d = \alpha \cdot D \cdot \Delta T = 12.5 \times 10^{-6} \times 100 \times 100 = 0.125$ mm

(4) 가열 작업 시 주의 사항

① 250℃ 이상으로 가열하면 재질의 변화 및 변형이 발생하므로 가열 시에는 골고루 서서히 가열하며 200~250℃ 이하로 가열한다.

② 가열 도중 구멍 내경을 수시로 측정하여 팽창량을 점검하고, 요구하는 팽창량을 얻었을 때 신속 정확히 조립해야 한다.

③ 대형 부품을 열박음할 때는 기중기를 사용한다.

④ 둘레에서 중심으로 서서히 균일하게 가열하고 조립 후 냉각할 때에 급랭해서는 안 된다.

(5) 준비 작업

가열 후 내경 측정

① 외경 내경 마이크로미터를 점검하고 수정한다.

② 축의 표면과 대상물의 내면을 검사하여 흠이 있으면 기름숫돌이나 사포로 다듬는다.

③ 축의 외경과 대상물의 내경을 마이크로미터로 측정한다.

④ 측정값을 이용하여 죔새를 계산한다.

⑤ 죔새와 재료에 따른 열팽창 계수를 이용하여 열박음을 위한 가열 온도를 계산한다.

⑥ 축과 키 홈 손질을 깨끗이 한다.

⑦ 축에 윤활제(moly-kote)를 바른다.

⑧ 가열 끼움용 기름통이나 가열 토치를 준비하고 이상 유무를 확인한다.

⑨ 두터운 장갑을 준비한다.

⑩ 측정 공구(퍼스)를 준비한다.

⑪ 냉각용 공기를 준비한다.

(6) 가열 작업

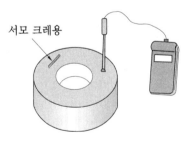

서모 크레용

가열 온도의 확인

① 가열한 부분에 템퍼 스틱 혹은 서모 크레용(thermo-crayon)을 바른 후 가열하기 쉽도록 고정한다.

② LPG 및 산소 밸브를 열고, 토치에 점화한 후 둘레로부터 서서히 안쪽으로 가열한다.

③ 서모 크레용이 용해되면 온도 검출기로 정확한 온도를 확인한다.

④ 가열 작업을 할 때에는 온도계를 사용해서 과열되지 않도록 주의한다.

⑤ 대략 150℃ 정도로 가열하면서 퍼스로 팽창량을 측정하여 측정 결과 이상이 없으면 토치의 불을 끈다.

(7) 가열끼움 작업

① 가열된 대상물(coupling)의 내경을 퍼스로서 확인 측정한다.

② 온도가 적합하면 보호구를 착용한 후 축에 윤활제를 바른다.

③ 가열 토치(heating torch)의 불을 끈다.

④ 두터운 장갑을 끼고 조립 작업을 하는데, 한 사람의 힘으로 조립이 가능한 것은 한 사람이 가열된 대상물을 두 손으로 들고 축에 끼운다.

⑤ 조립할 때에는 대상물이 냉각되므로 시간을 지체하지 않고 열이 식기 전(20초 이내)에 신속히 조립한다.

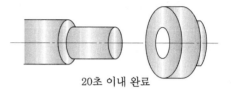

20초 이내 완료

가열 후 끼워맞춤

⑥ 키 홈과 키를 바르게 맞추어서 조립한다.

⑦ 조립 시 대상물과 축의 중심이 정확히 맞추어져야 한다.

⑧ 한번 실패한 경우에는 완전히 분리하여 대상물은 다시 가열하고 축은 공기나 물로서 완전히 냉각시킨다.

⑨ 한번 실패하면 시간에 쫓기게 되므로 주의한다.

⑩ 대상물의 치수를 잘못 측정하여 억지로 조립을 하다 보면 대상물인 축에 물려 분해 조립이 안 되는 경우가 있으므로 팽창 내경은 정확히 계산되고 측정되어야 한다.

⑪ 끼움 상태를 확인 후 공기로 냉각한다.

⑫ 뒷정리를 한다.

2-2 베어링의 가열끼움

쥠새가 큰 베어링을 축에 설치할 때는 깨끗한 광유에 베어링을 90~120℃로 가열하여 내경을 팽창시켜 조립하는 방법을 널리 이용한다.

베어링의 경도는 과열되면 급속히 경도가 저하되므로 절대로 120℃ 이상을 초과해서는 안 된다. 베어링을 오일 탱크에서 가열할 때는 필히 그물 받침대에 올려놓고 가열해야 한다. 절대로 탱크 밑에 그대로 올려 놓아서는 안 된다.

베어링의 냉각 시 축의 단면과 베어링의 단변 사이에 흠이 생길 경우가 있기 때문에 지그를 사용하여 축 방향에 베어링을 밀어 고정시킬 필요가 있다. 베어링의 온도 점검은 수은 온도계로서 측정하고 베어링을 오일 탱크에서 꺼내어 베어링의 내경 및 외경의 표면 온도는 표면 온도계를 사용한다.

2-3 가열 빼내기 작업

(1) 사용 재료

LP가스, 산소, 서모 크레용

(2) 사용 공구 및 기계

풀러, 수평 프레스, 체인 블록

(3) 작업 순서

① 가열 온도를 계산한다.

② 토치를 준비하고 LPG 및 산소 레귤레이터를 규정된 사용 압력으로 조정한다(LPG = 50 kPa, 산소 = 500~700 kPa).

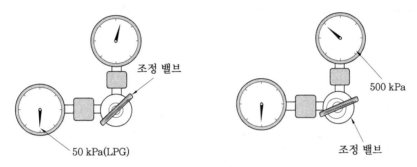

사용 압력의 조정

③ 축과 커플링 풀러를 설치한다.

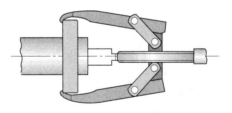

풀러에 의한 분해

④ 대상물 표면에 서모 크레용를 칠한 후 토치에 불을 붙여 대상물 바깥쪽부터 서서히 가열한다.

⑤ 규정된 온도에 도달하면 토치의 불을 끄고 풀러를 작동하여 대상물을 빼낸다. 이때 죔새가 너무 크거나 큰 직경의 경우 분해 조립용 유압 프레스를 이용하여 분해한다.

⑥ 냉각 후 빼내기 작업을 할 때에 축 및 커플링에 흠집 또는 긁힘을 확인한다.

연 | 습 | 문 | 제

1. 분해 작업 시 주의 사항에 대하여 설명하시오.

2. 조립 작업 시 주의 사항에 대하여 설명하시오.

3. 가열끼움 시 끼워맞춤에 대하여 종류를 들고 설명하시오.

정답 **1.** ① 기계 구조를 충분히 검토하고 이해한 후 분해 순서를 정확히 지킬 것
　　② 무리한 힘을 가하거나 맞지 않는 공구를 사용하여 부품을 손상하거나 파손하는 일이 없도록 할 것
　　③ 이상 상황이 있는 부분은 관계 위치에 기록할 것
　　④ 사상 또는 습동부에 분해 부품의 흠집을 방지할 것
　　⑤ 분해 부품을 철저히 보관할 것
　　⑥ 불안전한 줄 걸이는 하지 말 것
　　⑦ 분해 부품의 분실에 주의할 것
　　⑧ 접합부의 틈, 마모 정도를 점검할 것
　　⑨ 부자연한 물질이 내부에 존재하지 않는지 확인할 것

　2. ① 무리한 조립은 하지 말 것
　　② 마킹은 틀리지 않게 정확히 할 것
　　③ 청소를 깨끗이 한 후 조립할 것
　　④ 접합면에 이물이 들어가지 않도록 할 것
　　⑤ 라이너의 틈새 조정은 정확하게 하고 조립 시 내장에 부품이 빠졌나 확인하고 메탈 등 회전 방지 로크는 철저히 확인하고 트러스트 링 또는 컬러 등이 분실되지 않도록 할 것. 또 패킹류 및 라이너는 정규 부품인가 확인할 것
　　⑥ 회전 로크 장치는 완전하게 할 것
　　⑦ 불량품을 사용하지 말 것
　　⑧ 적정 체결력(조임)에 주의하고, 볼트와 너트를 조일 때는 균일하게 조일 것
　　⑨ 불확실 부품은 반드시 측정 및 검사를 실시할 것
　　⑩ 박스 내부와 케이싱에 스패너, 줄, 볼트, 너트 및 라이너 등의 공구를 떨어뜨린 상태로 조립하는 사례가 없도록 할 것
　　⑪ 배관 내에 이물질을 넣은 채로 조립하거나, 걸레나 비닐로 봉한 상태로 조립하지 말고 그리스에 모래, 스케일 등이 혼입되지 않도록 할 것

　3. ① 헐거운 끼워맞춤 : 축과 구멍 사이에 항상 틈새가 있는 끼워맞춤
　　② 중간 끼워맞춤 : 축과 구멍 사이에 틈새와 죔새가 있는 끼워맞춤
　　③ 억지 끼워맞춤 : 축과 구멍 사이에 항상 죔새가 있는 끼워맞춤

4. 가열 끼워맞춤에서 준비 작업에 대하여 설명하시오.

5. 가열끼움 작업에서 작업 순서를 간단히 설명하시오.

6. 기어의 내경이 100 mm이고, 죔새가 0.11일 때 가열 온도는 얼마인가? (단, 열팽창 계수는 11×10^{-6}이다.)

정답 4. ① 외경 내경 마이크로미터를 점검하고 수정한다.
② 축의 표면과 대상물의 내면을 검사하여 홈이 있으면 기름숫돌이나 사포로 다듬는다.
③ 축의 외경과 대상물의 내경을 마이크로미터로 측정한다.
④ 측정값을 이용하여 죔새를 계산한다.
⑤ 죔새와 재료에 따른 열팽창 계수를 이용하여 열박음을 위한 가열 온도를 계산한다.
⑥ 축과 키 홈 손질을 깨끗이 한다.
⑦ 축에 윤활제를 바른다.
⑧ 가열끼움용 기름통이나 가열 토치를 준비하고 이상 유무를 확인한다.
⑨ 두터운 장갑을 준비한다.
⑩ 측정 공구(퍼스)를 준비한다.
⑪ 냉각용 공기를 준비한다.

5. ① 가열된 대상물의 내경을 퍼스로서 확인 측정한다.
② 온도가 적합하면 보호구를 착용한 후 축에 윤활제를 바른다.
③ 가열 토치의 불을 끈다.
④ 두터운 장갑을 끼고 조립 작업을 하는데 한 사람의 힘으로 조립이 가능한 것은 한 사람이 가열된 대상물을 두 손으로 들고 축에 끼운다.
⑤ 조립할 때에는 대상물이 냉각되므로 시간을 지체하지 않고 열이 식기 전(20초 이내)에 신속히 조립한다.
⑥ 키 홈과 키를 바르게 맞추어서 조립한다.
⑦ 조립 시 대상물과 축의 중심이 정확히 맞추어져야 한다.
⑧ 한번 실패한 경우에는 완전히 분리하여 대상물은 다시 가열하고 축은 공기나 물로써 완전히 냉각시킨다.
⑨ 한번 실패하면 시간에 쫓기게 되므로 주의한다.
⑩ 대상물의 치수를 잘못 측정하여 억지로 조립을 하다 보면 대상물인 축에 물려 분해 조립이 안 되는 경우가 있으므로 팽창 내경은 정확히 계산, 측정되어야 한다.
⑪ 끼움 상태를 확인 후 공기로 냉각한다.
⑫ 뒷정리를 한다.

6. $T = \dfrac{\Delta d}{\alpha \times D} = \dfrac{0.11}{11 \times 10^{-6} \times 100} = 100℃ + 대기온도$

찾 | 아 | 보 | 기